Sozialgeographie alltäglicher
Regionalisierungen
Band 3

Erdkundliches Wissen

Schriftenreihe
für Forschung und Praxis

Begründet von
Emil Meynen

Herausgegeben
von Gerd Kohlhepp,
Adolf Leidlmair
und Fred Scholz

Band 121

Benno Werlen (Hg.)

Sozialgeographie alltäglicher Regionalisierungen

Band 3:
Ausgangspunkte und Befunde
empirischer Forschung

Franz Steiner Verlag Stuttgart 2007

Bibliographische Information der Deutschen
Bibliothek
Die Deutsche Bibliothek verzeichnet diese
Publikation in der Deutschen Nationalbibliographie;
detaillierte bibliographische Daten sind im Internet
über <http://dnb.ddb.de> abrufbar.

ISBN 978-3-515-07175-8

Jede Verwertung des Werkes außerhalb der
Grenzen des Urheberrechtsgesetzes ist unzulässig
und strafbar. Dies gilt insbesondere für Übersetzung,
Nachdruck, Mikroverfilmung oder vergleichbare
Verfahren sowie für die Speicherung in Datenver-
arbeitungsanlagen.
© 2007 Franz Steiner Verlag Stuttgart.
Gedruckt auf säurefreiem, alterungsbeständigem
Papier.
Druck: AZ Druck und Datentechnik, Kempten
Printed in Germany

Inhalt

Vorwort ... 7

Einleitung ... 9

André Odermatt, Joris Ernest Van Wezemael
Geographische Wohnforschung.
Handlungstheoretische Konzeptualisierung
und empirische Umsetzung ... 17

Tilo Felgenhauer
»Ich bin Thüringer, … und was ißt Du?«
Regionenbezogene Konsumtion und Marketingkommunikation
am Beispiel »Original Thüringer Qualität« ... 47

Antje Schlottmann
Handlungszentrierte Entwicklungsforschung.
Das Instrument der Schnittstellenanalyse am Beispiel
eines Agroforstprojekts in Tanzania ... 69

Sylvia Monzel
Kinderfreundliche Wohnumfeldgestaltung!?
Sozialgeographische Hinweise für die Praxis ... 109

Christian Reutlinger
Territorialisierungen und Sozialraum.
Empirische Grundlagen einer Sozialgeographie des Jugendalters ... 135

Beat Giger
Ausländerpolitik und nationalstaatliche Praktiken des
Geographie-Machens ... 165

Markus Schwyn
Regionalistische Bewegungen und politische Alltagsgeographien.
Das Beispiel ›Rassemblement jurassien‹ ... 185

Michael Hermann, Heiri Leuthold
Weltanschauung und ungeplante Regionalisierung   213

Guenther Arber
Medien, Regionalisierungen und das Drogenproblem.
Zur Verräumlichung sozialer Brennpunkte   251

Markus Richner
Das brennende Wahrzeichen.
Zur geographischen Metaphorik von Heimat   271

Antje Schlottmann, Tilo Felgenhauer, Mandy Mihm,
Stefanie Lenk, Mark Schmidt
»Wir sind Mitteldeutschland!«
Konstitution und Verwendung territorialer Bezugseinheiten
unter raum-zeitlich entankerten Bedingungen   297

Vorwort

»Was lange währt, wird endlich gut!« lautet ein altes deutsches Sprichwort. Ob der vorliegende Band gut geworden ist, kann sich nur im Urteil der Leser zeigen. Für den Moment gilt nur die Abwandlung: »Was lange gedauert hat, ist endlich fertig geworden.« Dass es so lange gedauert hat, ist für den Herausgeber eine unangenehme Tatsache. Die Gründe dafür sind vielfältig, sollen hier aber nicht vorgetragen werden. Bei den Autoren, die ihre Manuskripte – zum Teil unter jetzt nicht mehr zu rechtfertigendem Zeitdruck – bereits zum ursprünglichen Termin eingereicht haben, möchte ich um Nachsicht bitten. Einige der Autoren haben die lange Zeit für Überarbeitungen genutzt, andere sind in der Zwischenzeit nicht mehr im wissenschaftlichen Bereich tätig. Unerkannte oder falsch eingeschätzte Bedingungen des Handelns sowie unbeabsichtigte Konsequenzen des eigenen Tuns können noch so gut geplante zweckrationale Handlungsentwürfe zum Einsturz bringen. Dies ist ein wohl vertrauter Befund aller handlungstheoretischen Forschung, der (leider) im nun zum Abschluss gebrachten Band seine Bestätigung gefunden hat.

In den ersten beiden Bänden von »Sozialgeographie alltäglicher Regionalisierungen« sind die ontologischen und theoretischen Grundlagen entwickelt worden. Im letzten Teil von Band 2 ist eine Forschungsperspektive vorgestellt worden, die hier nun ihre empirische Umsetzung findet, so dass der Perspektivenwechsel auf forschungspraktischer Ebene veranschaulicht und verdeutlicht werden kann. Bei den Beiträgen handelt es sich um Kurzfassungen von wissenschaftlichen Qualifikationsarbeiten, die teilweise bereits am »Ersten Jenaer Workshop zu Geographie und Gesellschaftstheorie« 1998 vorgestellt wurden. Allerdings stand nicht für alle der vorgestellten Arbeiten das gleiche theoretische Textkorpus zur Verfügung. Einige der empirischen Untersuchungen beziehen sich ausschließlich auf »Gesellschaft, Handlung und Raum«, für andere war nur eine unveröffentlichte Rohfassung von »Sozialgeographie alltäglicher Regionalisierungen« verfügbar. Deshalb ist es wichtig, für die einzelnen Beiträge das Datum ihrer Fertigstellung zu nennen, was bei der Kurzvorstellung der Texte in der Einleitung erfolgen wird.

Die vorliegende Aufsatzsammlung ist auf zwei Anliegen hin ausgerichtet. Sie soll einerseits die Imagination anregen, wie die handlungszentrierte Human-/Sozialgeographie für die Erschließung der spät-modernen Lebensbedingungen fruchtbar gemacht werden kann. Andererseits ist sie als eine Sammlung erster Ergebnisse der empirischen Erforschung der Geographien des Alltags entlang der drei Hauptdimensionen Ökonomie, Politik und Kultur konzipiert. Hinsichtlich dieser beiden Absichten ist das Ärgernis der zeitlichen Verzögerung durchaus auch mit Vorteilen verbunden. Bezüglich des ersten Anliegens ist der Vorteil der Dokumentation einer mehrjährigen Entwicklung vorhanden, für das zweite Ziel kann auf ein größeres und reichhaltigeres Material zurückgegriffen werden.

Zudem scheint die Rezeption der Theoriearbeit nun so weit gediehen zu sein, dass eine differenzierte Auseinandersetzung eher möglich ist als dies vor Jahren noch denkbar war. So bleibt die Hoffnung, dass das nun vorliegende Buch die Diskussionen um weiterführende Fruchtbarmachungen der Forschungsperspektive »Sozialgeographie alltäglicher Regionalisierungen« in extenso anstoßen und die Sozialgeographie zur Erschließung gesellschaftlicher Raumverhältnisse vordringen kann.

Über die lange Entstehungs- und Bearbeitungszeit hinweg haben zahlreiche Personen geholfen, die verschiedenen Versionen von Texten zu bearbeiten. Bei allen Personen, die zum Gelingen dieses Projektes beigetragen haben, möchte ich mich herzlich bedanken. Nadine Wassner hat die Formatierungen in den verschiedenen Textverarbeitungsprogrammen mit viel Geduld geleistet, Roland Lippuner, Marco Pronk, Antje Schlottmann, Thomas Wicher und Andreas Grimm sind die Texte sorgfältig durchgegangen. Ganz besonderes bedanken möchte ich mich jedoch bei Karsten Gäbler, der die Schlussredaktion und das definitive Layout mit viel Akribie und dem dafür notwendigen Humor geschultert hat.

Jena, im Juli 2007   Benno Werlen

Einleitung

In der Perspektive der »Sozialgeographie alltäglicher Regionalisierungen« stehen die Praktiken des alltäglichen Geographie-Machens im Zentrum des Interesses. Die hier vorgeschlagene Perspektive fokussiert die Geographien des Alltags, die verschiedensten Formen des alltäglichen Geographie-Machens. Sie ist dementsprechend als eine konstruktive Erweiterung des geographischen Forschungsinteresses zu verstehen, die das Verhältnis von Alltag und Wissenschaft umfassend und auf spezifische Weise thematisiert und in den Mittelpunkt stellt.

Die Besonderheit dieses Zugangs ist darin zu sehen, dass es nicht primär um die Darstellung der geographischen Verhältnisse *per se* geht, sondern vielmehr um die Erforschung der Konstruktionsprozesse geographischer Wirklichkeiten. Die praxiszentrierte Forschungsperspektive eröffnet die Möglichkeit, die Statik traditioneller geographischer Weltdarstellungen zu vermeiden und sich der Erforschung alltäglicher Konstruktionsprozesse der gesellschaftlichen Raumverhältnisse zuzuwenden. Damit wird ein wissenschaftlicher Blick verfügbar gemacht, der sowohl die bisherige »Raumversessenheit« der allgemeinen Geographie als auch die »Raumvergessenheit« der klassischen Sozialtheorie erfolgversprechend zu überwinden beansprucht.

Die Überbrückung dieses fachhistorisch vertieften Grabens kann weder in altgeographischer Manier noch im Sinne eines oberflächlichen *spatial turns* der Sozial- und Kulturwissenschaften durch die Verräumlichung gesellschaftlicher und kultureller Tatsachen geleistet werden. Ebenso wenig kann das Ziel der Beendigung des Auseinanderdriftens von Sozialwissenschaft und Humangeographie bzw. Sozialgeographie – wie in Band 2 ausführlich dargestellt – darin gesehen werden, traditionelle geographische Forschungs»objekte« in sozialtheoretischer Begrifflichkeit erschließen zu wollen. Diese Strategie, welche auch für den größten Teil der angelsächsischen Theorieentwicklung charakteristisch ist, reicht nicht aus. Sie setzt zu oberflächlich an.

Will man die Schwachstellen, die aus der Ausdifferenzierung von Sozialwissenschaft und Sozialgeographie entstanden sind, beheben, ist tiefer anzusetzen. Der erste Schritt besteht im Erkennen und Anerkennen der Tatsache, dass nicht nur Gesellschafts-, sondern auch Raumkonzeptionen theorieabhängig sind. Wie in Band 1 ausgeführt, schließt daran ein zweiter Schritt der Argumentation an. Er besagt, dass – in Bezug auf Verhältnisse von Gesellschaft und Raum – jede Konzeption von »Raum« (auf tiefenontologischer Ebene) immer auch die in

Anschlag gebrachte Gesellschaftskonzeption formt. Als dritter argumentativer Schritt ist hinzuzufügen, dass jede Ontologie von Gesellschaft auch eine bestimmte Raumkonzeption impliziert. Mit diesen drei argumentativen Schritten wird die gegenseitige theoretische Kopplung von Gesellschaft und Raum als Ausgangsbasis einer sozialwissenschaftlichen Geographie begründet. Trifft sie zu, dann können weder Sozialforschung ohne Raumbezug noch Sozialgeographie ohne ausdifferenzierten Gesellschaftsbezug erfolgversprechend sein.

Gelingende geographische Sozialforschung kann Gesellschafts- und Raumkonzeptionen nicht beliebig kombinieren. Um argumentative Paradoxien zu vermeiden, müssen sie kompatibel sein. Eine praxiszentrierte Forschungskonzeption, so das in den ersten beiden Bänden – und vor allem auch in der Auseinandersetzung mit den kritischen Kommentaren in dem von Peter Meusburger herausgegebenen Band »Handlungszentrierte Sozialgeographie« – vorgetragene Argument, kann weder von einem substantialistischen Raum noch von einem Kantianischen apriorischen Raum ausgehen. Für entsprechende Perspektiven kann »Raum« nur als Begriff existieren. Dieser bringt die unterschiedlichen Relationierungen der körperlichen Subjekte mit anderen physisch-materiellen Gegebenheiten (als Kontexte und Elemente des Handelns) zum Ausdruck. »Raum« weist selbst aber keine materielle Existenz auf. So ist jede Rede vom physisch-materiellen Raum – wie etwa bei David Harveys Gegenüberstellung von physischem und relationalem Raum vorfindbar – mit der handlungstheoretischen Perspektive inkompatibel.

Zur systematischen Erschließung gesellschaftlicher Raumverhältnisse wurden in Band 1 die beiden Idealtypen »räumlich und zeitlich verankerte bzw. traditionelle Lebensform« und »räumlich und zeitlich entankerte bzw. spät-moderne Lebensform« entwickelt. Diese Erschließung zielt unter anderem darauf ab, bestehende geographische Weltbilder in Bezug auf ihre Eignung für aktuelle Konfliktbewältigungen kritisch zu überprüfen. Wie bereits andernorts ausführlich erörtert, sind mit der »Anwendung« eines traditionellen geographischen Weltbildes auf spät-moderne Raumverhältnisse politisch höchst problematische Konsequenzen verbunden. Diese nehmen etwa in ultra-nationalistischen Diskursen zur Ausländerpolitik, der Darstellung der Notwendigkeit ethnischer Säuberungen während der letzten beiden Balkankriege, der Rede der aktuellen amerikanischen Regierung von der »Achse des Bösen« oder Peter Scholl-Latours morphogenetischer Rhetorik der Welterklärung sozial manifeste Formen an.

Die Entwicklung der Geographie zur wissenschaftlichen Regionalforschung bzw. der Länderkunde mit räumlichem Erklärungsanspruch kann in diesen Zusammenhang gestellt werden. Die Herstellung dieses Zusammenhangs ist auch dann zutreffend, wenn das Projekt »Regionalgeographie« durchaus als Ausdruck eines aufklärerisch-legitimatorischen Anspruchs gesehen wird. So wichtig die länderkundliche Geographie für die Etablierung nationalstaatlicher Gesellschaftsformen war, so wichtig ist es aber auch, für die sich nun etablierenden neuen gesellschaftlichen Raumverhältnisse und die entsprechenden Logiken des alltäglichen Geographie-Machens, die unter dem Ausdruck »Globalisierung« begrifflich zu fassen versucht werden, ein neues geographisches Weltbild verfügbar zu machen. Dieses zeitgemäße Weltbild hat – so lautet der Vorschlag – die alltäglichen Praktiken ins Zentrum zu stellen und auf wissenschaftlicher Ebene die Frage zu stellen, wie die Subjekte die Welt auf sich beziehen. Sie kann nicht darauf fixiert sein, Beschreibungen und Erklärungen für menschliches Leben *im* Raum zu liefern.

Ein paradigmatisches Beispiel für die Darstellung menschlichen Lebens im Behältnis »Raum« ist die eben angesprochene wissenschaftliche Länderkunde. Dort wird die Kombination von substantialistischem Container-Raum und Gesellschaft (holistisch) als »Volk« so dargestellt, dass die Natur des »Landes« (das Behältnis) als Folie für die Charakterisierung der Eigenschaften der Subjekte verwendet wird, die dann als Teile des Ganzen (»Vaterland«) erscheinen. Die damit erkaufte Naturalisierung nationalstaatlicher Wirklichkeiten war für das Gelingen der Nationalisierung von fundamentaler Bedeutung. Es wurde damit ein geographisches Weltbild verfügbar, welches die zu etablierende gesellschaftliche Wirklichkeit in gewissem Sinne bereits vorwegnahm, in jedem Fall aber förderte. Mit diesem Weltbild wurde die Einheit von Natur, Gesellschaft und Kultur postuliert, die jedoch viel eher bloß beschworen denn nachgewiesen werden konnte.

Die mit diesem Weltbild verbundene Naturalisierung gesellschaftlicher Raumverhältnisse verdeckt, dass Nationalstaaten wie auch die EU Ausdruck einer spezifischen Form des Geographie-Machens, nämlich der Territorialisierung der Regelungen des gesellschaftlichen Zusammenlebens, sind. Gesellschaften werden damit zu räumlichen Gebilden. Die Strategien der Territorialisierung zielen darauf, Ökonomie, Politik und Kultur zu jener (territorial gebundenen) gesellschaftlichen Einheit zu verschmelzen, die über die fortschreitende Globalisierung der Lebensbedingungen zunehmend in Auflösung begriffen ist. Die gesellschaftlichen Raumverhältnisse werden in deren Vollzug neu formiert.

Freilich kann nicht vorweg entschieden werden, ob das damit verbundene Auseinanderfallen von Ökonomie, Politik sowie Kultur und den entsprechenden Typen alltäglicher Regionalisierungen als problematisch einzustufen ist. Dies wird vielmehr die Praxis zu zeigen haben und kann nicht allein auf wissenschaftlicher Ebene entschieden werden. Die beschreibende und erklärende Analyse der in Handlungs- und Lebensformen/-stilen vollzogenen ökonomischen, politischen und kulturellen Regionalisierungen ist eine der großen aktuellen Aufgaben der wissenschaftlichen Geographie. Sie hat die Voraussetzungen für sinnvolle politische Entscheidungen zu schaffen, die den entstandenen Lebensbedingungen angemessen sind. Die wichtigste praktische Aufgabe der wissenschaftlichen Untersuchung alltäglicher Regionalisierungen besteht somit einerseits in der Rekonstruktion der verschiedenen Formen alltäglicher Regionalisierungen und ihrer Beziehungen. Andererseits muss die Geographie auch Vorschläge für die angemessene Abstimmung der Regionalisierungsformen untereinander und/oder Integration der politischen Diskussion unterbreiten.

Ein Plädoyer für die methodologische Respektierung der räumlichen und zeitlichen Konsequenzen der Moderne – wie sie mit dem Programm »Sozialgeographie alltäglicher Regionalisierungen« verbunden ist – bedeutet nicht, gleichzeitig die unkritische Akzeptanz all ihrer Erscheinungs- und Ausprägungsformen gutzuheißen. Im Gegenteil. Soll jedoch die kritische Analyse der als problematisch eingestuften Konsequenzen überhaupt möglich sein, gibt es wohl keinen anderen Ausweg als sich darum zu bemühen, den Grundprinzipien der Aufklärung methodologisch Rechnung zu tragen. Diese müssten eigentlich darin bestehen, sich eine Weltsicht zu Eigen zu machen, in welcher erkennende und handelnde Subjekte mit ihren vielfältigen Lebensformen im Zentrum der Betrachtung stehen.

Die Forderung nach der Akzeptanz der Vielfalt von Lebensformen heißt aber weder das post-modernistische »anything goes« auf wissenschaftlicher Ebene zu akzeptieren noch einen kruden Individualismus als politisches Leitbild oder die Unterordnung aller Lebensansprüche gegenüber der Steigerung moderner Rationalität zu postulieren. Nach dem weitgehenden Zusammenbruch strukturalistischer Erklärungsansprüche ist es notwendig, einerseits die Fragen nach der Begründung der Kriterien der Kritik neu zu stellen, und andererseits mit allem Nachdruck auf die interne Verknüpfung von Entscheidungsfreiheit und Verantwortung auch im Rahmen global regionalisierter Lebenswelten hinzuweisen. Wer Wahlmöglichkeiten in globaler Dimension in Anspruch nimmt, hat auch Verantwortung in denselben Zusammenhängen wahrzunehmen und ist politisch darauf zu verpflichten.

Daraus folgt, dass eine Radikalisierung der Moderne in dem Sinne notwendig ist, dass die Einforderung der Verantwortungen gleiches Gewicht erlangt wie die Sorge um Wahlmöglichkeiten. Um derartige Zusammenhänge auf wissenschaftlicher Ebene erschließbar zu machen, bietet die handlungszentrierte Perspektive erfolgversprechende Optionen an. Denn mit den problematischen Konsequenzen der Moderne kann man sich dann ernsthaft befassen, wenn die philosophischen und methodologischen Errungenschaften der Aufklärung genutzt und weiterentwickelt werden. Das impliziert nicht zuletzt auch die Verabschiedung der Idee, es könne die immer gleiche richtige geographische Methode der Weltdarstellung und Weltbildproduktion geben. Neue gesellschaftliche Raumverhältnisse verlangen nach einer Revision des geographischen Weltbildes.

Um die zuvor thematisierten Verantwortlichkeiten überhaupt identifizierbar zu machen, sind zunächst die Zusammenhänge globalisierter Handlungsbezüge des alltäglichen Geographie-Machens in analytisch-deskriptiver Hinsicht darzustellen und mit explikativem Anspruch zu erörtern. Die Ergebnisse sind der öffentlichen Diskussion um die Konsequenzen der Entankerung von Ökonomie, Politik und Kultur sowie entsprechender Neuabstimmungen zur Verfügung zu stellen.

Die drei Hauptdimensionen alltäglicher Regionalisierungen, die produktiv-konsumtiven, normativ-politischen sowie die informativ-signifikativen werden hier im Sinne der theoretischen Konzeption nicht in klar abgegrenzter Form thematisiert. Die drei Differenzierungen stellen vielmehr spezifische Akzentuierungen des Handelns dar, sei es im Kontext dessen alltäglicher Verwirklichung, sei es in Bezug auf das erkenntnisleitende wissenschaftliche Interesse. Dementsprechend werden die hier vorgestellten Untersuchungen auch nicht in einzelne Kapitel gegliedert. Sie sind vielmehr als Auseinandersetzungen mit dem alltäglichen Geographie-Machen zu lesen und zu verstehen, bei denen die Perspektive immer weiter geöffnet wird und dadurch immer umfassendere Wirklichkeitsbereiche in den Fokus wissenschaftlichen Interesses gelangen. Sie reichen von den stärker ökonomischen bzw. zweckrationalen Handlungs- und Forschungshorizonten bis hin zu den komplexeren Formen signifikativer Aneignungen und Welt-Bedingungen.

Der erste Beitrag »Geographische Wohnforschung« von *André Odermatt* und *Joris Ernest Van Wezemael* lag bereits 1998 vor und wurde 2002 auf den aktuellen Stand gebracht. Im Zentrum ihres klassischen handlungszentrierten Forschungsansatzes – der noch nicht strukturationstheoretisch erweitert wird – stehen die Interdependenzen zwischen Wohnungsmarkt und Segregation. Die Autoren thematisieren die räumlich-soziale Wohnstandortverteilung als Handlungsfolge der Akteure des Wohnungsmarktes. Dafür wird auf gewinnbringende Weise sowohl die objektive als auch die subjektive Perspektive eingenommen. Im Fokus der empirischen Untersuchung stehen die Produzenten und Eigentümer von Wohnungen. Ihnen wird als Herstellern einer räumlichen Ordnung besondere Beachtung geschenkt.

Die Verknüpfung produktiv-konsumtiver Regionalisierungen mit der Konstruktion symbolischer Geographien steht im Mittelpunkt des Beitrages von *Tilo Felgenhauer*, der auf einer im Jahre 2001 abgeschlossenen empirischen Studie beruht. Ausgehend von spät-modernen Konsumbegriffen, die Güter vor allem als Produkte von Bedeutungszuweisungen erfassen, wird das Phänomen der geographischen Produktherkunft und deren Vermarktung – als Form kultureller Kommunikation – am Beispiel »Original Thüringer Qualität« untersucht. Dazu wurden mit einer qualitativen Methodik einerseits Regionalisierungen der Produktion rekonstruiert, und andererseits »Lesarten« und Deutungsmuster herausgearbeitet, mit denen Konsumenten geographische Herkunftshinweise interpretieren.

Der Beitrag von *Antje Schlottmann* beschäftigt sich mit einem Entwicklungsprojekt, das in den 1990er Jahren im Südwesten Tanzanias nachhaltig Agroforstmethoden einführen sollte. Den technischen Maßstäben des Projekterfolgs stellt die Autorin eine handlungszentrierte Analyse der unterschiedlichen Ziele, Motive und Rollen der am Projekt direkt und indirekt beteiligten Personen sowie ihrer Kommunikationsweisen gegenüber. So werden anhand von raum-zeitlichen Schnittstellenanalysen die komplexen Wirkungen der »Intervention« ebenso sichtbar wie Gründe für Diskrepanzen zwischen den programmatischen Erwartungen und den faktischen Handlungsweisen der so genannten Zielgruppe.

Silvia Monzel zeigt in »Kinderfreundliche Wohnumfeldgestaltung!?«, welche räumlichen Voraussetzungen für spielerische Umweltaneignung durch sinnvolle Gestaltungsplanung geschaffen werden sollten. Aus der Benennung dieser Bedingungen, die auf einer 1994 abgeschlossenen empirischen Untersuchung basieren, werden Planungsleitlinien konzipiert. Diese werden als

Ableitung aus der transaktionistischen Sozialisationstheorie gewonnen. Monzel skizziert damit eine Praxis, die nicht mehr primär »Raum« plant, sondern explizit auf thematisch selektionierte (sozialisationsrelevante) Handlungstypen ausgerichtet ist. »Raum«planung wird mit diesem Ansatz explizit zur Handlungsplanung,

Die »Sozialgeographie des Jugendalters« ist Gegenstand des 2006 fertig gestellten Beitrages von *Christian Reutlinger*. Ausgehend von einer Kritik der Raumorientierung sozial-politischer Programme stellt Reutlinger die jugendspezifischen Bewältigungsformen des gesellschaftlichen Strukturwandels aus handlungszentrierter Sicht dar. Am Beispiel exkludierter Jugendlicher der spanischen Stadt La Coruña werden dabei die »unsichtbaren Geographien« Jugendlicher untersucht. Als Ergebnis der empirischen Studie fordert Reutlinger schließlich einen Perspektivenwechsel in der Jugendpolitik von einer Containervorstellung von Sozialräumen hin zur Fokussierung der spezifischen individuellen Bewältigungsstrategien.

Beat Gigers Beitrag »Ausländerpolitik und nationalstaatliche Praktiken des Geographie-Machens« analysiert das Mitte der 1990er Jahre in der Schweiz entwickelte Drei-Kreise-Modell, gemäß dem Ausländer bei der Zulassung zum schweizerischen Arbeitsmarkt unterschiedlich behandelt werden sollten. Die »Geographie der Drei Kreise« wird als Ausdruck der Art und Weise begriffen, wie die offizielle Schweiz die Welt regionalisierend auf sich bezieht: als Resultat nationalstaatlicher Praktiken der Regionalisierung.

Markus Schwyn zeigt in »Regionalistische Bewegungen und politische Alltagsgeographien« unter Bezugnahme auf die autonomistische Bewegung »Rassemblement jurassien«, wie im regionalistischen Kontext Sprache, Kultur, Volk, Religion, gemeinsame Geschichte und häufig auch ein politisch-rechtlich definierter Minderheitsstatus die wichtigsten Konstitutionsaspekte kollektiver Identität sind. Die 1993 abgeschlossene Untersuchung zeigt, wie räumlichen Kategorien auf alltäglicher Ebene eine besondere Bedeutung zukommt. Die identitätsstiftenden Momente werden entlang der Analysekategorien »Kollektive Identität«, »Abgrenzung« und politische »Forderungen« inhaltsanalytisch aus den politischen Texten der Bewegung erschlossen.

Der Verlust von individueller und institutioneller Gestaltungsmacht zur Regionalisierung unter spät-modernen Bedingungen ist Ausgangspunkt der Analyse von *Michael Hermann* und *Heiri Leuthold,* die in der vorliegenden Form im Herbst 2002 abgeschlossen wurde. Besonders beleuchtet werden in »Weltanschauung und ungeplante Regionalisierung« die Genese von kognitiven Weltbildern und ihre Relevanz für die Koordination des unintendierten Handelns bei der Verwirklichung alltäglicher Regionalisierungen. Auf der Basis der empirischen Analyse schweizerischer politischer Mentalitäten wird die Bedeutung der Wechselwirkungen von regionalisierter Weltanschauung und Weltanschauung als handlungsleitendem Moment für die Produktion und Reproduktion räumlich-sozialer Strukturierung aufgezeigt.

Guenther Arber rekonstruiert in »Medien, Regionalisierungen und das Drogenproblem« die alltäglichen Techniken der Verräumlichung sozialer Problemkonstellationen. Die 1996 abgeschlossene Untersuchung zeigt mit der Analyse medialer Darstellungen, wie entsprechende Regionalisierungen argumentativ und bildlich über die sinnhafte Aufladung von erdräumlichen Ausschnitten hergestellt werden. Anhand der Darstellung der Drogenthematik einer Tageszeitung illustriert die empirische Erhebung, wie die Aufenthaltsorte der offenen Drogenszene mit dem Bedeutungsgehalt »Drogenproblem« belegt werden. Die damit vollzogenen Reifikationen gesellschaftlicher Wirklichkeit machen das Drogenproblem zur räumlichen Wirklichkeit.

Mit der Rekonstruktion signifikativer Regionalisierungen beschäftigt sich *Markus Richners* 1997 eingereichte Untersuchung der medialen Berichterstattung zum Brand der Luzerner Kapellbrücke. Als Herstellungsprozess eines »sakralisierten« Ortes analysiert er verschiedene Narrative des Ereignisses und kann drei unterschiedliche Objektkonzeptionen identifizieren. Die Konstruktion der Kapellbrücke als Wahrzeichen – so zeigt Richner – wird dabei vor allem als Element der subjektiv-sinnhaften Deutung der Wirklichkeit im Kontext von »Heimat« bedeutsam.

Die mediale Konstruktion regionaler Wirklichkeit(en) steht im Mittelpunkt des im Jahr 2006 abgeschlossenen Beitrages von *Antje Schlottmann, Mandy Mihm, Tilo Felgenhauer, Stefanie Lenk* und *Mark Schmidt*. Die Sendereihe »Geschichte Mitteldeutschlands« des MDR gibt ein Beispiel, wie mit symbolischen, narrativen und argumentativen Mitteln eine bestimmte Geographie konzeptionalisiert und in Sendeinhalte übersetzt wird. Dabei werden sowohl die Entstehung als auch das Produkt selbst und dessen Rezeption sowie der weitere Kontext der Regionsbildung analysiert. Übergreifendes Erkenntnisinteresse der Studie ist die Frage nach der (fortlaufenden) Bedeutung traditioneller geographischer Weltbilder unter spät-modernen Bedingungen.

André Odermatt
Joris Ernest Van Wezemael

Geographische Wohnforschung

Handlungstheoretische Konzeptualisierung und empirische Umsetzung

Einleitung

Interdependenzen zwischen Wohnen, Siedlungsqualität, Segregation und gesellschaftlicher Stabilität, Wohnungsmangel, neuerdings auch Wohnungsüberhang, Mietzinsnot oder Sparquote sind nur einige Stichworte, mit welchen die interdisziplinäre und geographische Wohnforschung verknüpft ist. ›Wohnen‹ und ›Wohnungsmarkt‹ sind aber auch ein Dauerbrenner der politischen und alltäglichen Diskussion. Die gesellschaftliche Relevanz des Wohnens folgt unmittelbar aus der Bedeutung, welche jeder einzelne Mensch dem Wohnen und der Wohnung in seinem Alltag beimisst. Die sich im Wohnen ausdrückenden sozialen Sinngehalte sind folglich für die Konstitution der Menschen als soziale Akteure von größter Bedeutung. Zudem verweist die marktwirtschaftliche Organisation des Wohnungswesens, wie sie sich z. B. in der Schweiz finden lässt, auf die konstitutive Bedeutung des Investitionshandelns für die Geographien der Produktion.

Über alltägliche Handlungsbezüge auf das physische Artefakt ›Wohnung‹ erfahren die Wohnenden deren Grundriss, Standard, räumliche Lage und andere Merkmale als Ermöglichung oder Beschränkung ihrer Lebensweise. Im Sinne des von Kemeny (1992, 9) beschriebenen »spatial impacts« organisieren Akteure vom Wohnstandort aus die täglichen Wege zu anderen erdräumlich lokalisierten Artefakten. Die Wohnung ist dabei Fix- und Ausgangspunkt zugleich. Die Standortentscheidung für das Wohnen strukturiert folglich die erdräumlichen Muster des alltäglichen Handelns zu einem bedeutenden Teil. Sie stellt eine Art Ankerpunkt der raum-zeitlichen Regionalisierung der Alltagswelt dar.

Ermöglichungen und Beschränkungen ergeben sich weiter durch das objektive Wohnungsangebot, mit dem man sich in besonderem Maße konfrontiert sieht, wenn man sich auf Wohnungssuche befindet. Dabei zeigt sich, dass nicht allein die Entscheidungen eines Wohnungssuchenden die resultierende Wohnsituation schaffen. Dessen Handeln muss sich an den objektiven Wohnmöglichkeiten mit ihren erdräumlichen Verteilungen orientieren. Die soziale und ökonomische Position der Akteure sowie deren allokative und autoritative Ressourcen begrenzen den Handlungsspielraum, innerhalb des objektiven Angebots und dessen ökonomischer Organisation.

Für die meisten handelnden Subjekte gilt, dass sie ihre alltäglichen Geographien in räumliche Strukturen einpassen müssen, deren Herstellung außerhalb der Reichweite ihres aktuellen Handelns liegt. Die Hersteller dieser räumlichen Bezugswelt sind Akteure, welche z. B. durch die Investition von Kapital in der Lage sind, wichtige Standortentscheidungen zu treffen. Darauf wies bereits Wolfgang Hartke (1962, 116) hin. Alltägliche Tätigkeiten, die sich auf das physische Artefakt ›Wohnung‹ beziehen, sind demzufolge immer bezogen auf und mitbestimmt von den Handlungen anderer Akteure.

Mit dieser ersten Eingrenzung der Thematik ist allerdings noch nicht geklärt, wie Gesellschaften als soziale Systeme über den Teilaspekt des Wohnens ihre Verankerung in Zeit und Raum organisieren (Giddens, 1988b, 172). Konkret geht es dabei auch um die weiterführende Frage, wie die nach sozialen Machtpositionen differenzierten Akteure die Anordnung von Wohnungen produzieren, und wie sie diese innerhalb einer bestimmten Ordnung konsumtiv nutzen.

Im vorliegenden Beitrag wird nach einer kurzen Übersicht und Kritik bestehender Ansätze eine handlungstheoretisch begründete Konzeptualisierung der geographischen Wohnforschung zur Diskussion gestellt. Das räumliche Muster – die räumlich-soziale Wohnstandortverteilung – wird als Handlungsfolge unter den Rahmenbedingungen des Wohnungsmarktes thematisiert (Odermatt, 1997; Van Wezemael, 2005). Damit soll ein Beitrag zur Erklärung von erdräumlich beobachtbaren Konfigurationen sozial bedeutsamer materieller Artefakte geleistet werden (Werlen, 1988, 5f.). Dafür wird auf die sozialgeographische Handlungstheorie sowohl in objektiver als auch in subjektiver Perspektive Bezug genommen. Bei der ersten wird das Verfahren der Situationsanalyse, bei der zweiten die Konstitutionsanalyse für die geographische Wohnungsforschung fruchtbar gemacht. Nicht nur der theoretische sondern auch der in zwei Beispielen dargestellte empirische Fokus liegt im Bereich der Produktion und schenkt folglich den Produzenten und Eigentümern als Herstellern einer räumlichen Ordnung besondere Beachtung.

Stand der geographischen Wohnforschung

In der geographischen Wohnforschung werden verschiedene theoretische Ansätze zur Erklärung der räumlich-sozialen Wohnstandortverteilung angewendet. Sie stehen mit Strömungen der allgemeinen Sozialtheorie in Verbindung, welche die soziale Welt unterschiedlich konzeptualisieren. So stehen sich neoklassische, (neo-)materialistische, sozialökologische und institutionelle Ansätze konkurrierend gegenüber.[1] Die Möglichkeit, bei der Erforschung von ›Wohnen‹ verschiedene Blickwinkel einzunehmen, hat zur Folge, dass unterschiedliche Fragen gestellt und unterschiedliche Interpretationen von objektiven Phänomenen und sozialen Ereignissen formuliert werden. Dies führt wiederum zu stark divergierenden Erklärungen der räumlich-sozialen Wohnstandortverteilung.

Die Hauptkritikpunkte an den traditionellen Ansätzen, zu denen primär der sozialökologische und der neoklassische zählen, sind innerhalb der sozialwissenschaftlichen Wohnforschung zum Gemeingut geworden und werden an dieser Stelle lediglich summarisch dargestellt (Odermatt, 1997, 89-96). Einer auf Nachfragerpräferenzen aufbauenden Erklärung ist es nicht möglich, die schichtspezifisch ungleichen Handlungspotentiale auf dem Wohnungsmarkt zu thematisieren. Die einseitige Betrachtung der Haushalte als Nachfragende vernachlässigt die Folgen des Handelns der verschiedenen Akteure und Institutionen auf der Anbieterseite. Dies führt gleichzeitig zur Ignorierung des Bestehens der sozio-ökonomischen Institution des Wohnungsmarktes. Der Wohnungsmarkt ist aufgrund des marktwirtschaftlichen Handlungsrahmens tendenziell ein Anbietermarkt, weshalb die in diesem Beitrag dargestellte anbieterorientierte Optik die vorherrschende nachfrageorientierte ergänzen muss. Zudem versperrt eine atomistische Konzeption des Individuums im Sinne des ontologischen Individualismus, wie er für die neoklassische Theoriebildung typisch ist, die Sicht auf schichtspezifische und habituelle Dispositionen (Türk, 1987, 20-24; Bourdieu, 1976, 165). Sozialökologen wie auch Neoklassiker gehen von der impliziten und unrealistischen Annahme aus, dass die Beziehungen der Menschen letztlich von sozialer Harmonie geprägt sind (Harvey, 1989, 110). Mit Bezug auf Weber (1980, 13) kann aber postuliert werden, dass bei der Analyse des Wohnungsmarktes von einem unsolidari-

---

[1] Einen umfassenden und guten Überblick geben nach wie vor Basset/Short (1980).

schen Markt ausgegangen werden muss, wenn der sozio-ökonomischen Wirklichkeit Rechnung getragen werden soll (Odermatt, 1997, 25).

Aus sozial- und wirtschaftsgeographischer Perspektive ist zudem zu bemängeln, dass mit fragwürdigen Raumkonzeptionen gearbeitet wird. Die neoklassischen Ansätze gehen von einer Raumkonzeption aus, die als Containerraum bekannt ist. Die Verwendung des Container-Begriffs ist, mit Läpple (1991, 41) gesprochen, jedoch in den Gesellschaftswissenschaften abzulehnen, weil er »eine Entkoppelung des ›Raums‹ von dem Funktions- und Entwicklungszusammenhang seines gesellschaftlichen ›Inhalts‹« impliziert, und damit »zu einer Externalisierung des ›Raumproblems‹ aus dem gesellschaftswissenschaftlichen Erklärungszusammenhang« führt. Den gesellschaftlichen Sinngehalten der räumlich lokalisierten Artefakte sowie den raumbezogenen Absichten der Handelnden kann konsequenterweise keine Beachtung geschenkt werden.

Wohnungsmarkt und räumlich-soziale Wohnstandortverteilung

Eine handlungstheoretische Konzeptualisierung des Wohnungsmarktes unterscheidet grundsätzlich zwei Handlungsbereiche (Matznetter, 1991, 23): die Produktions- und Zirkulationssphäre einerseits und die Konsumtionssphäre andererseits. Der erste Bereich ist geprägt durch die Ziele des wirtschaftlichen, renditeorientierten Handelns; der zweite Bereich ist gekennzeichnet durch die Ziele, welche sich aus den Lebens- und Konsumtionsweisen der Wohnungsnutzer konstituieren. Die unterschiedlichen Zielorientierungen können aufgrund der in der Regel größeren Handlungspotentiale der Produzenten bzw. Anbieter zu problematischen Bedingungen wie z. B. Mietzinsnot oder zu einem unadäquaten Wohnungsangebot für Wohnungskonsumenten führen.

Das objektive Angebot differenziert sich entlang qualitativer Merkmale, der räumlichen Lage und der Eigentumsverhältnisse in sachliche und räumliche Teilmärkte. Diese stellen einen Teilaspekt der gebauten Mitwelt dar und sind Ausdruck und Ergebnis spezifischer sozialer Verhältnisse auf dem Wohnungsmarkt. Das Lokalisationsmuster des Angebots ist dabei als Ausdruck regionalisierender Handlungsweisen, primär von raumbezogenen Investitionshandlungen, und deren Folgen zu begreifen. Die Summe der Wohngegenden als räumliches Muster ist somit immer sozial und nicht ›naturhaft‹ konstituiert.[2] Giddens (1988a, 171) betont weiter, dass die »Regionalisierung [...] nicht bloß als Lokalisierung im Raum verstanden werden [sollte], sondern als Begriff, der sich auf das Aufteilen von Raum und Zeit in Zonen und zwar im Verhältnis zu routinisierten sozialen Praktiken bezieht.«

Eine Wohngegend ist demnach als ein kontextualisiertes Phänomen zu verstehen, »das durch bestimmte soziale Merkmale geordnet ist und diesen als genres de vie Ausdruck verleiht« (Giddens, 1988a, 425). Das alltägliche Handeln von Produzenten wie Konsumenten bezieht sich jeweils situationsspezifisch auf diese konstituierten raum-zeitlichen Regionalisierungen. Weil die (objektiven) Eigenschaften eines räumlichen Musters des Wohnungsangebotes nicht mit dessen Bedeutung im Handeln gleichzusetzen sind, kann es sui generis keinen Erklärungsgehalt bezüglich menschlicher Tätigkeiten beanspruchen. Es ist vielmehr als Bedingung, Mittel und Folge des Handelns zu sehen (Van Wezemael, 1999, 72). Das Erklärungspotential wird somit vom Raummuster auf die Regionalisierungspraktiken verschoben. Folglich ist auch nur eine handlungstheoretische Herangehensweise zielführend.

Wie manifestiert sich nun die Regionalisierung durch das Handeln der Akteure auf dem Wohnungsmarkt? Mit Bezug auf Bourdieu und sein Konzept des physischen, des sozialen und des reifizierten sozialen Raums[3] kann die Regionalisierung mit der Aneignung von physischem Raum umschrieben werden:

> »Der auf physischer Ebene realisierte (oder objektivierte) soziale Raum manifestiert sich als die im physischen Raum erfolgte Verteilung unterschiedlicher Arten gleichermaßen von Gütern und Dienstleistungen wie physisch lokalisierter individueller Akteure und Gruppen (im Sinne von an einen ständigen Ort gebundenen Körpern beziehungsweise Körperschaften) mit jeweils unterschiedlichen Chancen der Aneignung dieser Güter und Dienstleistungen (wobei sich diese Chancen nach ihrem jeweiligen Kapital richten wie nach ihrer – ihrerseits vom jeweiligen Kapital abhängigen – physischen Nähe oder Ferne zu den Gütern und Dienstleistungen). Diese doppelte räumliche Verteilung der Akteure

---

2 Auch wenn die sozialen Realitäten in die physische Welt z. B. mit Begrenzungen dauerhaft eingeschrieben sind, darf nicht der Schluss gezogen werden, dass diese aus der Natur der Dinge, aus der physischen Welt hervorgehen (Bourdieu, 1991, 26).
3 Die Terminologie des sozialen und des physischen Raums von Bourdieu kann u. E. widerspruchsfrei mit dem von Werlen (1988, 37-41 und 83-88) in Anlehnung an Popper formulierten Drei-Welten-Konzept in Verbindung gebracht werden.

als individueller Individuen und der Güter bestimmt nun den differentiellen Wert der verschiedenen Regionen des realisierten sozialen Raumes.« (Bourdieu, 1991, 28f.)[4]

›Regionalisierung‹ bezieht sich demzufolge einerseits auf die räumliche Anordnung verschiedener Arten von Wohnungen, andererseits auf die räumliche Lokalisierung von Akteuren. Jeder Akteur ist dabei durch den Ort, sein Domizil, an dem er mehr oder minder dauerhaft situiert ist, und durch die Position dieser Lokalisation im Verhältnis zur Lokalisation anderer Akteure charakterisiert (Bourdieu, 1991, 25f.). Je nach der Verfügbarkeit von allokativen und autoritativen Ressourcen (Giddens, 1988a, 377) verfügen Akteure über unterschiedliche Potentiale, sich eine bestimmte Wohnung anzueignen. Dadurch entsteht auf alltagsweltlicher Ebene ein enger Zusammenhang zwischen dem räumlichen Muster der Verteilung der Wohnungen einerseits und der Akteure anderseits. Das jeweilige Handlungsvermögen impliziert unterschiedliche Chancen der Aneignung einer Wohnung und folglich eine Differenzierung des reifizierten sozialen Raumes, eine (soziale) Hierarchisierung der Wohngegenden und der lokalisierten Akteure.

Voraussetzungen für Handlungen, die sich auf ›Wohnung‹ oder ›Wohngegend‹ beziehen, können als Strukturen im Sinne von Regeln und Ressourcen (Giddens, 1988a, 67) konzeptualisiert werden. Indem sich Akteure in ihrem Handeln auf diese beziehen, werden sie fortlaufend (re-)produziert. Grundlegende Merkmale des wohnungswirtschaftlichen Handlungskontextes in den modernen Gesellschaften sind dabei die kapitalistische Wirtschaftsweise und die soziale Regel des Privateigentums an Boden und Immobilien. Die gebaute Mitwelt wird dadurch primär ein Ausdruck der Machtverhältnisse zwischen den Akteuren in der Produktions- und Zirkulationssphäre. Die Machtverhältnisse äußern sich im Grad des Gestaltungsvermögens (Van Wezemael, 2005, 42), welches wiederum primär in den Verfügungsrechten gründet, räumliche Bedingungen – im vorliegenden Fall von Wohnungen und von Wohngebieten – zu gestalten sowie Konsumtionsweisen im Bereich des Wohnens zu codieren.

Für die Regionalisierungen der Alltagswelt sind folglich die Handlungen der Produzenten und Eigentümer von bedeutendem Einfluss, da sie durch ihr

---

[4] Für Bourdieu (1987) umfasst der Begriff Kapital sowohl ökonomisches als auch kulturelles und soziales Kapital. Begrifflich steht es weiter in enger Beziehung zum Konzept der allokativen und autoritativen Ressourcen, die im Handeln mobilisiert werden können. Vgl. dazu Giddens (1988a, 316 und 429).

großes Gestaltungsvermögen die Möglichkeit haben, ihre Auffassung von Interaktionsformen und Lebensstilen durch den Wohnungsbau zu materialisieren und ihnen Dauerhaftigkeit zu verleihen (Scheller, 1995, 83). Das Machtpotenzial äußert sich weiter in der Definition der Zugangsbedingungen über Preise oder andere Regeln der Verteilung. Das (professionelle) Handeln von Produzenten und Eigentümern gründet auf – im Vergleich zu anderen Akteuren – überlegenen allokativen und autoritativen Ressourcen.

Aufgrund des Warencharakters des Eigentums in den kapitalistischen Gesellschaften verfügen die Akteure, auch im Namen von Organisationen, welche Eigentum an Boden und Immobilien erwerben können, über die bedeutendsten Verfügungsrechte, sowohl über physisch-materielle Konstellationen als auch über Personen. Je größer das Transformationspotenzial der Ressourcen eines Akteurs dabei ist, desto größer ist die soziale Reichweite und desto weitreichender sind die sozialen Folgen ihres Tuns. Eigentümerklassen[5] sind auf dem Wohnungsmarkt deshalb Ausdruck der unterschiedlichen Chancen und Potenziale der Akteure, Eigentum zu erwerben.

Das objektive Angebot an Wohnungen in der Form von räumlich und sozial differenzierten Teilmärkten sowie die Eigentumsverhältnisse des Wohnungsmarktes sind als intendierte/unintendierte Folgen (Odermatt, 1997, 35-40) der Handlungen in der Produktions- und der Zirkulationssphäre zu interpretieren. Gleichzeitig stellen diese Folgen sowohl für die Produzenten ebenso wie für die Nachfrager von Wohnungen die Strukturen im Sinne einer situativen Rahmenbedingung für weiteres Handeln dar (Van Wezemael/Odermatt, 2000, 252).

Das objektive Angebot ermöglicht und beschränkt als erkannte oder unerkannte Bedingung Lebens- und Konsumtionsweisen der Wohnungsnutzer. Die räumlich-soziale Wohnstandortverteilung kann davon ausgehend als Folge von Segregationsprozessen, die über den Wohnungsmarkt vermittelt werden, konzeptualisiert werden. Diese Prozesse ergeben sich aus dem Zusammenhang zwischen dem Wohnungsangebot als Folge wohnungswirtschaftlichen Handelns der Produzenten und der Bedeutung des ›Wohnens‹ im Rahmen unterschiedlicher ökonomischer Bedingungen, Lebensstilen und mentaler Dispositionen auf der Seite der Nachfrager. Je nach ihrem ökonomischen, sozialen und kulturellen Kapital können sie sich eine Wohnung

---

5 Vgl. dazu die Ausführungen über die Klassen- und Statusverhältnisse des Wohnungsmarktes in Odermatt (1997, 116-126).

aneignen und kraft dieser Aneignung (Eigentum oder Miete) in soziale Distinktionsmerkmale, in einen Wohnlebensstil, verwandeln (Bourdieu, 1987, 352). Das Ausmaß der Differenzierung der räumlich-sozialen Wohnstandortverteilung ist in dieser Sicht in erster Linie eine Folge der Handlungen von Akteuren, welche über Eigentum als Ressource verfügen und dadurch Zugangsregelungen etablieren können, sowie des Grades der sozio-ökonomischen Ungleichheit zwischen den Wohnungskonsumenten. Dies mündet in Ausschlussprozessen von Lebens- und Konsumtionsweisen.

Das ökonomisch rationale Handeln der Akteure führt somit – im Zusammenhang mit einer auf Einkommens- und Statusunterschieden basierenden Sozialstruktur – auf dem kapitalistisch strukturierten Wohnungsmarkt zu einer gewissen Korrespondenz von Wohnbautypen und sozialen Kategorien, vor allem Einkommenskategorien. Die räumlich-soziale Wohnstandortverteilung ist aber nicht allein durch die Einkommensunterschiede der Haushalte bestimmt und somit nicht mit einer Mietpreiskarte identisch (Frieling, 1980, 322). Wichtige Modifizierungen ergeben sich durch staatliche Interventionen (z. B. die Subventionierung von Haushalten), durch Wohnungsanbieter, die sich nicht nur am Renditekalkül orientieren (öffentliche Hand, Genossenschaften usw.) sowie durch (freilich selten explizierte) ideologische, soziale und politische Momente in der Wohnungsverteilung (Van Wezemael, 1999).

Zusammenfassend kann festgehalten werden, dass die Frage nach dem Ort, an dem Menschen leben, nicht allein als Ausdruck von subjektiven Entscheidungen des einzelnen Haushaltes beantwortet werden kann (Dicken/Lloyd 1984, 314-316). Sie muss vielmehr als Folge unterschiedlich konstituierter Handlungsbereiche bezüglich des Wohnens und den daraus entstehenden Ermöglichungen und Beschränkungen analysiert werden, denn das ›Daheim‹ ist auch ein Markt. Die räumlich-soziale Wohnstandortverteilung ist somit als intendierte/unintendierte Folge der Handlungen der Akteure in der Produktions- und Zirkulationssphäre sowie der Konsumtionssphäre zu verstehen. Während die Akteure der Produktions- und Zirkulationssphäre primär wirtschaftliche Ziele verfolgen, sind die Akteure der Konsumtionssphäre durch das Bestreben geleitet, ihre Wohnsituation an ihre ökonomischen wie mentalen Dispositionen anzupassen.

Empirische Umsetzung

Ziel handlungstheoretischer Wohnforschung

Ein Ziel der sozial- und wirtschaftsgeographischen Wohnforschung ist die wissenschaftlich adäquate Erklärung der räumlich-sozialen Wohnstandortverteilung. Dies schließt die Erklärung ihrer Herstellungs- und Nutzungsprozesse ein. Die Vermittlung des Sozialen über die materielle Komponente des Artefakts ›Wohnung‹ ist diesbezüglich differenziert zu erfassen und angemessen zu ordnen (Werlen, 1988, 183). In Bezug auf den Wohnungsmarkt besteht das Ziel darin, gesellschaftlich problematische Handlungsweisen und unintendierte, problematische Handlungsfolgen[6] zu erfassen, zu verstehen und zu erklären. Erst eine wissenschaftlich adäquate Erklärung des Handelns ermöglicht es, Änderungsvorschläge im Sinne von Handlungsanweisungen zu formulieren. Statt die Modellannahmen stückweise aufzuweichen, wie dies in der neoklassischen Forschungsrichtung[7] – meist unter Beibehaltung eines aus sozialwissenschaftlicher Sicht fragwürdigen hypostasierenden Modellverständnisses – praktiziert wird, schlagen wir einen handlungstheoretischen Ansatz vor, bei dem idealtypisch konstruierte Handlungsweisen als analytische Instrumente im Zentrum stehen. ›Idealtypus‹ ist dabei als ein bewusst konstruiertes Gedankengebilde zu begreifen, welches als methodisches Instrument verstanden wird.

Im Gegensatz zur neoklassischen Praxis geht es bei der Verwendung von Handlungsmodellen nicht darum, idealtypisches Handeln in der Realität zu suchen, sondern umgekehrt: Abweichungen vom Idealtypus systematisch beobachten zu können. Mit anderen Worten ist eine einer bestimmten Art von Situation als (hypothetisch) angemessen gedachte typische Handlungsweise zu modellieren (Van Wezemael, 2005, 16-20). Diese Modelle haben nicht eine möglichst genaue Abbildung der Wirklichkeit zum Ziel, sondern dienen im Sinne idealtypischer Konstruktionen als heuristische Suchraster. Sie sind transparent und intersubjektiv nachvollziehbar, weil sie gerade darauf beruhen, dass Annahmen als solche offen gelegt werden. Idealtypische Modelle dienen der

---

[6] Eine problematische Handlungsweise ist etwa eine diskriminierende Vermietungspraxis, problematische Handlungsfolgen sind z. B. Wohnungsknappheit, ein unadäquates Angebot für kinderreiche Familien oder auch die Segregation.

[7] Die neoklassische Forschungsrichtung in der Wohnforschung beruht im Wesentlichen auf den Arbeiten von Alonso (1964) und deren Weiterentwicklung.

empirischen Untersuchung von Abweichungen und ermöglichen so das Aufzeigen allgemeiner Regelmäßigkeiten (Werlen, 1988, 109f.).

Forschungsfragen

Handlungstheoretisch begründete geographische Wohnforschung beschäftigt sich mit dem Verhältnis von Produktion, Verteilung und Konsumtion von Wohnungen. Dabei wird dem Verhältnis zwischen den Strukturen des Wohnungsmarktes und den Handlungen der Akteure auf dem Wohnungsmarkt besondere Aufmerksamkeit geschenkt und die räumlich-soziale Dimension in die Analyse einbezogen. In Anlehnung an Basset/Short (1980, 52 und 55) können folgende beiden *Themenfelder* identifiziert werden:
- Das Handeln von Akteuren und die Rolle von Institutionen und Organisationen des Wohnungsmarktes.
- Die Institution ›Wohnungsmarkt‹ als stabiles, dauerhaftes Muster menschlicher Handlungen.

Diese beiden Themenfelder stehen, da durch die Handlungen die Institution ›Wohnungsmarkt‹ fortlaufend strukturiert wird, in einem engen Zusammenhang. Aus den Themenfeldern lassen sich folgende forschungsleitende *Fragestellungen* ableiten:
- Wer sind die Akteure und Institutionen, welche Wohnungen produzieren und anbieten sowie Zugangsregeln definieren?
- Welche Ziele und Regeln verfolgen sie, welche Ideologien vertreten sie, und welchen relativen Machtumfang besitzen sie in der Produktion, der Zirkulation und der Verteilung von Wohnungen?
- Welche beabsichtigten und unbeabsichtigten Folgen haben ihre Handlungen?
- Welche Folgen im Sinne von Möglichkeiten und Zwängen generieren die Handlungsweisen der Akteure für sich selber und für die Wohnstandortwahl der Haushalte?

Die räumliche Zentriertheit des Wohnens und die von Wohnungen ausgehenden starken Externalitäten machen deutlich, dass die gesellschaftsorientierte Perspektive um räumliche Implikationen und Bedingungen erweitert werden muss (Van Wezemael, 1999, 9). Aus sozial- und wirtschaftsgeographischer Sicht muss deshalb der Katalog von Fragestellungen ergänzt werden:
- Wie beziehen sich Akteure auf räumlich-soziale Größen?
- Wie wird das Soziale über Gebäude und Wohnungen im Sinne materieller Artefakte vermittelt?

Es geht somit darum, die Akteure, welche den Wohnungsmarkt als Handlungsmuster konstituieren, mit ihren unterschiedlichen Zielen und Regeln des Handelns sowie ihren Handlungspotenzialen idealtypisch zu (re-)konstruieren und die entsprechenden Prozesse zu analysieren. Dabei sind die Interaktionen, insbesondere diejenigen der Akteure der Anbieterseite – und die dadurch etablierten Ermöglichungen und Beschränkungen – zu thematisieren und die Effekte im Sinne von Zugangsmöglichkeiten zu Wohnungen für die Haushalte zu beschreiben.

Produktions- und Zirkulationssphäre als Handlungsfeld

Im Rahmen einer angebotsorientierten[8], handlungstheoretischen Betrachtung des Wohnungsmarktes stehen einerseits jene Akteure im Zentrum der Analyse, welche über das Potenzial verfügen, Wohnungen zu produzieren, zu gestalten, anzuordnen, zuzuweisen und nicht zuletzt den Wohnungen symbolische Bedeutungen zu verleihen. Andererseits sind auch jene Akteure von besonderem Interesse, welche die Regeln des Wohnungsmarktes maßgeblich mitstrukturieren. Das Gestaltungsvermögen ist dabei erstens von den allokativen Ressourcen abhängig, d. h. dem Grad der Verfügungsmacht über die Produktionsfaktoren, insbesondere den Boden, als auch den produzierten Wohnungen. Zweitens ist der Umfang des Gestaltungsvermögen von den autoritativen Ressourcen abhängig, d. h. dem Grad der Verfügungsmacht über die Entscheidungen, wer Zugang zu den erdräumlich angeordneten Wohnungen erhält und wer nicht. Die ungleichen Vermögensgrade sind dabei prinzipiell durch die Eigentumsverhältnisse und die dadurch verliehenen Verfügungsrechte über die Wohnungen begründet.

Obwohl ›Eigentum‹ ein allen Wohnungen gemeinsames Merkmal darstellt, sind vielfältige Ausprägungen identifizierbar. Investoren/Eigentümer unterscheiden sich nach der Rechtsform, den finanziellen Möglichkeiten, dem Know-how, der Zielorientierung ihrer (globalen) wirtschaftlichen Einbettung usw. Dadurch variieren auch deren Wohnungsbestände in mehrfacher Hinsicht. Eigentümer können deshalb verschiedenen Idealtypen, die sich neben der spezifischen Zielorientierung auch im Maß des Gestaltungsvermögens unterscheiden, kategorial zugeordnet werden.

---

8   Vgl. ergänzend die handlungstheoretisch begründete, nachfrageseitige Forschungsoptik von Inderbitzin (1987).

Als Eigentümer im Wohnungsmarkt gelten einerseits die langfristig orientierten Endinvestoren, die ihr Eigentum vermieten oder selber nutzen, andererseits die mit einer kurzfristigeren Perspektive operierenden Vermittler und Promotoren, deren Handlungen grundsätzlich zwei Aspekte – die Produktion und den Handel von Immobilien – umfassen. Die langfristig orientierten Eigentümer können den folgenden *drei Idealtypen*, die in allen wohlfahrtsstaatlich organisierten Gesellschaften zu finden sind, zugeordnet werden:
- Selbstnutzende Wohnungseigentümer: Ihre Zielorientierung liegt primär in der Verwirklichung subjektiver Nutzungsvorstellungen.
- Kommerziell orientierte Wohnungseigentümer: Ihre Zielorientierung liegt vor allem in der Erzielung einer möglichst hohen Rendite und einer langfristigen Sicherung des angelegten Kapitals.
- Gemeinnützig orientierte Wohnungseigentümer: Ihre Zielorientierung liegt in der Bereitstellung preiswerter Wohnungen für einkommensschwächere Nachfrager.

Diese drei Typen von Eigentümern besitzen aufgrund der Eigentumsregelung das Verfügungsrecht über Wohnungen. Sie stellen deshalb die privilegierten Typen aller am Wohnungsmarkt beteiligten Akteure dar.

Der Immobilien- und der Vermietungsmarkt als dynamische Teile der Produktions- und Zirkulationssphäre sind Schlüsselbereiche im fortlaufenden Prozess der Produktion und Reproduktion der Eigentümer-, Vermieter- und Bewohnerstrukturen. Diese Strukturen sind als institutionalisierte Aspekte respektive Strukturmomente des »Systems Wohnungsmarkt« (Van Wezemael, 1999) zu verstehen. Sie strukturieren das Handeln der Akteure in bedeutendem Maße und durch das Handeln werden diese Strukturmomente fortlaufend (re-)produziert. Auf dem Immobilienmarkt werden durch den Transfer von Eigentumsrechten die Eigentümer- und Vermieterstrukturen des Wohnungsmarktes fortlaufend (re-)produziert und transformiert. Weil die Wohnverhältnisse sozial aufgeladen sind, werden sie zu Wohnstatusverhältnissen. Diese werden durch die Transaktionen auf den Mietwohnungsmärkten fortwährend reproduziert. Dabei lassen sich drei idealtypische Zuteilungssysteme unterscheiden (Matznetter, 1991, 325):
- Ein marktorientiertes Zuteilungssystem, das vor allem auf der Fähigkeit basiert, hohe Kapitalkosten finanzieren zu können bzw. über Eigenmittel zu verfügen, um eine Wohnung oder eine ganze Liegenschaft zu kaufen. Dieses System prägt den Eigenheim- und den Liegenschaftsmarkt.
- Ein bürokratisches Zuteilungssystem, das überwiegend nach normativen

Kriterien der sozialen Bedürftigkeit funktioniert. Sozialwohnungen werden in der Regel nach diesem System den Nachfragern zugeteilt.
– Ein marktorientiertes Zuteilungssystem, das auf individueller Zahlungsfähigkeit beruht, aber den Zugang zum Vermietungssektor regelt. Dabei werden Mietwohnungen nach ökonomischer Leistungsfähigkeit zugeteilt.

Da die Handlungen in der Produktions- und Zirkulationssphäre nicht in einem indeterminierten Kontext stattfinden, müssen die Akteure die gesellschaftlich konstituierten Regeln und die situativen Bedingungen beider Sphären berücksichtigen.[9] Zweckrationales ökonomisches Handeln ist dementsprechend immer situativen Bedingungen und Begrenzungen unterworfen, welche das Handeln auf dem Wohnungsmarkt erst ermöglichen oder behindern. Die räumlich-soziale Wohnstandortverteilung ist also nicht allein eine Folge des zweckrationalen Handelns der Eigentümer, sondern auch der von anderen Akteuren gesetzten Bedingungen,[10] welche sie in ihr Handeln einbeziehen müssen.

Die verschiedenen Zielorientierungen der Akteure der Produktions- und Zirkulationssphäre haben zusammenfassend spezifische Folgen für das Wohnungsangebot in räumlicher, quantitativer und qualitativer Hinsicht, währenddem die Zuteilungssysteme zu einer Korrespondenz bestimmter sozialer Nachfragerkategorien und dem nach Eigentümern differenzierten Wohnungsbestand führen.

Forschungsbeispiele

Für die handlungstheoretische Analyse in der Wohnforschung eröffnen sich zwei Herangehensweisen: Eine in objektiver, die andere in subjektiver Perspektive. Im Folgenden werden die Ergebnisse zweier empirischer Studien vorgestellt. Die erste (Odermatt, 1997) verfolgt – im Rahmen der objektiven handlungstheoretischen Perspektive – einen quantitativen, die zweite (Van Wezemael, 2005) – im Rahmen der subjektzentrierten Perspektive – einen qualitativen Zugang zum Wohnungsmarkt.

---

[9] Auf diese Aspekte kann im Rahmen dieses Artikels nicht eingegangen werden. Vgl. aber die ausführliche Diskussion in Odermatt (1997, 154-169).
[10] Dabei ist insbesondere auf die Folgen des staatlichen Handelns hinzuweisen.

Im Rahmen der objektiven Perspektive stehen Eigentümerkategorien im Zentrum des Interesses. Diese werden im Sinne von Idealtypen als Erklärungsmuster für die Diskussion der Ergebnisse einer statistischen Analyse der räumlich und sozial differenzierten Eigentümer- und Bewohnerstrukturen in der Schweiz verwendet. In dieser Perspektive unterscheiden sich Handlungen in erster Linie durch die Situation, in der ihre Verwirklichung angestrebt wird. Aus der idealtypischen Wohnungsmarktsituation einer Akteurkategorie lässt sich eine Handlungsweise im Sinne einer Erklärung deduzieren. Dieses Vorgehen entspricht weitgehend dem Verfahren der Situationsanalyse (Werlen, 1988, 47ff.).

Der Zugriff in subjektiver Perspektive versteht sich als eine Konstitutionsanalyse.[11] Hier dienen idealtypische Handlungsmodelle als Instrumente zur hypothetischen Bestimmung des typischen, erwarteten Handelns verschiedener Akteure. Diese Modelle bilden die Grundlage für Expertengespräche und ermöglichen es, auch die subjektive Perspektive der Akteure zu erschließen und so ihre Handlungsweisen in Bezug auf deren subjektiven Sinn zu verstehen.

Eigentümerverhältnisse im schweizerischen Wohnungsmarkt und ihre Bedeutung für die räumlich-soziale Wohnstandortverteilung

Zielsetzung

Der schweizerische Wohnungsmarkt zeichnet sich im internationalen Vergleich durch zwei Besonderheiten aus: Erstens durch die Eigentümerstruktur, die durch einen geringen Anteil selbstnutzender Eigentümer, einen hohen Anteil vermietender Privatpersonen sowie einen geringen Anteil gemeinnütziger Anbieter charakterisiert ist. Die zweite Besonderheit liegt in den im Vergleich zu anderen Ländern, insbesondere zu den USA oder Großbritannien, geringen segregativen Tendenzen.[12] Die Erklärung dieser beiden Besonderheiten des schweizerischen Wohnungsmarktes ist das Ziel der Situationsanalyse. Ausgangspunkt der Analyse sind die objektiven Strukturen, die als Folgen der Handlungen innerhalb der spezifischen Handlungssituation des schweizerischen Wohnungsmarktes betrachtet werden. Auf der Basis der hier bereits vorgestellten theoretischen Überlegungen geht die empirische Untersuchung von folgender *Hauptthese* aus: Das Ausmaß der Differenzierung der

---

[11] Siehe hierzu auch Werlen (1988, 104 ff.).
[12] Dies gilt in einer großräumigen als auch in einer kleinräumigen Betrachtungsweise.

räumlich-sozialen Wohnstandortverteilung ist umso größer, je höher die innere Homogenität einer Wohngegend bei gleichzeitiger Ungleichheit zu anderen Wohngegenden ist. Das heißt umgekehrt: je kleinräumiger das Angebot differenziert ist, desto größer sind die Wahlmöglichkeiten der Nachfrager und desto geringer ist das Maß der Segregation der Wohnbevölkerung.

Vorgehen

Mittels sekundärstatistischer Analyse werden die Eigentümerstrukturen auf der Grundlage des Datenmaterials der eidgenössischen Gebäude- und Wohnungszählung sowie der Schweizer Volkszählung 1990 analysiert. Die Konzentration auf die Eigentümer erfolgt deshalb, weil diese Akteure innerhalb der gegebenen Rahmenbedingungen die quantitative, qualitative und räumliche Versorgung der Bevölkerung maßgeblich bestimmen. Zur Beurteilung der Forschungsthese werden die Eigentümerverhältnisse, die Wohnungsbestände und die Bewohnerverhältnisse in den Wohnungen der verschiedenen Eigentümertypen statistisch analysiert. Die bereits beschriebenen Eigentümerkategorien (selbstnutzende sowie kommerziell und gemeinnützig orientierte Eigentümer) werden aufgrund der zur Verfügung stehenden statistischen Daten weiter differenziert und als Basis der Analyse verwendet.

Das objektive Wohnungsangebot wird entlang dieser Eigentümerkategorien in räumlicher, qualitativer und quantitativer Art spezifiziert. Als räumlicher Raster dient die Gemeindetypologie der Schweizer Statistik, die auf sozio-ökonomischen Merkmalen der Gemeinden und einem Zentrum-Peripherie-Ansatz beruht (Schuler, 1994). Die räumliche Verteilung der Wohnungsbestände der jeweiligen Eigentümertypen wird mittels Standortquotienten dargestellt, wodurch die Strukturunterschiede zwischen den Gemeindetypen verdeutlicht werden können. Die resultierende statistische Verteilung widerspiegelt den Stand des Kräfteverhältnisses zwischen Klassen. Im vorliegenden Fall zeigt es den Stand der Auseinandersetzung um die Aneignung des knappen Gutes ›Wohnung‹:

> »Jeder Konsument hat mit einem bestimmten Stand des Angebots zu rechnen, d. h. mit den objektivierten Möglichkeiten (Güter, Dienstleistungen, Handlungsschemata etc.), um deren Aneignung es in der Klassenauseinandersetzung gleichermaßen geht und die, aufgrund ihrer Assoziation mit Klassen oder Klassenfraktionen, sowohl einer Klassifikation und Hierarchisierung unterwerfen als auch selbst unterworfen sind.« (Bourdieu, 1987, 352)

Die Nachfrager können folglich ihre subjektiv gesetzten Präferenzen nur innerhalb dieses Angebots und aufgrund ihrer sozialen Position befriedigen (Kreibich, 1985, 183). Um die resultierenden Bewohnerverhältnisse darzustellen, werden in einem nächsten Schritt die Bewohnerverhältnisse in den jeweiligen Wohnungsbeständen nach Eigentümertypen analysiert und Über- und Unterrepräsentationen herausgefiltert. Grundlage der statistischen Auswertung der Bewohnerverhältnisse ist das Konzept der sozio-professionellen Kategorien von Joye/Schuler (1995).

Die Handlungstheorie dient in der empirischen Untersuchung zur Interpretation der räumlich-sozialen Wohnstandortverteilung. Dazu werden in idealtypischer Weise die unterschiedlichen Zielorientierungen der Eigentümertypen reflektiert und deren Handlungssituationen auf dem Wohnungsmarkt dargestellt.

Ausgewählte Resultate

Wenn die Eigentümerverhältnisse der Ausdruck der jeweiligen Zielorientierung, der situativen Bedingungen und der unterschiedlichen Handlungspotenziale der verschiedenen Akteure sind, dann haben im schweizerischen Wohnungsmarkt die Akteure, welche sich Wohnungen als Kapitalanlage und als Erwerbsmöglichkeit aneignen, eindeutig die besseren Chancen als diejenigen, welche sich den Gebrauchswert einer Wohnung zur eigenen Nutzung aneignen wollen. Die Schweizer Wohnungsmarktsituation ist folglich derart ausgestaltet, dass die allokativen und dadurch auch die autoritativen Ressourcen primär bei den wirtschaftlich orientierten Akteuren liegen und weniger bei den am Gebrauchswert orientierten Nachfragern. Die Folge davon sind Eigentümerstrukturen, welche die überwiegende Mehrheit der Wohnungsnutzer vom Eigentum ausschließen. 69 Prozent der Wohnungen in der Schweiz gehören nicht den eigentlichen Nutzern, sondern werden von einer nicht näher bezifferbaren Zahl von Akteuren vermietet. Nur 31 Prozent der Wohnungen werden somit von ihren Eigentümern selber genutzt.

Innerhalb der vermietenden Eigentümertypen dominieren die Privatpersonen (52 Prozent).[13] Ihnen gehört gut die Hälfte der Mietwohnungen. Ein

---

[13] Die Kategorie der Privatpersonen bildet eine äußerst heterogene Kategorie. Eine Untersuchung von Schulz u. a. (2005) zeigt, dass ein Gebäude mit Mietwohnungen im Besitz von Privatpersonen im Schnitt neun Wohnungen hat. Dies lasse auf einen erheblichen Anteil

Drittel (34 Prozent) gehört weiteren kommerziell orientierten Eigentümertypen (Personalvorsorgestiftungen, Versicherungen, Immobilienfonds u. a.). Die restlichen 14 Prozent der Mietwohnungen gehören gemeinnützig orientierten Eigentümertypen (Mitgliedergenossenschaften, andere Wohnbaugenossenschaften, Stiftungen sowie die öffentliche Hand).

Die Auswertung nach Standortorientierungen der Eigentümertypen zeigt, dass sich die Eigentümerverhältnisse in einer sozialen, räumlich reifizierten Hierarchisierung manifestieren. Die begehrtesten zentralen Standorte, welche lukrative Renditen versprechen, haben sich die kommerziell orientierten Eigentümertypen mehr oder weniger ganz angeeignet. Die geltenden Regeln des Wohnungsmarktes werden durch das Handeln dieser Akteure aufgrund ihres großen Transformationspotenzials in bedeutendem Maße strukturiert und fortlaufend reproduziert. Institutionelle Anleger (Personalvorsorgestiftungen, Versicherungen), die an einer langfristigen und vor allem sicheren Anlage ihrer Kapitalien interessiert sind, konzentrieren sich auf neuere, zahlreiche Wohneinheiten aufweisende Liegenschaften an stark nachgefragten Lagen, während sich Investoren mit kurzfristigen Verwertungsinteressen (z. B. Bau- und Immobiliengesellschaften) auf die ältere Bausubstanz in den Kernstädten konzentrieren. Die Umwandlung von großen Wohnungen in kleine, Abriss und Neubau, die Luxussanierung und die Gentrifizierung ganzer Quartiere können deshalb als Folge der Verwertungsstrategien kommerzieller Eigentümertypen interpretiert werden, welche die begehrten Standorte als Mittel der Renditeerzielung einsetzen.

Die gemeinnützigen Eigentümertypen bieten ein Ergänzungsangebot in den zentralen Gemeinden an. Ihr dortiges, von der öffentlichen Hand unterstütztes Engagement ist Ausdruck ihrer Zielorientierung, die Wohnungsknappheit für die schwächeren Marktteilnehmer zu lindern. Die in der Schweiz nach wie vor bestehende Wohnungsknappheit kann als Folge des rationalen marktwirtschaftlichen Handelns der kommerziell orientierten Eigentümer interpretiert werden und manifestiert sich deshalb in den zentralen Gemeinden am deutlichsten.

Die vermietenden Privatpersonen (Kleinvermieter) stellen aufgrund ihrer Pionierrolle in der Vermietungstätigkeit und aufgrund der Vererbung in praktisch allen Gemeindetypen die dominierende Vermieterkategorie dar.

professioneller Anleger schließen. Daneben besitzen Privatpersonen wie erwartet auch überdurchschnittlich viele Gebäude mit ein bis zwei Wohnungen.

In den peripheren Gemeinden, in welchen das Vermietungsgeschäft keine allzu hohen Renditen verspricht, sind sie neben dem dominierenden selbstgenutzten Wohneigentum praktisch die einzigen Vermieter von Wohnungen.

Als Folge der Praxis der verschiedenen Akteure zeigt sich eine doppelte räumliche Spaltung der Eigentümerstrukturen: In großräumlicher Hinsicht zeigt sich eine Spaltung zwischen den zentralen, kommerziell geprägten Wohnungsmärkten und den peripheren, die durch das selbstgenutzte Wohneigentum geprägt sind. Eine zweite Spaltung ergibt sich innerhalb der zentralen Regionen. Auf der einen Seite finden sich Gemeinden mit vorwiegend kommerziell vermieteten Wohnungsbeständen, auf der anderen Seite Gemeinden mit hohen Wohneigentumsanteilen und einem teuren Mietwohnungsangebot. Letztere können als reiche Agglomerationsgemeinden bezeichnet werden.

Die räumlich-soziale Wohnstandortverteilung lässt sich aber, wie bereits erläutert, nicht einseitig über die Anbieter erklären. Deshalb werden nun noch die Bewohnerverhältnisse nach Eigentümerkategorien im Licht unterschiedlicher Zuteilungssysteme und Aneignungspotenziale von Wohnungen diskutiert.

Beim selbstgenutzten Wohneigentum zeigt sich eine klare Korrespondenz zwischen Zugangsregelungen und Bewohnerstrukturen: Die schweizerischen Haushalte[14] haben überdurchschnittlich guten Zugang zum Wohneigentum. Die Zugangsmöglichkeiten dieser Haushalte sind dabei stark durch die oben dargestellten räumlich differenzierten Eigentümerverhältnisse mitbestimmt. In den zentralen Gemeindetypen sind mittlere und tiefere schweizerische sozioprofessionelle Kategorien vom Wohneigentum mehrheitlich ausgeschlossen, währenddem sie in den peripheren Regionen gute Zugangsmöglichkeiten haben. In den durch das kommerzialisierte Wohnungsangebot geprägten verstädterten Gemeinden konzentriert sich das selbstgenutzte Wohneigentum in den Händen der statushöheren Haushalte und korrespondiert räumlich besonders deutlich mit den reichen und periurbanen Gemeinden.

Die Haushalte von Ausländern sind vom selbstgenutzten Wohneigentum weitgehend ausgeschlossen. Selbst die statushöchsten ausländischen Haushalte, deren Einkommensverhältnisse nur wenig von den vergleichbaren schweize-

---

[14] In den höheren sozio-professionellen Kategorien erreicht die Wohneigentumsquote fast 60 Prozent, also europäisches Niveau und auch in den mittleren Kategorien ist der Wohneigentumsanteil deutlich überdurchschnittlich.

rischen abweichen, erreichen nur die durchschnittliche Eigentumsquote von 31 Prozent. Die mit gut zehn Prozent sehr tiefe Eigentumsquote der ausländischen Haushalte kann auf verschiedene Gründe zurückgeführt werden: durchschnittlich tiefere Einkommen und tiefere soziale Positionen, diskriminierende Praktiken von Kreditgebern oder Verkäufern sowie rechtliche Schranken des Erwerbs von Wohneigentum. Daneben könnte angeführt werden, dass die ausländischen Haushalte ihre Wohnpräferenzen anders setzen und bei einer allfälligen Rückkehr in ihr Herkunftsland nicht an Wohneigentum gebunden sein wollen.

Während das selbstgenutzte Wohneigentum zu einer klaren Korrespondenz von spezifischen Eigentümer- und Bewohnerverhältnissen führt, gilt dies für das kommerzielle nicht. Insgesamt zeigen sich dabei relativ diffuse Bewohnerstrukturen. Die diffusen Verhältnisse sind als Folge der vielfältigen Zuteilungssysteme und der großen Zahl der Akteure, die über die Wohnungsvergabe entscheiden, zu interpretieren. Gerade die dominante Eigentümerkategorie der vermietenden Privatpersonen konstituiert sich aus einer großen Zahl Akteure mit unterschiedlichsten Zielen bei der Vermietung. Dies führt zu einer wenig ausgeprägten Differenzierung der Bewohnerstrukturen.

Die ausländischen Haushalte sind im kommerziellen Wohnungsangebot überdurchschnittlich vertreten, was nicht zuletzt eine Folge des schlechten Zugangs zum selbstgenutzten Wohneigentum ist. Besonders stark repräsentiert sind dabei die wenig privilegierten ausländischen Haushalte. Gerade das eher schlecht renovierte Wohnungsangebot, das im Fall der Bau- und Immobiliengesellschaften zudem zum teuersten gehört, stellt aufgrund der schlechteren Zugangsmöglichkeiten zu anderen Wohnungen das Angebot für die unterprivilegierten ausländischen Haushalte dar.

Überrepräsentierungen der ausländischen Haushalte zeigen sich auch in den Wohnungen der weiteren kommerziell orientierten Eigentümer, insbesondere bei den Personalvorsorgestiftungen. Gerade diese verfügen über ein relativ preiswertes und gut in Stand gehaltenes Wohnungsangebot. Die wenig diskriminierende Vermietungspraxis, die diesen Eigentümertypen zugeschrieben werden kann, hat folglich, im Gegensatz zu den Bau- und Immobiliengesellschaften, nicht den negativen Beigeschmack der Ausnutzung einer sozialen Lage.

Innerhalb des gemeinnützigen Wohnungsangebots zeigen sich unterschiedliche Tendenzen der Bewohnerstrukturen. Während bei den Mitglieder-Wohnbaugenossenschaften die ausländischen Haushalte eher ausgeschlossen werden, ist dies bei den Stiftungen und der öffentlichen Hand kaum der Fall. Der Grund für den Ausschluss der ausländischen Haushalte bei den Mitglieder-Wohnbaugenossenschaften liegt neben Vermietungspraktiken, selbstgesetzten Höchstanteilen für ausländische Haushalte und der Bedingung der Kapitaleinlage, auch an den rechtlichen Bestimmungen für subventionierte Wohnungen. Die jeweils kantonal geregelten Subventionsbestimmungen legen nicht nur Kriterien bezüglich Einkommen und Vermögen, Familienverhältnissen usw. fest, sondern auch bezüglich des ausländerrechtlichen Status.

Bei den Mitglieder-Wohnbaugenossenschaften manifestiert sich auch eine Überrepräsentierung der älteren Haushalte, was eine Folge des weitgehenden Bleiberechts in genossenschaftlichen Wohnungen ist. Sonst zeigt sich im Wohnungsbestand als konformer Ausdruck der Zielorientierung der gemeinnützigen Eigentümer eine deutlich stärkere Repräsentierung der tieferen sozio-professionellen Kategorien sowie der Haushalte mit Kindern.

Beurteilung der These

Die im internationalen Vergleich geringe soziale Ausdifferenzierung der Wohnstandorte in der Schweiz kann folglich als unintendierter Effekt des dominierenden kommerziellen Vermietungsbereichs interpretiert werden. Dieser zeichnet sich durch zahlreiche Akteure und Organisationen sowie ebenso zahlreiche Zugangsregelungen aus. Auch in räumlicher Hinsicht sind kaum Konzentrationen einzelner Eigentümertypen zu finden. Die breit gefächerten, räumlich differenzierten Vermieterverhältnisse und das relativ homogene Angebot[15] haben eine vergleichsweise wenig ausgeprägte räumlich-soziale Differenzierung der Wohnstandorte und Bewohner zur Folge. Eine Ausnahme bildet die soziale und großräumliche Polarisierung zwischen Gebieten mit überwiegendem Mietwohnungsangebot und solchen mit überwiegendem Wohneigentum, welche aber nicht als Ausdruck der differenzierten Sozialstruktur interpretiert werden kann.

Hingegen reifiziert sich die soziale Polarisierung der Gesellschaft in einer Hierarchisierung des Raumes innerhalb der zentralen Gemeindetypen. Im zentralen, reichen Gemeindetyp zeigt sich eine innere Homogenität, die in den Zugangsbedingungen zum selbstgenutzten Wohneigentum und zum teuren Mietangebot in diesen begehrten Wohnlagen begründet ist. Eine vergleichbare Situation lässt sich in den peripheren Gemeindetypen nicht fest-

---

[15] Vgl. für die Auswertung des Standards des Angebots Odermatt (1997, 236-259).

stellen. Die hohen Mietzinse, der hohe Anteil an selbstgenutztem Wohneigentum und die begehrte Lage vom Typus »reiche Gemeinde« führen zu einem zirkulär-kumulativen Effekt, der statushohe Haushalte zunehmend in diesem Gemeindetyp konzentriert. Durch diesen Prozess manifestiert sich der von Bourdieu (1991) eingeführte Begriff des Klub-Effekts, der sich also nicht nur durch das selbstgenutzte Wohneigentum ergeben kann, sondern auch durch ein teures Vermietungsangebot.

Die räumlich differenzierten Eigentümerverhältnisse als Folge der rational handelnden Akteure und ihrer unterschiedlichen Machtpositionen führen zu räumlich segmentierten Angebotsstrukturen und somit zu Einschränkungen der Wahlmöglichkeiten. Wer zentral wohnen möchte, aus welchen Gründen auch immer, muss mit großer Wahrscheinlichkeit eine Wohnung mieten. Wer eine Wohnung als Eigentümer selbst nutzen möchte, muss tendenziell auf von kommerziell orientierten Akteuren weniger begehrte Standorte ausweichen. Allein die statushöchsten Haushalte verfügen über die Ressourcen, sich innerhalb eines durch die kommerziellen Investoreninteressen geprägten Wohnungsmarktes Wohneigentum anzueignen. Wer in weniger zentralen Gemeindetypen aber eine Wohnung mieten möchte, findet ein äußerst beschränktes Angebot vor und muss oft die physische Nähe des Vermieters in Kauf nehmen.

Investieren im Bestand: Erhalts- und Entwicklungsstrategien von Wohnbau-Investoren in der Schweiz

Problemstellung

Siedlungsräume sind Investitionslandschaften. Als Zeugen früherer Aktivitäten werden sie in der Beständigkeit des Gebauten zu Bedingungen für aktuelles Handeln. Weil folglich gesellschaftliche Dynamik einschließlich des technologischen Wandels und veränderter Wirtschaftsweisen auf die Persistenz des Gebauten stößt, kann das Gebaute aktuellen ökonomischen und sozialen Zielen gegenüber förderlich oder hinderlich sein. Wie sich unser Siedlungsraum in Zukunft entwickelt, hängt ganz entscheidend davon ab, wie der bestehende Wohnungspark als Baustein der Siedlungsentwicklung erhalten und entwickelt wird. Diese Frage bildet den Ausgangspunkt der Studie, welche die subjektive Perspektive einnimmt.

Das Klagelied ganzer Planergenerationen im Spannungsfeld zwischen Planer-Allmachtsphantasien und der fatalistischen Einsicht, dass am Ende doch das Geld regiert, warnt vor der Schwierigkeit der Umsetzung von Planungskonzepten und weist die Planbarkeit der Gesellschaft in ihre Schranken. Mitunter wird aber vergessen, dass das Geld, welches ›regiere‹, eine Allegorie darstellt, und dass Investieren Handeln ist. Im marktwirtschaftlich organisierten Schweizer Wohnungswesen (Hager, 1996, 86-87) bilden die Investoren die relevanten Akteure. Eine Untersuchung der Entwicklung des Wohnungsparks befasst sich daher vorzugsweise mit dem Investieren im Bestand.

Gegenstand und Vorgehen

Das Handeln der Investoren bildet das zentrale Thema der Untersuchung. Es handelt sich hier folglich um eine ›Wirtschaftsgeographie der Subjekte‹ und nicht um eine Wirtschaftsgeographie der Dinge oder der Relationen.[16] Handlungsabläufe werden gedanklich modelliert, indem ein geeignetes, zweckrationales Handlungsmodell gewählt und Organisations- und Managementtheorien im Sinne provisorischer Erklärungen in die Konstruktionen hypothetischer Handlungsweisen einbezogen werden. Die (zunächst formalen) Kategorien der handlungstheoretischen Perspektive erhalten somit einen hohen Grad an Sinnadäquanz. Die Forschung leistet einen theoretischen und empirischen Beitrag zu einer sozialwissenschaftlich begründeten, kritischen Wirtschaftsgeographie, indem sie Handlungsweisen der ›geography-makers‹ unter Berücksichtigung ihrer regionalisierenden Aspekte verstehend erfasst und in Bezug zu ihren Folgen setzt. Hierzu dient neben der Analyse der Handlungsweisen, welche zu bestimmten räumlichen Anordnungsmustern geführt haben, die Erforschung ihrer Bedeutung als Bedingung weiteren Handelns (Werlen, 1988, 183; 1999, 310). Die beabsichtigten und unbeabsichtigten Handlungsfolgen verschiedener Akteure werden mittels der Analyse von Handlungsweisen typisiert und prospektiv evaluiert.

Die Feldstudie umfasst 22 Fallstudien zu Erhalts- und Entwicklungsstrategien in der Schweizer Wohnungswirtschaft, welche neben ausführlichen Leitfadeninterviews eine Analyse der Organisationsstruktur der Unternehmen und Verwaltungseinheiten enthalten und von zehn Kontext-Interviews ergänzt werden. Als Basis für das Sampling werden – mit Hilfe der Situationsvariablen Zielsetzung, Professionalität, Ressourcenverfügung und Organisationsstruktur – Typen von Organisationen gebildet, welche die verschiedenen Segmente der Wohnungsindustrie – sowohl als Vertreter der Marktsegmente

---

[16] Vgl. Lepenies (1996, 69; zit. in Werlen, 1997, 302).

wie auch als organisationaler Handlungskontext der Akteure – repräsentieren. Dies stellt im Sinne des theoretical sampling (Strauss u. a., 1996, 148-165) sicher, dass eine große Bandbreite unterschiedlicher Organisationen und damit unterschiedlicher Positionen im »System Wohnungswirtschaft« (Van Wezemael, 1999, 63-66) in die Untersuchung einbezogen wurde.

Weil wirtschaftliches Handeln in einer handlungstheoretisch fundierten Wirtschaftsgeographie als in Organisationen eingebettetes Handeln von Individuen verstanden wird, basiert die Selektion der Gesprächspartner auf der vorgängigen Auswahl von Organisationen im Sinne von Handlungsbedingungen der Akteure. Bei den Interviewpartnern handelt es sich um Manager von Fonds in Großbanken, Leiter der Immobilienabteilungen in Personalvorsorgeeinrichtungen oder Präsidenten von Genossenschaften. Alle diese Befragten sind der strategischen Unternehmensebene (Ulrich/Krieg, 1973) zuzurechnen und wurden aufgrund ihrer Position in ihrer jeweiligen Organisation ausgewählt. Die Standorte der Managements erstrecken sich über die gesamte Deutschschweiz, wo der Großteil der Schweizer Headquarter des Immobiliensektors angesiedelt ist.

Die Leitfadeninterviews basieren auf Hypothesen über die Handlungsweisen der Akteure, die aus ihrer strukturellen Situation[17] – gebildet durch Spezifika der jeweiligen Branche, Organisationsziele, Verfügungsmacht innerhalb der Organisationsstruktur, aktuellem Gebäudebestand – abgeleitet wurden. Die Interviewauswertung zielt auf ein Verstehen der Handlungsweisen der Akteure, indem diese in ihrem (organisationalen) Kontext gedeutet werden (Bathelt/Glückler, 2002, 36-37).

Die Untersuchung beruht auf einem Forschungsdesign, welches die Strukturationstheorie als interpretativen Rahmen mit Elementen der Handlungstheorie als analytisches Instrumentarium verknüpft.[18] Dieses Vorgehen entspricht der Operationalisierung jenes strukturationstheoretischen Konzepts für die empirische Forschung, welches als »Analyse strategischen Handelns« bezeichnet wird (Giddens, 1988a; Van Wezemael/Odermatt, 2004).

Das beschriebene Vorgehen ermöglicht es insbesondere, Raumbezüge im Rahmen wirtschaftlichen Handelns zu erforschen. Der Begriff »Raum« im Sinne einer begrifflichen Konzeptualisierung der physisch-materiellen Wirklichkeit bildet eine Heuristik für die geographische Handlungsforschung. Der

---

17 Vgl. Popper (1973).
18 Vgl. Van Wezemael (2005, 11-30).

Begriff »Raum« ist sowohl in einer formalen als auch in einer klassifikatorischen Dimension bedeutsam. Die formale Dimension erlaubt eine Art Grammatik für die Orientierung in der physischen Welt und bezieht sich auf formale Eigenschaften physisch-materieller Gegenstände wie deren Länge oder Breite und nicht auf den Gegenstand selbst, wie das etwa die allgemeinen Begriffe Haus oder Tisch tun. Die klassifikatorische Funktion gestattet es, Gegenstände, die unter verschiedene allgemeine Begriffe fallen können, mit Hilfe eines Raumbegriffs zu fassen (Werlen, 1997, 239). Auf der formalen Ebene schlägt Werlen (1999, 329) für die Erforschung produktiver Regionalisierungen ein metrisches Raumkonzept vor; hinsichtlich der Klassifikation kommt der Kalkulation Bedeutung zu. Eine Untersuchung von Regionalisierungen bezieht sich auf die Verwendung räumlicher Kategorien und räumlicher Kontexte zur Meisterung von Problemsituationen (Glückler, 1999, 57). Die Analyse gilt also der Konstitution von Regionen durch das Handeln der Akteure, wobei Zugriffe auf Räumliches im Sinne einer integralen Handlungsweise im Zusammenhang mit den anderen Größen begriffen werden müssen.

Ausgewählte Resultate

Räumlich differenzierte Handlungsweisen: Die Handlungsweisen der Akteure lassen sich durch zwei Regionalisierungsmodi charakterisieren.
1. Einen ersten, metrisch-kalkulatorischen Typus von Regionalisierungen konstituieren die Akteure in institutionellen Investoren[19], die sich bei Erhaltsentscheiden auf integrierte Management-Systeme beziehen. Diese integrieren alle beteiligten Funktionen und Stellen des Asset-Managements, stellen einen durchgehenden, raschen Datenfluss sicher und bereiten die relevanten Daten systematisch auf (Bilotta, 2004). Hiermit verfolgen sie eine explizierte Immobilienstrategie auf Portfolio-Ebene. Sie standardisieren ihre räumlichen Bezüge metrisch durch die Bezugnahmen auf allgemeine Gebietsdefinitionen der öffentlichen Statistik (Schuler, 1994) und klassifizieren sie kalkulatorisch mittels statistisch prüfbarer und explizierter Kriterien wie Preisniveau, Leerständen, Steuerfuß, Erreichbarkeit und ähnlichem. Die kalkulatorische Definition der Regionen fließt bei der Verwendung integrierter Management-Systeme in objektivierter

---

[19] Zur inneren Differenzierung dieser siehe Van Wezemael (2004).

Form in Bewirtschaftungs- und Entwicklungsentscheide ein. Durch diese Bezugnahmen erhalten die statistischen Gebietsdefinitionen unbeabsichtigterweise empirische Evidenz. Die Managementinstrumente sind in den Handlungsorientierungen der Akteure keine bloßen Hilfsmittel zur Vereinfachung ökonomischer Kalkulation, denn die Akteure beziehen sich auf die regionalen Strategien und die Analyseergebnisse im Sinne von Strukturmomenten, sodass sie das Handeln strukturieren – also sowohl ermöglichen als auch leiten. Hiermit erfolgen eine Stabilisierung der Regionalisierungsweisen und eine Distanzierung der Akteure von lebensweltlichen Bezügen und subjektiven Einschätzungen.[20] Die Handlungsweisen bedeuten eine Mediatisierung, Standardisierung und Objektivierung der Raumbezüge und lassen sich mit der Begrifflichkeit metrisch-kalkulatorischer Regionalisierung fassen. Eine Hierarchisierung der räumlichen Bezüge bildet einen integralen Bestandteil der Formulierung der Immobilienstrategien, die sich auf die Ebene des Portfolios – nicht der Einzelliegenschaften – bezieht, weshalb die von Managementinstrumenten unterstützte Portfolio-Orientierung als Konsequenz von einer Hierarchisierung[21] und Quantifizierung der Raumbezüge begleitet ist.

2. Die Vertreter der gemeinnützigen Akteure und die Privatpersonen zeichnen sich durch einen Typus der Regionalisierung aus, der deutlich vom metrisch-kalkulatorischen Modus abweicht. Anders als bei der metrisch-kalkulatorischen Regionalisierung zeigen die Befragungsergebnisse, dass die Regionalisierungen vor allem bei den lokal tätigen in einer körperzentrierten Weise erfolgen, indem sowohl die Merkmale zur Klassifikation der Gebietseinheiten als auch deren Abgrenzung aufgrund sinnlicher Erfahrung vorgenommen werden und kaum durch rechnerische Klassifikationen und administrativ geleitete Abgrenzungen relativiert wird. Die Güte der Lage wird mittels Erfahrungswissen auf Mikro-Niveau anhand der Kenntnis des Umfeldes, der Nähe zu Schulen, Versorgungseinrichtungen und Verkehrsinfrastrukturen beurteilt und verläuft im Gegensatz zur mediatisierten und standardisierten Regionalisierung der institutio-

---

[20] Entscheidungen werden getroffen, ohne dass unmittelbare Kontakte zum Objekt und ohne dass eine soziale Beziehung mit den dortigen Mietern bestünde.
[21] Die Akteure nehmen nahezu identische Setzungen tieferer Prioritäten vor, indem sie nach eigenen Angaben unter Verwendung der entwickelten Rating- und Bewertungssysteme der Größe und der Erreichbarkeit der Standorte folgen.

nellen Akteure in lebensweltlichen Kategorien. Zudem beschränken sich räumliche Bezüge von vornherein auf die bisherigen oder auf für die Akteure gut erreichbare, meist aus dem Alltag bekannte Standorte, womit der Möglichkeitsraum auf den lokalen Kontext beschränkt ist.

Während die Akteure in den institutionellen Organisationen in jüngster Vergangenheit im Zuge globaler wirtschaftlicher Veränderungen einen Wandel der Verfahren räumlicher Orientierung aufweisen (Van Wezemael, 2004), zeigen die Gemeinnützigen und die Privatpersonen keine Abweichungen von ihren angestammten Problemlösungsverfahren. Die Unterschiedlichkeit der Regionalisierungsweisen als inhärenter Teil von Handlungsweisen zeitigt unterschiedliche Folgen für die Portfolio-Entwicklung der Akteure, aber auch für die Reproduktion respektive Transformation der Investitionslandschaften.

Siedlungsräume als Handlungsfolgen: Die Analyse der Regionalisierungsweisen (Van Wezemael, 2004, 69-72) erlaubt die Diskussion der Bestandsentwicklung »in räumlicher Perspektive« (Bathelt/Glückler, 2002), denn durch die Übereinanderlegung typisierter Modi der Regionalisierung lassen sich Gebietstypen hinsichtlich der Handlungsfolgen charakterisieren.

Die gezielten Aufwertungen durch institutionelle Investoren in deren strategischen Kerngebieten – in Form der Steigerung von Nutzungsintensität und Standard – erhöhen das Investitionsvolumen in Ballungsgebieten durch Umlagerung zu Lasten ländlicher Gebiete und lassen die Bestandesmieten in den Ballungsgebieten ansteigen. Die Reduzierung des Angebots an günstigen Wohnungen fordert (und fördert) die Gemeinnützigen, wie bis anhin in den Zentren. Der Handel mit Renditeliegenschaften nimmt in den Zentren nur unbedeutend zu, weil von der Makro-Lage her die heute schon übervertretenen Institutionellen und Gemeinnützigen die Option ›Halten‹ ansteuern. Wesentlich anders sieht das Szenario für ländliche Gebiete aus, in denen eine Dominanz des Wohneigentums vorzufinden ist und wo die natürlichen Privatpersonen als vermietende Eigentümer übervertreten sind (Odermatt, 1997, 222). Aus solchen Gebieten will sich die Mehrheit der institutionellen Akteure zurückziehen, weshalb deren Veräußerungen zunehmen. Dies drückt das Preisniveau der Objekte und gibt Privatpersonen und Gewerbetreibenden die Möglichkeit, zu günstigen Konditionen Objekte in unsaniertem Zustand zu erwerben. Diese lassen werterhaltende Investitionen zu, welche, anders als wertsteigernde Maßnahmen, nach Schweizer Recht von den Steuern absetzbar sind (siehe Schweizerische Bundeskanzlei, 2004). Steuerliche Attraktivität ist einer der Hauptgründe für den Immobilienbesitz von Privatpersonen und

Gewerbetreibenden (Farago et al., 1993). Zudem geben die Vertreter institutioneller Anbieter an, in erster Linie kleinere Objekte in der Größenordnung bis fünf Mio. CHF strategisch veräußern zu wollen, was der Zahlungskraft der Privaten entgegenkommt. Ist die Absorptionskraft der Privaten genügend groß – was derzeit der Fall ist –, so ist das Angebot an Mietwohnungen auch in weniger zentralen Regionen nicht gefährdet. Der relative Standard der dortigen Mietwohnungen wird allerdings auf Dauer sinken, weil die Privaten im Vergleich zu den Institutionellen zurückhaltender investieren und den Werterhalt im Allgemeinen gegenüber Wertsteigerungen vorziehen.

Schlussfolgerung

Mit dem Handlungsbegriff liegt ein formales Modell zur Beschreibung gesellschaftlicher Tätigkeiten und als deren Folge auch der sozialen Welt vor. Gesellschaftliche Sachverhalte können von den Handlungen her aufgeschlüsselt werden. Kann man die Handlungsweisen der Subjekte, welche sich auf das physische Artefakt ›Wohnung‹ beziehen, verstehen und erklären, ist man auch in der Lage, gesellschaftliche Phänomene wie die räumlich-soziale Wohnstandortverteilung und Prozesse wie das Investieren im Bestand zu verstehen.[22] Durch die handlungstheoretische Konzeptualisierung wird es möglich, wie wir zu zeigen versuchten, allgemeine Prinzipien des Handelns der verschiedenen Akteure des Wohnungsmarktes zu identifizieren, zu typisieren, und verstehend zu erklären.

Das handlungstheoretisch begründete Modell zur Analyse des Wohnungsmarktes berücksichtigt alle relevanten Handlungsbereiche und zeigt empirische Zugriffsmöglichkeiten auf die verschiedenen Handlungssphären und deren Handlungstypen im Sinne eines heuristischen Suchrasters auf. In der Modellbildung ist neben der Anwendung des allgemeinen Handlungsmodells und seiner Analysekategorien (Zielorientierung, Bedingungen, Mittel und Folgen des Handelns) auch den unterschiedlichen Vermögensgraden des Handelns verschiedener Handlungstypen Rechnung zu tragen. Mit dem Konzept der Macht als inhärentem Teil des Handelns und durch die Thematisierung des Konzepts der allokativen und autoritativen Ressourcen können die unterschiedlichen Vermögensgrade des Handelns im Bereich des Wohnungsmark-

---

[22] Vgl. dazu Werlen (1988, 3f.).

tes und die damit verbundenen sozialen Positionen der Akteure benannt werden. Die handlungstheoretisch begründete Konzeptualisierung der räumlich-sozialen Wohnstandortverteilung – sei es als zu erklärende Größe wie bei Odermatt (1997) oder im Sinne regionalisierender Momente im Zuge strategischen Handelns bei Van Wezemael (2005) – stellt somit ein allgemeines Modell dar, von dem unterschiedlichste empirische Forschungskonzeptionen abgeleitet werden können und mit dem valable Aussagen über die alltäglichen Regionalisierungen im Bereich der Produktion und der Nutzung räumlicher Muster gemacht werden können.

Literatur

Alonso, W.: Location and Land Use. Cambridge Mass. 1964
Basset, K./Short, J. R.: Housing and Residential Structure. Alternative Approaches. London/Boston 1980
Bathelt, H./Glückler, J.: Wirtschaftsgeographie. Ökonomische Beziehungen in räumlicher Perspektive. Stuttgart 2002
Bilotta, G.: Handlungsbedarf an allen Ecken und Enden. Immobilien im Finanzvermögen von Unternehmen. In: Neue Zürcher Zeitung, Nr. 98, 2004, S. 76
Bourdieu, P.: Entwurf einer Theorie der Praxis auf der ethnologischen Grundlage der kabylischen Gesellschaft. Frankfurt a. M. 1976
Bourdieu, P.: Die feinen Unterschiede. Kritik der gesellschaftlichen Urteilskraft. Frankfurt a. M. 1987
Bourdieu, P.: Physischer, sozialer und angeeigneter physischer Raum. In: Wentz, M. (Hrsg.): Stadt-Räume. Frankfurt a. M. 1991, S. 25-34
Dicken, P./Lloyd, P. E.: Die moderne westliche Gesellschaft. Arbeit, Wohnung und Lebensqualität aus geographischer Sicht. New York 1984
Farago, P./Hager, A./Panchaud, C.: Verhalten der Investoren auf dem Wohnungsimmobilienmarkt. Bern 1993
Frieling von, H. D.: Räumlich soziale Segregation in Göttingen – Zur Kritik der Sozialökologie. Urbs et Regio, Bd. 19. Kassel 1980
Giddens, A.: Die Konstitution der Gesellschaft. Grundzüge einer Theorie der Strukturierung. Frankfurt a. M./New York 1988a
Giddens, A.: The Role of Space in the Constitution of Society. In: Steiner, D./Jäger, C./Walther, P. (Hrsg.): Jenseits der mechanistischen Kosmologie – neue Horizonte für die Geographie? Berichte und Skripten des Geographischen Instituts der ETH Zürich, Nr. 36. Zürich 1988b, S. 167-180
Glückler, J.: Neue Wege geographischen Denkens? Eine Kritik gegenwärtiger Raumkonzeptionen und ihrer Forschungsprogramme in der Geographie. Frankfurt a. M. 1999
Hager, A.: Siedlungswesen in der Schweiz. Grenchen 1996

Hartke, W.: Die Bedeutung der geographischen Wissenschaft in der Gegenwart. In: Hartke, W./Wilhelm, F. (Hrsg.): Tagungsbericht und wissenschaftliche Abhandlungen des 33. Deutschen Geographentags. Köln 1962, S. 113-131

Harvey, D.: The Urban Experience. Oxford 1989

Inderbitzin, J.: Zur Erklärung innerstädtischer Wohnstandortverteilungen. Diplomarbeit am Geographischen Institut der Universität Zürich. Zürich 1987

Joye, D./Schuler, M.: Sozialstruktur der Schweiz. Sozioprofessionelle Kategorien. Statistik der Schweiz. Bern 1995

Kemeny, J.: Housing and Social Theory. London/New York 1992

Kreibich, V.: Wohnversorgung und Wohnstandortverhalten. In: Friedrichs, J. (Hrsg.): Die Städte in den 80er Jahren. Opladen 1985, S. 181-195

Läpple, D.: Gesellschaftszentriertes Raumkonzept. Zur Überwindung von physikalisch-mathematischen Raumauffassungen in der Gesellschaftsanalyse. In: Wentz, M. (Hrsg.): Stadt-Räume. Frankfurt a. M. 1991

Matznetter, W.: Wohnbauträger zwischen Staat und Markt. Strukturen des sozialen Wohnungsbaus in Wien. Frankfurt a. M./New York 1991

Odermatt, A.: Eigentümerstrukturen des Wohnungsmarktes. Ein handlungstheoretischer Beitrag zur Erklärung der räumlich-sozialen Wohnstandortverteilung am Fallbeispiel Schweiz. Geographie, Bd. 3. Münster 1997

Odermatt, A./Van Wezemael, J. E.: Geographische Wohnungsmarktforschung. Eine Einführung. In: Odermatt, A. und Van Wezemael, J. E. (Hg.): Geographische Wohnungsmarktforschung. Ein Vergleich der Wohnungsmärkte Deutschlands, Österreichs und der Schweiz und aktuelle Forschungsberichte. Zürich 2002, S. 1-4

Popper, K. R.: Objektive Erkenntnis. Ein evolutionärer Entwurf. Hamburg 1973

Scheller, A.: Frau – Macht – Raum. Geschlechtsspezifische Regionalisierungen der Alltagswelt als Ausdruck von Machtstrukturen. Diplomarbeit am Geographischen Institut der Universität Zürich. Zürich 1995

Schuler, M.: Die Raumgliederungen der Schweiz. Bern 1994

Schulz, H.-R./Würmli, P.: Eigentumsverhältnisse und Nutzung der Gebäude und Wohnungen. In: Bundesamt für Wohnungswesen (Hrsg.): Wohnen 2000. Detailauswertung der Gebäude- und Wohnungserhebung. Schriftenreihe Wohnungswesen, Bd. 75. Grenchen. S. 7-42

Schweizerische Bundeskanzlei: Systematische Sammlung des Bundesrechts. http://www.admin.ch/ch/d/sr/sr.html. Abrufdatum: 20.6.2004

Strauss, A. L./Corbin, J. M./Legewie, H.: Grounded Theory. Grundlagen qualitativer Sozialforschung. Weinheim 1996

Türk, K.: Einführung in die Soziologie der Wirtschaft. Stuttgart 1987

Ulrich, H./Krieg, W.: Das St. Galler Management-Modell. Bern 1973

Van Wezemael, J. E.: Markt und Wohnen. Ein Beitrag zur Marktmiete-Debatte aus sozial- und wirtschaftsgeographischer Sicht. Diplomarbeit am Geographischen Institut der Universität Zürich. Zürich 1999

Van Wezemael, J. E.: Dynamisierung einer binnenorientierten Branche: Die Schweizer Wohnimmobilienwirtschaft im Umbruch. In: Geographische Zeitschrift, Jg. 92, Nr. 1/2, 2004, S. 59-75

Van Wezemael, J. E.: Investieren im Bestand. Eine handlungstheoretische Analyse der Erhalts und Entwicklungsstrategien von Wohnbau-Investoren in der Schweiz. Publikation der Ostschweizerischen Geographischen Gesellschaft. Neue Folge, Bd. 8. St. Gallen 2005

Van Wezemael, J. E./Odermatt, A.: Verändert die Marktmiete die residentielle Segregation? Die Marktmiete aus sozial- und wirtschaftsgeographischer Sicht. In: Geographica Helvetica, Jg. 55, Nr. 4, 2000, S. 251-261

Van Wezemael, J. E./Odermatt, A.: Structuration Theory in Economic Geography – A Theory with Empirical Pitfalls? Paper vorgetragen am Annual Meeting of the Association of American Geographers. Philadelphia 2004

Weber, M.: Wirtschaft und Gesellschaft. Tübingen 1980 (Erstausgabe 1921)

Werlen, B.: Gesellschaft, Handlung und Raum. Grundlagen handlungstheoretischer Sozialgeographie. Erdkundliches Wissen, Heft 89. Stuttgart 1988

Werlen, B.: Sozialgeographie alltäglicher Regionalisierungen. Bd. 2: Globalisierung, Region und Regionalisierung. Erdkundliches Wissen, Heft 116. Stuttgart 1997

Werlen, B.: Sozialgeographie. Bern, Stuttgart, Wien 1999

Tilo Felgenhauer

»Ich bin Thüringer, ... und was ißt Du?«

Regionenbezogene Konsumtion und Marketingkommunikation am Beispiel »Original Thüringer Qualität«

> *»Ich kaufe unbedingt die Thüringer Leberwurst, weil ich hier aufgewachsen bin. Also, das will ich unbedingt auch von hier haben, wegen des Geschmacks. Ist das woanders her, ist das ganz anders im Geschmack.«*

Vom ›Konsum im Raum‹ zum ›Raum im Konsum‹

Dieser knappe Auszug aus einem ausführlicheren Interview bringt einen typischen Raumbezug der Konsumtion auf den Punkt: Die eigene Biographie, das Produkt und seine geographische Herkunft werden im symbolischen Bezug zu einer sinnhaften Deutung verwoben, in welcher der Herstellungsort des Produktes dessen Eigenschaften bestimmt. So wird das Warenangebot einer geographischen Vorstellung entsprechend ›sortiert‹.

Unter spätmodernen Bedingungen werden Konsum und Produktion zu zentralen Instanzen sozialer Sinnstiftung. Deshalb sind funktionalistisch-behavioristische Termini der traditionellen Ökonomie, wie ›Versorgung‹ oder ›Verbrauch‹, für diesen Ausschnitt der sozialen Welt immer weniger adäquate Kategorien der Beschreibung. Anstatt materielle Arbeits- und Produktionszusammenhänge in den Mittelpunkt zu stellen, sollte De Certeaus Frage beantwortet werden, was die Menschen mit den Produkten tatsächlich anstellen (1988, 13). Sein Postulat, Konsum als »zweite Produktion« zu begreifen, verdeutlicht die vielgestaltigen und komplexen Weisen des Umgangs mit Produkten *nach* deren Erwerb. Konsumgüter werden in diesem Kontext zu Bedeutungsträgern, die mit ganz unterschiedlichen symbolischen Gehalten aufgeladen werden. Sie können dazu verwendet werden, eine Distinktion zur

Konkurrenz herzustellen (im Marketing), oder sie tragen zur Identitätskonstitution (Konsument) bei.

Eine *Geographie* der Produktion und Konsumtion bildet dabei *eine* spezifische Seite dieser Sinnkonstitution, und ›Raum‹, so die These einer handlungsorientierten Perspektive, ist im Kommunikationsgehalt zu suchen – und nicht der Kommunikationsgehalt ›im Raum‹. Deshalb liegt der Fokus der hier vorgestellten empirischen Untersuchung statt auf der Analyse eines vorgefassten Raumausschnitts (Container) auf der Analyse der Herstellung von sprachlichen und symbolischen Raumbezügen. Anstatt zu fragen, was wo konsumiert wird, steht die Frage im Zentrum, wie die Menschen mit dem ›Wo‹ bzw. ›Woher‹ des Produktes umgehen. Wie wird es konstruiert und wie ›kursiert‹ es? Das Ergebnis dieser Untersuchung wird sicherlich keine explizite Widerlegung konventioneller wirtschaftsgeographischer Arbeiten sein. Sie bietet vielmehr eine andere (erklärende) Beschreibung an, die sich eines *neuen* Vokabulars und *anderer* Kategorien bedient; oder kurz: einen anderen Blick auf produktive und konsumtive Praktiken wirft.

Der erste Schritt dieses Perspektivenwechsels besteht in der Neubestimmung des Verhältnisses von ›Raum‹, ›Konsum‹ und ›Kommunikation‹. In einem zweiten Schritt wird dieses Verhältnis am Beispiel »Original Thüringer Qualität«,[1] dem Label des Thüringer Agrarmarketings, mit den Regionalisierungsebenen *produktiv-konsumtiv*, *normativ-politisch* und *informativ-signifikativ* (Werlen, 1997; 2000) verknüpft. Das Augenmerk liegt dabei auf den Kommunikationsinhalten, die Marketing und Konsument verbinden – eine Kartierung und damit Objektivierung in einem substantialistischen Sinne wird dagegen bewusst vermieden.

›Konsum‹ im dargelegten Verständnis bedarf einer *interpretativen* und *qualitativen Methodik* der Untersuchung, um die angesprochene Ebene von ›Sinn‹ und ›Deutung‹ in hermeneutischer Weise überhaupt erfassen zu können.[2] Die Annäherung an den Gegenstand (»Original Thüringer Qualität«) durch eine

---

[1] Dieses Zeichen wird zur Kennzeichnung von Lebensmitteln eingesetzt, die geographisch definierte Kriterien zur Rohstoffherkunft und zum Standort der Verarbeitung erfüllen. Aufgrund eines Urteils des Europäischen Gerichtshofes, das die kombinierte Aussage von Herkunft und Qualität in einem Zeichen für unzulässig (!) erklärt, wurde das Zeichen 2003 in »Geprüfte Qualität – Thüringen« geändert.

[2] Eric Schlosser (2002) zeigt mit »Fast Food Nation«, wie eine qualitative, subjekt- und gesellschaftsorientierte Konsumforschung aussehen kann: Er interviewt einzelne Akteure innerhalb eines gigantischen ökonomischen Netzwerkes: Der amerikanischen Fast-Food-Industrie.

offene Recherche mit anschließender Dokumentenanalyse, das Führen qualitativer Interviews mit Marketing-Verantwortlichen und Konsumenten sowie vor allem deren Interpretation mit dem sozialgeographischen Fokus auf der sprachlich-symbolischen (Re-)Produktion räumlicher Kategorien innerhalb konsumtiver Praxis kommen diesem Anspruch nach. Am Ende steht der Vorschlag, einige Deutungsschemata, d. h. bestimmte Weisen der Kommunikation, zu unterscheiden, um einen Überblick über jene Kontexte zu gewinnen, in denen räumliche Begriffe innerhalb konsumtiver Praxis Relevanz erlangen können. Daraus lassen sich auch Vermutungen über die Gründe des Erfolges oder Misserfolges regional orientierter Vermarktung ableiten.

Stand der Forschung

Bevor die Konzeptualisierung und die Resultate der empirischen Studie im Einzelnen vorgestellt werden, soll kurz die multi-disziplinäre Relevanz des Themenkomplexes um Raum und Konsumtion aufgezeigt werden.

Konsum wird in den Sozialwissenschaften seit der Überwindung rein materialistischer Ansätze nicht mehr als ›Verbrauch‹ verstanden und auch nicht mehr methodologisch ans Ende einer ökonomischen Verwertungskette gestellt. Insbesondere die Soziologie hat bereits früh die sinnstiftende Dimension des Erwerbs, der Nutzung und der Zurschaustellung von Produkten erkannt (Douglas/Isherwood, 1979; Veblen, 1989; Bourdieu, 1992). Ein Konsumgut kann demnach nicht auf seine physisch-objekthafte Seite reduziert werden. Stattdessen sind Konsumgüter als symbolische Bausteine einer Welt- und Selbstdeutung zu verstehen. Dieses Umdenken impliziert auch eine Verlagerung des Forschungsschwerpunktes weg von makroanalytischen Konzepten hin zu handlungstheoretisch angelegten Mikroanalysen.

Die »economic sociology« (Granovetter/Svedberg, 1992) steht angesichts der schwindenden Erklärungskraft des Modells des ›homo oeconomicus‹ für die Aufnahme dieser ›interpretativen Wende‹ auch in den *Wirtschaftswissenschaften*: Ökonomisches Handeln, so die Prämisse dieser einflussreichen Schule, ist stets sozial situiert – ökonomische Institutionen sind soziale Konstruktionen. Außerdem ist aus dem Bereich der Wirtschaftswissenschaften die »Country-of-Origin«-Forschung zu nennen, welche die Relevanz von Herkunftsangaben für das Produktmarketing prüft (Lebrenz, 1996; Papadopoulos/Heslop, 1993).

Ebenso hat in der deutschsprachigen *Geographie* eine Entwicklung von der raumwissenschaftlichen Analyse des Konsumentenverhaltens (z. B. Böhm/

Krings, 1975; Heinritz, 1979) hin zur Rekonstruktion alltagsgeographischer Konstruktionen (Ermann, 2002; 2005) eingesetzt. Das handlungstheoretische und das interpretative Paradigma gewinnen zusehends an Einfluss.

Die *Rechtswissenschaften* sind für die hier vorgestellte Untersuchung weniger aufgrund ihres eigenen Forschungsinteresses relevant, sondern weil ihre Problemdarstellungen in Bezug auf Raum und Konsum die gesellschaftlich etablierten Prämissen des Alltagshandelns widerspiegeln. Insbesondere das Markenrecht (s. Michel, 1995; s. u.) zeigt die gesellschaftliche – und in der Folge juristische – Verknüpfung der Herkunft bzw. des Herkunftshinweises eines Produktes mit seiner Qualität.

Von Thüringen zu »Thüringen«

›Raum‹ als Handlungsergebnis zu verstehen bedeutet – im Kontext von Marketing und Konsum um das Label »Original Thüringer Qualität« –, den Bezug auf Thüringen als symbolisch aufzufassen. »Thüringen« ist im Supermarkt und in der Werbung primär ein Zeichensystem und kein natürliches Objekt. Der Bezug auf Thüringen ist demzufolge für den Kunden ausschließlich ein Raum-*Verweis*, nicht aber ein Stellvertreter für einen ›Realraum‹. Diese Sichtweise kommt dann zustande, wenn man statt der so genannten räumlichen die kommunikativen Zusammenhänge in den Mittelpunkt stellt. Oder anders formuliert: wenn man die räumlichen Bezüge kommunikativ erschließt und nicht umgekehrt die kommunikativen Bezüge als raumabhängig betrachtet. Nicht der Abgleich mit einer externen räumlich-materiellen Wirklichkeit ist folglich das Ziel einer kommunikativ orientierten sozialgeographischen Forschungsperspektive. Diese ist vielmehr darauf angelegt, Deutungsmuster offen zu legen, in denen Begriffe wie »Raum«, »Region«, «Thüringen« und »Produktherkunft« eine Rolle spielen. »Thüringen« ist konsequenterweise als symbolischer Weltbezug zu verstehen und »Original Thüringer Qualität« als ein Label, das an diesen Weltbezug symbolisch anschließt.

Dieser symbolisch konstituierte Weltbezug weist eine materielle Basis auf (Warenproduktion) und wird normativ abgesichert (Label-Schutz). Die drei Ebenen, die bei jeder ökonomischen Transaktion präsent bzw. gegeben sind, können mit dem Analyserahmen, den die ›Sozialgeographie alltäglicher Regionalisierungen‹ zur Verfügung stellt, als produktiv-konsumtive, normativ-politische und informativ-signifikative Dimensionen des regionalisierenden Weltbezuges thematisiert und verknüpft untersucht werden. Die *materielle* Ebene der Warenproduktion und des Vertriebes wird mit dem Begriff der (1) *pro-*

duktiv-konsumtiven Regionalisierung thematisiert. Im Falle »Original Thüringer Qualität« wird diese Seite vor allem durch die Geographien der ›Thüringer‹ Lebensmittelproduzenten, deren Rohstoffbezüge und durch den Vertrieb der Produkte geprägt. Diese Ebene wird, wie noch zu zeigen sein wird, von der (2) *normativ-politischen* Ebene (das Bundesland »Thüringen« und dessen Agrarmarketing) entsprechend der dort formulierten Normen und Werte transformiert. Die (3) *informativ-signifikative* Ebene bildet den Kontext, diese Transformation gesellschaftlich zu vermitteln bzw. Anschluss an bereits im Alltag existierende Vorstellungen zu finden. Das Konzept »Original Thüringer Qualität« zeigt dieses Wechselspiel zwischen einem politisch-normativ agierenden Marketing und den Vorstellungen der Konsumenten, die sowohl Ausgangspunkt als auch Ziel der Marketingkommunikation sind.

Um diese Praxisbeschreibung beginnen zu können, ist jedoch zunächst ein genaueres, ›nicht-naturalistisches‹ Verständnis der geographischen Herkunftsangabe als Produktinformation notwendig.

Was heißt eigentlich »Produktherkunft«?

Die Vermarktung eines Produktes mit Hilfe einer geographischen Information wurde und wird im Alltag häufig als ein ›Transparentmachen‹ von Produktionszusammenhängen missverstanden. Der Frage »Was kaufe ich hier eigentlich?«, die sich der Konsument stellt, wird mit einer Information über den Herstellungs*ort* oder den Erzeugungs*ort* der Rohstoffe entsprochen.[3] Aber worin liegt der Informationswert einer solchen Angabe, wenn man aus sozialwissenschaftlicher Perspektive *nicht* von einem Kausalzusammenhang von Herkunft und Produkteigenschaft ausgeht? Die Aufklärung über die ›tatsächlichen‹ Produktionsbedingungen, über spezifische Abläufe kann und soll die Herkunftsangabe in der Regel *nicht* leisten. Der Herkunftshinweis ist kein Stellvertreter für konkrete Kenntnisse über die Erzeugung einer Ware, kein Schlüssel, der die Blackbox des »Expertensystems« (Giddens, 1995) ›industrielle Lebensmittelproduktion‹ in eine gläserne, jedermann informativ zu-

---

3 Dieses geodeterministische Denken kommt im Lissabonner Ursprungsabkommen (LUA) zum Ausdruck: »Unter Ursprungsbezeichnung im Sinne dieses Abkommens ist die geographische Benennung eines Landes, einer Gegend oder eines Ortes zu verstehen, die zur Kennzeichnung eines Erzeugnisses dient, das dort seinen Ursprung hat und *das seine Güte oder Eigenschaften ausschließlich oder überwiegend den geographischen Verhältnissen einschließlich der natürlichen und menschlichen Einflüsse verdankt*« (LUA, zit. in Michel, 1995, 22; eigene Hervorhebung).

gängliche Sphäre verwandelt. Vielmehr handelt es sich um ein konstruktives Spiel mit Sinn, d. h. mit der Bedeutung verschiedenster geographischer Begriffe, mit deren Hilfe der Konsument das Warenangebot und die Produkteigenschaften selbst deuten kann.

Dass geographische Informationen besonders geeignet sind, ein Produkt gegenüber der Konkurrenz herauszuheben, liegt weder in ihrer Rolle begründet, materielle Verhältnisse der räumlichen Wirklichkeit abzubilden, noch darin, eine Scheinwelt mythischer Orte zu mobilisieren (dann drängte sich die Frage nach den ›realen‹ Verhältnissen auf). Geographische Herkunftsangaben sind weder Spiegel der ›materiellen Wirklichkeit‹ noch per se ›irreführend‹.

Die Idee einer kausalistischen Ortsabhängigkeit scheitert schon an nahezu beliebigen, dem Marketing offen stehenden Möglichkeiten, geographische Begriffe ins (Sprach-)Spiel zu bringen: »Made in Japan«, »Assembled in Switzerland«, »mit echter Alpenmilch«, »Made by Adidas, Germany«; und auch (von einem rationalen Standpunkt aus gesehen) inkonsistente Konstruktionen, wie etwa »Allgäuer Emmentaler«, werden verwendet. Geographische Herkunftshinweise sind also nicht das Fenster zu einer objektiven, räumlich ausgeprägten Produktionswelt in einem ontologischen Sinne. Die ›klassische‹ raumzentrierte Wirtschaftsgeographie würde deshalb vielleicht – ganz im platonischen Stil – die aufklärerische ›Entzauberung‹ der Warenwelt versuchen und den irreführenden Marketingstrategien eine ›echte‹ Produkt- und Konsumgeographie entgegensetzen. Ein solcher Ansatz könnte letztlich nichts anderes leisten als eine neue, andere Raumkonstruktion.

Was nach der Verabschiedung des naiven Vertrauens in geographische Herkunftsbezeichnungen einerseits, und der Aufgabe des Ziels, die ›falsche‹ Bezeichnung der Herkunft eines Produktes durch eine ›richtige‹ zu ersetzen, andererseits, bleibt, ist die Behandlung von Marketing und Konsum – in Anlehnung an Giddens' (1997, 77ff.) Konzept der Dualität von Handlung und Struktur – als strukturierte und strukturierende *Praxis*. Anstatt zu fragen: »Welche Produktherkunft wird angegeben?«, oder: »Wo kommt es ›wirklich‹ her?«, sollte aus handlungszentrierter Perspektive gefragt werden: »Wie schaffen es Anbieter und Konsument, der Vorstellung von einer geographischen Produktherkunft einen Sinn zu geben?« – »Wie *machen* sie das?«. Die Einsicht, diese Frage mit einem kommunikations- und handlungsorientierten Vokabular zu beschreiben und mit einer qualitativen Methodik zu behandeln, legt ein Vorgehen im Sinne des interpretativen Paradigmas nahe. So wird im Folgenden zunächst die qualitative Methodik der Untersuchung vorgestellt, anschließend eine Beschreibung des Gegenstandes »Original Thüringer Qualität« mit Hilfe der genannten Ebenen alltäglicher Regionalisierung gegeben und abschließend ein Kategorisierungsvorschlag gemacht, auf welche unterschiedlichen Weisen ›Raum‹ und ›Region‹ für den Konsumenten bei der Produktwahl relevant werden können.

Die qualitative Methodik der empirischen Untersuchung

Das Konzept der *Deutungsmuster* (Mathiessen, 1994; Oevermann, 2001a; 2001b) scheint geeignet, interpretativ im Sinne des qualitativen Paradigmas und gleichzeitig systematisierend mit dem Ziel der Kategorienbildung auf den Forschungsgegenstand »Original Thüringer Qualität« zuzugreifen. Im strukturalen Sinne bezeichnen Deutungsmuster »die praktisch handlungsrelevanten, überindividuell geltenden und logisch konsistent miteinander verknüpften Sinninterpretationen sozialer Sachverhalte« (Dewe/Ferchhoff, 1991, 76). Subjektive Meinungen sind dagegen keine Deutungsmuster. Die Schwierigkeit der Erforschung von Deutungsmustern besteht deshalb darin, individuelle Äußerungen als ›Derivationen‹ von Deutungsmustern zu nutzen. Das heißt, die individuelle Äußerung des Interviewten soll als Gegenstand einer detaillierten Interpretation dienen, die letztlich ein überindividuelles *Muster* sichtbar macht. Die objektive Hermeneutik geht davon aus, dass jede Interpretation, wird sie mit der geforderten Gründlichkeit und »algorithmischen Struktur« (Oevermann, 1996, 4) vorgenommen, letztlich zu demselben Deutungsmuster als Ergebnis führt. Neben dieses strukturalistische Konzept lässt sich der wissenssoziologisch basierte Begriff der *Deutungsschemata* von Alfred Schütz (1991, 112) stellen. Sein Modell ist nicht das eines strukturalen Kerns, der von einer Hülle aus sozialer Kommunikation bedeckt ist, sondern das eines Wissensbestandes, der Erfahrung *konstituiert*, indem ein aktuelles Erlebnis auf ein vorhandenes Zeichensystem zurückgeführt wird.

Vor diesem Hintergrund begann die empirische Arbeit mit einer explorativen Phase der Informationssammlung und *Dokumentenanalyse* (Mayring, 1999, 32ff.), die eine qualitative Auswertung von Werbebroschüren, Satzungen etc. einschloss.

Die empirischen Erhebungen wurden mittels qualitativer Interviews durchgeführt, die wörtlich transkribiert und ausgewertet wurden. Das *diskursive Interview* (Ullrich, 1999) ist speziell für den Deutungsmusteransatz entworfen worden, um an Erzählaufforderungen, die eine relativ offene Darstellung seitens des Interviewten ermöglichen, auch einen stärker durch den Interviewer strukturierten Teil mit fokussierten Begründungsaufforderungen anzuschließen. Dadurch soll gerade der Bereich des ›fraglos Gegebenen‹ durch den Interviewer problematisiert werden. Die Interviewten wurden beispielsweise – im Gegensatz zum alltäglichen Gebrauch geographischer Begriffe – aufgefordert zu erklären, was ein »Thüringer Produkt« überhaupt sei und was nicht. Zudem wurden Aspekte des *Experteninterviews* (Meuser/Nagel, 1991) einbezogen, da es sich bei den Interviewten teils um Träger eines spezifischen Wissens handelte (z. B. Marketingverantwortliche, Werbefachleute).

»Original Thüringer Qualität« – dargestellt auf drei Regionalisierungsebenen

»Original Thüringer Qualität« als produktiv-konsumtive Regionalisierung

Unter spätmodernen Bedingungen der Konsumtion und Produktion sind die Bereitstellung von Rohstoffen für die Lebensmittelindustrie und die Verarbeitung zum angebotenen Produkt raumzeitlich weitgehend entankert. Weder die raumzeitliche Einheit von Rohstofferzeugung und Verarbeitung noch die Distanzabhängigkeit des Vertriebs der Produkte ist belegbar, und erwartungsgemäß unterliegen die ›Thüringer‹ Betriebe ebenfalls diesen ökonomisch-geographischen Bedingungen. Gerade diese Perspektive bedeutet aber nicht ›das Ende‹ einer Geographie der Produktion und Konsumtion, sondern erlaubt einen neuen Blick auf die Konstitution von Raum und Region im konsumtiven Kontext. Denn die Entankerung der Waren- und Vertriebsströme hat scheinbar eine wachsende Bedeutung geographischer Herkunftsangaben zur Folge und bewirkt genau nicht deren Marginalisierung. Diese eher zunehmende Relevanz räumlicher Kategorien für die Produktvermarktung und -bewertung zeigt die Unabhängigkeit geographischer Vorstellungen von der ortsgebundenen, raumzeitlich verankerten ›Wirklichkeit‹. Im Gegenteil wird geographisches Wissen in einer globalisierten Welt vermutlich eher noch wichtiger.

»Original Thüringer Qualität« als normativ-politische Regionalisierung

Das Label »Original Thüringer Qualität« versucht nun, eine eigene Verbindung zwischen den zunächst räumlich entankerten Wirtschaftsverflechtungen einerseits, und der Ebene der Marketingkommunikation, der ›erlebten‹ Produktwelt durch den Kunden, andererseits, herzustellen. Das Label ist vom

Thüringer Landwirtschaftsministerium ins Leben gerufen worden, um die Marktchancen der ›Thüringer‹ Agrarindustrie zu verbessern und so die Ebene der Rohstoffströme und die Geographien der Produktion zu transformieren. Die Satzung zur Zeichenvergabe sieht folgende Regelungen vor:

> »Es dürfen nur Unternehmen der Agrar- und Ernährungswirtschaft sowie des Ernährungshandwerks das Zeichen nutzen, die ihren Sitz bzw. einen agrar- oder ernährungswirtschaftlichen Produktionsbetrieb im Freistaat Thüringen haben.
>
> Mit dem Zeichen sollen nur solche Agrar- und landwirtschaftlichen Erzeugnisse gekennzeichnet werden, die in Thüringen produziert wurden. Rohprodukte, die nicht be- und verarbeitet sind, müssen zu 100% aus Thüringen stammen.
>
> Verarbeitungsprodukte müssen grundsätzlich zu mindestens 51% aus Rohstoffen mit Thüringer Herkunft bestehen und von im Freistaat Thüringen ansässigen Betriebsstätten aufbereitet beziehungsweise hergestellt worden sein. [Die Überprüfung der Rohstoffherkunft wird durch die Einsicht der Lieferscheine der Unternehmen erbracht]. Ein Erzeugnis gilt dann als in einer Thüringer Betriebsstätte hergestellt, wenn die wesentliche und wirtschaftlich gerechtfertigte Be- oder Verarbeitung in Thüringen stattfindet und zur Herstellung eines neuen Erzeugnisses führt.
>
> Im Einzelfall kann davon Abstand genommen werden, wenn der Rohstoffbezug aus Thüringen nicht möglich ist, das Endprodukt aber in Thüringen hergestellt wird.«
>
> (Lizenz- und Zeichennutzungsvertrag zum Herkunftszeichen »Original Thüringer Qualität«, 2)

Es geht also darum, die Geographien der Produktion dem Produkt einer politisch-normativen Regionalisierung (dem Bundesland »Thüringen«) anzupassen, um damit einen Vermarktungserfolg zu erzielen. Angesichts des oftmals mangelnden Vermögens der Lebensmittelproduzenten, durch eigene Marken mit hohem Aufwand eine produktspezifische Kundenkommunikation aufzubauen, wird ihnen durch die ›Leihgabe‹ des Sinnkomplexes »Thüringen« eine bessere Marktchance verschafft. Die selbst formulierten Ziele kündigen die ermöglichenden und einschränkenden Aspekte dieses Konzepts bereits an:

> »Stärkung der Wettbewerbsstellung der Thüringer Unternehmen[,] Förderung des Absatzes von Agrarprodukten und Lebensmitteln aus Thüringen[,] Profilierung des Freistaates als Herkunftsregion für land- und ernährungswirtschaftliche Erzeugnisse.«
>
> (TML I, 4)

Die Nutzung des kommunikativen Vorteils, mit »Thüringen« werben zu dürfen, bleibt strikt an die Erfüllung territorial definierter Normen gebunden und führt so zu einer generellen politisch-territorialen Marktwahrnehmung auf Seiten des Thüringer Agrarmarketings. Der Leiter des Agrarmarketings stellt die Wettbewerbssituation mit folgenden Worten dar:

> »Unsere Industrie kämpft im Markt gegen sächsische Produkte und bayerische. Und die bayerische Industrie kämpft gegen Thüringer Produkte. Gegen Thüringer Wurst ganz knallhart, da geht's zur Sache, was meinen Sie, was da los ist auf dem Markt.« (Interviewauszug)

Das räumliche Schema erscheint aus der Perspektive des Marketings nicht mehr als eine unter vielen Möglichkeiten der Produktkommunikation, sondern wird als ›vor-sprachliche‹ Realität dem gesamten Wettbewerb untergeschoben. Nicht mehr Betriebe, sondern Regionen stehen miteinander im Wettbewerb.

Diese Strategie der regionalen Marktgestaltung wird von der Europäischen Union zunehmend kritisch bewertet. Der Wettbewerb werde durch die Einführung dieser territorial selektierenden Fördermaßnahmen seitens der Bundesländer verzerrt, so die Argumentation. Interessanterweise werden dagegen aber die Möglichkeiten, eine so genannte »regionale Spezialität« markenrechtlich zu schützen, ausgedehnt. Hier treffen die Grundsätze, einerseits Förderungen zu egalisieren, und andererseits die distinktiven Potentiale regionalen Marketings zu schützen, aufeinander. Legitimiert wird der besondere Status regionaler Spezialitäten durch das fragwürdige Verständnis einer für unmittelbar ortsabhängig erklärten Produktbeschaffenheit.

»Original Thüringer Qualität« als signifikative Regionalisierung

Die wichtigste Analyseebene der regionalisierenden Aspekte der Konsumtion bilden die Formen signifikativer Regionalisierung. Denn Symbole, die einen Raumbezug ausdrücken (indem sie beanspruchen, einen Raumausschnitt sprachlich zu repräsentieren), bilden die Grundlage für die alltäglichen Deutungsmuster der Wirtschaft und Politik, wie sie in den produktiv-konsumtiven und den normativ-politischen Regionalisierungen beschrieben wurden.

Die Ergebnisse für das Beispiel »Original Thüringer Qualität« werden nun in Form eines Kategorisierungsvorschlags, sowohl für die Marketingmaßnahmen als auch für die Deutungsmuster der Konsumenten, dargelegt.

Kommunikative Maßnahmen des Marketings

Die *Produktkennzeichnung* Original Thüringer Qualität« (s. Fig. 1) ist in gleich bleibender Erscheinungsform auf den unterschiedlichsten Lebensmittelverpackungen zu finden. Tee, Wurst, Backwaren und viele andere Produktgruppen tragen das Zeichen. Die Gestaltung ist nicht beliebig vom Hersteller an die eigene Produktgestaltung anzupassen, sondern muss gemäß den in der Zeichensatzung festgelegten Vorschriften erfolgen, um den Wiedererkennungswert des Zeichens und seinen konstanten Sinngehalt gewährleisten zu können.

Figur 1: Das Zeichen für »Original Thüringer Qualität« (Thüringer Agrarmarketing)

Das Zeichen ist aber nicht nur auf den Verpackungen selbst zu finden, sondern auch an Verkostungsständen, auf Werbeartikeln und in der Plakatwerbung (s. Fig. 2). Diese Formen der mediatisierten Produktkommunikation sollen die Wahrnehmung des Zeichens stützen und vor allem seinen eigenständigen, vom spezifischen Produkt unabhängigen Sinngehalt vermitteln: einerseits die Rohstoffherkunft, andererseits den Produktionsstandort als jeweils konstante Eigenschaft unterschiedlichster Produkte. Darüber hinaus wurde mit dem *Sportsponsoring* der Eisschnellläuferin Gunda Niemann-Stirnemann ein »Imagetransfer« (Interviewaussage) angestrebt, um das positive Image der Sportlerin für die Marketingkommunikation zu nutzen. *Direktvermarktung* vom Erzeuger und *Eventmarketing* (»Thüringenwochen«) ergänzen die Kommunikation.

Deutungsmuster der Konsumenten

Teilstrukturierte, diskursive Interviews im und vor dem Supermarkt sollten Aufschluss über die Deutungsschemata der Konsumenten im Kontext des Labels »Original Thüringer Qualität« geben. Außerdem wurden offener gehaltene Gespräche, entfernt von der Verkaufsstelle, in ruhigerer Atmosphäre geführt. Die empirische Arbeit zeigte, dass der Kontext ›Supermarkt‹ einen leichteren Anschluss an die Thematik bot und auch vielfältigere Aussagen erbrachte als die verabredeten Interviews. Die zeitliche Begrenzung der Gesprächssituation im Markt wurde weniger zum Nachteil als zunächst angenommen. Allgemeine Fragen zur Produktherkunft (die noch nicht als geographische Herkunft definiert wurde) bildeten den Beginn der Interviews; spezifischere Nachfragen im Anschluss an bereits Genanntes ermöglichten Aussagen über die grundsätzliche Relevanz des Zeichens »Original Thüringer Qualität« und wurden durch gezieltere Fragen zu diesem Label (und zu anderen relevanten geographischen Informationen) ergänzt.

Figur 2: Beispiel für die Plakatwerbung des Thüringer Agrarmarketings (Thüringer Agrarmarketing)

Das Material zeigte verschiedene Weisen der Interpretation der geographischen Produktherkunft im Allgemeinen und des Zeichens »Original Thüringer Qualität« im Speziellen, die anhand inhaltlicher Gleichartigkeit und der Unterscheidung von anderen Deutungsmustern kategorisiert wurden. Dadurch wird eine Klassifikation der verschiedenen Kontexte möglich, in denen die ›Produktverortung‹ relevant und möglicherweise auch kaufentscheidend wird. Diese werden im Folgenden vorgestellt und sind in Tab. 1 zusammengefasst sowie durch Zitate illustriert. Tab. 2 zeigt außerdem, welche von der Marketingkommunikation eingesetzten Mittel eine Verbindung zu den genannten Mustern herzustellen suchen.

Konsum als Ausdruck innerkollektiver Solidarität

Konsumenten identifizieren sich über das Produkt oft als Teil einer Gemeinschaft. »Wir kaufen nur unsere Produkte« wäre die idealtypische Haltung, die aus diesem Deutungsmuster resultiert. Auf die Frage nach der Relevanz der Produktherkunft etwa antwortet eine Kundin:

> »Na, ob das Werk und seine Arbeitsplätze hier in Thüringen ist oder zumindest in dem Raum. Es kann auch Sachsen-Anhalt sein oder Sachsen, das ist dann auch ein Grund – die Arbeitsplätze halten durch den Kauf der Produkte, die auch hier produziert werden.«
> (Kunden-Interview II, Globus)

Eine Gemeinschaft erfordert Solidarität mit den anderen Teilen der Gemeinschaft (in diesem Falle den Erzeugern oder Verarbeitern des Produktes) sowie eine Abgrenzung der Gemeinschaft nach außen, um überhaupt einen Bedeutungsgehalt aus der eigenen Identifikation zu beziehen (wenn alle dazugehörten, gäbe es das Kollektiv nicht). Die Kaufentscheidung bedeutet eine von den eigentlichen Produkteigenschaften unabhängige Produktbewertung, die auch von den Konsumenten selbst als »politisch« bezeichnet wird.

Auffallend ist die unterschwellige Kategorie ›neue Bundesländer‹ gegenüber ›Thüringen‹. »Thüringen« wird zwar wohlwollend als präferierte Herkunftsregion genannt, aber gleichzeitig als Teil des ›Ostens‹ behandelt – entgegen den Intentionen des Agrarmarketings, das eine strikte Abgrenzung zu den anderen neuen Bundesländern in der Marketingkommunikation anstrebt. Zwar werden nur die benachbarten ›neuen Bundesländer‹ als »hier« bezeichnet und ›der Osten‹ nicht explizit benannt, aber es werden die benachbarten ›alten Bundesländer‹ ausgespart.

Auffällig ist im Falle kollektiv orientierter Regionenmarketingkonzepte die Dualität aus Distinktion und Homogenisierung. Einerseits soll die Eigenart der Produkte, oftmals durch die analoge Eigenart des ›Raumes‹ und dessen ›Bewohner‹, konstruiert werden, andererseits wird ein Konstrukt ›kollektive Identität‹ als Vehikel für einen bestimmten Konsumpatriotismus (»Wir kaufen unsere Produkte«) und Konservatismus (»Wir [hier] haben das schon immer gekauft«) herangezogen. Distinkt ist im Rahmen dieses Deutungsmusters nur das Kollektiv, nicht der einzelne Konsument (denn der soll sich ja gerade an ein behauptetes Kollektivverhalten anpassen). Dabei werden die Pluralität von Lebensformen und deren raumzeitliche Entankerung geleugnet oder als Fehlentwicklung verstanden.

Konsum als signifikative Reproduktion von Tradition

Geht man davon aus, dass in den letzten Jahrzehnten eine raumzeitliche Transformation der Warenströme und Standortgeographien in der Lebensmittelindustrie stattfand, wird eine Wende zurück zu dieser engeren räumlichen Kammerung der Lebens- und Konsumtionszusammenhänge erklärbar. Die Konsumtion lange am Markt präsenter Produkte wird vom Konsumenten als Kontinuität fördernd angesehen, was als konservative Praxis gegenüber dem schnellen Wechsel von Marken und Produkten interpretiert werden kann. Das Konsumgut steht als Stellvertreter einer sich im Ganzen erhaltenden Lebensweise.

Konsum als Ausdruck ökologischer Wertvorstellungen

Die Idee, eine enge räumliche Kammerung der Gesellschaft als naturgemäße Lebensweise zu verstehen, ist auch der Kern der ökologisch fundierten Herkunftsrelevanz. Ebenso wie beim traditionsorientierten Deutungsmuster wird eine transparente Produktion gewünscht, die, so die Argumentation, durch eine Ortsgebundenheit erreicht werden kann.

Im Unterschied zur ›Herkunft als Tradition‹ wird in der ökologischen Deutung aber nicht der beharrende Aspekt betont, sondern im Gegenteil eine aktive Rückkehr zur nachhaltigen Lebensweise, also eine *Änderung* des Ist-Zustandes, angestrebt. Vermutlich ist innerhalb dieses Musters auch die Aufmerksamkeit gegenüber Produktinformationen höher als im traditionalistischen Schema, das lediglich ein ›schon immer‹ ritualisiert. Dass beide Muster eine raumzeitliche Verankerung von Produktion und Konsumtion implizieren, bleibt aber eine wichtige Gemeinsamkeit.

Konsum als Element einer individuellen Heimatkonstruktion

Die persönliche Umgebung in ihrer biographischen Dimension erschließen – dazu können Produkte mit ihrer deklarierten Herkunft und einem konstanten Erscheinungsbild dienen. Der Kunde verknüpft eine individuelle Deutung mit dem Erzeugnis und schafft so eine eigene Sinnhaftigkeit, die insbesondere dem kollektiv orientierten Deutungsmuster entgegensteht. Der Gegensatz wird besonders deutlich, wenn man die politische Argumentation um die Kategorien ›Kollektiv‹ und ›Solidarität‹ mit der privaten Sinnkonstitution persönlicher Erlebnisse und deren Relevanz für die Produktwahl vergleicht.

Hier treten deshalb auch die Schwierigkeiten des Determinismus von behavioristischen Kaufanreizkonzepten besonders deutlich hervor, denn der je eigene biographische Horizont des Konsumenten bleibt eine ›Black-Box‹ innerhalb des angestrebten Reiz-Reaktion-Modells. Der geographische Kontext erschließt sich stattdessen am ehesten durch die Schilderung der je eigenen Lebenswelt. Dieses individuelle Konzept (›Place‹) vermag die Konstitution der Produktherkunft als Element von Heimat, auch in seiner zeitlichen Dimension, zu erklären.

Konsum als herkunftsorientierte Qualitätserwartung

Eine eindeutige Stellvertreterfunktion nimmt das Label »Original Thüringer Qualität« dann ein, wenn es als Verweis auf bestimmte Produkteigenschaften gelesen wird. Neben individuellen oder kollektiv geteilten Produktbewertungen werden hier vor allem immanente Produktmerkmale relevant.

Die räumliche Dimension steht für die Verwendung besonderer Rohstoffe, oftmals einer spezifischen Zubereitungsweise und – im Lebensmittelbereich – einem daraus resultierenden eigenen Geschmack, der sich von den Produkten anderer Anbieter abhebt oder sogar dazu führt, dass das Produkt als einziges Erzeugnis seiner Art wahrgenommen wird. Im Falle der erfolgreichen Kommunikation dieser Aspekte ist eine so genannte »regionale Spezialität« das Ergebnis dieses Verknüpfungsprozesses. Räumliche Kategorien sind dabei durch ihren unhinterfragten Gehalt besonders gut geeignet, nahezu synonym die Beschaffenheit des Lebensmittels zu kommunizieren. ›Raum‹ als Ordnungsprinzip erlaubt die Kategorisierung des Warenangebots entlang eines vertrauten Schemas und ›füllt‹ reibungslos das Informationsdefizit, das die »Expertensysteme« (Giddens, 1995) im Kontext der Lebensmittelerzeugung hinterlassen. Diese Verknüpfung kann bis zum Grade eines (vermuteten) kausalen Determinismus reichen. Solche Deutungsmuster können sich besonders dann als stabil erweisen, wenn die Kontinuität in zeitlicher Hinsicht unterstützend hinzutritt (vgl. Deutungsmuster »Tradition«) und konträre Erfahrungen gegenüber solchen, die das Muster bestätigen, ausgeblendet werden.

Tabelle 1: Deutungsmuster der Konsumenten und Interviewauszüge

Regionenbezogener Konsum als…	Interviewauszüge
…innerkollektive Solidarität	»[Wichtig ist], ob das Werk und seine Arbeitsplätze hier in Thüringen ist oder zumindest in dem Raum. Es kann Sachsen-Anhalt sein oder Sachsen, das ist dann auch ein Grund – die Arbeitsplätze halten durch den Kauf der Produkte, die auch hier produziert werden« »Ostdeutschland, da achte ich schon drauf« »[…] die hier in der Nähe hergestellt wird, die [Milch] trinke ich, als die aus Hamburg oder, weiß der Teufel, aus Bayern, ja, die Bayern sollen ihre Milch trinken […]« »[…] das sind unsere Viecher, hier aus der näheren Umgebung« »Bei uns, ein Bekannter der arbeitet in so einer Agrar-Genossenschaft und die haben da Milchkühe. Der hat gesagt, ›Kauft Osterland, da hängen unsere Arbeitsplätze dran‹. Das ist ja zum Beispiel auch was, wo man sagt, seitdem kaufe ich nur noch Osterland«
…signifikative Reproduktion von Tradition	»Unter Thüringer Produkten verstehe ich mehr das Traditionelle, was hier immer schon gemacht worden ist. Nur weil die [neue Hersteller] sich hier angesiedelt haben, hat das überhaupt nichts mit Thüringen zu tun« »[…] weil Thüringer Qualität würde ich von früher her beziehen, was schon hier produziert worden ist und auch speziell hier entstanden ist. Wie eine eigenständige Wurstsorte, eine eigene Geschmacksrichtung, die eben auch für Thüringen spezifisch ist« »Ich als Thüringer weiß ja, wie die Qualität hier ist. Ich gehe ja eigentlich davon aus, dass die sich nicht geändert hat so von früher her. Und früher gab es ja nichts weiter, das ist ja alles regional bezogen gewesen. Wir haben unser Zeug alles selber hergestellt. Wir haben es ja nicht aus Holland oder sonstwoher geholt […]«
…Ausdruck ökologischer Wertvorstellungen	»[…] erstens mal sind das keine langen Transportwege, da brauchen sie nicht lange mit dem Milchwagen durch die Gegend zu fahren« »Hier die Eier, […] da nehme ich zum Beispiel Bodenhaltung. Die sind auch teurer, das weiß ich, aber die nehme ich gerne aus der Bodenhaltung, damit die Boxen vergrößert werden […]«

…individuelle Heimaterinnerung	»Hier, das ist zum Beispiel sowas, da kaufe ich unbedingt die Thüringer Leberwurst, weil ich hier aufgewachsen bin«
	»[Ich kaufe Rotkäppchen-Sekt] wegen Geschmack. Und weil sich irgendwas im Gehirn mit Jugend, mit Tradition verbindet, psychologisch gesteuert«
…herkunftsorientierte Qualitätserwartung	»Also das will ich unbedingt auch von hier haben, wegen des Geschmackes. Ist das woanders her, dann ist das ganz anders im Geschmack, deshalb kaufe ich das. Oder Senf und Ketchup, oder die Gurken unbedingt von hier, aber wegen des Geschmackes […] es ist eine Sache des Geschmackes, nicht des Politischen, dass ich sage, ich kaufe nur Waren aus den neuen Bundesländern, das eigentlich nicht«
	»Bei den Bauersfrauen, bei dem Erfurter Stand, da weiß ich, das ist aus der Region Erfurt. Wenn der aus Leipzig kommen würde, dann würde ich auch hingehen, aber wenn ich weiß, im Prinzip ist das so eine Genossenschaft, die das herstellt. Da weiß ich, es kommt, sagen wir mal, aus Deutschland und nicht aus Holland. ›Holland‹, da sagt mir mein Hinterstübchen, das ist alles so hochgezüchtetes Zeug, so ungefähr. Weiß ich ja nun nicht, aber man geht davon aus […] wenn man da Tomaten kauft, die schmecken doch nullachtfünfzehn«
	»Wir haben schon manchmal gelacht, wenn wir mal woanders sind, in den alten Bundesländern sind, selbst Sachsen, ›Original Thüringer Rostbratwürste‹. Wenn man die anguckt, dann hat das mit ›Original Thüringer‹ überhaupt nichts zu tun. Da ist noch nicht mal das Original echt […] Ich als Thüringer weiß ja, wie die Qualität hier ist«

Tabelle 2: Die Verbindung von Deutungsmuster und Marketingkommunikation

Deutungsmuster	Bezug zur geographischen Produktherkunft; Bsp. »Original Thüringer Qualität«	Beispiele für zugeordnete Marketingstrategien im Falle »Original Thüringer Qualität«
Konsum als innerkollektive Solidarität	geogr. Herkunft relevant für Produktzugehörigkeit/ -ausschluss	»Wir-Motive« in Plakatwerbung

Konsum als individuelle Heimaterinnerung	geogr. Herkunft bietet Möglichkeit einer räumlichen und biographischen Verortung	Betonung raumzeitlicher Kontinuität der gekennzeichneten Produkte
Konsum als signifikative Reproduktion von Tradition	raumzeitliche Verankerung durch konsumtive Praxis aufrechterhalten	folkloristische Symbolik, Vergangenheitsverweise; traditionelle Motive der Naturbezogenheit
Konsum als Ausdruck ökologischer Wertvorstellungen	ökologische Bewertung der geogr. Produktherkunft; Raumgebundenheit »natürlicher« Lebensweise	Präsentation ortsgebundener Erzeugung; Direktmarketing; Ausweisen »ökologischer« Herstellung; Renaissance der Naturbezogenheit
Konsum als herkunftsorientierte Qualitätserwartung	geographische Differenzierung gleichbedeutend mit qualitativer Unterscheidung	Verknüpfung von geographischer Herkunft und Qualitätskriterien

Konsequenzen der empirischen Studie

Die Sozialgeographie alltäglicher Regionalisierungen als Analyserahmen: Handlungs- und Subjektzentrierung

Der methodologische Individualismus und die Anwendung der verschiedenen Analyseebenen der Sozialgeographie alltäglicher Regionalisierungen erlauben es zu zeigen, in welcher Weise Produktbewertung und -wahl auf Sinngebung und Konvention beruhen – und das, obwohl der Inhalt der regional argumentierenden Marketingstrategie »Original Thüringer Qualität« genau diese Konstitution bestreitet, indem nämlich die Region und das Käuferkollektiv als quasi-natürlich präsentiert werden. Konsum und Kaufentscheidungen – als lebensstilbildende Aspekte in der Spätmoderne – erschweren aber zunehmend die Auffassung eines raumgebundenen, naturhaften und unverhandelbaren Kaufverhaltens, selbst in einer vergleichsweise ›naturnahen‹ Branche wie der Lebensmittelindustrie.

Deshalb versucht dieser Beitrag auch nicht, normative Kriterien für eine ›bessere‹ Konsumwelt zu formulieren (z. B. das Nahe ist das Vernünftige). Ebenfalls sollte keine materialistisch orientierte Aufklärung begonnen werden, die als Offenlegung der ›wirklichen‹ Produktgeographie (s. z. B. Böge, 1992) auftritt. Vielmehr war es Ziel, mit der Betrachtung des Konsums als Kaufentscheidung und lebensstilkonstituierende Sinnerzeugung zu zeigen, dass auch geographische Herkunftsangaben Symbole sind, an denen letztlich nur deren Relevanz für das Alltagshandeln von sozialwissenschaftlichem Interesse ist. *Nicht die natürliche, wahre oder vernünftige Konsumgeographie, sondern die Vorstellungen der Vermarkter und Konsumenten von natürlichen, wahren oder vernünftigen Konsumgeographien wurden untersucht.*

Marketingvorschlag: Raum als diversifizierende und nicht homogenisierende Kategorie

Die wachsende Verfügbarkeit so genannter »regionaler Spezialitäten« an *einem* ›Point of sale‹ hat zu einer neuen Relevanz räumlicher Begriffe innerhalb von Marketing und Konsumtion geführt. Geographische Herkunft und die repräsentierende Symbolik bieten die Möglichkeit, als Konsument die Waren einzuordnen, zu bewerten und so eine ›sinn-volle‹ Kaufentscheidung zu treffen. ›Raum‹ dient dabei nicht als natürliche Ordnungsinstanz in einem ontologischen Sinne, sondern als *praktikables Ordnungsprinzip*. Die Konsequenzen, die ein erfolgreiches Marketing daraus ziehen kann, sind folgende:

Strategien, die auf deterministische Weise eine Verbindung zwischen Ort und Konsumtionsweise postulieren, stehen im Gegensatz zu den individualisierten Lebensstilen der Spätmoderne. Kollektivkonstruktionen (›Wir kaufen *unsere* Produkte von *hier*‹), die das Ideal einer kollektiven und territorialen Homogenität als quasi-natürlich darstellen, bieten nur ein sehr eingeschränktes Möglichkeitsfeld für die semantische Auflading von Konsumgütern. Die Diversifizierung und Spezifizierung des Angebots lässt solche Konzepte zunehmend obsolet erscheinen.

Räumliche Begriffe sind stattdessen als positives Distinktionsinstrument einzusetzen. Produkteigenschaften als spezifisch herauszustellen gelingt offenbar mit einer geographischen Information oder Symbolik leichter als mit einer nicht-geographischen. Gerade für die begrenzten Ressourcen kleinerer Betriebe bieten geographische Angaben die Chance, die eigenen Erzeugnisse ohne großen Aufwand mit der Etablierung einer eigenen Marke von der Konkurrenz abzuheben. Die Vorstellung des Kunden von einem bestimmten Ort oder einer Region wird als Herkunft des Produktes zur Sinnkonstitution und Produktinterpretation genutzt. Der semantische Gehalt kann über geographische Informationen vermittelt werden, ohne auf traditionelle Überlieferung und Klischees abstellen zu müssen. Vielmehr können (behauptete) produktspezifische Eigenschaften durch den Gebrauch einer geographischen Symbolik leichter herausgestellt werden.

Geographisch arbeitende Marketingkonzepte können sich in dem Fall als leistungsfähig erweisen, wenn sie als Hinweis auf spezifische Produkteigenschaften fungieren. Raumzeitlich entankerte Vertriebsstrukturen und immer ausgedehntere ›Verteilungsgebiete‹ lassen geographische Herkunftsangaben hilfreich erscheinen, aber nicht im Sinne des ›Konsumpatriotismus‹ und dessen räumlichen Ausschließlichkeitsanspruches. Als orts- und herstellergebunden kann nur noch die Produktion (und auch diese nur als Verarbeitung), nicht aber die Konsumtion glaubwürdig präsentiert werden. Dass an einem bestimmten Ort in einem bestimmten Betrieb ein Produkt mit einem bestimmten Geschmack entsteht, scheint jedenfalls leichter vermittelbar als die Idee eines homogenen, raumgebundenen Konsumverhaltens. Die geographische Herkunftsangabe kann dabei zwar der Beginn der gelingenden Marketing*kommunikation* sein (eine Eigenart in Verbindung mit Ort/Region präsentieren), aber nicht – wie beim Konsumpatriotismus – das Ende der Verkaufs*argumentation*.

Literatur

Böge, S.: Die Auswirkung des Straßengüterverkehrs auf den Raum. Dortmund 1992

Boehm, H./Krings, W.: Der Einzelhandel und die Einkaufsgewohnheiten der Bevölkerung in einer niederrheinischen Gemeinde: Fallstudie Weeze. Arbeiten zur rheinischen Landeskunde, Nr. 40. Bonn 1975

Bourdieu, P.: Die feinen Unterschiede. Kritik der gesellschaftlichen Urteilskraft. Frankfurt a. M. 1992 (Erstausgabe 1979)

De Certeau, M.: Die Kunst des Handelns. Berlin 1988

Douglas, M./Isherwood, B.: The world of goods. London 1979

Dewe, B./Ferchhoff, W.: Deutungsmuster. In: Kerber, H./Schmieder, A. (Hrsg.): Handbuch Soziologie. Reinbek 1991, S. 76-81

Ermann, U.: Regional Essen? Wert und Authentizität der Regionalität von Nahrungsmitteln. In: Ernährung und Raum. Regionale und ethnische Ernährungsweisen in Deutschland. Berichte der Bundesforschungsanstalt für Ernährung Karlsruhe. (Tagungsdokumentation der 23. Wissenschaftlichen Jahrestagung der Arbeitsgemeinschaft Ernährungsverhalten AGEV e.V.) 2002, S. 121-140

Ermann, U.: Regionalprodukte: Vernetzungen und Grenzziehungen bei der Regionalisierung von Nahrungsmitteln. Stuttgart 2005

Felgenhauer, T.: Konsumtion und Marketingkommunikation als regionalisierende Praxis. Das Beispiel »Original Thüringer Qualität«. Jena (unveröffentlichte Diplomarbeit am Institut für Geographie der Friedrich-Schiller-Universität Jena)

Giddens, A.: Konsequenzen der Moderne. Frankfurt a. M. 1995

Giddens, A.: Die Konstitution der Gesellschaft. Grundzüge einer Theorie der Strukturierung. Frankfurt a. M. 1997 (3. Aufl.)

Granovetter, M./Svedberg, R.: The sociology of economic life. Oxford 1992

Heinritz, G.: Verbrauchermärkte im ländlichen Raum: Die Auswirkungen einer Innovation des Einzelhandels auf das Einkaufsverhalten. Münchner geographische Hefte, Nr. 44. Kalmuenz/Regensburg 1979

Lebrenz, S.: Länderimages: Einflußfaktor und Bedeutung für das Konsumentenverhalten. Köln 1996

Matthiesen, U.: Standbein – Spielbein. Deutungsmusteranalysen im Spannungsfeld von objektiver Hermeneutik und Sozialphänomenologie. In: Garz, D./Kraimer, K. (Hrsg.): Die Welt als Text. Theorie, Kritik und Praxis der objektiven Hermeneutik. Frankfurt a. M. 1994

Mayring, P.: Einführung in die qualitative Sozialforschung. Weinheim 1999

Meuser, M./Nagel, U.: Experteninterviews – vielfach erprobt, wenig bedacht. In: Garz, D./Kraimer, K. (Hrsg.): Qualitativ-empirische Sozialforschung: Konzepte, Methoden, Analysen. Opladen 1991, S. 441-468

Michel, W.-F.: Der Schutz geographischer Herkunftsangaben durch das Markenrecht und certification marks. Berlin 1995

Oevermann, U.: Zur Analyse der Struktur von sozialen Deutungsmustern. In: Sozialer Sinn, Heft 1 2001a, S. 3-33 ›graues Papier‹ von 1973)

Oevermann, U.: Die Struktur sozialer Deutungsmuster – Versuch einer Aktualisierung. In: Sozialer Sinn, Heft 1 2001b, S. 35-81 ›graues Papier‹ von 1973)

Oevermann, U.: Konzeptualisierung von Anwendungsmöglichkeiten und praktischen Arbeitsfeldern der objektiven Hermeneutik. Manifest der objektiv hermeneutischen Sozialforschung. Frankfurt a. M. 1996

Papadopoulos, N./Heslop, L. (Hrsg.): Product-Country Images. Impact and Role in International Marketing. New York 1993

Ullrich, C.: Deutungsmusteranalyse und diskursives Interview. In: Zeitschrift für Soziologie, 28. Jg., Heft 6 1999, S. 429-447

Schlosser, E.: Fast food nation. The dark side of the all-american meal. New York 2002

Schütz, A.: Der sinnhafte Aufbau der sozialen Welt. Frankfurt a. M. 1991

Veblen, T.: Theorie der feinen Leute. Frankfurt a. M. 1989 (Erstausgabe 1899)

Werlen, B.: Sozialgeographie alltäglicher Regionalisierungen. Band II: Globalisierung, Region und Regionalisierung. Stuttgart 1997

Werlen, B.: Sozialgeographie. Eine Einführung. Bern/Stuttgart/Wien 2000

Dokumente

TML – Thüringer Ministerium für Landwirtschaft, Naturschutz und Umwelt (Hrsg.): Thüringer Agrarmarketing – Ziele, Aktionen, Ergebnisse. Erfurt o. J.

Lizenz- und Zeichennutzungsvertrag zum Herkunftszeichen »Original Thüringer Qualität«

Antje Schlottmann

Handlungszentrierte Entwicklungsforschung

Das Instrument der Schnittstellenanalyse am Beispiel eines Agroforstprojekts in Tanzania

Einleitung:
Konturlinien, Projektstatistik und ein Dach

Eine staubige Straße führt von Mbinga im äußersten Südwesten Tanzanias durch karge Maisfelder und Kaffeepflanzungen in die Matengo-Highlands. Rechts und links erstrecken sich sanfte unbewaldete Hügel. Hin und wieder gleichen ihre Flanken überdimensionalen Eierkartons: Hier wird noch in »Matengo-Pits« in Rotationsfolge angebaut – Mais, Bohnen und Weizen. Die Lochstruktur vermindert die Auswaschung, Bohnen und gelegentliche Brachzeiten reichern den Boden an. Doch diese traditionelle Form der Landnutzung kann eine dauerhafte Versorgung längst nicht mehr gewährleisten. Die infolgedessen zunehmende marktorientierte Produktion in Monokulturen aber führt zu Flächenerosion und vermindert die Bodenfruchtbarkeit. »Kilimo Mseto«, zu Deutsch »Agroforstwirtschaft«, ist daher das Zauberwort, mit dem die staatliche Entwicklungsplanung der Bedrohung der Subsistenzwirtschaft entgegentreten will. Angeleitet von deutschen Entwicklungsexperten soll den Farmern des Distrikts die Kombination von Aufforstung und Feldanbau vermittelt werden, die eine »nachhaltige Bewirtschaftung« gewährleisten soll.

Es ist warm, aber nicht zu heiß – die durchschnittliche Temperatur liegt hier bei 21° Celsius. Der Regen von gestern steht noch in den Schlaglöchern, die das Motorrad gekonnt umkurvt. Der tanzanische Projektmitarbeiter erreicht nun die ersten Hütten der von ihm betreuten »Kontaktbauern«. Die Dorfstruktur ist weitläufig, eine lange Piste, an der ab und an ein Grundstück liegt. Auf einem dieser »Compounds« angekommen, bei einem eilig herangebrachten Tee, beginnt das Gespräch mit dem Bauern über die Fortschritte im Zuge seiner Projektteilnahme und über möglicherweise aufgetretene Probleme. Schnell wird klar, dass nicht alle Konturlinien ordnungsgemäß gepflanzt sind, die »*Catchment*-Aufforstungen« zu wenig gepflegt wurden und die Arbeiten zur Anlage von Feuerlinien erst vor ein paar Tagen, viel zu spät für die bald einsetzende Trockenzeit, begonnen haben. Der Projektmitarbeiter bemängelt den unzureichenden Arbeitseinsatz des Bauern. Der wiederum verspricht, die Defizite so bald wie möglich aufzuholen, obwohl er weiß, dass er am nächsten Tag kaum an den Konturlinien wird arbeiten können und dass, während er zu seinem kranken Bruder fährt, seine Frau irgendwo – und sei es in den vom Projekt ausgewiesenen Schutzgebieten – wird Feuerholz beschaffen müssen. Ich frage ihn, was »Agroforestry« für ihn bedeutet. »Das ist eine Art Schule und irgendwie hat es was mit Wasser und Konturlinien zu tun.« Eine Äußerung, die Zweifel darüber aufkommen lässt, ob er das Projektziel einer nachhaltigen Ressourcennutzung auch nach Projektende weiterverfolgen wird. Was ihn am Projekt wirklich interessiert, kommt am Ende des Gesprächs heraus: Ein neues Dach möchte er in der Stadt kaufen, ein *iron-sheet*, wie es jetzt auch auf dem Land in Mode kommt. Und für den Transport, so fragt er, könnte er sich doch eines der Projektautos ausleihen?

Zurück im Projektbüro in der Stadt. Hier wird bereits am Abschlussbericht des *Mbinga Agroforestry Project* (MAFP) gearbeitet. Die Zeit drängt, die Geberorganisation will Ergebnisse sehen. Im Jahr 1990 wurde mit der Arbeit begonnen – und die so genannten »Rahmenbedingungen« waren durchaus Erfolg versprechend: ausreichend Projektmittel für die ersten fünf Jahre, verhältnismäßig günstige naturräumliche Grundausstattung sowie politische und wirtschaftliche Stabilität in der Region, unmittelbarer Handlungsbedarf auf Seiten der Zielgruppe hinsichtlich der Sicherung ihrer bäuerlichen Existenzgrundlage. Und auch die zusammengestellten Daten weisen Erfolg aus: Die Zahl der Kontaktbauern stieg jedes Jahr, kilometerweit wurden Konturlinien gepflanzt sowie tausende Piniensetzlinge in eigens gegründeten Anzuchtstationen herangezogen (s. Fig. 1).

Warum nun aber sowohl aus Sicht der Projektmitarbeiter wie auch der Bauern das Projekt keine »nachhaltige Wirkung« im Sinne der Zielsetzung entfaltet, das kann keiner so recht erklären. Sicher, einzelne »technische« Gründe können benannt werden: Die Projektautos waren oft nicht verfügbar, weil sie sich in der Werkstatt befanden oder verliehen waren. Einige Projektmitarbeiter, so wurde im Nachhinein klar, haben wohl auch mehr in die eigene Tasche gearbeitet, als für das Projekt. Doch eine systematische Kenntnis darüber, was sich in den fünf Jahren tatsächlich abspielte, scheint nicht vorhanden, obwohl alle Beteiligten ahnen, dass irgendetwas grundlegend falsch gelaufen ist.

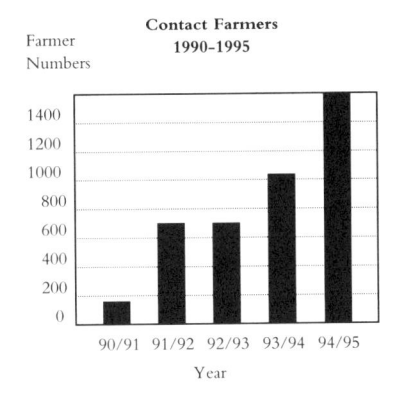

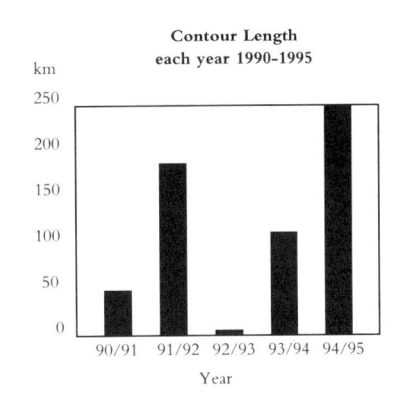

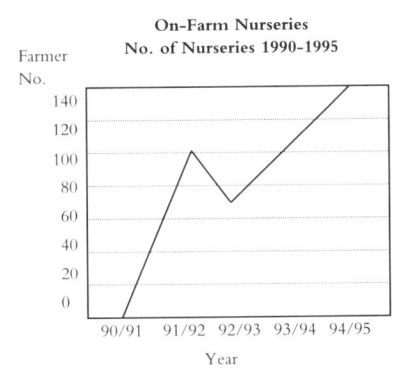

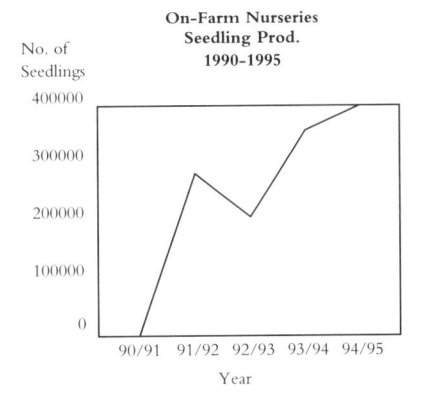

Figur 1: Projektresultate des MAFP laut offiziellem Projektbericht (URT/EEC, 1994, 4ff.)

Dies war damals, im Projektbüro von Mbinga, die Ausgangsfrage meiner Untersuchungen (Schlottmann, 1998): Wie lässt sich die Wirklichkeit einer gezielten Entwicklungsmaßnahme so erfassen, dass eine fundierte, differenzierte Erklärung und vielleicht sogar Prognose ihrer Implikationen geliefert werden kann? Hierzu scheint zunächst ein Blickwechsel von Konturlinienkilometern zu sozialen Zusammenhängen vonnöten. Denn offensichtlich wurde die soziale Dynamik einer Intervention, die scheinbar »einfach« auf die Vermittlung von *Know-how* als technische Hilfe zur Selbsthilfe angelegt war, systematisch unterschätzt. Und offensichtlich kann ein Projektbericht, der über die technischen Daten der Projekterfolge quantitativ Auskunft gibt, auch gar nichts über die soziale Nachhaltigkeit der Maßnahmen aussagen. Offenbar, so die Ausgangshypothese, sind anstelle von objektiven Evaluierungsinstrumenten vielmehr Analysen der Konstellation und Konstruktion subjektiver Bedürfnisse, Interessen und Zielsetzungen sowie der resultierenden Handlungen vonnöten. Auch die propagierten Projektziele, Programme und Diskurse sind dabei nicht selbstverständlich hinzunehmen, sondern kritisch zu reflektieren.

Ein solcher Ansatz bedeutet aber, Gesprächssituationen wie die mit dem Bauern im Matengo-Hochland ernst zu nehmen und genauer hinzusehen. Denn auf dem abgelegenen *Compound* treffen nicht nur ein lokaler Kleinbauer, ein staatlicher Forstbeamter und eine weiße Wissenschaftlerin aufeinander. Was hier aufeinander prallt und verhandelt wird (oder auch nicht), sind Ziele, eigene oder beruflich angeeignete Interessen und ihre privaten Hintergründe sowie unterschiedlichste kulturell oder pragmatisch begründete Vorstellungen von dem, was erreicht werden soll und wie. Es ist eine von vielen kommunikativen Schnittstellen, an der sich zeigt, dass es höchst unterschiedliche Vorstellungen darüber gibt, was »Entwicklung« bedeutet und wie sie zu erlangen ist. Eine von vielen Schnittstellen, an der sich entscheidet, wer seine Interpretationen und Ziele »nachhaltig« durchsetzen wird und wie es um die Zukunft der so genannten Zielgruppe bestellt sein wird.

Worum es also im Folgenden geht, ist die handlungstheoretische Herleitung und empirische Anwendung eines Analyserahmens für solche Schnittstellen. Sie scheinen ein geeigneter, übertragbarer Zugang zu sein, um die Diskrepanzen in den Werten, Zielen, Auffassungen, Interessen und Sichtweisen der Beteiligten eines Interventionsprozesses sowie die Vorherrschaft und Legitimität bestimmter (kultureller, politischer oder ökonomischer) – nicht zuletzt von Seiten der Geberorganisationen buchstäblich »vorgegebenen« – Paradigmen aufzuzeigen. Und es geht darum, sichtbar zu machen, wie die beteiligten Akteure, direkt oder indirekt betroffen, die veränderten Umstände, die eine (Entwicklungs-)Intervention mit sich bringt, in ihre Lebenswelt und ihre eigenen Strategien einbeziehen, wie damit bestimmte Definitionen der Wirklichkeit aufrechterhalten werden und welche Implikationen daraus wiederum für das soziale Gefüge in und um ein Entwicklungsprojekt erwachsen.

Entwicklungsprojekte als soziale Konstrukte

Seit einigen Jahren besteht in der entwicklungspolitischen Programmatik der Anspruch, Entwicklungsmaßnahmen sozial sensibel, verträglich und nachhaltig zu gestalten:
- Durch sektorübergreifende Maßnahmen soll die »Nachhaltigkeit« von Projekten erreicht werden. Dies beruht auf der Erkenntnis, dass sektorspezifische Projekte in der Vergangenheit häufig zu Insellösungen führten, die aufgrund in der Planung ausgeblendeter Wirkungsfaktoren keinen dauerhaften Bestand hatten.
- Die »Partizipation« der Zielgruppe wird als »Schlüssel zum Erfolg von Projekten« erkannt und soll zu einer eigenständigen Weiterführung von Entwicklungsmaßnahmen nach Projektende führen.
- Zur Zielgruppe der Entwicklungsprojekte sollen ausdrücklich »die Armen« erhoben werden, der Erfolg von Projekten soll dementsprechend (qualitativ) daran gemessen werden, ob und wie sich deren Situation verbessert hat. Projekte sollen in ihrer Wirkung zu einer »Sozialen Gerechtigkeit« beitragen. Dabei sollen sie auf die Mobilisierung »endogener Potentiale« der Armutsbevölkerung (»Hilfe zur Selbsthilfe«) ausgerichtet sein.[1]

Diese Ideen sind in den Sozialwissenschaften keineswegs neu.[2] Sie haben aber jetzt im entwicklungspolitischen Diskurs »Konjunktur« (Körner, 1996; Forster, 1996) – unter anderem vor dem Hintergrund, dass die technokratischen Großprojekte im Sinne des lange Zeit vorherrschenden modernisierungstheoretischen Paradigmas den zunehmenden gesellschaftlichen Ansprüchen nicht genügen können (Schlottmann, 1998, 5-33).

Die Umsetzung der programmatisch geforderten gesellschaftszentrierten Maßnahmen und dazugehöriger Analysen scheint jedoch schwierig. Oftmals fungieren begleitende Sozialstudien lediglich als Alibi für weiterhin auf technischen Fortschritt angelegte Projekte. Zudem existieren kaum Theorien und Operationalisierungen jenseits der klassischen quantitativen Erfassung von Alter, Einkommen und Schulbildung der so genannten Zielgruppe.

Folgt man Long/Van der Ploeg (1989), sind es zwei grundsätzliche Fehlannahmen, die einem tieferen Verständnis von Entwicklungsprozessen und deren Auswirkungen im Wege stehen. Dies sind erstens die Betrachtung von

---

1 Vgl. Müller-Mahn/Scholz (1993).
2 Vgl. Hulme/Turner (1990); Quarles van Ufford (1993).

Entwicklungsprojekten als »diskrete« Gebilde in Zeit und Raum, und zweitens die schematische Trennung zwischen »externen« und »internen« Faktoren, die einen Entwicklungsprozess begleiten. Wenn Interventionen – so die Argumentation – in Form von Projekten als räumlich und zeitlich klar umgrenzte Gebilde betrachtet werden, wie in der Planung (vom »Staat« oder von »Entwicklungsinstitutionen«) oftmals angenommen, führt dies zu einer Reduktion komplexer Zusammenhänge.[3]

Das herrschende »cargo-image« von Entwicklungsprojekten als simple Transferleistungen von A nach B – so die Autoren – basiert zudem auf der ideologisch geprägten Vorstellung, dass die Art und Weise der Lebensführung und -organisation in Zielregionen unangemessen oder unzulänglich ist und durch eine »Injektion« externer Mittel problemlos umstrukturiert und erneuert werden kann und auch sollte.

> »Intervention is not confined to the specific ›space‹ as delimited by the identification of the target group or population. Nor do the people on the receiving end of policies, or those responsible for managing implementation, reduce or limit their perceptions of reality and its problems to that defined by the intervening agency as constituting the ›project‹ or ›programme‹.« (Long/Van der Ploeg, 1989, 229)

Hier zeigt sich der Bedarf nach einem sozialwissenschaftlich fundierten, alternativen Konzept für Entwicklungsprojekte, das sich die vorformulierten Zielsetzungen des herrschenden (westlichen) Entwicklungsdiskurses nicht selbstverständlich zu Eigen macht, das nicht eine verkürzende technokratische, modernisierungstheoretische Sichtweise anlegt, sondern in der Lage ist, die komplexe Wirklichkeit von entwicklungspolitischen Konzepten und herrschender Projektpraxis im Zusammenspiel von Gesellschaft und Raum aufzudecken und einer differenzierten Analyse zugänglich zu machen.

Dies ist die zentrale Ausrichtung der handlungszentrierten Sozialgeographie. Sie befasst sich mit der »räumlichen Anordnung von Sachverhalten als notwendige Bedingung und Folge menschlichen Handelns« und dem »Verhältnis zwischen sozial- und physisch-weltlichen Sachverhalten, ihren Anordnungsmustern und wechselseitigen Bezügen in Handlungsabläufen« (Werlen, 1995, 513). Die physisch-materielle Ausprägung der Umwelt wird als das Ergebnis eines Interventionsprozesses durch den Menschen konzipiert, also als

---

[3] Dies kann allerdings genau Sinn und Zweck des Unterfangens sein, da eine solche »Dekonditionalisierung« das Planen vereinfacht (vgl. Dörner, 1997, 143 und 253).

Ausdruck der gesellschaftlichen Strukturierung von Natur (Werlen/Weingarten 2003). Entscheidend für die Betrachtung von Entwicklungsmaßnahmen ist dabei die Grundauffassung, dass »Rahmenbedingungen«, seien sie physisch-materieller oder gesellschaftlicher Art, nicht als bestimmender Grund von Handlung betrachtet werden, also kein determinierendes oder erklärendes Raster vorgeben. Weder Lage oder Distanz noch funktionale Eignung werden als produktive Ursachen von Anordnungen und Verteilungen erkannt; vielmehr werden Gründe für die Entstehung räumlicher Anordnungen in den raumwirksamen Handlungen gesucht (Werlen, 1999, 225f.). Werlen (1995, 519) nennt diese Konstitutionsprozesse »das alltägliche Geographie-Machen«, das im Gegensatz zur bloßen Geographie der Dinge zu untersuchen ist.[4]

Um die relevanten Handlungen nachvollziehen zu können, muss dementsprechend der Alltagswelt im Sinne einer subjektspezifischen Interpretation, also dem alltäglichen »sich in Beziehung zu der erlebten Welt setzen« (Werlen, 1995, 520), Rechnung getragen werden. Für die Untersuchung der Konstitution der Projektwirklichkeit werden somit die Handlungen der Akteure sowie deren Möglichkeiten und Einschränkungen bedeutsam. Aus dieser Perspektive können Handlungsspielräume auch als Indikator für Entwicklung und Unterentwicklung betrachtet werden:

> »[Development is] a process of becoming and a potential state of being. The achievement of a state of development would enable people in societies to make their own histories and geographies under conditions of their own choosing.« (Lee, zit. in Johnston, 1994, 128)[5]

Das Ergebnis eines Projekts sind demzufolge neue Handlungsspielräume, die sich durch die Intervention für die betroffenen Akteure ergeben. Es ist nicht

---

4 Vgl. auch Werlen (1997; 1999). Für eine Herleitung des Übergangs von raumzentrierter zu gesellschaftszentrierter Sozialgeographie vgl. Werlen (2000). Diese disziplinbezogene Neuorientierung spiegelt sich auch im Übergang von einer deskriptiven Entwicklungsländerforschung zu einer gesellschaftsorientierten geographischen Entwicklungsforschung wider.

5 Dieser Vorschlag erscheint sicherlich problematisch hinsichtlich der Frage, ob und wann die Menschen in einer Gesellschaft jemals ihre eigene Wahl treffen können. Lee fügt daher auch die folgende Einschränkung hinzu: »By these standards no society in history has ever achieved a state of development and it may be argued that no society has ever been engaged in a process of development« (Lee, zit. in Johnston, 1994, 128). Grundsätzlich gibt diese Definition aber die konsequente Integration der Handlungstheorie in den Entwicklungszusammenhang wieder.

(präzise) voraussehbar und auch nicht abschließend zu bemessen, denn die Handlungsfolgen wirken als zukünftige Handlungsbedingungen über das Projektende hinaus, und schon während der Umsetzung schafft jeder Schritt neue Bedingungen für den zukünftigen Verlauf der Intervention. Wird die Planung unter diesem Aspekt betrachtet, wird zudem deutlich, dass auch am Planungsort, weitab vom so genannten »Zielort« getroffene Entscheidungen in die Projektwirklichkeit hineinreichen. Planung, Umsetzung und Ergebnis einer Intervention sind daher weder zeitlich noch räumlich ohne entscheidende Erkenntnisverluste zu trennen.

So wird in handlungszentrierter Perspektive das Entwicklungsprojekt zu einem sozialen Konstrukt. Es lässt sich nun begreifen als Arena von Akteuren, die mit unterschiedlichen allokativen und autoritativen Ressourcen (Giddens, 1997, 316) ausgestattet sind, um ihre strukturierende Praxis durchzusetzen. Die Entwicklungshilfeorganisationen erscheinen dann als machtvolle Institutionen des Geographie-Machens, denn sie sind mit erheblichen finanziellen wie politischen Ressourcen ausgestattet, um ihre Version der materiellen und sozialen Strukturierung in die Tat umzusetzen. Doch auch die »Zielgruppe« zerlegt sich so betrachtet in einzelne Akteure, die vor ihrem subjektiven Hintergrund durchaus kreativ mit den an sie gestellten Anforderungen umgehen und die sich nicht so einfach »beplanen« lassen, wie dies die Interventionsprogrammatik vorsieht.

Die wesentliche Frage ist folglich, wie die spezifische Konstellation eines Projektes genau aussieht, welche Ausgangs- und Zielvorstellungen konstruiert werden und wie die unterschiedlichen Ziele und Interessen in der Praxis verhandelt werden und dabei eine eigene Projektwirklichkeit entsteht.

Entwicklungsparadigmen neu betrachtet

Die Betrachtungsweise eines Entwicklungsprojekts als soziales Konstrukt, das sich aus beabsichtigten und unbeabsichtigten Handlungsfolgen (Giddens, 1997, 58) konstituiert, führt also zunächst zum Anspruch, die zugrunde liegenden propagierten Projektziele, Programme und Diskurse zu reflektieren. Vor dem Hintergrund der theoretischen Ausrichtung ist aus handlungszentrierter Perspektive noch einmal kritisch auf die bereits angeführten Schlagworte der Entwicklungszusammenarbeit zu blicken. Sie erscheinen nun als Mittel eines von Macht durchdrungenen Diskurses über die »richtige« Konzeption und Umsetzung von Entwicklungshilfe. Doch handelt es sich wirklich um allgemein anerkannte Zielsetzungen? Wem dienen die Begriffe in der entwicklungspolitischen Praxis? Und wie müssten sie im Sinne einer handlungszentrierten Theorie verstanden und operationalisiert werden?

Nachhaltigkeit

Der Begriff der »Nachhaltigkeit« ist bereits aufgrund des gänzlich unklaren Bezuges problematisch: Nachhaltigkeit wird einerseits auf die sozialen und ökologischen Auswirkungen von Entwicklungsmaßnahmen bezogen; diese sollen »umwelt- und sozialverträglich« sein und so die Erhaltung von Entwicklungserrungenschaften auch auf lange Sicht für die Zielgruppe gewährleisten. Andererseits aber kann der Begriff – in sich zunächst gegenstandslos – ebenso auf die wirtschaftliche Situation einer übergeordneten (staatlichen) Ebene bezogen werden und verliert dabei seine gesellschaftliche Dimension. Ökonomische Nachhaltigkeit oder auch *sustainable growth* entspricht dem Modernisierungskonzept und verlangt vor allem nach langfristig positiven Bilanzen – auf wessen Kosten auch immer. Soziale und ökologische Nachhaltigkeit wird dagegen von diesbezüglich kritischen Vertretern gefordert und verlangt nach qualitativen Verbesserungen im Mensch-Umwelt-Gefüge, ggf. auch zu Lasten der Volkswirtschaft.

Der Begriff der Nachhaltigkeit bedarf also – so er nicht eine inhaltsleere Worthülse darstellen soll, die zu paradoxen Bedeutungszusammenhängen führt – eines Kontextes, einer genauen Zielbestimmung und der konkretisierenden Stellungnahme, wie dieses Ziel zu erreichen ist:

> »That the term [*Sustainable Development*] was coined with a generalized ignorance of what it means has allowed many social actors to adopt a cosmetic approach to development projects that does not assure substantial changes in their treatment of (environmental) problems.« (Gligo, 1995, 72f.)[6]

Aus handlungszentrierter Perspektive wäre zunächst zu fragen, von wem dieser Begriff mit welchen Zielen und welcher Bedeutungszuweisung eingesetzt wird und welche *Bedeutung* er im Rahmen der Projektpraxis für die unterschiedlichen Akteure erhält. Übergreifend könnte eine praxisbezogene nachhaltige Entwicklung dann als die Sicherung von Handlungsspielräumen für alle Beteiligten auf lange Sicht verstanden werden.

---

[6] Vgl. auch Sachs (1989).

Partizipation

Der Begriff der »Partizipation« ist in seiner Verwendung wahlweise Instrument, Bedingung und/oder Ziel von Entwicklung. Zum einen meint Partizipation die (aktive) Beteiligung der Zielgruppe am Entwicklungsprozess und an allen Entscheidungen. Als Beispiel dient das Verständnis von »Beteiligung« im Kontext der ländlichen Regionalentwicklung:

> »Ein Prozess, der es allen Beteiligten ermöglicht, ihre Interessen und Ziele im Dialog zu formulieren bzw. ein Prozeß, der zu aufeinander abgestimmten Entscheidungen und Aktivitäten führt, wobei den Zielen und Interessen anderer beteiligter Gruppen weitestmöglich Rechnung getragen wird.« (GTZ, 1993, 16)

Diese Forderung wendet sich gegen eine »top-down« oder »paternalistisch« orientierte Projektpraxis. In diesem Sinne ist Partizipation ein Instrument für Entwicklung und stellt verschiedene Methoden für die Umsetzung des Beteiligungsgedankens (partizipative Planung, Forschung, Umsetzung etc.) zur Verfügung.[7] Der erwünschte Grad der Beteiligung bleibt mit dem Attribut »weitestmöglich« jedoch offen.

Der Bericht der Süd-Kommission von 1990 (»Nyerere-Bericht«) konstatiert dagegen Partizipation als kategorisches »Muss« für einen Prozess der Entwicklung; Partizipation wird hier zur notwendigen – nicht aber hinreichenden – Entwicklungsbedingung.

Als Ziel von Entwicklung beschreibt »Partizipation« schließlich einen zu erreichenden Status von »politischer Mitwirkung« und »sozialer Teilhabe« aller Gesellschaftsmitglieder.[8] Der Widerspruch wird deutlich: Projekte sollen sich in gesellschaftliche Prozesse und Strukturen einmischen und diese bei bestehenden Vorgaben verändern und gleichzeitig die Beteiligung aller an diesem Eingriff gewährleisten.[9] Dazu bemerkt Nuscheler:

> »Alle Partizipationskonzepte sind mit dem Zielkonflikt zwischen einem notwendigen Minimum an Effizienz und einem wünschenswerten Optimum an Eigenverantwortung und Basisorganisation konfrontiert.« (Nuscheler, 1991, 217)

---

[7] Hier ist für den ländlichen Raum insbesondere das von Chambers (1992) entwickelte »Rapid Rural Appraisal« (RRA) bzw. »Participatory Rural Appraisal« (PRA) zu nennen.

[8] Im Nyerere-Bericht heißt es: »Partizipatorische Entwicklung beinhaltet mehr als das Wahlrecht. Sie bedeutet auch ein Klima, in dem eine abweichende Meinung nicht nur toleriert, sondern ausdrücklich begrüßt wird.« (zit. in Nuscheler, 1991, 217).

[9] Vgl. Rauch (1996, 21f.).

Mangels Klarheit kommt es mit Rauch (1996, 21f.) daher häufig zu einer »starren, patentrezeptartig pervertierten« Anwendung von »an sich sinnvollen Ansätzen«.[10]

Aus handlungszentrierter Perspektive kann hingegen argumentiert werden, dass eine Involvierung aller Beteiligten bis ins weitere Projektumfeld ohnehin gegeben ist. Erst wenn man dies akzeptiert, ergibt sich eine Sensibilisierung für die unterschiedlichen Machtpotentiale und Ressourcen, welche das Maß dieser Teilnahme beeinflussen und darüber entscheiden, wessen Strategie sich durchsetzt. Diktierte Partizipation in einer programmatischen Logik von unantastbarer Hilfsorganisation auf der einen, und bedürftiger (unmündiger) Zielgruppe auf der anderen Seite erscheint aus dieser Perspektive als ein widersprüchliches Konzept. In handlungszentrierter Perspektive sind konsequenterweise sowohl die Entwicklungsorganisationen als auch die Adressaten der Projekte explizit als Akteure zu behandeln – wenn auch mit differenziert zu analysierenden Machtpotentialen ausgestattet. Die Forderung nach Partizipation schließt somit auch die Forderung der sinnadäquaten Erschließung der Problemlagen der Adressaten der Entwicklungsprojekte ein.

Soziale Gerechtigkeit

Das entwicklungstheoretische Paradigma der »sozialen Gerechtigkeit« entbehrt ebenfalls eines scharfen Umrisses. Es beinhaltet die Forderung nach einer gerechten Verteilung verfügbarer oder durch Interventionsmaßnahmen geschaffener Ressourcen.[11] Wiederum kann es sich dabei um eine Bedingung oder ein Ziel von Entwicklung handeln.[12] Auch dieses Paradigma bringt somit die Forderung an Projekte mit sich, in gesellschaftliche Strukturen einzugreifen und diese zu verändern. Problematisch ist dabei insbesondere die unvermeidbare (subjektive) Bewertung und Auslegung des Begriffs »Gerechtigkeit«. In der Planungslogik wird das Projekt als abgeschlossenes Ganzes betrachtet, für dessen Zielgruppe soziale Gerechtigkeit gelten soll. In dieser

---

[10] Vgl. auch Dörner (1997) für die denkpsychologische Erklärung der Anwendung von Patentrezepten als »Flucht vor der Unbestimmtheit« (Dörner, 1997, 250).
[11] Vgl. GTZ (1993).
[12] Im Ressourcenmanagement-Konzept des DED wird z. B. eine »klar definierte soziale Einheit mit eindeutig festgelegten Rechten« als günstige Voraussetzung, »soziale Homogenität« als fördernder Faktor von Entwicklungsmaßnahmen bezeichnet (DED, 1993, 73), ein Beispiel für einen oft praktizierten Zirkelschluss zwischen Voraussetzungen für und Zielsetzungen von Entwicklung.

Konstruktion gibt es ein passives »Objekt« (die Hilfsbedürftigen) und ein aktives »Subjekt« (die Helfenden), wobei Letztere, die so genannten »Geber«, als Planende von Konzeption und kritischer Reflexion ausgeklammert werden. Ebenso ausgeklammert werden (scheinbar nicht relevante) Nicht-Zielgruppenzugehörige.

Ein handlungszentrierter Ansatz eröffnet dagegen die Möglichkeit, den unterschiedlichen Machtpotentialen bzw. allokativen und autoritativen Ressourcen *aller* direkt und indirekt beteiligten und betroffenen Akteure Rechnung zu tragen. Dabei wird der voreiligen Annahme einer passiven und homogenen Zielgruppe entgegengewirkt. Die präskriptive Geber-Nehmer-Rollenverteilung wird somit ebenso aufgelöst, wie die Idee einer einfach zu verordnenden »sozialen Gerechtigkeit«. Der Blick wird von der bloßen Verteilung von Mitteln auf die tatsächliche Verfügbarkeit von Ressourcen und damit unter anderem auch auf die strukturellen Abhängigkeiten von westlichen Gerechtigkeitsvorstellungen gelenkt.

Ein handlungszentrierter Analyserahmen

Für die Entwicklung eines handlungszentrierten Analyserahmens für eine gewinnbringende sozialwissenschaftliche Betrachtung einer Entwicklungsmaßnahme werden nun zwei theoretische Konzepte zentral – zum einen das des »sozialen Akteurs« und, wichtiger noch, das der »sozialen Schnittstelle« –, die im Folgenden theoretisch hergeleitet werden.[13]

---

[13] Der akteurorientierte Ansatz als sozialwissenschaftliches Konzept zur Untersuchung von Interventions- und Entwicklungsprozessen wurde von Norman Long bereits in den 1970er Jahren entwickelt (Long, 1977; 1984; 1992a; 1992b; 1993). In Bezug auf die Verbindung einer handlungszentrierten Analyse mit Problembereichen der Entwicklungsforschung seien hier neben den Arbeiten von Long und Long/Van der Ploeg (1989) vor allem die von Spittler (1984) und Quarles van Ufford (1993) genannt. Pottier (1992a; 1992b) und insbesondere Bierschenk (1988), sowie Bierschenk/Elwert (1988) befassten sich konkret mit der Anwendung einer akteurorientierten Analyse auf Entwicklungsprojekte. Es ist jedoch hervorzuheben, dass es sich um einen in seiner Ausprägung vielgestaltigen Ansatz handelt. Theorie, Operationalisierung und Methodik werden nicht einheitlich entwickelt, viele Unklarheiten bestehen bezüglich der Kriterien und Indikatoren für die Auswahl der zu untersuchenden Akteure oder der praktischen Vorgehensweise. Im Folgenden wird ein Analyserahmen vorgestellt, der zunächst den theoretischen Ansprüchen einer handlungs-

»Soziale Akteure«

Im Gegensatz zu »Akteur« ist der »soziale Akteur« im Sinne Longs kein streng individualistischer Begriff. Er steht für »soziale Einheiten«, die Mittel innehaben, »um Entscheidungen zu formulieren und diese herbeizuführen und um nach zumindest einigen davon zu handeln« (Hindess, zit. in Long, 1993, 228). In diesem Sinne kann der »soziale Akteur« gleichgesetzt werden mit einer »strategischen Gruppe«, die sich aus einzelnen Akteuren zusammensetzt.

Ein sozialer Akteur grenzt sich durch seine sozio-kulturelle und sozio-ökonomische Position sowie seine Ziele und Interessen von einem anderen ab. Das heißt zunächst, dass »soziale Akteure« neben Einzelpersonen auch Institutionen, Unternehmen oder Haushalte sein können, wenn ihnen »sinnvollerweise« die Macht des Handelns zugeschrieben werden kann, und zwar in Bezug auf die verfügbaren Mittel, Entscheidungen zu formulieren und durchzusetzen (Long, 1993, 228). Dementsprechend sind z. B. Geschlechtskategorien (»die Frauen«) keine sozialen Akteure, solange sie nicht in einer bestimmten Art und Weise eine handelnde, entscheidungsfähige Einheit darstellen. Andernfalls besteht die Gefahr einer Reifizierung klassifizierender Schemata. Neben gemeinsamen Status- oder anderen sozio-professionellen Merkmalen (Geschlecht, Kasten- oder Berufszugehörigkeit) können aber auch einfach nur ähnliche Strategien und Lebensentwürfe einen sozialen Akteur charakterisieren (Bierschenk/Olivier de Sardan, 1995, 48).

Dem sozialen Akteur wird generell unterstellt, »ein wissendes, aktives Subjekt« zu sein, das »Situationen problematisiert, Informationen verarbeitet und im Umgang mit anderen strategisch handelt« (Long, 1993, 223f.). Gleichzeitig ist diese Rationalität aber keine rein (akteurs-)immanente Eigenschaft. Sie wird, ebenso wie die jeweils eingesetzten Strategien, sozial konstruiert und ist von der Verfügbarkeit verbaler und nicht-verbaler Diskurse abhängig (ebd.).[14]

---

zentrierten Sozialgeographie (Werlen, 1987; 1995; 1997; 1999) und einer akteurorientierten Projektanalyse im Sinne der genannten Arbeiten genügt. Für die ausführliche Entwicklung des hier vorgestellten Analyserahmens vgl. Schlottmann (1998, 55ff.).

14 Der soziale Akteur ist somit in zweierlei Hinsicht eine soziale Konstruktion: Long unterscheidet einerseits kulturell endogene Faktoren, die das Denken und Handeln von Individuen und sozialen Gruppen beeinflussen, und andererseits solche, die den analytischen Kategorien des Forschers bei der kulturellen Übersetzung von Denk- und Handlungsprozessen entspringen. Diese analytischen Kategorien stehen wiederum in einem kulturellen Kontext, diesmal dem des Forschers (Long, 1993, 227). Daher besteht bei einer Analyse »die

Soziale Akteure sind demnach Aktivposten gesellschaftlicher Strukturierung, die mit anderen Strukturelementen in einer wechselseitigen Beziehung stehen. Übergeordnete gesellschaftliche Strukturen sind dementsprechend Handlungsfolgen zurückliegender Handlungen. Sie sind gleichzeitig wiederum Handlungsbedingungen für die sozialen Akteure und werden stetig aktiv neu gestaltet bzw. reproduziert. Das Konzept »sozialer Akteur« kann daher weder präskriptiv noch ultimativ definiert werden. Es ist nicht statisch, sondern bleibt variabel und kann sich im Laufe der Zeit grundlegend verändern.[15]

Daraus folgt, dass Überschneidungen in der Zugehörigkeit von Akteuren zu »sozialen Akteuren« bestehen. Ein Akteur kann in mehrerer Hinsicht ein »sozialer Akteur« sein, z. B. als männlicher Haushaltsvorstand *und* als Beschäftigter in einem Unternehmen *und* als Gewerkschaftsmitglied *und* als Parteimitglied. Der soziale Akteur definiert sich immer in Abhängigkeit von der gleichen Haltung gegenüber einem bestimmten »sozialen Problem«. Prinzipiell kann jedoch ein Akteur mit seinem Interesse für ein Problem unterschiedliche Positionen einnehmen. Er kann dem »Problem« positiv (+), negativ (-), gleichgültig (0) oder auch ambivalent (+/-) gegenüberstehen.

Diese Überlegungen verdeutlichen die Problematik der Analysekategorie »sozialer Akteur« gegenüber einer subjektlosen Perspektive. Als Ausgangsbasis für eine akteurorientierte Analyse müssen vorab die zu untersuchenden sozialen Akteure bestimmt und ausgewählt werden. Die Kriterien für die Identifizierung (Position, Ziele, Interessen etc.) sind erst im Zuge einer analytischen Betrachtung erfassbar. Wenn es aber analytisch um die Herausarbeitung von konkreten Zielen und Strategien gehen soll, ist eine Rückbindung an die agierenden Subjekte nicht gänzlich aufzugeben. In Anlehnung an Bierschenk/Olivier de Sardan (1995) und Long (1993) soll daher gelten, dass der »soziale Akteur« als *Arbeitshypothese* eine Menge von »Akteuren« (handelnden Individuen) bezeichnet – wobei eine »Menge« per mathematischer Definition auch aus nur einem Element bestehen kann; es muss sich bei einem »sozialen Akteur« daher nicht zwingend um eine *Gruppe* von Individuen handeln –, von denen »a priori« angenommen wird, dass sie in Bezug auf dasselbe »Problem« die gleiche sozio-kulturelle und sozio-ökonomische Position einneh-

---

schwierige Aufgabe, diese unterschiedlichen Ebenen des Verstehens und der Subjektivität miteinander zu verknüpfen« (ebd.).

[15] Vgl. Long (1984, 173 und 175).

men. Dabei muss berücksichtigt werden, dass sich im Laufe der Analyse ein differenzierteres Bild ergeben kann und die hypothetischen Akteure gegebenenfalls neu abzugrenzen sind.[16]

Daraufhin stellt sich die Frage, anhand welcher Kriterien diese vorläufige Bestimmung »sozialer Akteure« erfolgen soll. Long weist mehrfach auf die »Macht«, die soziale Akteure innehaben, als Identifizierungsmöglichkeit hin, ohne diese jedoch konkret zu definieren. Die »Macht des Handelns« wird im Sinne einer Fähigkeit, »einen Unterschied herzustellen« (Giddens, 1997, 66) dem akteurorientierten Paradigma gemäß grundsätzlich jedem Akteur zugeschrieben. Macht kann daher nur über Abstufungen (Handlungsspielräume) oder verfügbare Mittel (Ressourcen) als Unterscheidungskriterium dienen. Dies zu beurteilen ist aber gerade der Gegenstand einer differenzierten Handlungsanalyse – je nach Situation kann ein und derselbe Akteur durchaus über je spezifische Machtpotentiale verfügen.

Ein *vorläufiges* Identifizierungskriterium für soziale Akteure bietet dagegen die festgeschriebene Autorität im Sinne einer rechtlichen Befugnis. Bei deren Erfassung sind aber sowohl die geltenden Institutionen (die »dauerhaften Merkmale des gesellschaftlichen Lebens«, Giddens, 1997, 76) »vor Ort« zu betrachten, als auch Verteilungen von Gewalten und Kompetenzen innerhalb von Geberorganisationen.

Entscheidender als festgeschriebene Machtkonstellationen sind allerdings die in der Praxis verwirklichten Machtverhältnisse. Zentraler Zugang für die Erfassung »sozialer Akteure«, ihrer Verhandlungen und ihrer daran anschließenden, Wirklichkeit erzeugenden Handlungen ist daher die Betrachtung »sozialer Schnittstellen«.

»Soziale Schnittstellen«

»Soziale Schnittstellen« sind die Orte, an denen persönliche Begegnungen zwischen sozialen Akteuren stattfinden, die unterschiedliche Interessen repräsentieren und die durch unterschiedliche Ressourcen unterstützt werden (Long, 1993, 217ff.). Sie bezeichnen »den kritischen Punkt, an dem zwischen verschiedenen sozialen Systemen, Feldern oder Ebenen der sozialen Ordnung aufgrund unterschiedlicher normativer Werte und sozialer Interessen »mit hoher Wahrscheinlichkeit ›strukturelle Diskontinuitäten‹«, d. h. »Diskrepanzen in den Werten, den Interessen, dem Wissen und der Macht« (Long,

---

[16] Vgl. Bierschenk/Olivier de Sardan (1995, 48).

1993, 217f. und 235) auftreten, bzw. an dem sich diese Diskontinuitäten offenbaren und somit einer Analyse zugänglich werden.

Soziale Schnittstellen sind also die Konfrontationsstellen verschiedener Lebenswelten[17] von sozialen Akteuren. Es handelt sich um (wiederkehrende) Situationen, in denen divergierende Werte und Ziele formuliert, ausgehandelt oder manifestiert werden:

> »[...] sie charakterisieren soziale Situationen (was Giddens *locales* nennt), in denen sich die Interaktionen zwischen den Akteuren um das Problem drehen, sich darüber Gedanken zu machen, wie man zu anderen sozialen und kognitiven Welten ›Brücken schlagen‹ kann.« (Long, 1993, 236)

Zu unterscheiden sind laut Long formelle und informelle Schnittstellen, die sich nach dem Grad ihrer Öffentlichkeit voneinander abgrenzen. Als Beispiel für *formelle Schnittstellen* können wegen ihrer besonderen Anschaulichkeit Ämter und Behörden dienen. Es sind offizielle »front-regions« im Sinne von Goffman (1959), an denen sich deutlich die Unterscheidung sozialer Akteure bezüglich ihrer Macht und Entscheidungsgewalt über Ressourcen zeigt. Auf der einen Seite des Schalters befinden sich die (nahezu machtlosen) Antragsteller und auf der anderen Seite die mit öffentlicher Gewalt versehenen Beamten.

Informelle Schnittstellen sind dagegen gerade aufgrund ihrer fehlenden Öffentlichkeit schwieriger zu fassen. Sie bestehen oftmals nur aus wiederkehrenden Gesprächen zu einer bestimmten Thematik, etwa wenn Haushaltsmitglieder über die zweckmäßige Verteilung von Geldern debattieren.

Grundsätzlich gilt für beide, insbesondere aber für informelle soziale Schnittstellen, dass sie meist komplex, d. h. nicht dualistisch angelegt sind und sich im Laufe der Zeit verändern können. Sie beschreiben also keinen statischen Zustand, sind weder zeitlich noch räumlich fest fixiert, auch wenn

---

[17] Der Begriff der Lebenswelt wurde von Schütz eingeführt und beschreibt ihm zufolge die nähere Umwelt eines Akteurs, die Welt, in der er lebt und die er »für selbstverständlich erachtet« (Schütz, zit. in Long, 1993, 236). Die Lebenswelt ist damit auf den einzelnen Akteur bezogen. Sie umfasst neben den verinnerlichten Werten und Normen auch dessen praktisches Handeln, geformt durch einen Hintergrund von Rationalität und Intentionalität (ebd., vgl. Schütz/Luckmann, 1984). Der Begriff der Lebenswelt grenzt sich ab von dem des »sozialen Feldes«. Dieser wird auf die Anordnung von Beziehungen zwischen Akteuren, die sich an denselben Zielen orientieren, und bestimmte normative Elemente (»kulturelle Paradigmen«) beinhalten, verwandt (Long, 1993, 236; vgl. Turner, 1974).

ihnen eine gewisse Regelhaftigkeit oder Routine zugrunde liegt. So muss z. B. damit gerechnet werden, dass sich die Ziele von Akteuren und damit die Ausprägung der sozialen Akteure durch neue Einflüsse im Laufe der Zeit verändern können. Andererseits können soziale Schnittstellen auch einen stark institutionalisierten Charakter haben, wenn sie eine feste Einbindung in die Lebenswelten von Akteuren erhalten, ihre eigenen Grundregeln erhalten und (strategisch) reproduziert werden (Long, 1993, 245).

Analyse »sozialer Schnittstellen« im MAFP

Die nachfolgenden Beispiele aus der Analyse des *Mbinga Agroforestry Projects* zeigen, wie auf unterschiedlichsten Ebenen Interessen verhandelt werden.[18] Die soziale Schnittstelle als operatives Analyseinstrument richtet dabei den Blick auf Kommunikationssituationen, die aus anderer Perspektive, z. B. im Rahmen der herrschenden Planungslogik, kaum Beachtung fänden. Für diesen Beitrag erfolgte eine Auswahl aus einem großen Spektrum von Ansatz-

---

18 Das *Mbinga Agroforestry Project* wurde 1990 für den Distrikt unter der Schirmherrschaft des *Agriculture Sector Support Programme* (ASSP) des Landwirtschaftsministeriums Tanzanias eingerichtet. Dieses Programm entstand in Zusammenarbeit mit der Weltbank im Zuge der geplanten Strukturanpassungsabkommen. Mitte der 1980er Jahre fand unter dem Präsidenten Ali Hassan Mwinyi eine Einigung mit IWF und Weltbank hinsichtlich der Durchführung von Strukturanpassungsmaßnahmen statt. 1986 wurde das *Economic Recovery Programme* (ESAP) beschlossen, das seit 1989 durchgeführt wird (vgl. Engelhard, 1994, 251f.). Es bildet den übergeordneten Rahmen des Projekts, und zwar sowohl hinsichtlich der Zielvorgaben als auch hinsichtlich der sekundär projektrelevanten, landesweiten Entwicklungsmaßnahmen und -schwerpunkte. Übergeordnete Zielsetzung war es, die fortschreitende Zerstörung der natürlichen Ressourcen aufzuhalten in einer Situation zunehmenden Bevölkerungsdrucks (URT/EEC, 1994, 3). Hieraus ergaben sich die unterschiedlichen Tätigkeitsfelder wie Agroforst- und Waldschutzmaßnahmen, kommunale Forstwirtschaft und Landnutzungsplanung (vgl. Schlottmann, 1998, 84ff.). Das *Mbinga Agroforestry Project* wurde zunächst von der EU unter einem Lomé-III-Abkommen, später über so genannte *Counterpart Funds* finanziert. Geleitet und durchgeführt wurde es von der tanzanischen Regierung mit einer Stelle für den *Technical Advisor* (TA) vom Deutschen Entwicklungsdienst. Nach Ablauf des Abkommens wurden für eine Übergangsphase weiterhin Mittel von der EU bereitgestellt, die bis zu einer offiziellen Verlängerung im Rahmen der Lomé-IV-Vereinbarungen das Fortkommen der Projektaktivitäten sichern sollten. Da eine Verlängerung letztendlich nicht gewährleistet wurde, kam das Projekt in den Jahren 1992-1995 über diese Übergangsphase nicht hinaus und endete offiziell 1996.

möglichkeiten (Schlottmann, 1998). Diese Auswahl von Schnittstellen und Akteuren war entsprechend der Arbeitshypothese Ausgangsbasis der Untersuchung; es wurde davon ausgegangen, dass im Verlauf weitere Personen das Spielfeld betreten (ebd., 72f.).

Im Folgenden verlagert sich das Geschehen direkt an die sozialen Schnittstellen. Nacheinander werden eine dörfliche Versammlungsstelle, das Projektbüro sowie der Projektbericht selbst analysiert. Die zusammengefassten Erhebungen und Beobachtungen entstanden auf der Grundlage von Feldprotokollen, qualitativen Interviews mit den beteiligten Personen sowie der Auswertung der schriftlichen Projektunterlagen.[19] Viele Beobachtungen mögen auf den ersten Blick unwichtig erscheinen, bilden aber oft die Grundlage für ein Verständnis der lebensweltlichen Hintergründe, Positionen und (Ver-)Handlungspotentiale der Akteure.

Schnittstelle 1: Die Versammlungsstätte in Buruma
Einstiegsszenario

Einmal im Monat, bei Bedarf auch öfter, sollen die Projektmitarbeiter an den Versammlungen der Dorfräte teilnehmen. Durch den direkten Kontakt mit der Zielgruppe soll über Fortkommen und Probleme der Projektaktivitäten diskutiert werden.

Nach fünfstündiger Fahrt über die Sandpisten des Distrikts erreicht der Projekt-Landrover Buruma – eine verstreute Ansammlung von dürftig gedeckten Ziegelbauten. Das Versammlungshaus unterscheidet sich lediglich durch ein davor stehendes Auto von den anderen Gebäuden. Das folgende Begrüßungsritual nimmt eine beträchtliche Zeitspanne ein, ehe die Gruppe den Raum betritt. Hier sind etwa 20 Stühle im Halbkreis vor einem erhöhten Tisch aufgestellt. Hinter diesem weitere drei Stühle, auf denen nach und nach der Dorfälteste, der *Village-Chief* und ein Protokollant Platz nehmen. Der Rest der Anwesenden – bis auf die deutsche Entwicklungshelferin und ihre wissenschaftliche »Praktikantin« durchweg Männer – verteilt sich auf den Halbkreis. Ein Segment wird dabei von den Gästen eingenommen. Die Verhandlung beginnt. Von den Projektmitarbeitern wurde ein Plan erstellt, der den Bewohnern des Dorfes eine optimale Nutzung ihrer natürlichen Res-

---

[19] An dieser Stelle möchte ich mich noch einmal bei Yvonne Dörfler für die Hilfe bei der Arbeit und das Verfügbarmachen der Dokumente bedanken. Dem DED danke ich für die ebenso freundliche Kooperation.

sourcen gewährleisten soll. Diesem Landnutzungsplan gingen bereits einige Studien voraus, und er soll heute endgültig besiegelt werden. Im Einvernehmen aller Beteiligten des *village meeting* wird der Plan dann schließlich auch angenommen und seine Umsetzung beschlossen.

Die Analyse dieser sozialen Schnittstelle zwischen Projektmitarbeitern und den Mitgliedern des Dorfrates befasst sich mit der Frage, welche Interessen und Sichtweisen sich hinter dieser vermeintlichen Einigung verbergen und welche Aussichten für die Umsetzung und die langfristige Einhaltung dieser Planung für die Gestaltung eines erdräumlichen Ausschnittes bestehen.

Die Projektmitarbeiter: Technokratische Wissensstrukturen und finanzielle Sicherheit

Aus der Lebenswelt der Projektmitarbeiter werden insbesondere zwei Aspekte relevant: Die Konstitution ihres »Wissens« und ihre gesellschaftliche Positionierung.

Eine erste Annäherung an die Wissenskonstitution der Projektmitarbeiter bietet die Rekonstruktion ihres Ausbildungsweges. 80 Prozent der Projektmitarbeiter sind ausgebildete Förster. Die meisten von ihnen waren als Regierungsangestellte auf Distriktebene tätig, bevor sie die Arbeit im Rahmen des Projekts aufnahmen. Die Ausbildung zum Förster umfasst in Tanzania eine zweijährige Schulung. Nach zwei Jahren erhalten die Absolventen der Forstausbildung ein »Diploma« und sind in der Lage, nach vorgefassten Schemata Aufforstungsprogramme (VAPs)[20] durchzuführen, d. h. beispielsweise auch Schutzgebiete einzurichten, Aufzuchtstationen anzulegen etc. Diese *VAPs* sind standardisierte Pakete, zu deren Entstehung und Implementierung Mgeni folgendes bemerkt:

»The main assumption was that the forest extensionists knew what was good for rural communities and the principal task was then to convince the farmers/pastoralists to adopt the recommended VAP packages. With this in mind, VAP packages were designed from an industrial plantation forestry outlook, with emphasis on planting pines, cypress and eucalypts.« (Mgeni, 1992, 428)

---

20 Das *Village Afforestation Program* (VAP) wurde im Geiste der Arusha-Deklaration und des *Self-reliance*-Gedankens geboren, mit dem Ziel, so viele Bäume wie möglich von privater Hand pflanzen zu lassen, um so – in Verbindung mit einem angemessenen Management – die natürliche Produktivität des tanzanischen Waldlandes zu verbessern. Vgl. Mgeni (1992) für eine detaillierte Kritik dieses Programms und dessen (mangelhafter) Durchführung.

Obwohl Fortschritte hinsichtlich einer regional und sozio-kulturell spezifischen Anpassung der Forstmethoden gemacht wurden und auf nationaler Ebene eine Überarbeitung der Ausbildungsprogramme angestrebt wird,[21] sind diese technokratischen Konzepte weiterhin Standard und bilden die Basis des forstlichen Fachwissens.[22] Deren Vermittlung und Weitergabe an die Ressourcennutzer stellt einen vorrangigen Aufgabenbereich eines Forstbeamten auf Distriktebene dar. Die angehenden Förster bekommen diesbezüglich jedoch keine spezielle (didaktische) Ausbildung.[23] Die beschriebenen Ausbildungsstrukturen, geprägt von den Relikten einer paternalistisch-autoritären Ressourcenschutzpolitik, wie sie bei der Einrichtung der staatlichen Forstreservate unter der »Forest Ordinance« von 1957 tonangebend war, führen zu einer Haltung, die von Oppen (1993, 238) beispielhaft zitiert: »Wir müssen den Wald vor den Bauern für deren Nachkommen schützen.«

Die Beamten befinden sich allerdings auch in einem konfusen, uneinheitlichen und unklaren administrativen System, das von kolonialen und sozialistischen Relikten geprägt ist.[24] Zu den Unsicherheiten über die Zuständigkeiten treten verwaltungstechnisch bedingte soziale Ungerechtigkeiten. So sind Beamte und Angestellte auf der Distriktebene in der Regel schlechter bezahlt, als die vom *Central Government* beschäftigten. Mit der Arbeit in einem Projekt wie dem MAFP lässt sich dagegen ein Vielfaches der *government salary* verdienen (MLNRT, 1989, 34).

Ein besonders eindrückliches Beispiel für die Auswirkungen dieser schwachen Administration auf die natürlichen Ressourcen ist der verbreitete Missbrauch von Holzeinschlagslizenzen. Da sich nach der politischen Umstrukturierung und erneuten Zentralisierung seit Mitte der 1980er Jahre die Distrikte

---

[21] Vgl. MLNRT (1989, 107ff.).
[22] Im Mbinga-Distrikt äußert sich dies unter anderem in Form von großflächigen monostrukturierten Aufforstungen mit Pinus- und Eukalyptusarten.
[23] Vgl. Oxford Forestry Institute (1989, Annex 20,8) sowie Mgeni (1992, 428).
[24] 1957 wurde im Zuge der *Forest Ordinance* die *Forestry and Beekeeping Division* (FBD) im *Natural Resources Ministry* eingerichtet. Der gesamte Wald Tanzanias sollte von dieser Einheit zentral verwaltet werden. Im Zuge der Dezentralisierungsreform wurde 1972 der FBD die Kontrolle über den Wald wieder entzogen und den im Sinne der Ujamaa-Politik politisch zu stärkenden *Village Governments* überantwortet. Nach der Wiedereinrichtung von Distriktautoritäten im Zuge der Redezentralisierung in den 1980er Jahren bestehen schließlich auf drei Ebenen (national, regional und lokal) Verwaltungen nebeneinander, die nicht koordiniert sind.

selbst finanzieren und ein bestimmtes Maß an Einnahmen vorweisen müssen, werden diese Lizenzen zu einem wichtigen Wirtschaftsfaktor. Von den entsprechenden Stellen werden in der Folge zu viele Genehmigungen vergeben, und aufgrund unklarer Zuständigkeiten kann zudem niemand nachvollziehen, ob eine Lizenz Gültigkeit hat. Die Waldnutzung Tanzanias ist entsprechend diesem herrschenden »Rechtspluralismus« (von Oppen, 1993, 233) wenig kontrollierbar. So werden die Durchsetzung finanzieller Interessen und Korruption forciert, was sich beispielsweise in der Praxis der Vergabe von Einschlagslizenzen nach Höchstgebot äußert. Solche Handlungsstrategien haben eine kurze Reichweite, weil sie auf Kosten einer dauerhaften Waldnutzung gehen. Auch den proklamierten Projektinteressen laufen diese Strategien zuwider. In einer Situation wirtschaftlicher Unsicherheit sowie gleichzeitig schwindendem Vertrauen in den Staat kann sich andererseits aber kaum ein Akteur den verantwortungsbewussten Blick in die Zukunft leisten.

Die meisten Projektmitarbeiter gehören einer übergeordneten gesellschaftlichen Schicht, der städtischen Oberschicht Tanzanias, an. Dieser Status verschaffte ihnen den Zugang zu einer qualifizierenden Ausbildung.[25] Sie sind eine (zumindest gegenüber den zerstreuten ländlichen Siedlungsformen) »städtisch« geprägte Lebensweise gewohnt, die – dies wurde in vielen Gesprächen beobachtet – in Tanzania oftmals gleichgesetzt wird mit »Wohlstand« und Symbol einer prinzipiell erstrebenswerten Lebenssituation ist.[26] Alle Projektmitarbeiter leben in Mbinga-Stadt, wo sich auch ihr Arbeitsplatz befindet. Ihre Stellung als Beamte sichert den Projektmitarbeitern eine langfristige Beschäftigung. Abgesehen von der festen Bezahlung, die sie vom Projekt erhalten und die den staatlichen Lohn bei weitem übersteigt, erhalten sie Zulagen für besondere Einsätze. Die Teilnahme an einer Dorfversammlung, wie sie eingangs geschildert wurde, fällt unter diese Vereinbarung. So können sie entsprechend der Länge der Veranstaltung eine so genannte *sitting-allowance*, also eine »Sondersitzzulage«, beantragen. Diese Sonderzulagen werden nicht nach einem Leistungsprinzip, sondern pauschal vergeben.

---

[25] Die Ausbildungsstätten liegen überwiegend in den städtischen Zentren des Landes, insbesondere in Morogoro in einer auf Landwirtschaft ausgerichteten Universität für Agrarwissenschaft. Die Projektmitarbeiter sind dementsprechend größtenteils nicht aus der marginalen Ruvuma Region, sondern aus städtischen Zentren im Norden des Landes (Moshi, Arusha, Dar es Salaam, Morogoro).

[26] Vgl. Engelhard (1994).

Die Kontaktbauern im village-committee: Alte Landnutzungskonflikte und verinnerlichte Erfahrungen

An der hier beispielhaft untersuchten Versammlung nehmen neben den Dorfoberhäuptern (dem »Dorfrat«) vor allem Kontaktbauern des Projektes teil. Bei der Analyse erschienen zwei Aspekte besonders aufschlussreich: erstens die herrschenden Unklarheiten hinsichtlich des Landbesitzes und die daraus erwachsenden Landnutzungskonflikte, und zweitens die von den Bauern verinnerlichten Erfahrungen aus der sozialistischen Vergangenheit des Landes.

Die neuere Geschichte Tanzanias brachte landrechtlich für die Bauern eine generelle Unsicherheit mit sich. Nach Beendigung der Kolonialherrschaft galt zunächst das *customary-law*, das traditionell geprägte Gewohnheitsrecht, welches den Zugang zu bäuerlichem Privatland regelte (von Oppen, 1993). Im Zuge der 1967 in der »Arusha-Erklärung« verankerten Ujamaa-Politik[27] unter Staatspräsident Nyerere wurde dann Anfang der 1970er Jahre ein *Villagization-Act* durchgeführt. Die Bevölkerung wurde in neue Großgemeinden umgesiedelt und erstmals entstand eine öffentliche Verfügungsgewalt dörflicher Organe über nicht privat genutztes Dorfland. Das *customary-law* wurde von diesem neueingeführten *village-law* überlagert, jedoch nicht verdrängt, denn nur widerwillig fügten sich die Bauern den Anordnungen des Staates (ebd.). Seit dem Ende der sozialistischen Phase ist eine weitere Bodenreform geplant, deren Durchführung und Durchsetzung sich jedoch als sehr langwierig erweist. Grund hierfür ist vor allem die mangelnde Kompromissbereitschaft der verhandelnden Parteien.[28] Zudem müssen sich die Behörden

---

[27] Das Swahili-Wort *Ujamaa* bedeutet »Familie« oder »Gemeinschaft«, steht jedoch auch für das »Leben und Arbeiten in Gemeinschaft« und wird z. T. auf das gesamte sozialistische Entwicklungskonzept Nyereres bezogen. Dessen Grundidee war, durch die (staatlich gelenkte, später auch erzwungene) Zusammenlegung der verstreuten Bevölkerung in geschlossene, genossenschaftlich organisierte Dörfer die Entwicklung im ländlichen Raum »von unten« vorwärts zu treiben.

[28] Eine aufschlussreiche Abhandlung dieser Thematik liefert von Oppen (1993). Hinsichtlich der neuen Bodenrechtsreform macht er auf drei Verhandlungspositionen aufmerksam: Erstens die Weltbank und Verfechter einer kapitalistischen Agrarentwicklung, die die Freiheit des individuellen Eigentums propagieren. Die kapitalstarken und einflussreichen Großgrundbesitzer wollen sich auf diese Weise uneingeschränkte Nutzungsfreiheit sichern. Zweitens die Verteidiger einer ausgleichenden Rolle der Verwaltung. Dies sind Stimmen aus Regierungskreisen. Und drittens der Ruf nach einer neuen Grundlage für gemeinschaftliche

mit einer Flut von Prozessen auseinandersetzen, in denen die Betroffenen die Rechtmäßigkeit der Enteignungen der Ujamaa-Zeit anfechten. Die unklare besitzrechtliche Situation trägt entscheidend zu einer mangelnden Investitionsbereitschaft der Landbesitzer in Grund und Boden bei.[29]

Hier hinzu treten die Erfahrungen der Bauern aus der sozialistischen Vergangenheit des Landes. Der große Teil der ländlichen Dorfbevölkerung nahm die Umsiedlungsmaßnahmen in der Ujamaa-Zeit als ein Unterordnen unter externe politische Instanzen wahr – verbunden mit einer Einschränkung älterer Rechte (von Oppen, 1993, 232). Die Umsiedlung bedeutete für die Bauern eine Abkehr von traditionsreichen personalen Beziehungen hin zu künstlichen Gemeinschaftsgebilden. »Zusammengehörigkeit« sollte erzeugt werden durch eine künstlich erstellte Territorialität, mit der sich die Bevölkerung – an die ursprüngliche Einzelhofsiedlungsweise gewöhnt – jedoch nie identifizieren konnte (ebd.).[30] Insbesondere progressive »Cash-crop-Bauern« wehrten sich gegen die Verstaatlichung des Bodens im Zuge der Ujamaa-Politik, die sie um einen Großteil ihrer Verdienstmöglichkeiten zu bringen schien. Im Gegensatz zu den Bauern, die reine Subsistenzwirtschaft betreiben, besaßen sie die (finanziellen) Mittel, politischen Druck auszuüben. Einige konnten dadurch die Ujamaa-Maßnahmen boykottieren und ihre soziale Vormachtstellung in der dörflichen Gemeinschaft festigen (Engelhard, 1994, 199). Andere fügten sich halbherzig, in der Hoffnung, im Gegenzug leichter Ausgleichsansprüche gegenüber der Regierung geltend machen zu können. Von Oppen (1993, 233) spricht dabei von einem »bäuerlichen Muster reziproker Aushandlung«, d. h. einer »Quid pro quo Mentalität«, die für die Verhandlungshaltung der Bauern eine wichtige Rolle spielt. Denn dass die Regierung diese Hoffnung nicht erfüllen und ihre Versprechungen hinsichtlich der Erlangung von nationalem Wohlstand, der alle Bevölkerungsschichten durchdringt, nicht halten konnte, wurde weder von den reicheren noch von den ärmeren Bauern vergessen. Seitdem kann vielfach eine prinzipielle Ab-

---

Besitzrechte von Seiten der lokalen Regierungseinheiten und Dorfverwaltungen, die dann auch die Instanzen für deren Verteilung wären (vgl. von Oppen, 1993, 247ff.).

[29] Eine strategische Nutzung dieser Rechtsschwäche von Seiten der wohlhabenderen Bauern ist das so genannte »Land-grabbing«. Kleinbauern wird durch Schuldenerzeugung (z. B. durch die Inanspruchnahme von Hilfe beim Pflügen) bei Rückzahlungsunfähigkeit das Land abgenommen. Diese Praxis ist zwar illegal, aber rechtlich nicht verfolgbar (vgl. Kauzeni, 1993, 64).

[30] Vgl. auch Engelhard (1994, 199).

neigung gegen organisierte, kollektive Arbeit beobachtet werden.[31] Dieser Aspekt einer »embodied history« schlägt sich heute in der Haltung vieler Bauern nieder.

Verhandlung: Unterschiedliche Denkweisen und Verfügbarkeit kommunikativer Mittel

Die unterschiedlichen sozialen Akteure sitzen sich in der Versammlungsstätte »gegenüber«. Ein kommunikatives Medium der Verhandlung ist der Landnutzungsplan. Er beinhaltet das Know-how der Projektmitarbeiter: eine abstrakt-räumliche Fixierung der Projektziele, die es den Bauern zu vermitteln gilt. Hierfür wurde der physische Raum des Dorfes auf dem Papier erfasst und nach Rationalitätskriterien in Blöcke eingeteilt, denen eine bestimmte Art der Landnutzung zugewiesen wurde. Die zugrunde liegende Annahme ist, dass bei Erfüllung und Einhaltung des Planes auch eine Verbesserung der Umweltbedingungen der Kleinbauern gewährleistet wäre.

Der Bauer jedoch kann diese »Logik« schwerlich nachvollziehen. Zunächst erfordert die kartographische Projektion ein hohes Maß an nie geübtem Abstraktionsvermögen. Weder Häuser oder *Compounds* noch einzelne Ackerflächen sind eingezeichnet, wodurch eine persönliche Verortung erschwert wird. Die Grenzziehung der einzelnen Nutzflächen ist großräumig und pauschal und überlagert ein sehr viel differenzierteres Landbesitzmuster. Vor dem Hintergrund der bestehenden Unsicherheit über den Landbesitz muss damit gerechnet werden, dass eine neue Grenzziehung zusätzliche Verwirrung erzeugt. Die Landnutzungsplanung verlangt zudem eine organisierte, gemeinschaftliche Umsetzung, da sie nur großflächig ihren Zweck erfüllt (die Stabilisierung eines Ökosystems). Und gerade dagegen besteht seitens der Bauern aufgrund ihrer Erfahrungen aus der Ujamaa-Zeit eine generelle Abneigung, die aber in der technokratischen Logik der Projektmitarbeiter nicht gegenwärtig ist.

Dies leitet über zu der Frage, warum die aufgezeigten Diskrepanzen nicht thematisiert werden und verbal im Dunkeln bleiben, obwohl die Verhand-

---

[31] Diese Aussage stützt sich auf Gespräche mit der Entwicklungshelferin und den fest angestellten Projektmitarbeitern. Vgl. auch von Oppen (1993) für ähnliche Beobachtungen in anderen Landesteilen und Engelhard (1994, 197ff.) für die Erfahrung, die die Bauern mit »ökologisch ungewohntem Siedlungsland« machten, auf dem sie ihr lokales Wissen nicht anwenden konnten.

lungspartner die gleiche Sprache (Kisuaheli)[32] sprechen. Eine Erklärungsmöglichkeit für dieses Verhalten ist die ungleiche Verteilung sprachlicher Mittel aufgrund der Unterschiede im Bildungsniveau – kaum ein Anwesender der Dorfbevölkerung meldete sich im Verlauf einer solchen Versammlung zu Wort. Die Bauern können den inhaltlichen Ansprüchen der Mitarbeiter nicht folgen, ihre Ausführungen stehen vielmehr pauschal für »Bildung« und ein »Wissen«, das aus ihrer Position in der herrschenden Gesellschaftskonstruktion nicht hinterfragbar ist. Die Sitzordnung und die »offizielle« Atmosphäre des Sitzungssaales können dabei weitere Hemmfaktoren darstellen. Die Widerspiegelung der Zugehörigkeiten der sozialen Akteure in der Sitzordnung erschwert gleichsam die Annäherung an die »andere« Denkweise. Zu beachten ist weiterhin, dass in dieser Situation ein über einige Monate hinweg erstellter Plan an einem einzigen Abend abgesegnet werden soll (s. Tab. 1).

Tabelle 1: Aktuelles Landnutzungsplanungsprogramm des MAFP (Land Use Planning Unit. In: Scheinmann et al., 1994)

Step	Description	Length of time to complete
1	Data Collection	1 month
2	Socioeconomic Study	1 week
3	Compilation of Data	3 weeks
4	Mapping	1 week
5	Report Writing	3 weeks
6	Village Meeting/Agreement	1 day

Die Anwesenden werden also mit dem fertigen Produkt eines Prozesses konfrontiert, den sie ohnehin nicht – und schon gar nicht rückwirkend – nachvollziehen können.[33] Die Zustimmung zum Plan basiert daher zumindest

---

32 Seit 1967 ist Kisuaheli die offizielle Landes- und Verkehrssprache Tanzanias, ein »nationales Bindeglied«, das vielfach als ein Grund für die innerpolitische Stabilität des Landes angegeben wird (vgl. Hofmeier, 1993, 179f.). Dennoch werden von der Distriktebene aufwärts Geschäfts- und Verwaltungsangelegenheiten überwiegend in Englisch behandelt und somit weite Teile der Bevölkerung von der Inanspruchnahme der Öffentlichkeit bei der Durchsetzung ihrer Rechte ausgeschlossen.
33 Johansson/Hoben (1992, 28) berichten Vergleichbares von der Überarbeitung eines Landnutzungsplans durch die Dorfvorsteher: »They said that they were presented with the

teilweise auf der Dominanz des »Wissens« und der »Sprache« der Projektmitarbeiter – einer Welt, zu der die Bauern keinen Zugang besitzen. Sie kann aber auch als Teil einer Strategie der Dorfvorsitzenden gedeutet werden, denn sie sichert nicht nur die weitere Kooperation mit dem Projekt. Sie unterstreicht auch die Kontrollfunktion dieses Gremiums über die Landverteilung und – gegenüber der restlichen Dorfbevölkerung – dessen Entscheidungsposition im Prozess der Grenzfindung. So werden der Landnutzungsplan und damit auch »das Projekt« zum Instrument, zu einem Machtmittel, mit dessen Hilfe sich die Parteien erhoffen, herrschende Konflikte z. B. über Landbesitz (mit dem Nachbardorf, dem Nachbarn) zu ihren Gunsten zu lösen. Dies ist ein Beispiel für die soziale Bedeutung, die eine Intervention erlangen kann und die der ihr vom Planer zugewiesenen Bedeutung konträr gegenübersteht.[34]

Fazit

Aus der Analyse der »strukturellen Diskontinuitäten« an dieser sozialen Schnittstelle lässt sich Folgendes ableiten: Eine Umsetzung der geplanten Maßnahmen von Seiten der Bauern wird vermutlich nicht erfolgen, weil lediglich eine »strategische« Einigung erzielt wurde. Wie wenig die Dorfbewohner die Planung als »ihre« Investition in die Zukunft ansehen, äußert sich z. B. in der Frage, ob denn von Seiten des Projekts ausreichend Arbeitskräfte zur Verfügung gestellt werden, um die Maßnahmen durchzuführen. Eigenständig wird also kaum jemand diese zusätzliche Arbeit, die noch dazu in die intensivste Periode der Feldarbeit fällt, nach Beendigung des Projektes weiterführen.

Die aufgezeigten Diskrepanzen in den Denk- und Wissensstrukturen und die ungleichgewichtige Verteilung sprachlicher Mittel zeitigen die soziale Kluft zwischen den sozialen Akteuren, gleichwie sie diese auch reproduzieren. Zwar sitzen alle Akteure zusammen, eine Kommunikation im Sinne

---

whole plan as a package and asked to approve it. They had checked the village boundaries thoroughly but had left the plan on how to use the village land as it had been suggested by the experts.« (ebd.).

[34] Zum Vergleich berichten auch Johansson/Hoben von diesem Effekt im Rahmen einer LNP in einem anderen Dorf Tanzanias: »Some members of the village council thought that the village would obtain a title to its land only when the Land Use Plan (LUP) exercise had been carried out. To these councillors the LUP appeared to be merely a formality, a precondition for the title to be issued.« (1992, 28).

einer offenen Aushandlung der Ziele und Interessen findet jedoch praktisch nicht statt. Eine bloße Kritik der Projektdurchführung hinsichtlich einer unzureichenden Beteiligung der Zielgruppe erscheint dennoch oberflächlich, vielmehr zeigen sich hier die Grenzen von »Partizipation« im Projektablauf. Auf den ersten Blick »partizipieren« alle Anwesenden am Planungsprozess. Doch tun sie dies auf unterschiedlichste Art und mit unterschiedlichsten Voraussetzungen für die Durchsetzung ihrer Ziele. Die Bauern, eigentlich die zu beteiligende Zielgruppe, schweigen. Und was sollen sie auch sagen? Ein Großteil ihrer Wissensressourcen wurde bereits mit der Einführung des Projekts »entwertet«, als tanzanische und deutsche »Experten« kamen, um ihnen zu zeigen, wie Landwirtschaft »richtig« betrieben wird. So zeigt sich, dass »Partizipation« im Sinne einer tatsächlichen Beteiligung, Akzeptanz und Integration von lokalen Interessen und Wissensbeständen nur durch die Überbrückung der Diskontinuitäten an sozialen Schnittstellen möglich wird.

Schnittstelle 2: Das Projektbüro

Einführung

In der Stadt Mbinga wurde in einem großen einstöckigen Gebäude das Projektbüro eingerichtet. Diese »Zentrale« symbolisiert eine – für die Dauer des Projektes – permanente Schnittstellensituation. Sie ist der tägliche Arbeitsplatz der fest angestellten Projektmitarbeiter, des Projektkoordinators und der Entwicklungshelferin in der Position des *Technical Advisers* (TA). Dies sind die Hauptentscheidungsträger des Projektes. Hier entscheidet sich die Verteilung von finanziellen und materiellen Projektressourcen, und damit sind für die folgende Analyse insbesondere die an dieser Schnittstelle hervortretenden Machtpotentiale interessant.

Machtpositionen von Entwicklungsexpertin und Projektkoordinator

Während die Projektmitarbeiter dem Koordinator unterstellt sind, hat die TA beratende Funktion und hängt damit quasi frei schwebend über der Projekthierarchie: Im Prinzip kann ihr niemand vorschreiben, was sie zu tun hat (Rechenschaft ist sie nur ihrem Arbeitgeber, dem Entwicklungsdienst, schuldig). Andererseits besitzt sie keinerlei Befehlsgewalt. Aufgrund ihrer Ausbildung, ihrer Hautfarbe und ihrer Verbindung zu den Geberorganisationen genießt sie dennoch ein gewisses Maß an Respekt. Die Anerkennung einer Frau als »Expertin« in der traditionell patriarchalisch organisierten tanzanischen Gesellschaft fällt jedoch den meisten männlichen Mitarbeitern nicht leicht.

Der Projektkoordinator hat eine besondere Machtposition inne, denn er entscheidet offiziell über die finanziellen und personellen Belange des Projekts. Dies mag ein Grund dafür sein, dass im Projekt überwiegend Förster eingestellt wurden. Denn er selbst ist ausgebildeter Förster und hat Mitarbeiter eingestellt, die er hinsichtlich ihrer fachlichen Kompetenz kontrollieren kann und die mit ihm hinsichtlich der sektoralen Prioritäten übereinstimmen.

Primär liegt dem Koordinator an der Reproduktion seiner Arbeitsstelle. Es ist wichtig für ihn, seinen jetzigen Lebensstandard auch in Zukunft aufrechterhalten zu können, denn längst hängt von seinem Gehalt auch die Ausbildung seiner Kinder ab sowie die Versorgung seiner Familie, der Verwandtschaft seiner Frau usw. Mit der Zielgruppe des Projekts kommt er aufgrund seiner Bürotätigkeit nicht in Kontakt; er selbst stammt zudem nicht aus der Region oder einem ländlichen Lebensbereich. Der Koordinator identifiziert sich infolge dieser sozialen und physischen Distanz wenig mit den Zielen des Projektes.

Die TA dagegen reiste mit der Motivation an, den Kleinbauern zu helfen und ihr Wissen als Agraringenieurin dafür einzusetzen. Geprägt vom gesamten westlichen Entwicklungsdiskurs, mit Zielvorstellungen wie »sozialer Gerechtigkeit« und »nachhaltiger Ressourcennutzung« im Gepäck, trifft sie in der täglichen Verhandlung im Büro auf die Alltagswirklichkeit eines tanzanischen Beamten, dessen persönliche Ziele aus ihrer Sicht einem Projekterfolg im Wege stehen. Zur Durchsetzung seiner Interessen besitzt der Koordinator jedoch ein weitaus größeres Machtpotential. Positionen wie die des *Watchman* und des *Storekeepers* kann er mit Freunden besetzen, seine Sonderzulagen kann er sich selbst unterzeichnen, seine »Forstlogik« setzt sich durch und wird über die Mitarbeiter multipliziert. Festzuhalten ist an dieser Stelle, dass ihm diese Strategie nicht vorgeworfen werden kann. Er verfolgt persönliche Interessen, die sich durch die Machtstrukturen des Projektes eröffnen und durch den geringen Bezug zur Wirklichkeit der Zielgruppe auch verständlich werden.

»Stille Post« im Projektablauf: Die Bedeutung von fehlenden sozialen Schnittstellen

Die vorangegangene Betrachtung verweist auf soziale Schnittstellen, die de facto nicht vorhanden sind. Die TA kommt, wie auch der Koordinator, so gut wie gar nicht in Kontakt mit der lokalen ländlichen Bevölkerung. Der Austausch findet über die Projektmitarbeiter statt. Die wiederum erhalten ihre Informationen überwiegend von den VEWs (Village Extension Workers), in

Form von Berichten, seltener auch mündlich. Erst der VEW hat direkten Kontakt »vor Ort«. Bei dieser Kommunikationslinie wirken an jeder Station – einer »stillen Post« ähnlich – subjektive Ziele, Interessen und Wahrnehmungen als Filter oder Umpoler. Die ohnehin vorhandene »soziale Kluft« zwischen den Entscheidungsträgern des Projekts und den Interessen und Zielen der Kleinbauern manifestiert sich in der physisch-räumlichen Distanz. So »erfährt« die TA nicht selbst, was »draußen« vor sich geht. Das wiederum bedeutet, dass diejenigen Parteien, die am ehesten ein Interesse an einer verbesserten Landnutzung haben, nicht in Kopräsenz aufeinander treffen, eine direkte Verhandlung findet nicht statt. Verhandelt werden im Verlauf der Kommunikationslinie schließlich (vorder- oder hintergründig) vor allem die Ziele einer städtischen, oberen Bevölkerungsschicht. Deren Position, die Ausstattung mit verschiedenen Machtmitteln und der direkte Zugang (mental, sprachlich und physisch) zu den Personen, die über die Vergabe von Ressourcen entscheiden, hilft ihnen, ihre Ziele und Interessen zu thematisieren und durchzusetzen. Sie können daher entscheidend die Verteilung von Projektressourcen beeinflussen.

Strategisches Handeln der Projektmitarbeiter: Die Kanalisierung von Projektressourcen

Die fest angestellten Mitarbeiter des Projekts leben in Mbinga, aber nur wenige sind in der Ruvuma-Region heimisch. Zum Teil haben sie jedoch eine Familie »vor Ort«. Im Zusammenhang mit der oben beschriebenen Schnittstelle des *village-meetings* wurde bereits auf die Interessen und die Ziele der Projektmitarbeiter gegenüber der Zielgruppe eingegangen. Hier stehen sie nun einem übergeordneten Arbeitgeber gegenüber, mit dem sie sich arrangieren müssen. Sie sitzen aber auch an der Quelle der Projektressourcen. So haben sie direkten Zugriff auf die Projektfahrzeuge, die sie auch privat nutzen. Sie haben die Möglichkeit, Feldeinsätze zu bestimmen und sich für gut bezahlte Aufgaben anzubieten. Ein Großteil der finanziellen Projektressourcen wird somit bereits im Projektbüro kanalisiert und bleibt – in Form von Gehältern – in der Stadt. Dies lässt sich zum einen an den Kostenaufstellungen ablesen. Zum anderen lässt es sich aber auch an der Wohnortwahl der Mitarbeiter erkennen: Alle Projektmitarbeiter haben im Zeitraum ihrer Anstellung ein Haus in Mbinga gebaut. Dafür wurden Verwandte und Freunde, ebenfalls aus dem städtischen Umfeld, informell mitbeschäftigt, denen im Gegenzug wiederum bei der Verbesserung ihrer Wohnsituation geholfen wird.

Mit dem Zugang zu den Projektfahrzeugen bekommen die Projektmitarbeiter in ihrem sozialen Umfeld eine privilegierte Position. Andererseits erwachsen damit auch Ansprüche von Seiten der Verwandten oder Freunde – immer wieder werden sie um Transportdienste gebeten. Dies ist ein Beispiel für soziale Akteure, die hinter den Kulissen wirken und zunächst nicht aktiv an Entscheidungen beteiligt zu sein scheinen. Wie entscheidend deren Handlungen für den Projektverlauf sein können, zeigt sich daran, dass die Projektfahrzeuge mehr für diese »Freundschaftsdienste« als für die eigentlichen Aufgaben des Projekts genutzt werden. Oftmals stehen sie aufgrund von Verschleißerscheinungen für die Feldarbeit gar nicht zur Verfügung, sondern sind zur Reparatur in der Werkstatt in Songea – ein gutes Geschäft für den indischen Mechaniker, der damit seine Zwischenhändler und Familienmitglieder in England versorgt.

Ein weiteres Beispiel für den unkontrollierten Abfluss von Projektressourcen vor dem Erreichen der Zielgruppe findet sich in einer Bemerkung aus dem Projektabschlussbericht:

> »There is a tendency for the office to be used as a photocopy shop, with the additional burden of not paying neither for the service nor the inputs (at least not officially). Although stationary is not a major cost factor on the budget, it may become one, if the whole District can use the machine as they please. Especially if the machine breaks down due to excessive use.« (Dörfler, 1995, 24)

Fazit

Die vorangegangene Untersuchung veranschaulicht, wie an einer Schnittstelle – hier: dem Projektbüro – verschiedenste soziale Hintergründe und Verflechtungen in komplexer Weise zusammenwirken und so den Projektverlauf, insbesondere die Verteilung von Projektmitteln, beeinflussen. Zunächst nicht transparente und vielleicht unwichtig erscheinende Gründe für die verfolgten Strategien können dabei zu einem tieferen Verständnis von Verhaltensweisen und Handlungen beitragen, die wiederum für die Einschätzung der nachfolgenden Entwicklungen relevant sind. So werden Mechanismen sichtbar, die sich erst durch die Intervention (z. B. das Bereitstellen von Projektfahrzeugen), einhergehend mit den durch einen Eingriff geschaffenen Machtstrukturen (Zugang zu den Fahrzeugen), ergeben. Dies muss nicht zwangsläufig der Fall sein, doch es kann davon ausgegangen werden, dass durch ein Projekt bereitgestellte Ressourcen, seien es Gelder, Fahrzeuge oder

Positionen, immer einen Anreiz darstellen. Akteure, die sich »näher« an der Quelle befinden, haben die besseren Chancen, Zugang zu diesen zu erlangen, sehen sich dann aber auch dem Druck ausgesetzt, die Vorteile mit »Nahestehenden« zu teilen. Solche Verflechtungen und ihre Eigendynamik werden insbesondere relevant hinsichtlich der Frage nach den »Gewinnern« und »Verlierern« einer Entwicklungsmaßnahme und dem Anspruch, Projekte »zielgruppenorientiert« auszurichten.

Schnittstelle 3: Der Projektbericht

Einführung

Die Verhandlungen zwischen den Projektleitenden und den übergeordneten Institutionen finden selten in Form eines persönlichen Aufeinandertreffens statt. Als Medium dient hier der Schriftverkehr zwischen Gebern und Nehmern, der eine Schnittstellensituation symbolisiert, wenn auch keine direkte

1. Contour laying. Average: good
2. Contour construction. Average: good
3. Contour management. Average: satisfactory
4. Average contour length 461 m per farm
5. Relation between length of contour bunds and distribution of trees (recommended distance between Agroforestry trees: 10 m): Out of 31 farmers 7 planted trees in the field – representing only 23% of the possible frequency of trees.
6. Average heights of trees: 90,2 cm

Figur 2: Auszug aus dem Quarterly Project Report (I-92/93)

Konfrontation im Zuge einer Kommunikation stattfindet. Die »reports« und Anträge von Seiten des Projektkoordinators sind ausschlaggebend für die fortlaufende Genehmigung der Mittel von Seiten der Regierung und der Geberorganisation. Die Form dieser Projektberichte wird so zu einem entscheidenden Faktor für die Reproduktion der Verfügbarkeit von Ressourcen für alle am Projekt Beteiligten. In dieser Hinsicht ist eine nähere Untersuchung angezeigt. Grundlage dafür ist ein Auszug aus einem beliebigen Bericht an die Geberorganisation (Figur 2).

Strategische Berichterstattung des Projektkoordinators

Die soziale Position des Projektkoordinators wurde bereits dargestellt. Es muss davon ausgegangen werden, dass er im Sinne seines Zieles, der Reproduktion seiner Arbeitsstelle, strategisch handelt. Die Berichterstattung gegenüber den Geldgebern ist daher für ihn von großer Bedeutung. In seinen strategischen Überlegungen muss der Projektkoordinator zunächst die Erwartungen von Seiten der Geberorganisation und der ihm übergeordneten Behörde identifizieren. Dies sind im Falle des MAFP die *Project Supporting Unit* (PSU) mit Sitz in Dar es Salaam (als Vertreter der EU in Brüssel) und das *Steering Committee* (SC), eine Kontrolleinheit, die dem Central Government Rechenschaft über den Projektablauf ablegen muss. Bei der Letzteren ist dieses Unterfangen nicht allzu schwierig, denn die geistigen und sozialen Welten liegen relativ nah beieinander. Das SC setzt sich aus tanzanischen Mitgliedern der lokalen Behörden zusammen. Deren Denkweise ist dem Koordinator vertraut, sie teilen das gleiche sozio-kulturelle Umfeld und einen äquivalenten Bildungsstand: Sie sprechen, sowohl im eigentlichen als auch im übertragenen Sinne des Wortes, »seine Sprache«. Die Mitglieder des Steering Committees nehmen zudem keinen tieferen Einblick in das Projektgeschehen. Im Projektabschlussbericht der TA heißt es:

> »Without active participations in these issues (activity planning, decisions made and day to day operational problems or budget allocations), the SC will remain a ›listening body‹ without interest to neither support nor control the project.« (Dörfler, 1995, 7)

Das von der TA beschriebene Desinteresse des SC hat Gründe. Dessen Mitglieder sind ebenso weit entfernt von der Lebenswelt der Kleinbauern wie der Projektkoordinator selbst. Sie identifizieren sich daher nicht sonderlich mit dem Projekt und seinem Anliegen. Vielfach sind sie sich ihrer »Macht« im Sinne einer Kontrollfunktion gar nicht bewusst, und sie haben de facto kein persönliches Interesse an einem detaillierten Durchdringen des Projektablaufs.[35] Andererseits kommt es dem Koordinator entgegen, wenn die Mitglieder des SC seine Handlungen nicht kontrollieren. Ihre »Partizipation« ist diesbezüglich nicht in seinem Sinne. Hier zeichnen sich durch eine akteurorientierte Betrachtung erneut Grenzen einer »Beteiligung« ab, die hier nicht methodischer Art sind, sondern in den gegenläufigen Interessen begründet liegen.

---

[35] Diese Haltung wurde persönlich vor Ort beobachtet, wie auch von der Entwicklungshelferin mündlich berichtet (vgl. auch Dörfler, 1995, 31).

Hinsichtlich der Berichterstattung gegenüber der PSU ergibt sich eine abweichende Situation. Der Koordinator ist abhängig von seinem Geldgeber, und er muss sich fragen, wie er dessen Erwartungen und Ansprüchen in Form eines Erfolgsberichtes entsprechen kann. Dabei muss er eine größere sozialräumliche Distanz überwinden, denn die Rationalität der Vertreter der westlichen Geberorganisation, deren Werte, Normen und Zielsetzungen sind ihm nicht von vornherein vertraut. Er ist nicht eingebunden in den westlichen Entwicklungsdiskurs und hat aufgrund seines sozio-kulturellen Hintergrundes schwerlich (mentalen) Zugang zu diesem. Eine entscheidende Hilfestellung kommt ihm aber entgegen: Der Projektträger hat seine Erwartungen im Projektdokument formuliert. Es wurden Indikatoren und Maßstäbe erstellt, welche die konkreten Ziele klar definieren. Das bedeutet, dass eine technokratische Übersetzung von dahinter liegenden Entwicklungstheorien und -strategien bereits vorgenommen wurde. Die übergeordneten Ziele mögen im Idealfall tatsächlich eine gesellschaftliche Veränderung durch »soziale Gerechtigkeit«, Teilhabe an Entscheidungen für marginalisierte Bevölkerungsgruppen und die Einführung einer »nachhaltigen« Bewirtschaftung der natürlichen Lebensgrundlagen sein.[36] Durch das Interesse an einer praktischen Mess- und Kontrollierbarkeit von Seiten der Träger werden sie transformiert und auf eine handhabbare Form (wie das Pflanzen einer bestimmten Konturlinienlänge) reduziert. Ebenso leicht lässt sich dann der Projekterfolg bewerten. Soll und Haben sind ein einfaches Verhältnis von Konturlinienmetern und Baumhöhen: »average good«.

Die Kluft zwischen theoretischem Ideal und praktischem Anspruch, in der sich Entwicklungsprojekte befinden, bekommt hier Gestalt. Das zugrunde liegende Entwicklungsverständnis der theoretischen Planungsebene tritt an der Schnittstelle zwischen tanzanischem Projektkoordinator und der Geberorganisation gar nicht mehr zu Tage und wird dementsprechend auch nicht verhandelt. Der Koordinator wird lediglich mit der technokratischen »Übersetzung« konfrontiert. Diese Form kommt ihm durchaus entgegen, denn sie definiert klare Handlungsanweisungen, die sich mit seiner »Ressourcenschutzlogik« decken. Auf diese Anweisungen reagiert er folglich und verständlicherweise – im Sinne seiner Strategie – technokratisch und unkritisch.

Die sprachliche Formulierung der erreichten Ziele überlässt der Projektkoordinator der TA. Sie dient ihm als Medium in die entfernte englischspra-

---

[36] Vgl. z. B. DED (1993, 4).

chige Welt westlicher Geberlogik. Die TA ist sich der übergeordneten Projektziele bewusst, ihr sind die aktuellen Entwicklungsparadigmen gegenwärtig. Ihr ist ebenso bewusst, dass mit einem diesbezüglich kritischen Bericht das Projekt kaum eine Zukunft haben wird. Gegenüber der PSU versucht sie, weitestgehend einen »Erfolgsbericht« im Sinne der technokratischen Logik der »Zielerfüllung« zu leisten. Ihre eigenen Ansprüche und ihr Entwicklungsverständnis äußert sie dagegen im Projektabschlußbericht:

> »The pressing social, economic and environmental problems of people in the District have not changed since the project started. [...] If planting leguminous tree species on contour bunds would alone improve the agricultural situation of the farmer, much could have been already achieved. Unfortunately, more than this will be needed to provide the farmers with sustainable farming systems.« (Dörfler, 1995, 27)

Fazit

Die Untersuchung galt der sozialen Schnittstelle zwischen dem Projektkoordinator und der »Geberorganisation«, die in Verbindung mit den sozialen Ansprüchen der westlichen entwicklungstheoretischen Diskussion steht und deren übergeordnete Ziele vertritt. Dabei wurde deutlich, dass die Übersetzung qualitativer Entwicklungsziele in Projektziele die ohnehin bestehende Kluft zwischen dem Entwicklungsverständnis eines tanzanischen Projektkoordinators und dem westlichen Entwicklungsdiskurs vertieft. Wenn von den tanzanischen Projektmitarbeitern erwartet werden soll, dass sie im Sinne der übergeordneten Ansprüche agieren, muss folglich zunächst eben diese Distanz überwunden werden. Es müssen Zugangsmöglichkeiten zu den Denk- und Wissenswelten geschaffen werden. Andernfalls ist es verständlich, wenn die Verantwortlichen vor Ort ihre Handlungen auf persönliche Strategien mit kurzer Reichweite beschränken und einem simplen, deterministisch geprägten technokratischen Entwicklungsverständnis verhaftet bleiben.

Zusammenfassung der Ergebnisse

Aus handlungszentriertem Blickwinkel zeigt sich bei der Analyse sozialer Schnittstellen, wie sich die unterschiedlichen sozialen »Wirklichkeiten« (die Wahrnehmungen, Wissensvorräte und die Interessen und Ziele) von sozialen Akteuren im näheren und weiteren Projektumfeld auswirken.

Anhand der Untersuchung der Schnittstelle zwischen den fest angestellten Projektmitarbeitern und den Kontaktbauern im Rahmen eines *village-meeting* konnte exemplarisch aufgezeigt werden, warum die Umsetzung eines erstellten Landnutzungsplans in der Praxis äußerst unsicher ist – weil die vom Projekt eingeleiteten Maßnahmen von den Bauern nach Projektende vermutlich nicht weitergeführt werden. Hauptgrund dafür ist, dass die gegensätzlichen Zielvorstellungen der sozialen Akteure nicht artikuliert werden und dadurch der bestehende Zielkonflikt nur scheinbar, in Form eines forcierten »agreements« aufgehoben wird.

In der Praxis findet eine Verlagerung des Zielorts der Projektmaßnahmen von der ländlichen Region in den städtischen Bereich statt. Anhand der Schnittstellensituation im Projektbüro wurde gezeigt, dass die primär vom Projekt profitierenden fest angestellten Mitarbeiter, die zudem direkten Zugang zu den vom Projekt bereitgestellten Mitteln haben, in der Stadt ansässig sind und dort investieren. Weiterhin konnte erklärt werden, warum die forstlichen Maßnahmen des Projekts stärker verfolgt werden als die landwirtschaftlichen. Diese sektorale Schwerpunktsetzung gründet sich in der forstspezifischen Ausbildung des Projektkoordinators in Verbindung mit seiner zentralen Entscheidungsgewalt über Projektressourcen.

Am Beispiel der Schnittstelle zwischen Projektkoordinator und Geberorganisation (vertreten durch den Projektbericht), konnte gezeigt werden, welche Diskrepanzen zwischen den Denk- und Wissenswelten der sozialen Akteure bestehen und wie diese reproduziert werden. So konnte festgestellt werden, dass die Vorstellungen von einem »Projekterfolg« der Geberorganisation grundsätzlich von denen des Projektkoordinators abweichen. Durch eine quantitative Übersetzung der Zielvorstellungen von Seiten der Geberorganisation bleibt dieser Zielkonflikt für den Koordinator jedoch unklar. Damit wird plausibel, warum der Projektkoordinator übergeordnete sozial orientierte Entwicklungsziele bei der Durchführung des Projektes nicht berücksichtigt, sondern technokratische Umsetzungsstrategien verfolgt.

Probleme und Potentiale

»What is needed […] is a much better balance between normative (or ideological) and analytical models. Critical research is no goal in itself« (Quarles van Ufford, 1993, 157). Die Schnittstellenanalyse liefert Erkenntnisse hinsichtlich der Problemfelder, vor denen Entwicklungsprojekte mit den Anforderungen »Partizipation«, »Nachhaltigkeit« und »soziale Gerechtigkeit« stehen. Sollen sich diese Paradigmen von programmatischen Schlagworten in gehaltvolle Konzepte verwandeln, müssen sie präzise gefasst und innere Widersprüche aufgelöst werden. Ein handlungszentrierter Ansatz stellt hierfür zunächst die grundlegenden Fragen: Aus wessen Perspektive sollen die Projektwirkungen »sozial gerecht« sein? Für wen? Woran soll wer in welcher Form »partizipieren«? Mit welchen Mitteln sind die zu Beteiligenden für eine Partizipation ausgestattet? In Bezug worauf soll das Projekt »nachhaltig« wirken? Der Ansatz zeigt diesbezüglich Diskrepanzen in den Werten, Normen, Wahrnehmungen, Zielen und Interessen der sozialen Akteure auf und macht transparent, wo eine Überbrückung dieser Diskrepanzen schwierig scheint.

Hinsichtlich der Bewertung von Entwicklungsprojekten weist die akteursspezifische Analyse damit einen neuen Weg: Die jeweiligen Ziele und Interessen müssen als Bewertungskriterien für den Erfolg oder Misserfolg eines Projektes herangezogen werden, auch wenn sich die Beurteilung weiterhin an den übergeordneten Zielen orientiert. Auf dieser Basis kann abgeschätzt werden, welchen Gang die Entwicklung nach Ende der Projektlaufzeit nehmen wird. Ein Kriterium für die Bewertung von »Nachhaltigkeit« könnte dabei die Annäherung an einen Zustand sein, in dem unabhängig von externen Ressourcen die kurzfristigen Ziele der tangierten sozialen Akteure zu einem gewissen Grad erfüllt werden und dies gleichzeitig den langfristigen Zielen des Projektes zuträglich ist. Das Konzept der Partizipation bedingt die Einsicht, dass Zielkonflikte auftreten, sobald präskriptive Projektziele bestehen. Statt einer »begrenzten Beteiligung« müsste also den Akteuren die Äußerung ihrer Ziele und Interessen ermöglicht und diese, auch wenn sie den Projektzielen widersprechen, akzeptiert und koordiniert werden. »Soziale Gerechtigkeit« kann dann nur bezüglich der Verteilung der durch das Projekt eingebrachten Ressourcen sinnvoll sein. Als verordnete gesellschaftliche Umstrukturierung ist dieser Anspruch aufgrund des Widerspruches von »Geber-Nehmer-Logik« und zielgruppenbezogenem »bottom-up«-Ansatz abzulehnen. Dieses Fazit leitet über zu der Frage, ob die analytischen Erkenntnisse überhaupt in die Praxis der Entwicklungshilfe zu integrieren sind. Der Zielkonflikt »makroökonomisches Wachstum vs. soziale Gerechtigkeit« stellt beispielsweise auf lokaler Ebene einen Widerspruch dar, der der Ausrichtung von subjektzentrierten Ansätzen grundsätzlich zuwiderläuft. Die übergeordnete Programmatik und die »Logik« der Planung »von oben« konfligieren sowohl mit den sozialen Anforderungen eines kritischen »westlichen« Entwicklungsdiskurses als auch mit den – näher zu bestimmenden – lokalen Bedürfnissen. Müssen also zunächst die notwendigen politischen und administrativen Strukturen geschaffen werden, oder ist aufgrund der Aussichtslosigkeit dieses Unterfangens nur noch Entwicklung »von unten« sinnvoll und möglich?

Grundsätzlich stehen einer Analyse strategischer Handlungen die pragmatische Denk- und Arbeitsweise vieler Durchführungsorganisationen entgegen. Insbesondere die zeitaufwändige Vorgehensweise stellt eine unerwünschte finanzielle Belastung auf Seiten der »Geber« dar. Darüber hinaus bringt die akteurorientierte Analyse eine unerwünschte Offenlegung des Diskurses der Legitimation von Interventionen mit sich und entlarvt ggf. Machtstrukturen, die durch diese Enthüllung dann zusammenbrechen könnten. »Soziale Gerechtigkeit« z. B. ist nicht unbedingt im Sinne der derzeitigen »Gewinner« einer sozialen Ungerechtigkeit, die gleichzeitig meistens auch eine hohe Entscheidungsgewalt innehaben. Und schließlich passt sich ein akteurorientiert analysiertes Projekt nicht unproblematisch in die Erfolgsstatistiken der Geberorganisationen ein, weil es statt deren Praxis des »Geographie-Machens« zu stützen, diese dekonstruiert. Um den Weg für die verstärkte Anwendung der akteurorientierten Analyse zu bahnen, müsste zunächst die tatsächliche Funktion von Paradigmen im Entwicklungsdiskurs erkannt werden. Wenn die verborgenen Ziele und Interessen enttarnt sind, und sich die unterschiedlichen Zielkonflikte offenbaren, ist ein erster Schritt für deren Lösung getan, jedoch nur unter der Bedingung, dass eine solche Lösung im Interesse der Beteiligten ist.

Was bleibt, ist die Frage nach der Legitimation für einen Eingriff in ein bestehendes Sozialgefüge, wie ihn eine akteursbezogene Analyse grundsätzlich mit sich bringt. Anhand des *Mbinga Agroforestry Projects* lässt sich konkretisieren, dass eine Modifikation der Projektstruktur zugunsten der Zielgruppe »Bauern« zumindest in wirtschaftlicher Hinsicht mit Nachteilen für die tanzanischen Projektmitarbeiter einhergehen und ggf. die Autoritäten der Forstbeamten beschneiden würde. Wer ist nun »entwicklungsbedürftiger«?

Die Bestimmung der Zielgruppe und der Ziele eines Entwicklungsprojekts liegt in der Praxis nach wie vor in den Händen der Träger. Die Verwendung von sozialwissenschaftlichen Instrumenten kann die inneren Widersprüche zwischen sozialtheoretischem Anspruch und normativer Projektlogik sichtbar machen, letztlich aber nicht lösen. Für die Analyse der Verteilungsmechanismen und der Wirkung und Restrukturierung von Handlungsspielräumen *im Hinblick auf die Zielvorstellungen* ist ein handlungszentrierter Ansatz allerdings ein brauchbares Instrument, das auch als Korrekturhilfe eingesetzt werden kann, jedoch nur unter der Voraussetzung, dass die Zielvorstellungen transparent und akzeptiert sind.

Literatur

Ahlbäck, A. J.: Forestry for Development in Tanzania. Arbetsrapport 71, Sveriges Lantbruksuniversitet, U-Landsavdelningen. Uppsala 1988

Bierschenk, T.: Development Projects as Arenas of Negotiation for Strategic Groups. In: Sociologia Ruralis 28-2/3, 1988, S. 147-160

Bierschenk, T./Elwert, G.: Development Aid as an Intervention in Dynamic Systems. In: Sociologia Ruralis 28-2/3, 1988, S. 99-112

Bierschenk, T./Olivier de Sardan, J.-P.: ECRIS: Eine kollektive Erhebungsmethode zur schnellen Identifizierung von sozialen Konflikten und strategischen Gruppen. In: Entwicklungsethnologie 1, 1995, S. 43-55

DED (Deutscher Entwicklungsdienst) (Hrsg.): Fachheft Ressourcensicherung. Berlin 1993

Dörfler, Y.: Mbinga District Agroforestry Project. Project Evaluation and Planning Document for RUMBEP. Unveröffentlichtes Manuskript 1995

Dörner, D.: Die Logik des Mißlingens. Strategisches Denken in komplexen Situationen. Hamburg 1997

Engelhard, K.: Tansania. Gotha 1994

Forster, R.: Sind Sozialwissenschaftler unter der Hand salonfähig geworden? In: Entwicklung und Zusammenarbeit 37, Heft 4, 1996, S. 111-114

Giddens, A.: Die Konstitution der Gesellschaft. Grundzüge einer Theorie der Strukturierung. Frankfurt a. M./New York 1997 [3. Aufl.]

Gligo, N.: Sustainabilism and twelve other »Isms« that threaten the Environment. In: Tryzna, T. (Hrsg.): A Sustainable World. International Centre for the Environment and Publish Policy. Sacramento/Claremont 1995, S. 60-73

Goffman, E.: The Presentation of Self in Everyday Life. New York 1959

GTZ (Deutsche Gesellschaft für Technische Zusammenarbeit) (Hrsg.): Ländliche Regionalentwicklung. LRE kurzgefaßt. Schriftenreihe der GTZ Nr. 207. Eschborn 1988

GTZ (Hrsg.): Ländliche Regionalentwicklung. LRE aktuell. Schriftenreihe der GTZ Nr. 232, Eschborn 1993

Hofmeier, R.: Tanzania. In: Nohlen, D. (Hrsg.): Handbuch Dritte Welt, Bd. 5. Bonn 1993, S. 178-200

Hulme, D./Turner, M.: Sociology in Development. Hemel Hempstead 1990

Johansson, L./Hoben, A.: RRA's for Land Policy Formulation in Tanzania. In: Forests, Trees and People Newsletter 15/16. Uppsala 1992, S. 26-31

Kauzeni, I. S.: Land Use Planning and Resource Assessment in Tanzania: A Case Study. Institute of Resource Assessment. Dar es Salaam 1993

Körner, M.: Sozialwissenschaftler als Projektmanager? In: Entwicklung und Zusammenarbeit, Jg. 37, Heft 4, 1996, S. 114-116

Long, N.: An Introduction to the Sociology of Rural Development. London 1977

Long, N.: Creating Space for Change. A Perspective on the Sociology of Development. In: Sociologia Ruralis 24, 1984, S. 168-183

Long, N.: Introduction. In: Long, N./Long, A. (Hrsg.): Battlefields of Knowledge. The Interlocking of Theory and Practice in Social Research and Development. London/New York 1992a, S. 1-15

Long, N.: From Paradigm Lost to Paradigm Regained? The Case for an Actor-oriented Sociology of Development. In: Long, N./Long, A. (Hrsg.): Battlefields of Knowledge. The Interlocking of Theory and Practice in Social Research and Development. London/New York 1992b, S. 16-43

Long, N.: Handlung, Struktur und Schnittstelle: Theoretische Reflektionen. In: Bierschenk, T./Elwert, G. (Hrsg.): Entwicklungshilfe und ihre Folgen. Frankfurt a. M. 1993, S. 214-248

Long, N./van der Ploeg, J. D.: Demythologizing Planned Intervention: An Actor Perspective. In: Sociologia Ruralis 29, 1989, S. 226-249

Mgeni, A. S. M.: Farm and Community Forestry (Village Afforestation) Program in Tanzania: Can it go beyond Lipservice? In: Ambio, Vol. 21, Heft 6, 1992, S. 426-430

Ministry of Land, Natural Resources and Tourism (MLNRT) Tanzania: Tanzania Forestry Action Plan 1990/91-2007/8. Dar es Salaam 1989

Müller-Mahn, D./Scholz, F.: Entwicklungspolitik der Bundesrepublik Deutschland. In: Geographische Rundschau, Jg. 45, Heft 5, 1993, S. 264-270

Nuscheler, F.: Lern- und Arbeitsbuch Entwicklungspolitik. Bonn 1991

Oppen, A. von: Bauern, Boden und Bäume. Landkonflikte und ihre ökologischen Wirkungen in tanzanischen Dörfern nach Ujamaa. In: Africa Spectrum 28:2, 1993, S. 227-254

Oxford Forestry Institute (Hrsg.): Forestry Research in Eastern and Southern Africa. Tropical Forestry Papers 19. Oxford 1989

Pottier, J.: The Role of Ethnography in Project Appraisal. In: Pottier, J. (Hrsg.): Practicing Development: Social Science Perspectives. London/New York 1992, S. 13-33

Quarles van Ufford, P.: Knowledge and Ignorance in the Practices of Development Policy. In: Hobart, M. (Hrsg.): An Anthropological Critique of Development: The Growth of Ignorance. London/New York 1993, S. 135-160

Rauch, T.: Nun partizipiert mal schön. Modediskurse in den Niederungen entwicklungspolitischer Praxis. In: Blätter des IZ3W Nr. 213, 1996, S. 20-22

Sachs, W.: Zur Archäologie der Entwicklungsidee. In: epd-Entwicklungspolitik 10, 1989, S. a-i

Schlottmann, A.: Entwicklungsprojekte als »strategische Räume«. Eine akteursorientierte Analyse von sozialen Schnittstellen am Beispiel eines ländlichen Entwicklungsprojektes in Tanzania. Freiburger Studien zur Geographischen Entwicklungsforschung 15. Saarbrücken 1998

Schütz, A./Luckmann, T.: Strukturen der Lebenswelt. Frankfurt a. M. 1984

Spittler, G.: Peasants, the Administration and Rural Development. In: Sociologia Ruralis 24, 1984, S. 7-9

Turner, V.: Dramas, Fields and Metaphors: Symbolic Action in Human Society. London 1974
URT (United Republic of Tanzania), The Ministry of Planning and Economic Affairs: Population Census, Preliminary Report 1994
Werlen, B.: Gesellschaft, Handlung und Raum. Grundlagen handlungstheoretischer Sozialgeographie. Stuttgart 1987
Werlen, B.: Landschaft, Raum und Gesellschaft. In: Geographische Rundschau, Jg. 47, Heft 9, 1995, S. 513-522
Werlen, B.: Globalisierung, Region und Regionalisierung. Sozialgeographie alltäglicher Regionalisierungen. Bd. 2. Stuttgart 1997
Werlen, B.: Zur Ontologie von Gesellschaft und Raum. Sozialgeographie alltäglicher Regionalisierungen Bd. 1. Stuttgart 1999 [2. Aufl.]
Werlen, B.: Sozialgeographie. Eine Einführung. Bern/Stuttgart/Wien 2000
Werlen, B./Weingarten, M.: Zum forschungsintegrativen Gehalt der (Sozial) Geographie. In: Meusburger, P./Schwan T. (Hrsg.): Humanökologie. Ansätze zur Überwindung der Natur-Kultur-Dichotomie. Stuttgart 2003, S. 197-216

Sylvia Monzel

Kinderfreundliche Wohnumfeldgestaltung!?

Sozialgeographische Hinweise für die Praxis

Einleitung

Leistungsschwächen, Konzentrationsstörungen, Bewegungsauffälligkeiten – so lauten immer häufiger die Diagnosen von Kinder- und Schulärzten. Dementsprechend intensiv wird Ursachenforschung betrieben. Zum Teil liegen den Auffälligkeiten genetische Störungen zugrunde, zum Teil ist es während der Geburt zu Schädigungen gekommen. Mehrheitlich liegen die Ursachen allerdings in der Lebensumwelt der Kinder. Der vielfach als kinderfeindlich einzustufenden Wohnumfeldgestaltung, insbesondere in städtischen Lebensräumen, kommt in diesem Zusammenhang besonderes Augenmerk zu. Eine handlungszentrierte Sozialgeographie der Kinder, die es sich zur Aufgabe macht, die Bedeutung bzw. Probleme der räumlichen Anordnungsmuster materieller Artefakte für die Handlungen von Kindern zu untersuchen und die praktische Lösungsvorschläge aufzeigen will, setzt an diesem Punkt an.

›Kinderfeindliches Wohnumfeld‹ planungspolitisch betrachtet

Betrachtet man die Politik- und Planungskultur der Vergangenheit, so ist festzustellen, dass in unserer vorwiegend an materiellen Werten und Normen orientierten Gesellschaft fast ausschließlich an den Belangen und Wünschen der erwerbstätigen, das Wirtschaftsleben bestimmenden, männlichen (wahlberechtigten) Bürger Maß genommen wurde. Trotzdem erwartete man stets eine adäquate Verbesserung der Lebenssituation aller Betroffenen. In der Praxis zeigt sich jedoch bis heute, dass selbst den Belangen der erwerbsfähigen Erwachsenen vielfach nur mangelhaft entsprochen wird und insbesondere die Interessen und Wünsche der Kinder nur unzureichende Berücksichtigung erfahren. Kinder wurden lange Zeit von Politik und Planung im Rahmen der

Wohnumfeldgestaltung nur als Randerscheinung zur Kenntnis genommen. Ihre planungspolitische Beachtung beschränkte sich auf die restriktive Zuweisung von räumlich klar abgegrenzten Flächen – den völlig unzureichenden Spielplätzen in DIN-Ausführung.

Vor diesem Hintergrund drängte sich die Erkenntnis auf, auch Kinder mit ihren speziellen Belangen und Interessen als eine neue, eigene Zielgruppe in der Stadtplanung und Politik zu begreifen. Handlungstheoretisch ausgedrückt heißt das, unter dieser Prämisse – bei gleichbleibenden gesellschaftlichen Werten und Normen – in den politischen und planerischen Handlungs- und Entscheidungsprozessen die Perspektive bei der Antizipation der gewünschten Situation und der Situationsdefinition zu polyzentrieren, so dass auch die spezifischen Belange und Bedürfnisse der Kinder und anderer sozial schwächer gestellter Gruppen zu angemessener Berücksichtigung kommen.

Diese Neuerung, die dem Trend zu einem sozial und ökologisch neuorientierten Städtebau folgt, stellt sowohl die (meist technisch-ingenieurwissenschaftlich ausgebildeten) StadtplanerInnen als auch Kommunalpolitiker und -politikerinnen vor eine neue Herausforderung. Eine Herausforderung allerdings, die in vielen Fällen auch Überforderung bedeuten kann.

›Kinderfreundliche Wohnumfeldgestaltung‹ lautet somit zum einen die gesellschaftliche Forderung, die zur Verbesserung der Lebensbedingungen der Kinder insbesondere in Städten beitragen soll. Zum anderen verbindet sich von Seiten der EntscheidungsträgerInnen damit auch die Frage, wie man dieser Forderung in Zukunft gerecht werden kann. Die handlungszentrierte Sozialgeographie der Kinder kann dazu, so die hier vertretene These, zentrale Erkenntnisse liefern!

Zum Handeln von Kindern

Die handlungszentrierte Sozialgeographie betrachtet die Mensch-Umwelt-Beziehungen – aufgrund des situativen Handelns – als unauflösbare Ganzheit, für die der fortdauernde dialektische Austauschprozess konstitutiv ist. Im Rahmen einer Sozialgeographie der Kinder stehen im Wechselverhältnis von Kind, Gesellschaft und Raum folglich die Tätigkeiten, die Handlungen der Kinder im Zentrum der Betrachtung. Doch wie handeln Kinder? Wann ergeben sich für Kinder durch die Anordnungsmuster materieller Artefakte (d. h. durch die Raumstruktur) Probleme für ihr Handeln? Und wie sind folglich

Raumstrukturen – und insbesondere Wohnumfeldsituationen – in Bezug auf kindliches Handeln zu bewerten?

Überlegt man, was Kinder im Wesentlichen machen, so kommt man schnell auf den Punkt: Kinder spielen. Das Spiel muss somit als eine zentrale kindliche Handlungsform begriffen werden.

Als Individuum, dem es ein Bedürfnis ist, sich mit der Umwelt aktiv auseinanderzusetzen, verspürt das Kind einen Drang nach ständig neuen Entdeckungen, Wissensdurst und Neugier. Es ist bestrebt, selbst tätig zu werden und gestaltend auf die Umwelt einzuwirken. Sein »Organismus verlangt nach Bewegung, sein Verstand nach Betätigung« (Schoppe, 1991, 130). Diesen beiden Maximen sind jedoch durch die sich äußerst komplex darstellende gesellschaftliche Wirklichkeit Grenzen auferlegt, da ein Kind aufgrund seines Entwicklungsstandes und seinem damit verbundenen Erfahrungsschatz noch nicht wie ein Erwachsener handeln kann. Der sich vor allem während der Kindheit vollziehende Aneignungsprozess übernimmt hier erst die Aufgabe, einem Kind zur notwendigen gesellschaftlichen Handlungskompetenz zu verhelfen. Das Spielen ist somit eine Sonderform des Handelns, mit dem ein Kind während des Aneignungsprozesses das ›Noch-nicht-Können‹ und das ›Noch-nicht-Dürfen‹ in der Erwachsenenwelt aktiv überwindet.

Das Spielen ist ein kindspezifisches Mittel der Realitätsverarbeitung, mit dem sich ein Kind in fiktive, kindgemäße ›Quasi-‹ oder ›Als-ob‹-Realitäten flüchtet, welche ihm eine grenzenlose Auseinandersetzung mit der Umwelt nach eigenen Vorstellungen und Maßstäben ermöglichen. Im Spiel dringt das Kind in die sonst nicht zugänglichen Handlungssphären der Erwachsenenwelt ein und kann hier ohne Leistungsdruck einzelne Handlungssegmente nahezu grenzenlos einüben, koordinieren und zur Routine machen. Das Motiv des Spielens liegt somit nicht – wie z. B. beim Arbeiten – im Ergebnis der Handlung, sondern im Spielprozess selbst: »Ein Kind, das mit Bauklötzen spielt, tut das nicht, um ein bestimmtes Gebäude herzustellen, sondern weil es bauen möchte« (Leontjew, 1973, 380). Es lernt dabei etwas über die Beschaffenheit des Materials, die Gesetze der Statik, Fingerfertigkeit usw.

Handlungstheoretisch gesehen ist es also Sinn und Zweck des Spielens, Handlungsweisen, Strategien und vor allem Mittel des Handelns in ihrer Wirksamkeit zu erproben und zu trainieren. Quasi als ›Probehandeln‹ und ›Vorläufer kompetenten Handelns‹ dient das Spielen einem Kind dazu, einerseits seinen individuellen Handlungswissensvorrat aufzubauen, und andererseits den bereits vorhandenen Wissensvorrat kontinuierlich zu überprüfen.

Das individuelle Handlungsspektrum eines Kindes wird infolgedessen immer flexibler und variantenreicher; das Kind wird stets kompetenter.

Folglich ist das Spielen nichts Anderes als ein vom Kind unbewusst eingesetztes Mittel zum Zweck der eigenen Entwicklung und Sozialisation. Das Spiel ist die »entscheidende Existenzform der Kindheit« (MAGS, 1989, 7), denn ein Kind, das nicht spielen darf oder kann, kann sich nicht entwickeln.

Diese Ausführungen zum Kinderspiel implizieren zwei Grundsätze des Verhältnisses zwischen Kind und Gesellschaft:
1. Die kindliche Entwicklung muss als Sozialisation verstanden werden.
2. Die Sozialisation erfolgt durch die handelnde (zunächst spielende) Aneignung der bestehenden Kultur.

Doch wann kann ein Kind als gesellschaftlich handlungskompetent gelten? Hier stellt sich die Frage nach den gesellschaftlichen Entwicklungs- und Sozialisationszielen, den notwendigen Grundqualifikationen einer Person. Vom Wissenschaftlichen Beirat für Familienfragen des Bundesministeriums für Jugend, Familie und Gesundheit wurde in den 1970er Jahren zu dieser Fragestellung ein Katalog erarbeitet[1], der u. a. nachfolgende Fähigkeiten und Fertigkeiten nennt:

Im Bereich der physischen Entwicklung:
– freie Motorik und
– körperliche und nervliche Leistungsfähigkeit.

Im Bereich der kognitiven Entwicklung:
– Leistungsmotivation, Durchhaltevermögen und Konzentrationsfähigkeit;
– Kreativität, Phantasie und Flexibilität und
– intellektuelles Leistungsvermögen.

Im Bereich der sozial-emotionalen Entwicklung:
– Kommunikationsfähigkeit;
– Autonomie und Selbständigkeit;
– Selbstwertgefühl;
– soziale Sensibilität, Initiative und Spontaneität;
– Entscheidungsfähigkeit;
– emotionale Sicherheit;
– Anteilnahme und Teilnehmen lassen und
– Rollenflexibilität und Rollendistanz.

---

[1] Vgl. Thomas (1979, 82f.).

Befindet sich eine Person im »Zustand der individuellen Verfügbarkeit und der angemessenen Anwendung [dieser] Fertigkeiten und Fähigkeiten zur Auseinandersetzung mit der äußeren Realität, also den sozialen und dinglich-materiellen Lebensbedingungen« (Hurrelmann, 1990, 160), so kann sie als gesellschaftlich handlungsfähig bzw. -kompetent gelten.

Und wie erlangt ein Kind nun diese Grundqualifikationen? Dazu dienen ihm die verschiedenen Spielformen:
- Bewegungsspiele fördern im Wesentlichen die freie Motorik sowie die körperliche und nervliche Leistungsfähigkeit.
- Funktions- und Konstruktionsspiele verbessern in erster Linie die kognitiven Fähigkeiten.
- Rollen- und Regelspiele bringen hauptsächlich die sozial-emotionale Entwicklung voran.

Unterstützt man das kindliche Spiel in all seinen Formen und Ausprägungen, so fördert man die Entwicklung der schöpferischen, kreativen Kräfte und die Phantasie des Kindes. Durch die verschiedenen Spielformen gewinnt das Kind Flexibilität in seinen Fähigkeiten und Fertigkeiten, es baut Handlungswissen und schließlich Handlungskompetenz auf. Kreativität und Phantasie sind somit nicht der Ursprung, aus dem ein Kind seine Spielwelt willkürlich aufbaut, sondern sie entstehen als Ergebnis eines vielfältigen und anregungsreichen Spiels. Kreativität und Phantasie basieren also auf dem erworbenen Wissen um alternative Handlungsstrategien.

Muss zur Gewährleistung einer gesunden Entwicklung und Sozialisation das Spielen in umfassendem Maße gefördert werden, so bedarf es auch einer Umweltsituation, die sich positiv auf die kindlichen Aneignungstätigkeiten auswirkt. Das Wohnumfeld, als spezieller Bereich der physisch-materiellen Umwelt, soll dazu zunächst in seiner allgemeinen Relevanz für die kindliche Entwicklung und Sozialisation beleuchtet werden, bevor näher bestimmt werden kann, was ein kinderfreundliches Wohnumfeld ausmacht.

Die Bedeutung des Wohnumfeldes für Kinder

Entscheidend für die Beurteilung des Wohnumfeldes sind zwei Aspekte. Erstens muss der Stellenwert der konkret praktischen Auseinandersetzung eines Kindes mit seiner Umwelt in den Mittelpunkt gerückt werden, um so die Bedeutung des Wohnumfeldes aus entwicklungstheoretischer Sicht bewerten zu können. Zweitens gilt es, seine sozialisationstheoretische Relevanz für die Entwicklung einer gesunden Persönlichkeit gegenüber den übrigen Sozialisationswelten zu erörtern.

Das Wohnumfeld als Aktionsraum

Die aktive Auseinandersetzung eines Kindes mit seiner Umwelt, die Konkretheit und Anschaulichkeit seiner Operationen sind maßgeblich für seine Entwicklung. Denn: Für ein Kind gibt es »noch keine abstrakte theoretische Tätigkeit, gibt es noch keine abstrakte Erkenntnis; das Bewusstwerden vollzieht sich bei ihm vor allem in Form der Handlung« (Leontjew, 1973, 378). Das Handeln ist die »ursprüngliche Existenzform des Denkens« (Klein/Dietrich, 1983, 16). In der tätigen Auseinandersetzung mit der Umwelt wird es einem Kind ermöglicht, durch praktische Erfahrungen einen symbolischen Wissensvorrat mit so genannten »verinnerlichten Handlungen« (Thomas/Feldmann, 1986, 121) anzulegen.

Der konkrete Aneignungsprozess vollzieht sich folglich bei jedem Kind auf zwei Ebenen: In einem ersten Schritt eignet sich das Kind die Gegenstandsbedeutungen auf der äußeren Ebene an; darauf aufbauend transformiert es diese äußere Tätigkeit später in innere, geistige Prozesse. Die instrumentell-gegenständliche, handlungsbetonte Seite des Aneignungsprozesses ist demnach basal für die weitere kognitive Strukturierung und Persönlichkeitsentwicklung. Erst in der Entwicklungsstufe des formalen Denkens (nach Piaget), die im Alter von etwa 13 bis 14 Jahren den Übergang von der Kindheit zur Jugend einläutet, wird das Handeln nicht mehr von der Konkretheit bestimmt; die so genannte »field-independent-performance« (Baacke, 1985, 73) lässt ab diesem Zeitpunkt weitgehende Abstraktionen zu.

Die notwendige Zweistufigkeit des Aneignungsprozesses kann nunmehr als Ursache dafür angesehen werden, dass Kinder bis zum Übergang in die Phase des formalen Denkens ihren Aktions- und Handlungsraum kontinuierlich ausdehnen: In dem Bestreben, durch neue, konkret praktische Erfahrungen ihr Wissen und damit ihre Handlungskompetenz zu erweitern, dringen sie in immer weiter entfernte Bereiche ihrer Umwelt ein, bis das Aktionsfeld in der Phase der mittleren Kindheit, etwa zwischen dem achten und zwölften Lebensjahr, seine größte Ausdehnung erfahren hat.[2]

---

[2] Vgl. Muchow/Muchow (1935, 94); Chombart-de Lauwe (1977, 26); Bruhns (1985, 101); Walmsley (1988, 12f.); Schoppe (1991, 117); Flade/Achnitz (1991, 13).

Dem Wohnumfeld kommt bei diesen Streifzügen eine vorrangige Bedeutung zu. Ausgehend von der Wohnung oder dem Haus starten Kinder schon sehr früh ihre ersten Ausflüge in die ›Welt vor der Haustür‹, nach draußen – in ihr Wohnumfeld. Charakteristisch ist, dass sie sich ihren Handlungsraum vom Wohnhaus aus zumeist schichtförmig in konzentrischen Kreisen erschließen.[3] Der kindliche Handlungsraum im Wohnumfeld wird aus diesem Grund auch als »home range« bezeichnet, der die so genannte »home base« (das Zuhause) zum Mittelpunkt hat.[4]

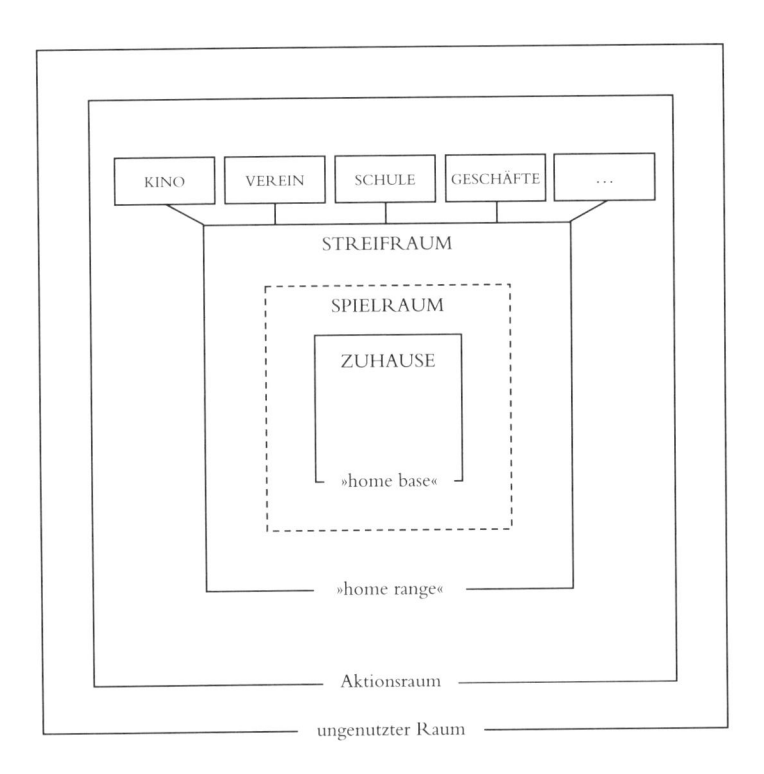

Figur 1: Aktionsraumkategorien bei Kindern

Wie aus Figur 1 hervorgeht, ist der »home range« jedoch keine einheitliche Größe. Es muss vielmehr, in Anlehnung an Muchow/Muchow (1935),

3 Vgl. Muchow/Muchow (1935, 93).
4 Vgl. Flade/Achnitz (1991).

zwischen Spiel- und Streifraum unterschieden werden, denn nicht alle Bereiche des »home range« sind gleichermaßen bekannt und werden gleich häufig aufgesucht.

Der »Spielraum« ist dabei der Raum, in dem die Kinder verwurzelt sind, den sie sehr genau kennen und in dem sie die Ruhe für ihr Spiel finden; der »Streifraum« hingegen, der sich in etwas größerer Entfernung um den Spielraum gruppiert, steht als vorwiegend unbekanntes Gelände zur Eroberung und Aneignung bereit. Als (zumeist natürliche) Begrenzung für den enger bemessenen Spielraum fungieren oftmals stark befahrene Straßen, Gewässer oder auch soziale Grenzen. Es ist festzustellen, dass der Streifraum von Jungen annähernd doppelt so groß ist wie der von gleichaltrigen Mädchen.[5]

Der Aktionsraum von Kindern umfasst in aller Regel aber auch verschiedene Zielorte, wie z. B. die Schule, einen Verein o. ä., die in noch größerer Entfernung außerhalb des »home range« liegen. Dieser Bereich wird von den Kindern nicht flächendeckend genutzt und gekannt. Auf dem Weg zu den zumeist inselhaft verstreut liegenden Zielorten passieren sie den so genannten Mobilitätsraum linienförmig auf ausgewählten Verkehrsstrecken.

Das Wohnumfeld als Sozialisationsraum

Als Sozialisationswelt erlangt das Wohnumfeld seine Bedeutung, da es der öffentliche Raum ist, in dem »gesellschaftliche Zustände und Auseinandersetzungen wie nirgends sonst studiert und beurteilt werden können« (Zinnecker, 1979, 730). Die Straße kann damit als ein »privilegierte[r] Lernort für gesellschaftlichen Anschauungsunterricht« (ebd.) bezeichnet werden, der konkrete Einblicke in viele Bereiche der Lebenswelt bietet.

Gerade diese Möglichkeit konkreter Anschauung und Auseinandersetzung mit der gesellschaftlichen Wirklichkeit ist eine notwendige Ergänzung zur Sozialisationswelt ›Schule‹. Denn die schulische Lernorganisation setzt die außerschulischen Primärerfahrungen im Wohnumfeld geradezu zwingend voraus. Sie stützt sich einerseits auf die bloße symbolische Repräsentation der Lerngegenstände, welche sich selbst außerhalb der Schule befinden, und andererseits teilt sie die Lerngegenstände fächerspezifisch so auf, dass der Bezug zur ganzen Lebenswirklichkeit der Kinder kaum noch nachvollziehbar ist.[6]

---

[5] Vgl. Flade/Achnitz (1991, 13).
[6] Vgl. Berg-Laase et al. (1985, 112).

Gegenüber der Sozialisationswelt ›Familie‹ gewinnt das Wohnumfeld im Laufe der Kindheit an Bedeutung, da es »derjenige Bereich ist, in dem die elterliche Kontrolle vergleichsweise gering ist und in dem weniger die Eltern als die Gruppe der gleichaltrigen Kinder dominiert« (HMLWLFN, 1991, 25). Als Gegenwelt zur elterlichen Wohnung erfordert das Wohnumfeld Selbständigkeit und Eigeninitiative. Von entscheidender sozialisatorischer Wirkung für ein Kind ist jedoch die Möglichkeit, mit anderen Kindern zusammen zu sein. Gerade vor dem Hintergrund der heute vielfach vorzufindenden Ein-Kind-Familie einerseits und den streng nach Jahrgängen und Leistungsniveaus getrennten schulischen Gruppen andererseits erhält das Kinderleben auf der Straße eine besondere Bedeutung.

Insgesamt bietet das Wohnumfeld gegenüber institutionalisierten Lebensräumen der Kinder noch am ehesten »Ansätze von sozialer und kultureller Integration« (Berg-Laase et al., 1985, 110), und gerade vor dem Hintergrund, dass Kinder und Jugendliche vor der Aufgabe stehen, »klassen-, geschlechts- und persönlichkeitsspezifische Identitäten und biografische Perspektiven« (Zinnecker, 1979, 743) aufzubauen, hält die Straße meist das interessanteste Angebot bereit. In Hinblick auf die zunehmende Mediensozialisation gewinnen die Primärerfahrungen im Wohnumfeld zudem an Bedeutung. Sie ermöglichen den Kindern, das über die Medien Aufgenommene im Spiel auszuleben und zu verarbeiten, um daraus aktives Wissen zu schöpfen.

Kennzeichen kinderfreundlicher Wohnumfeldgestaltung

Die zuvor dargestellten Erkenntnisse lassen bereits an dieser Stelle eine definitorische Bestimmung des ›kinderfreundlichen Wohnumfeldes‹ zu. So kann von einem kinderfreundlichen Wohnumfeld gesprochen werden, wenn Kinder dort vielfältige und umfassende Möglichkeiten zur (spielerischen) Aneignung ihrer materiellen und symbolischen Kultur bzw. von gesellschaftlicher Handlungskompetenz vorfinden.

Offen bleiben jedoch noch folgende Fragen: Unter welchen Umweltbedingungen kann das Kinderspiel bzw. die aktive, handelnde Aneignung stattfinden? Wodurch wird sie begünstigt und inwieweit sind diese Bedingungen planbar? Welches sind also, abstrakt formuliert, in Hinblick auf eine gesunde Persönlichkeitsentwicklung die notwendigen Entwicklungs- und Sozialisationserfordernisse, und wann kann in diesem Sinne von günstigen Entwicklungs- und Sozialisationsbedingungen für Kinder im Wohnumfeld ausgegangen werden?

Konkrete und unabdingbare Voraussetzungen zur Förderung des spontanen Kinderspiels sind die Kriterien ›Anregungspotential‹ und ›Vertrautheit‹ mit der Umgebung, durch die eine selbstbestimmte, beliebige Nutzbarkeit des Wohnumfeldes für Kinder gewährleistet wird.[7] Handlungstheoretisch betrachtet sind diese Voraussetzungen bzw. Kriterien zur Förderung des spontanen Kinderspiels zugleich die maßgeblichen Entwicklungs- und Sozialisationserfordernisse, die nachfolgend näher bestimmt werden.

Anregungspotential

Eine Grundvoraussetzung dafür, dass ein Kind Lust zum Spielen bekommt, ist eine anregende Umgebung, die das Kind je nach seiner aktuellen Bedürfnislage zur tätigen Auseinandersetzung in den verschiedensten Formen inspiriert. Ausreichend Platz zu haben ist demnach zwar absolut notwendig für das Kinderspiel, allein jedoch noch nicht hinreichend, um für Kinder schon attraktiv zu sein.[8] Das prozessorientierte Kinderspiel erfordert hier vielmehr eine Umweltsituation, die Spannungs- und Risikomomente birgt, welche die kindliche Neugier immer wieder aktivieren und somit das Spiel in Gang halten.[9] Wichtig in Hinblick auf die Entwicklung einer mündigen und handlungskompetenten Persönlichkeit ist auch eine entsprechende Qualität des Anregungspotentials, die es zulässt, dass Kinder beim Spielen auch etwas lernen können.

Primäres Kennzeichen eines anregungsreichen Wohnumfeldes sind differenzierte und vielfältige physisch-materielle Gegebenheiten und Strukturen, die das Kinderspiel in seinen unterschiedlichsten Ausprägungsformen ermöglichen.

Körperbezogene Funktions- und Bewegungsspiele erfordern sehr viel freien Raum und Möglichkeiten zu unterschiedlichen Geschicklichkeitsübungen im Wohnumfeld. Eine seitliche Begrenzung der Freiflächen, die optimalerweise mit Sand, Gras oder Schotter (Hartbodenbelag) belegt sind, ist dabei insbesondere für Ballsportarten nützlich. Glatte Asphaltflächen eignen sich vor allem für Rollsportspiele, wobei etwa beim Skateboarden Treppenaufgänge,

---

[7] Vgl. Thomas (1979, 36); Harms/Mannkopf (1989, 4).
[8] Vgl. HMLWLFN (1991, 37).
[9] Vgl. Heckhausen (1964).

Bordsteinkanten, Schrägen, Blumenkübel, Parkbänke u. ä. für zusätzliche Attraktivität sorgen. Bestimmte Pflasterungsmuster regen z. B. beim Fahrrad- oder Rollschuhfahren zu Geschicklichkeitsübungen an. Da insbesondere bei den Sportspielen die mit der Leistung verbundene Anerkennung wesentlich ist, besteht für das spielerische Fähigkeitenmessen der Bedarf an einer »Bühne«. Die Integration des Spiels in den Alltagsraum der Erwachsenen ist hierzu also notwendig.

Objektbezogene Funktions- und Konstruktionsspiele, als ruhige ortsgebundene Spielformen, erfordern kleinere, räumlich separierte und dadurch geschützte Ecken und Nischen, die im unmittelbaren Bereich des Wohnhauses, in Baulücken, Höfen oder Gärten liegen können. Während Kleinkindern die Ecken und Nischen schon als Spielkulisse genügen, favorisieren ältere Kinder Bereiche, die unterschiedlichstes Baumaterial (Bretter, Steine, Kartons, Schläuche, Planen usw.) für ihre Konstruktionsspiele zur Verfügung stellen.

Rollenspiele bedürfen wegen ihres Intimcharakters häufig sicherer Rückzugsräume, die den Kindern Privatheit, Alleinsein und Ungestörtsein ermöglichen. Solche Orte entdecken Kinder zumeist in so genannten »Niemandsländern«, »dem Leerraum zwischen dem Stadtkörper und seinem zu groß geschneiderten Planungsanzug« (Daum, 1990, 22).

So genannte *Rezeptionsspiele,* für die das »Beobachten-können« wichtig sind, erfordern Plätze, die den Kindern einen guten und ungestörten Überblick über einen größeren Bereich des Wohnumfeldes bieten. Höhere Mauern, Garagendächer, Bauwagen o. ä. kommen hierfür in Frage.

Als allgemeine Voraussetzung für alle Formen des Kinderspiels gilt ein hoher Informationsgehalt des alltäglichen Lebenskontextes, der den Kindern im Sinne eines möglichst breiten Querschnitts durch die gesellschaftliche Wirklichkeit differenzierte Einblicke in die gesellschaftliche Praxis geben soll. Ein bunt gemischter öffentlicher Raum, der alle gesellschaftlichen Tätigkeitsbereiche – wie Wohnen, Arbeiten, Versorgung, Freizeit oder Kultur – erlebbar macht, stellt die absolut notwendige Grundanregung für jede Form von Kinderspiel dar.

Aber selbst die vielfältigste physisch-materielle Raumstruktur allein reicht noch nicht aus, um die verschiedenen Arten von Kinderspielen zu ermöglichen. Unabdingbar sind natürlich andere, etwa gleichaltrige Kinder im Wohnumfeld, die das Spiel durch die Komplexität der Veränderungen und Entwicklungen, die sich aus der gemeinsamen Aktivität ergibt, erst möglich machen.

Letztlich sind es die *Naturerfahrungen* im Wohnumfeld, die ein qualitätsreiches Anregungspotential abrunden. Pflanzen und Tiere haben für Kinder eine gut dosierte Komplexität, die ihr Interesse weckt. Sind sie in Städten reichlich vorhanden, so können auch Stadtkinder auf spielerische Weise ein Umwelt- und Naturbewusstsein entwickeln.

Vertrautheit

Das Bedürfnis nach Vertrautheit bzw. Vertrauen ist nach Erikson (1988) das erste psychosoziale Bedürfnis eines Menschen und bleibt während des gesamten Lebens unterschwellig aktiv. Vertrauen entwickelt sich bei einem Kind, wenn es die Möglichkeit hat, sich in seiner Umgebung zu orientieren. Dieses Orientierungsvermögen bildet die Basis für ein Gefühl von Sicherheit, die maßgebliche Bedingung für den Erwerb von Selbständigkeit und Autonomie.

Vertrautheit mit dem Wohnumfeld kann nur entstehen, wenn dieses für ein Kind erreichbar und zugänglich ist. Es sollte sowohl ein barrierefreier Wechsel von drinnen nach draußen als auch eine barrierefreie kontinuierliche Ausdehnbarkeit des Aktionsraumes in immer weiter entfernt liegende Wohnumfeldbereiche möglich sein. Barrieren sind etwa Zäune, Mauern, Spielverbote o. ä.

Um darüber hinaus ein Gefühl von Sicherheit zu gewährleisten, darf das Wohnumfeld für Kinder nur kalkulierbare Gefahren und Risiken bergen. Ängste im Wohnumfeld durch permanente Überforderung mit den Gegebenheiten (z. B. nicht kindgerechtem Verkehr) verhindern hier das Kinderspiel und somit eine gesunde Entwicklung und Sozialisation.

Nicht zuletzt muss ein Wohnumfeld zum Zwecke der Vertrauensbildung überschaubar sein. Dazu ist ein gewisses Maß an Strukturiertheit erforderlich, die dem Kind zu einem klaren geistigen Vorstellungsbild verhilft und es vor Desorientierung bewahrt. Hilfreich für die kognitive Strukturierung und Orientierung sind gut wahrnehmbare Merkzeichen (so genannte »landmarks«)[10], die sich durch ihre Besonderheit, Originalität, Einmaligkeit und Unverwechselbarkeit deutlich von ihrer Umgebung abheben.

Neben den beiden Entwicklungs- und Sozialisationserfordernissen ›Anregungspotential‹ und ›Vertrautheit‹ muss das Wohnumfeld eine selbstbestimmte, beliebige Nutzbarkeit für Kinder zulassen. Aus diesem Grundsatz können eine Reihe übergeordneter Gestaltungsgrundsätze abgeleitet werden.

---

[10] Vgl. Lynch (1975, 96ff.).

Selbstbestimmte, beliebige Nutzbarkeit des Wohnumfeldes

Eine selbstbestimmte, beliebige Nutzbarkeit des Wohnumfeldes für Kinder liegt vor, wenn dieses nicht ein bestimmtes Verhalten programmiert oder sogar erzwingt, sondern freie Wahl in Bezug auf das potentielle Spielangebot zulässt. Nur dann können die kindlichen Aktivitäten überhaupt erst als Spielen i. e. S. bezeichnet werden.

Damit ein Kind frei über sein Wohnumfeld verfügen kann und dieses eine weitgehend beliebige Spielnutzung zulässt, muss es grundsätzlich offen und flexibel sein. Offenheit und Flexibilität bedeuten, dass gewöhnliche Elemente des Wohnumfeldes von Kindern für ihr Spiel uminterpretiert werden können, also multifunktional sind. Multifunktionalität kann beispielsweise heißen, dass Glas- und Papiercontainer zu Schlachtschiffen mit Kanonenrohr und Anker werden, Fahrbahnen nicht nur dem Verkehr vorbehalten sind, Bäume bekletterbar sind usw. Offenheit und Flexibilität müssen aber auch die soziale Akzeptanz des Kinderspiels mit beinhalten, denn Spielverbote an für das Kinderspiel attraktiven Stellen des Wohnumfeldes und so genannte »Ortswächter«, die die Einhaltung der sozialen Reglementierung zu Ungunsten der Kinder reklamieren, wirken hier kontraproduktiv.

Nicht zuletzt ist den Kindern zur beliebigen Nutzbarkeit des Wohnumfeldes auch zu gewährleisten, in ihrem Spiel selbst gestaltend und verändernd auf die physisch-materiellen Gegebenheiten einwirken zu können. Kindern soll hier bei der Wohnumfeldgestaltung bewusst die Möglichkeit zugestanden werden, den Raum selbst nach eigenen Ideen zu manipulieren – eben in kindlich angemessenen Formen ›Geographie zu machen‹ und Spuren zu hinterlassen.

Als Optimum einer kinderfreundlichen Wohnumfeldgestaltung kann somit alles in allem die Bespielbarkeit des gesamten Wohnumfeldes bis hin zur ganzen Stadt angesehen werden, wobei der als kinderfeindlich einzustufenden Ausgrenzung des Kinderspiels auf Spielplätze die Forderung nach der Integration des Spiels in den Alltagsraum gegenübersteht.

Die Kennzeichen kinderfreundlicher Wohnumfeldgestaltung sind stichwortartig präzisierend in Tabelle 1 wiedergegeben. Diese Gegenüberstellung kann zugleich als Analyseraster für die Praxis verstanden werden.

Tabelle 1: Kennzeichen kinderfreundlicher und -feindlicher Wohnumfeldgestaltung

	Kriterien kinderfreundlicher Wohnumfeldgestaltung	*Kriterien kinderfeindlicher Wohnumfeldgestaltung*
Anregungspotenzial	Vielfalt und Differenziertheit	baulich-räumliche Monotonie
	gesell. Informationsgehalt	städtebaul. Funktionstrennung und Homogenisierung der Räume
	viele Spielkameraden	zu geringe Kinderdichte
	Naturerfahrung	fehlende Naturelemente
Vertrautheit mit dem Wohnumfeld	Zugänglichkeit und Erreichbarkeit	Barrieren und Hemmnisse: - Eigentumsverhältnisse - Zäune, Mauern, … - Spielverbote - Gesundheitsgefährdung - …
	Sicherheit durch kalkulierbare Gefahren und Risiken	nicht kalkulierbare Gefahren und Risiken (*Angsträume*): - kein ›kindgerechter‹ Verkehr - (sex.) Belästigung von Kindern - …
	Überschaubarkeit durch Orientierungs-Merkzeichen	Desorientierung durch Stereotypie oder Reizüberflutung
Beliebige Nutzbarkeit des Wohnumfelds	Offenheit und Flexibilität	Reglementierung
	Multifunktionalität	Monofunktionalität
	Soziale Akzeptanz des Kinderspiels	Taburäume, Ortswächter
	Gestaltbarkeit und Veränderbarkeit (›Spuren-machen-Können‹)	Formvollendung und Ausgestaltung des Wohnumfelds: keine funktionslosen oder -diffusen Artefakte und Bereiche
	Wohnumfeld als Spielraum Integration des Spiels in den Alltagsraum	*kinderfeindliches Wohnumfeld* Ausgrenzung des Spiels auf Spielplätze

Empirischer Teil

Bis zu diesem Punkt dienten die Ausführungen dazu, Politik und Planung abstrakt-theoretisch über die Notwendigkeit und die konkreten Anforderungen einer kinderfreundlichen Wohnumfeldgestaltung zu orientieren. Aber erst eine konkrete, kriterien- und damit theoriegeleitete Bewertung eines beispielhaft ausgewählten Wohngebietes macht es möglich, Politikern und Politikerinnen sowie Planern und Planerinnen zusätzlich einen Eindruck davon zu vermitteln, wie eine konkrete städtische Gestaltungssituation Aneignungs- und Spielmöglichkeiten und damit die Kinderfreundlichkeit beeinflusst.

Im Sinne einer Orientierung über die unbewussten positiven und negativen Nebeneffekte bereits vollzogenen Handelns soll es Politikern und Politikerinnen sowie Planern und Planerinnen zukünftig möglich sein, im Rahmen der Stadterneuerung individuell angepasste und sinnvolle Maßnahmen zur Verbesserung der Kinderfreundlichkeit zu initiieren. Damit verfolgt die empirische Untersuchung das Ziel, zur Optimierung der Stadtentwicklungskonzepte hinsichtlich der Kinderfreundlichkeit beizutragen. Zudem werden erste Hinweise gegeben, wie kinderfeindliche Elemente der Wohnumfeldgestaltung vermieden werden können. Aus der Empirie kann dann ein erstes praktisches Handlungskonzept für Politik und Planung abgeleitet werden.

Als empirisches Untersuchungsgebiet wurde das Münstersche Wohngebiet »Am Dill« ausgewählt, das nachfolgend bezüglich seiner Lage und Planungsgrundlagen kurz vorgestellt werden soll.

Das Untersuchungsgebiet »Am Dill«

Bei dem Wohngebiet »Am Dill«, das sich im südwestlich des Münsterschen Stadtzentrums gelegenen Stadtteil Mecklenbeck befindet, handelt es sich um eine äußerst dicht bebaute Einfamilienhaussiedlung der späten 1980er Jahre, die 1993 fertiggestellt wurde. Die Siedlung, die ca. 320 Wohneinheiten umfasst, welche gestalterisch stark an die jüngere niederländische Wohnbauarchitektur erinnern, wurde nach dem Planungskonzept »Kosten- und flächensparendes Bauen« erstellt – eine Innovation der 1980er Jahre, die vom Bundesministerium für Raumordnung, Bauwesen und Städtebau mit Mitteln des Programms »Experimenteller Wohnungs- und Städtebau« (EXWOST) gefördert wurde.[11] Das Konzept hat zum Ziel, insbesondere jungen Familien den

---

11 Vgl. BMBau (1991).

Erwerb eines eigenen Hauses mit Garten auch in Großstadt- oder Verdichtungslagen zu ermöglichen und die starke Abwanderung in die städtischen Umlandgemeinden als Folge der Wirtschaftskrise Anfang der 1980er Jahre sowie der explodierenden Grundstücks- und Immobilienpreise zu vermindern.

Zur Abwendung der Stadtflucht bauwilliger Familien bot die Planungskonzeption »Kosten- und flächensparendes Bauen« den Kommunen neue Perspektiven. Zur Kostenminimierung tragen kleine Grundstücke bei, die durch Reihen- und Doppelhäuser zu Festpreisen baulich optimal genutzt werden. Trotz Einfamilienhausbebauung können hier ähnliche Dichten wie im Geschoßwohnungsbau[12] erzielt werden. Durch die Verwendung kostengünstiger Baumaterialien wie z. B. Holz, den weitgehenden Verzicht auf Unterkellerung und die Möglichkeit zu umfangreichen Selbsthilfeleistungen werden weitere Kosten eingespart.

Um mit diesem Angebot die gewünschte Zielgruppe erreichen zu können, haben die Kommunen – auf der Basis der Verpflichtung, die Projektziele einzuhalten – unter anderem sozialpolitische Kriterien für die Vergabe der Grundstücke festgelegt, die sich wie folgt zusammenfassen lassen:[13]
- geringes Einkommen nach Maßgabe von § 25 II. WoBauG;
- Wohnsitz oder Arbeitsplatz innerhalb der Stadtgrenzen;
- kein Grundstückseigentum und
- Familie mit Kindern.

Das Wohngebiet »Am Dill« stellt somit einen ersten Versuch der Stadt Münster dar, familien- und damit – nur implizit und unbewusst – auch kinderfreundlich zu planen. Dies ist vor dem Hintergrund zu sehen, dass es sich hier um das Siedlungsgebiet der Stadt Münster mit der mit Abstand höchsten Kinderdichte (weit über 40% der Wohnbevölkerung sind Kinder) handelt. Konkret lebten 1992 in 320 Wohneinheiten ca. 500 Kinder im Alter von bis zu zwölf Jahren.

Zur Methodik der empirischen Untersuchung

Um ein abgerundetes Bild der Kinderfreundlichkeit des Wohngebietes liefern zu können, wurde eine Kombination verschiedener Methoden gewählt, die sukzessiv mehrstufig bzw. mehrdimensional angewandt wurden.

---

[12] Vgl. BMBau (1991, 31).
[13] Vgl. BMBau (1991, 27).

Erster methodischer Schritt war eine schriftliche Befragung der dort wohnenden acht- bis zwölfjährigen Kinder, die auch das Zeichnen einer ›mental map‹ des Wohnumfeldes beinhaltete. Ziel dieses Vorgehens war es, mittels einer detaillierten Ermittlung der Wohnumfeldnutzung und -bewertung durch die Kinder, einen ersten informativ breit angelegten Eindruck von den Besonderheiten und Problemen der Wohnumfeldsituation zu bekommen.

Ergänzend zur schriftlichen Befragung wurden auch Erhebungen vor Ort vorgenommen. Dabei kamen sowohl passive, nicht teilnehmende als auch kommunikative Erhebungstechniken zum Einsatz.

Um einen möglichst umfassenden Überblick über die aktiven Tätigkeiten der Kinder zu erlangen und um den Raum, ›den die Kinder leben‹, möglichst ganzheitlich zu erfassen, wurden drei verschiedene Beobachtungsverfahren vor Ort angewandt: die Flash-light-, die Time-sample- sowie die Dauerbeobachtungsmethode.[14] Zusätzlich wurde im Wohngebiet ständig nach Spuren kindlichen Spiels gesucht. In Ergänzung und zur Vertiefung der Aussagen der schriftlichen Befragung wurden vor Ort angetroffene Kinder in Form halbstandardisierter Interviews mit Gesprächsleitfaden befragt. Zur Veranschaulichung der Aussagen zur Spielsituation und Lebenswirklichkeit der befragten Kinder wurden auch gemeinsame Rundgänge durch das Wohnumfeld unternommen. Dabei sollten je nach inhaltlicher Zielsetzung der mündlichen Befragung verschiedene Aspekte der kindlichen Lebenswelt konkret erlebbar gemacht und fotografisch festgehalten werden.

Methodologisch gesehen wurde das Untersuchungsobjekt somit in dem Bemühen um ein ganzheitliches und damit realistisches Bild im Sinne einer so genannten »Methodentriangulation« (Lamnek, 1989, 5) aus drei verschiedenen Richtungen zu verorten versucht. Dabei kam ein methodischer Mix aus quantitativen und qualitativen Verfahren zur Anwendung. Die Erhebungen ›vor Ort‹, insbesondere die qualitativ orientierten Interviews, dienten dazu, die Ergebnisse der repräsentativ, auf breiten Informationsfluss angelegten schriftlichen Befragung inhaltlich zu ergänzen, zu verifizieren, zu plausibilisieren und zu illustrieren.[15] Die Annäherung an die Lebenswelt der Kinder erfolgte in der empirischen Untersuchung aus der sich wechselseitig ergänzenden Anwendung der verschiedenen Erhebungstechniken und folgte somit dem Prinzip des ›hermeneutischen Zirkels‹.

---

[14] Vgl. Glöckler (1988, 84).
[15] Vgl. Lamnek (1989, 13f.).

Die Ergebnisse der Empirie

Die Untersuchung der Aneignungssituation bzw. der Entwicklungs- und Sozialisationsbedingungen im Wohnumfeld anhand der aus der Theorie abgeleiteten Bewertungskriterien (s. Tab. 1) hat ergeben, dass die Siedlung »Am Dill« ein weitgehend kinderfreundliches Wohnumfeld bietet. Die Lage der Siedlung sowie die Modalitäten der Planungskonzeption weisen nicht die klassischen Schwächen kinderfeindlicher Wohnumfeldgestaltung auf. Im Gegenteil sind hier als die charakteristischen und vorbildlichen Stärken des Wohngebietes insbesondere festzuhalten:
– die flächendeckende Integration des Kinderspiels in das Wohnumfeld, wodurch den Kindern eine fast idealtypisch konzentrische und kontinuierliche Vergrößerung ihres Aktionsradius ermöglicht wird;
– die sehr gute Zugänglichkeit und Nutzbarkeit der Verkehrsflächen für das Kinderspiel;
– der Naturzugang und ein Bach in unmittelbarer Siedlungsnähe;
– die sehr hohe soziale Akzeptanz des Kinderspiels in allen Wohnumfeldbereichen;
– die räumliche Identität mit der Siedlung (so genannte »Dill-Kinder«);
– die sehr gute Qualität der Nachbarschaft und gemeinschaftsorientierten Urbanität;
– die baulich und gestalterisch gut dosierte Komplexität;
– der barrierefreie Übergang von drinnen nach draußen und besonders
– die große Anzahl von Kindern im Wohnumfeld.

Doch die erwiesene Kinderfreundlichkeit der Siedlung »Am Dill« war kein explizites Planungsziel. Sie ist nur zufällig als eine unbeabsichtigte, aber überaus positiv zu bewertende Nebenfolge der Planungskonzeption »Kosten- und flächensparendes Bauen« entstanden. Die Analyse, welche Handlungen politischer, planerischer und gestalterischer Art zu diesen überwiegend positiven – und nur zum kleineren Teil auch negativen – Nebeneffekten bezüglich der Kinderfreundlichkeit geführt haben, war der Kernpunkt der durchgeführten Empirie. Eine Auswahl aus dieser Zusammenstellung wird im Folgenden dargestellt.

Als positive Nebenfolgen der Modalitäten der Planungskonzeption »Kosten- und flächensparendes Bauen« sowie der Lage der Siedlung im Stadtgebiet konnten herausgestellt werden:

Die räumlich abgetrennte, inselhafte Lage der Siedlung »Am Dill« (s. Fig. 2), die zur Folge hat, dass
- sich die Verkehrsbelastung auf den Anliegerverkehr beschränkt und dadurch alle Straßenbereiche des Wohngebietes, selbst in Spitzenzeiten, für das Kinderspiel zugänglich sind;
- das Wohngebiet von Fremdparkern verschont bleibt, die sowohl die Zugänglichkeit als auch die Übersichtlichkeit des Fahrbahnbereiches beeinträchtigen würden;
- sich die Identifizierung mit dem Wohngebiet und eine Art von ›Klub-Gefühl‹ besonders stark ausprägen können.

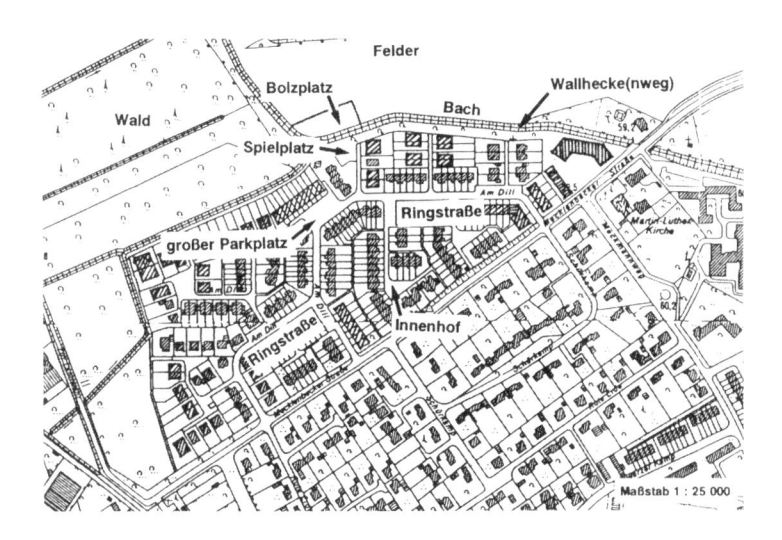

Figur 2: Lage und Gestaltung der Siedlung »Am Dill« in Mecklenbeck

Die Größe des Projektes von ca. 320 Wohneinheiten, die zur Folge hat, dass
- die Zahl der Kinder sehr hoch ist;
- der potentielle Spielraum in Wohnumfeld sehr weitläufig ist.

Die hohe Kinderzahl im Wohngebiet, die dazu führt, dass
- auf der Straße immer »etwas los« ist und ihr dadurch ein anregender ›Marktcharakter‹ entsteht;
- man im Wohnumfeld viele andere Kinder treffen und kennenlernen kann;
- auch fremde und neu zugezogene Kinder sich in der Gruppe ohne Orientierungsschwierigkeiten im Wohnumfeld schnell zurechtfinden können;

- die Wahrnehmung der Anregungspotentiale im Wohnumfeld begünstigt wird und eventuell sogar gestalterische Defizite im Wohnumfeld kompensiert werden können, da die Kinder in der Gruppe mehr Ideen haben, wie das Vorhandene spielerisch genutzt werden kann;
- das Straßenbild von Kindern dominiert wird, wodurch AutofahrerInnen situationsangepasst langsam und vorsichtig – und damit ›kindgerecht‹ – fahren.

Die soziale Homogenität (Familien mit Kindern), die zur Folge hat, dass
- die Akzeptanz des Kinderspiels bei den Erwachsenen sehr hoch ist;
- zwischen Erwachsenen und Kindern im Wohnumfeld nur wenige Konflikte entstehen, hier also ein deutliches ›soziales Miteinander‹ zwischen Kindern und Erwachsenen erkennbar ist.

Die Einfamilienhausbauweise, die dafür verantwortlich zeichnet, dass
- alle Kinder ohne Überwindung von Barrieren (wie z. B. unpersönlichen Treppenhäusern) ins Freie gelangen können.

Das Eigentum an Haus und Grund, das zur Folge hat, dass
- die Außenbereiche individuell und vielfältig nach dem eigenen Geschmack der EigentümerInnen gestaltet werden können, wodurch den Kindern, neben der Gestaltung des öffentlichen Raumes, zusätzliche Anregungspotentiale und Orientierungshilfen (landmarks) gegeben sind.

Als negative Nebenfolgen des politischen und planerischen Handelns konnten folgende Aspekte ermittelt werden:

Die flächensparende Bauweise verbunden mit der hohen Kinderzahl im Wohngebiet, die dazu führt, dass
- sich die öffentlichen und attraktiven Spielangebote vorwiegend am Siedlungsrand befinden und sehr intensiv genutzt werden, wodurch die beliebige und selbstbestimmte Nutzbarkeit des Wohnumfeldes beeinträchtigt wird;
- sich die Stärkeren gegen die Schwächeren in der Konkurrenz um diese attraktiven Spielorte durchsetzen, wodurch für einige Kinder auch die Zugänglichkeit der entsprechenden Wohnumfeldbereiche eingeschränkt wird;
- der öffentlich zugängliche Siedlungsraum kaum Rückzugsmöglichkeiten zum Alleinsein bietet und dadurch Ruhe benötigende Spiele im öffentlichen Raum kaum gespielt werden können;
- Ansätze von ›sozialem Stress‹ entstehen, die sich u. a. negativ auf die Gestaltungsmöglichkeiten in den allen Kindern zugänglichen Wohnumfeldbereichen auswirken, da Erbautes wechselseitig zerstört wird.

Die nur beschränkte Multifunktionalität des für alle Kinder am besten zugänglichen Straßenraumes, die mitunter zur Folge hat, dass
– im Wohnumfeld Spiele dominieren, die auf eine differenzierte Wohnumfeldgestaltung nicht angewiesen sind.
Die verkehrsorientierte Gestaltung der einzigen – das Wohngebiet von außen tangierenden – Straße, welche für die Kinder zur gefährlichen Barriere wird und damit die konzentrische Ausdehnung ihres »home range« mitunter behindert.

Das praktische Handlungskonzept

Im Sinne eines praktischen Handlungskonzepts können Politikern und Politikerinnen sowie Planern und Planerinnen aus diesen empirischen Ergebnissen nun konkrete Empfehlungen und Handlungsanweisungen gegeben werden,
a) »ob das Projekt [›Kosten- und flächensparendes Bauen‹] fortgesetzt werden soll, und wenn ja, an welchen Standorten und unter welchen Modalitäten« (Stadt Münster, 1988, 28);
b) unter welchen Bedingungen und Modalitäten die Planungskonzeption »Kosten- und flächensparendes Bauen«, die sich speziell an Familien mit Kindern richtet, als Grundkonzept für eine kinderfreundliche Wohnumfeldgestaltung geeignet ist bzw.
c) wie es Politik und Planung ermöglicht werden kann, all die positiven Auswirkungen des Planungskonzepts auf die Kinderfreundlichkeit zukünftig bewusst zu erzielen und den negativen Entwicklungstendenzen vorsorglich entgegenzuwirken.

Grundsätzlich kann die Planungskonzeption »Kosten- und flächensparendes Bauen«, wie sie in der Siedlung »Am Dill« verwirklicht wurde, hinsichtlich vieler Aspekte als modellhaft für die Gestaltung eines kinderfreundlichen Wohnumfeldes angesehen werden – auch wenn dies eher eine unbeabsichtigte Nebenfolge als das Ergebnis einer Planungsintention darstellt. Die Frage, ob Projekte »Kosten- und flächensparenden Bauens« in Zukunft von der Stadt Münster weitergeführt werden sollten, kann in jedem Fall bejaht werden.

Zu den Bedingungen und Modalitäten sei nachfolgend eine knappe Auswahl von Empfehlungen bzw. Handlungsanweisungen gegeben. Bedenkt man, dass die große Kinderzahl in der Siedlung »Am Dill« hinsichtlich sehr vieler Aspekte zu einer positiven Bewertung des Wohnumfeldes beigetragen hat, sollten Projekte des »Kosten- und flächensparenden Bauens« eine Mindestgröße von ca. 200 Wohneinheiten haben. Dieser Richtwert ergibt sich aus der Tatsache, dass die Fläche von ca. 200 Einfamilienhäusern in kosten- und flächensparender Bauweise in etwa der natürlichen Spielraumgröße von Kindern bis zu 12 Jahren entspricht. Die Grundstücke sollten daher ausschließlich an Familien mit Kindern vergeben werden, um die nötige soziale Akzeptanz und Toleranz des Kinderspiels im Wohnumfeld gewährleisten zu können.

Da in Zusammenhang mit der geforderten Kinderdichte eine flächendeckende und möglichst optimal ausgereizte Bespielbarkeit des Wohnumfeldes erforderlich wird, sollte der Zugänglichkeit und dem Anregungspotential im Straßenraum besondere Beachtung zuteil werden. Unerlässlich ist daher – ergänzend zu einer nach innen gerichteten Erschließung und Bebauung – eine räumlich abgetrennte Lage der Siedlung, die die Verkehrsbelastung auf den reinen Anliegerverkehr beschränkt. Ebenso sind Carports auf den Privatgrundstücken notwendig, um den Straßenrand von parkenden Autos weitgehend freizuhalten, welche die Zugänglichkeit und Übersichtlichkeit beeinträchtigen würden. Kfz-Stellplätze im öffentlichen Raum, die etwa in einer Größenordnung von 0,2 ausgewiesen werden sollten, gilt es demnach in Anlagen zusammenzufassen, um eine Barrierebildung zwischen Fahrbahn und Bürgersteig zu verhindern. Die Aufnahme des Kriteriums ›PKW-Besitz‹ in die Vergaberichtlinien für die Baugrundstücke sollte in diesem Zusammenhang überdacht werden.

In Bezug auf den Anregungsgehalt im Straßenraum ist es zudem wichtig, durch ein abgestuftes und gegliedertes Erschließungssystem unterschiedliche Straßenraumsituationen (wie Stichstraßen, Innenhöfe, Gartenstiegen, größere Plätze usw.) zu schaffen. Zu bereichern sind sie mit multifunktionalen Gestaltungselementen wie beispielsweise zum Slalomfahren geeignete Pflasterungsmuster, bekletterbare Rankgitter, Klangpoller, bespielbare Brunnen, Baumscheiben zum Sitzen, Klettern, Balancieren, bekletterbare und bewegliche Kunstobjekte usw.

Einfamilienhausbebauung sollte im Rahmen des »Kosten- und flächensparenden Bauens« dem Geschoßwohnungsbau vorgezogen werden, um vor allem Kleinkindern das barrierefreie Erreichen des Außenraums zu ermöglichen. Ein eigener Garten und ein kleiner Bereich vor dem Haus sind unerlässlich, um den Kindern Rückzugsmöglichkeiten aus dem öffentlichen, belebten Raum zu gewährleisten und um das Anregungspotential und die Orientierungsmöglichkeiten im Wohnumfeld durch individuelle, kleinteilige Gestaltungsvielfalt zu ergänzen.

Verbunden mit der Einfamilienhausbauweise ergibt sich somit die Forderung nach Eigentumsbildung an Haus und Grund, denn erst daraus resultiert die individuelle Außenraumgestaltung, die das Wohnumfeld um vielfältige Anregungsgehalte für das Spiel und zahlreiche Merkzeichen für die kindliche Orientierung bereichert. Mietwohnungsbau dagegen lässt i. d. R. keine Möglichkeiten zur Individualität und führt somit zu wesentlich konformeren, eintönigeren und damit kinderfeindlicheren Wohnumfeldern. Eine unterschiedliche bauliche Ausführung von Reihen- und Einzelhäusern und die Verwendung verschiedener Baumaterialien (Holz, Klinker u. a.), die das Wohnumfeld zusammen mit den individuellen Gestaltungselementen (Garagentorbemalung, Umzäunung, Gartengestaltung usw.) zu einem abwechslungsreichen Entdeckungsgelände mit dosierter Komplexität werden lassen, sind in diesem Zusammenhang ebenfalls empfehlenswert.

Zusammenfassend kann festgehalten werden, dass die sozialgeographische Planungspraxis, die nicht primär ›Raum‹ plant, sondern sich explizit auf bestimmte Handlungstypen ausrichtet, an Differenzierung und Effizienz gewinnen kann. Dies impliziert, dass die bisher überwiegend praktizierte Raum-Planung als Handlungsplanung neu zu konzipieren ist, um zu aktuellen gesellschaftlichen Problemen ›funktionierende‹ Lösungsangebote erarbeiten und unterbreiten zu können.

Literatur

Baacke, D.: Die 6- bis 12jährigen. Einführung in die Probleme des Kindesalters. Weinheim, Basel 1984

Baacke, D.: Die 13- bis 18jährigen. Einführung in die Probleme des Jugendalters. Weinheim, Basel 1985

Berg-Laase, G./Benning, M./Graf, U./Jacob, J.: Verkehr und Wohnumfeld im Alltag von Kindern. Eine sozial-ökologische Studie zur Aneignung städtischer Umwelt am Beispiel ausgewählter Wohngebiete in Berlin (West). Pfaffenweiler 1995

Blinkert, B.: Aktionsräume von Kindern im Wohnumfeld. Fragestellungen und Methoden der »Freiburger Kinder-Studie«. In: Die alte Stadt, Heft 2, 1992, S. 142-160

Bruhns, K.: Kindheit in der Stadt. München 1985

Bundesministerium für Raumordnung, Bauwesen und Städtebau (BMBau) (Hrsg.): Dokumentation und Querschnittsuntersuchung »Kosten- und flächensparendes Bauen« und »Organisierte Gruppenselbsthilfe im Eigenheimbau«. Forschungsvorhaben des Experimentellen Wohnungs- und Städtebau. Bonn 1991

Chombart de Lauwe, M.-J.: Kinder-Welt und Umwelt Stadt. In: Arch+, Heft 34, 1977, S. 2-6

Club of Rome (King, A./Schneider, B.): Die globale Revolution. Bericht des Rates des Club of Rome 1991. Spiegel Spezial Nr. 2. Hamburg 1991

Daum, E.: Orte finden, Plätze erobern. Räumliche Aspekte der Kindheit. In: Praxis Geographie, Heft 6, 1990, S. 18-22

Erikson, E. H.: Kindheit und Gesellschaft. Stuttgart 1974

Erikson, E. H.: Identität und Lebenszyklus. Frankfurt a. M. 1980

Erikson, E. H.: Der vollständige Lebenszyklus. Frankfurt a. M. 1988

Flade, A./Achnitz, Ch.: Der alltägliche Lebensraum von Kindern. Ergebnisse einer Untersuchung zum home range. Darmstadt 1991

Gastberger, T.: Städtische Wohnumgebung als Spielraum für Kinder. Zürich 1989 (unveröffentl. Diplomarbeit)

Glöckler, U.: Aneignung und Widerstand. Eine Feldstudie zur ökologischen Pädagogik. München 1988

Hard, G.: Geographie als Spurenlesen. Eine Möglichkeit, den Sinn und die Grenzen der Geographie zu formulieren. In: Zeitschrift für Wirtschaftsgeographie, Heft 33, 1989, S. 2-11

Harms, G./Mannkopf, L. (Hrsg.): Spiel- und Lebensraum Großstadt. Berlin 1989

Heckhausen, H.: Entwurf einer Psychologie des Spielens. In: Psychologische Forschung, Heft 27, 1964, S. 225-243

Hessisches Ministerium für Landesentwicklung, Wohnen, Landwirtschaft, Forsten und Naturschutz (HMLWLFN) (Hrsg.): Stadt für Kinder. Planungshilfe für die städtebauliche Planung. Wiesbaden 1991

Hurrelmann, K.: Einführung in die Sozialisationstheorie. Über den Zusammenhang von Sozialstruktur und Persönlichkeit. Weinheim/Basel 1990 (3. Auflage)

Klein, M./Diettrich, M.: Kinder und Freizeit unter besonderer Berücksichtigung des Spiel- und Bewegungsverhaltens. Sportwissenschaft und Sportpraxis, Bd. 49. Ahrensburg 1983

Lamnek, S.: Qualitative Sozialforschung – Methoden und Techniken. München 1989

Leontjew, A. N.: Probleme der Entwicklung des Psychischen. Frankfurt a. M. 1973

Lynch, K.: Das Bild der Stadt. Bauwelt Fundamente, Bd. 16. Braunschweig 1975

Ministerium für Arbeit, Gesundheit und Soziales (MAGS) (Hrsg.): Spielen. Erprobungsmaßnahme des Landes Nordrhein/Westfalen: Verbesserung der Spielsituation für Kinder. Düsseldorf 1989

Mitscherlich, A.: Die Unwirtlichkeit der Städte. Anstiftung zum Unfrieden. Frankfurt a. M. 1965

Mitscherlich, A.: Thesen zur Stadt der Zukunft. Frankfurt a. M. 1971

Mogel, H.: Psychologie des Kinderspiels. Berlin 1991

Monzel, S.: Kinderfreundliche Wohnumfeldgestaltung!? Eine sozialgeographische Untersuchung als Orientierungshilfe für Politiker und Planer. Anthropogeographische Schriftenreihe, Bd. 13, Geographisches Institut der Universität Zürich. Zürich 1995

Muchow, M./Muchow, H.: Der Lebensraum des Großstandkindes. Der Ertrag der Hamburger Erziehungsbewegung, Bd. 2. Hamburg 1935 (Reprint Bensheim 1978)

Nickel, H./Schmidt-Denter, U.: Vom Vorschulkind zum Schulkind. Eine entwicklungspsychologische Einführung für Erzieher, Lehrer und Eltern. München, Basel 1991 (4. Auflage)

Piaget, J./Inhelder, B.: Die Psychologie des Kindes. München 1986

Schoppe, A.: Kinderzeichnung und Lebenswelt. Neue Wege zum Verständnis des kindlichen Gestaltens. Herne 1991
Stadt Münster, Der Oberstadtdirektor (Hrsg.): Bauleitplanung und Wohnungsbau 1988. Beiträge zur Stadtentwicklung Stadtplanung, Nr. 3. Münster 1988
Thomas, I.: Bedingungen des Kinderspiels in der Stadt. Stuttgart 1979
Walmsley, D. J.: Urban living. The individual in the city. New York 1988
Ward, Colin: Das Kind in der Stadt. Frankfurt a. M. 1978
Werlen, B.: Gesellschaft, Handlung und Raum. Grundlagen handlungstheoretischer Sozialgeographie. Stuttgart 1988 (2. Auflage)
Werlen, B.: Handlungs- und Raummodelle in sozialgeographischer Forschung und Praxis. In: Geographische Rundschau, Jg. 45, 1993, S. 724-729
Winchester, H.: The geography of children. In: Area, Jg. 23, Heft 4, 1991, S. 357-360
Zinnecker, J.: Straßensozialisation. Versuch, einen unterschätzen Lernort zu thematisieren. In: Zeitschrift für Pädagogik, Jg. 25, 1979, S. 727-744

Christian Reutlinger

Territorialisierungen und Sozialraum

Empirische Grundlagen einer Sozialgeographie des Jugendalters

Einleitung

In der gegenwärtigen jugendpolitischen Diskussion äußert sich der spatial turn der Geistes- und Sozialwissenschaften in der Raumorientierung sozialpolitischer Programme. Diese sollen die Folgen des Strukturwandels der kapitalistischen Arbeitsgesellschaft auffangen und für die in sozial benachteiligten und benachteiligenden Gebieten lebenden Menschen Gestaltungsperspektiven aufzeigen. Diese Ausrichtung der politischen Gestaltung des Alltagslebens wird auf der Grundlage des Argumentes vollzogen, dass die Folgen gesellschaftlicher Spaltungs- und Ausgrenzungsprozesse in bestimmten »Räumen« zu beobachten und deshalb innerhalb dieser auch zu beheben sind.

Gemäß diesem Argumentationsmuster gehören die Menschen aus benachteiligten städtischen Quartieren zu den Verlierern des Strukturwandels der Arbeitsgesellschaft und den damit zusammenhängenden z. T. radikalen Umbruchprozessen. Kinder und Jugendliche, die in diesen benachteiligten Gebieten leben und aufwachsen, verfügen über schlechtere Chancen auf dem Ausbildungs- und Arbeitsmarkt. Ihr Exklusionsrisiko ist bedeutend höher und ihre Formen der Bewältigung anomischer Strukturen werden in der Regel gesellschaftlich nicht akzeptiert. Deshalb werden in zahlreichen europäischen Ländern[1] Projekte und Programme zur Verbesserung der sozialen und wirtschaftlichen Situation in sozialräumlich segregierten Stadtteilen durchgeführt. Damit wird der (jugend-)politische Handlungsbezug zunehmend raumzentriert. In der Sozialpolitik und in darauf bezogenen sozialpädagogischen Maßnahmen wird die Stärkung lokaler Gemeinwesen, die als »Sozialräume« verstanden werden, betont.

In handlungszentrierter Perspektive ist mit dieser Raumzentrierung der (Jugend-)Politik das Problem verbunden, dass damit nicht von den Gestal-

---

[1] Vgl. Reutlinger/Mack/Wächter/Lang (2006).

tungsprozessen der Menschen ausgegangen wird, sondern dass das Soziale und soziale Problemkonstellationen als Inhalte lokaler ›Raum-Container‹ thematisiert werden. Diesen muss – wenn man die Logik der Problemlösungsstrategien[2] begründen will – darüber hinaus eine kausale Wirkkraft beigemessen werden, denn sonst könnten räumliche Maßnahmen im strengen Sinne nicht als sinnvoll betrachtet werden.

Mit der Raumlogik der neuen Sozialpolitik ist die Konsequenz verbunden, dass die biographischen Bewältigungsformen und die sozialemotionalen Bildungsaufgaben Jugendlicher, die Lebensbereiche von Heranwachsenden, die nicht nach der systemrationalen Logik funktionieren, in der Unsichtbarkeit versinken. Dieses Verschwinden hat damit zu tun, dass Jugendliche aus solch belasteten und belastenden Stadtteilen an den gemeinhin als normal bzw. normalisierend gesehenen Orten der Sozialisation (Familie, Schule, sozialpädagogische Einrichtungen bzw. Betreuungseinrichtungen) keine Unterstützung bei der Bewältigung ihrer spezifischen Problemlagen finden können, da diese Strukturen der Unterstützung zu ganz anderen historischen Zeiten und für andere Probleme entstanden sind; oder anders formuliert: dass diese Anlaufstellen ein Normalitätsverständnis (re-)produzieren, welches nur bestimmte Jugendliche mit bestimmten Problemlagen überhaupt sichtbar werden lässt. Alle anderen Lebensbereiche, wie beispielsweise die (sozial-existenzielle) Bedeutung des jugendkulturell spezifisch gelebten Stadtteils werden übergangen und spielen sich deshalb in der Unsichtbarkeit ab. So ergeben sich zwei ›Landkarten‹, die nicht deckungsgleich sind: Auf der einen Seite die offizielle, sichtbare Welt der gesellschaftlichen Einrichtungen und auf der anderen Seite die über die Bewältigungshandlungen der Jugendlichen konstituierte Lebenswelt (unsichtbare Bewältigungskarte).

Vor diesem Hintergrund wird die Notwendigkeit eines Perspektivwechsel deutlich: Ins Zentrum sind nicht länger ›Räume‹ (benachteiligte Stadtteile und Regionen) zu stellen, sondern die Handlungen der Jugendlichen, d. h. die jugendspezifischen Territorialisierungsformen bzw. ihre Aneignungs- und Bewältigungsleistungen. Diese werden hier als jugendspezifische »Geographien« aufgeschlossen. Die Kernthese, auf welche die Erforschung dieser Geographien anzulegen ist, lautet: Jugendliche schaffen sich ihre eigenen »Bewältigungskarten des Jugendalters«, die ohne eine entsprechende Forschung verborgen oder unsichtbar bleiben. Wenn Jugendpolitik ihre Ziele erreichen

---

[2] Vgl. Projekt Netzwerke im Stadtteil (Hrsg.) (2005); Reutlinger/Kessl/Maurer (2005).

will, sind die Lebenswelten der Jugendlichen zu erschließen und an deren Praktiken zu orientieren, statt räumliche Maßnahmen zu ergreifen.

Um diese besonderen Praktiken erschließen zu können und die darin eingelassene Art der Gesellschafts-Raum-Beziehung systematisch zu rekonstruieren, werden im ersten Abschnitt konzeptionelle Überlegungen zur Sozialgeographie des Jugendalters angestellt. Dabei wird differenziert auf die Besonderheiten des Geographie-Machens von Jugendlichen eingegangen sowie die Konzeption des Schreibens von unsichtbaren Bewältigungskarten dargestellt. Im zweiten Teil werden einige Ergebnisse der empirischen Fallstudie im fünften Bezirk der nordwestspanischen Stadt La Coruña vorgestellt. Daran schließen sich Folgerungen für die Jugendpolitik sowie Überlegungen und Konsequenzen für die sozialgeographische Forschungspraxis an.

Zur Sozialgeographie des Jugendalters

Die bloße Feststellung, dass Jugendliche andere Geographien als Erwachsene machen, ist – wie die bisherige Forschung zu Jugend und Raum zeigt – ungenügend. Es ist vielmehr zu klären, wie diese Unterschiede entstehen und welche Konsequenzen diese haben. Die Sozialgeographie des Jugendalters muss deshalb von den Konsequenzen der gesellschaftlichen Umbruchprozesse für die jungen Menschen ausgehen. Das heißt, dass zuerst die sozial-weltlichen Änderungen mit deren Konsequenzen für die Jugendlichen zu erschließen sind, um dann die räumlichen Implikationen herausarbeiten zu können. Dieses Programm steht somit im Gegensatz zu der aktuellen Praxis, bei der räumliche Maßnahmen mit der Hoffnung postuliert werden, dass diese sozialen Problemlagen mildern oder gar beheben könnten.

Eine entsprechende Sozialgeographie des Jugendalters kann auf den Erkenntnissen der »Sozialgeographie der Kinder« (Zierhofer, 1989; Gastberger, 1989; Monzel, 1995; Werlen, 1995b; Valentine, 1996) aufbauen. Im Rahmen dieser wird davon ausgegangen, dass Kinder sich ihrer untergeordneten Stellung in der Gesellschaft wegen in einer von Erwachsenen dominierten und an Erwachsenen ausgerichteten Welt zurechtfinden müssen. In ihrer räumlichen Umwelt sehen sie sich mit räumlichen Bedingungen konfrontiert, die ihren Ansprüchen und Bedürfnissen nicht gerecht werden. Deshalb schaffen sie sich ihre eigenen »children's geographies« (Winchester, 1991, 358). Die Unterschiede des ›geography making‹ Erwachsener und der

Kinder werden einerseits an den verschiedenen sozial-räumlichen Beziehungen deutlich (›socio-spatial relationships‹), andererseits aber auch an ihrer unterschiedlichen Wahrnehmung und der damit verbundenen Bedeutung der Umwelt (›environmental cognition‹).

Angesichts der Tatsache, dass »adult actions mediate the relationship between children and the environment in many circumstances, and vice versa« (James, 1990, 281), wird die bloße Feststellung und Beschreibung von Unterschieden zwischen Erwachsenen und Kindern als unzureichend bezeichnet. Vielmehr ist zu klären, wie diese Unterschiede entstehen und in welchem Maße Kinder davon betroffen sind, wie sich James (1990, 278) ausdrückt. Damit wird der Bedarf einer »children's geography« deutlich, »which critically examines the ways in which children's lives, experiences, attitudes and opportunities are socially and spatially structured« (James, 1990, 282). Dabei wird immer offensichtlicher, dass eine leistungsfähige Sozialgeographie der Kinder nur im interdisziplinären Austausch zwischen Geographie, Soziologie, Anthropologie, Kulturwissenschaften, Erziehungswissenschaften, Psychologie, Rechts- oder Politikwissenschaften sowie Architektur und Raumplanung möglich ist.[3]

Durch den handlungstheoretischen Zugang (Werlen, 1988; 1995a; 1995b; 1997; 2000) zu den »unsichtbaren Geographien« (Reutlinger, 1998) können die angelsächsischen Ansätze als Konkretisierung der deutschsprachigen Arbeiten über das »Geographie-Machen von Kindern« bzw. der »Geographie der Sozialisation« (Werlen, 2000) gesehen werden. Ausgangspunkt der Sozialgeographie des Jugendalters bilden die aktuellen Erkenntnisse des interdisziplinären Jugenddiskurses, indem davon ausgegangen wird, dass die Statuspassage ›Jugend‹ angesichts radikaler Umbruchprozesse zu Beginn des 21. Jahrhunderts, als gesellschaftlich gestaltetes Moratorium und Vorbereitungsphase zum Erwachsenenalter, zunehmend brüchig wird.

Strukturwandel der Arbeitsgesellschaft und Jugend

Angesichts des Strukturwandels der kapitalistischen Arbeitsgesellschaft ist der Übergang in eine gesellschaftlich kalkulierbare Zukunft nicht mehr selbstverständlich. Die biographischen Konstellationen junger Menschen rücken in den Vordergrund. Die Jugend wird zu Beginn des 21. Jahrhunderts als »ver-

---

[3] Vgl. McKendrick (2004) sowie die interdisziplinären Artikel des Journals Children's Geographies (2004).

wundbare Zone« (Castel, 2000) freigesetzt. Trotzdem soll sie weiterhin ständig beweisen, dass sie (arbeits-)gesellschaftsfähig ist. Damit wird das industriegesellschaftliche Jugendmodell grundsätzlich hinterfragt: Bisher bedeutete ›Jugend‹ nach der Idee »Integration durch Separation« eine klar abgegrenzte, eigenständige und gesellschaftlich weitgehend geschützte Bildungsphase, ein »Moratorium« (Schröer, 2002, 82). Dieser geschützte Bereich diente der Vorbereitung auf das Erwachsenenalter und der Integration in die Erwerbsarbeit. Gleichzeitig wurde er in die erwerbsarbeitsbezogene Dreiteilung des Lebenslaufs (Vorbereitung, Erwerbsalter, Alter) eingeordnet. Mit dem Strukturwandel der industriekapitalistischen Arbeitsgesellschaft und den damit zusammenhängenden Entgrenzungs- und Entankerungstendenzen wird diese Gestalt hinterfragt. Die neue Ökonomie und die veränderte Arbeitsgesellschaft implizieren eine Bedeutungsverschiebung bzw. eine neue Vergesellschaftung der Lebensphase ›Jugend‹. In dieser müssen heute arbeitsweltbezogene Ansprüche der Berufsorientierung, aber auch der umfassende Erwerb von Qualifikationen und die Entwicklung von sozialer Kompetenz bewältigt werden. Dazu kommt das Erlernen des Umgangs mit den Risiken der Arbeitsgesellschaft (Arbeitslosigkeit, Ausbildungsprobleme) sowie den neuen ökonomischen Prinzipien der Flexibilisierung, der Mobilität und der Konkurrenz.[4]

Trotz der radikalen Veränderungen vollzieht sich die gesellschaftliche Integration immer noch größtenteils über die Erwerbsarbeit im Rahmen des so genannten ersten Arbeitsmarktes. Durch den Strukturwandel der Arbeitsgesellschaft werden immer mehr Jugendliche ›freigesetzt‹, d. h. nicht ›benötigt‹. Für viele Heranwachsende ist dieses Ziel durch den ständig ansteigenden Mithaltedruck und die Gefahr der Freisetzung – bedingt durch die Konkurrenz um knapper werdende Arbeitsplätze bzw. durch Prozesse der Digitalisierung[5] – bedroht; d. h. sie müssen diese Spannung zusätzlich neben den Entwicklungsaufgaben bewältigen. So entsteht eine Diskrepanz zwischen gesellschaftlich vorgegebenen Erwartungen und den individuellen Möglichkeiten, diesen zu entsprechen.

4 Vgl. dazu ausführlicher Koditek (2002).
5 Der »digitale Kapitalismus«, in Absetzung zum »industriellen Kapitalismus« ist aufgrund einer zunehmenden Globalisierung der Lebensbedingungen und neuer technologischer Rationalisierungsmöglichkeiten entbettet bzw. entankert und nicht mehr in gleichem Maße wie früher auf Massenarbeit angewiesen. Dies bedeutet, dass immer mehr Menschen in »anomische Bewältigungssituationen freigesetzt, Massen von Menschen zu ›Nichtproduktiven‹, ›Überflüssigen‹ abgestempelt werden« (Böhnisch/Schröer, 2001, 11).

Diese Diskrepanz zwischen Struktur- und Handlungsebene lässt sich im Anschluss an Emile Durkheim (1973) mit dem Anomiekonzept beschreiben. Mit ihm werden »jene Zustände gestörter gesellschaftlicher Ordnung, sozialer Regellosigkeit und sozialer Desintegration bezeichnet« (Böhnisch, 1996, 211), die sich aus dem diskontinuierlichen Verlauf des ökonomisch-sozialen Prozesses der Arbeitsteilung in der modernen (industrie-)kapitalistischen Gesellschaft ergeben. Besonders in gesellschaftlichen Umbruchzeiten stehen die gesellschaftlichen Erwartungen an die Individuen nicht mit den sozialstrukturell zur Verfügung stehenden Mitteln zu deren Erfüllung im Einklang. Diese Kluft muss von den Einzelnen durch die unterschiedlichsten Formen (z. B. durch ›abweichendes Verhalten‹) bewältigt werden.[6] Die sich daraus ergebenden Spannungen und Widersprüche müssen Jugendliche schon früh und auf individueller Ebene bewältigen; dies tun sie heute vor allem in *unsichtbaren Territorien* bzw. in *nicht systemrationalen Bereichen des Lebens*.

Die Geographie des Jugendalters bekommt somit die Aufgabe zugewiesen, spezifische Bewältigungsprobleme von Jugendlichen zu thematisieren und zu erforschen sowie die damit verbundenen Konsequenzen für die sozialpädagogischen Interventionen und jugendpolitischen Maßnahmen zu formulieren. In diesem Zusammenhang gilt es, aus der Überflüssigkeitsthese heraus einen Ansatz für die Sozialgeographien von Jugendlichen unter den aktuellen gesellschaftlichen Bedingungen im Rahmen der handlungstheoretischen Sozialgeographie zu erarbeiten.

Sozialraumkonstitution als Geographie-Machen im Jugendalter

Gemäß Werlen (1995b; 1997; 2000) ist im Kindes- und Jugendalter wert- bzw. normorientiertes Handeln von besonderer Bedeutung. Aus diesem handlungstheoretischen Bezug werden für das Geographie-Machen von Kindern und Jugendlichen der Typus der »normativen Regionalisierung« bzw. die »alltäglichen Geographien normativer Aneignung«[7] ins Zentrum der

---

[6] Vgl. Böhnisch (1999b).
[7] Zu diesem Typ von Geographie-Machen zählt Werlen alle Formen von altersspezifischen Regionalisierungen auf (wie zum Beispiel der Ausschluss oder Einbezug zu/von räumlichen Kontexten von älteren Menschen, Kindern oder Jugendlichen). Diese Geographien umfassen die verschiedensten (räumlichen und sozialen) Ausschlussmuster von bestimmten Altersgruppen aus bestimmten Lebensbereichen (so sind zum Beispiel alte Menschen weniger mobil und können ohne eine geeignete Unterstützung an vielen Bereichen des Lebens nicht mehr teilnehmen). Zu jeder Altersgruppe sind spezifische Regionalisierungen beschreibbar. So ist

Überlegungen gestellt. Das spezifische Merkmal von Regionalisierungen in der Kindheit bzw. im Jugendalter ist, dass in dieser Phase der Entwicklung sich die Menschen vermehrt in Lernsituationen befinden. In diesen sind Kinder und Jugendliche in besonderer Art und Weise an die körperliche Anwesenheit der Kommunikationspartner (erwachsene Personen wie Eltern, Lehrer, Erzieher etc.) gebunden. Deshalb äußern sich die Konsequenzen der räumlichen und zeitlichen Entankerungsmechanismen für die Regionalisierungen im Erwachsenenleben für die Regionalisierungen der Kinder und Jugendliche auf besonders radikale Weise, was Werlen am Beispiel von Straßenkindern in Lateinamerika aufzeigt (Werlen, 1997, 350).

Begreift man die Sozialraumkonstitution von Jugendlichen als eine Form der »normativen Regionalisierung«, dann wird leichter erkennbar, dass auch Kinder und Jugendliche als handelnde Subjekte eigene ›Territorien machen‹. ›Territorien‹ sind dementsprechend das Resultat von handlungsgetragenen Prozessen der ›Territorialisierung‹. Das Territorium bildet in diesem Sinne einen wichtigen Teil der Situation des Handelns. Jede Situation weist jeweils physisch-materielle, soziale sowie subjektive Dimensionen auf.

Um nicht in die Fallstricke eines Raumdeterminismus zu geraten, ist das Handeln Jugendlicher – insbesondere deren abweichendes Handeln – so zu interpretieren, dass die Bedeutungen physisch-materieller Artefakte nicht von vornherein vorgegeben sind und in dieser Form das Handeln determinieren. Es ist vielmehr davon auszugehen, dass die Handlungen der Überwachung der Einhaltung spezifischer Bedeutungszuweisungen zu den physisch-materiellen Gegebenheiten das Handeln in bestimmte Richtungen leiten bzw. bestimmte Arten des Handelns Jugendlicher blockieren. Können Jugendliche nicht der Norm entsprechend handeln oder machen sie so genannte ›abweichende Geographien‹, so ist die räumliche Welt von machtvolleren Handlungen, materialisierten Handlungsfolgen von Erwachsenen wie Planern, Bodenspekulanten etc. überlagert.[8] In sozialpolitischer Hinsicht müsste es demzufolge darum gehen, für Jugendliche Situationen zu schaffen,

---

beispielsweise die »Sozialgeographie der Kinder« je nach der Wirtschafts- und Gesellschaftsform auf unterschiedlichste Weise in die Tätigkeitsabläufe erwachsener Betreuungspersonen eingebettet (vgl. auch Zierhofer, 1989).

[8] Vgl. ausführlich Reutlinger (2003, 76ff.). Im Rahmen der handlungszentrierten Sozialgeographie wird ›Macht‹ über die Differenzierung zwischen Regeln und allokativen bzw. autoritativen Ressourcen thematisiert; vgl. Werlen (1995a, 81ff.).

in welchen sie die Sinnstiftung ihrer Handlungen selber in die Hand nehmen können.[9]

Sozialräumliche Forschung im Rahmen einer Sozialgeographie des Jugendalters soll demnach keine »handlungsorientierte Raumwissenschaft« sein, wie dies bei den meisten der bisher entwickelten Ansätze in diesem Gebiet der Fall war.[10] Sie ist vielmehr als eine »raumorientierte Handlungswissenschaft« (Werlen, 2000, 310) zu konzipieren. Demnach werden die in den bisherigen sozialräumlichen Forschungen immer wieder als ›Raumprobleme‹ thematisierten sozialen Probleme (im Stile von »sozialer Brennpunkt Stadtteil« oder »sozialer Brennpunkt strukturschwache Region«) zu Problemen des Handelns. Ein Kernproblem, das mit der verräumlichten Konzeption »soziale Brennpunkte« verbunden ist, »liegt offensichtlich darin begründet, dass Lösungen gesucht werden für etwas, was man als Problem definiert, das aber nicht als das existiert, wofür man es hält: als ein Raumproblem, das mit räumlichen Maßnahmen behoben werden kann« (Werlen, 2005, 32f.).

Aus einer solchen Perspektive geht es in der Sozialgeographie des Jugendalters nicht mehr um die Untersuchung des verbauten, entfremdeten oder zubetonierten ›Raumes‹ – wie dies bisher in sozialräumlichen Studien der Fall ist[11] –, sondern um die der aktuellen Aneignungsformen in der Kindheit oder im Jugendalter. Kinder und Jugendliche können trotz der Verregelungen handeln und sich die Umwelt aneignen; sie *machen* ihre altersspezifischen *Geographien,* als spezifische und jugendkulturelle Formen der sozialen Territorialisierungen.

Unsichtbare Bewältigungskarten

Setzten die klassischen sozialräumlichen Ansätze die strukturelle Sozialintegration voraus – sie sind ja auch unter gesellschaftlichen Gegebenheiten der Ersten Moderne entstanden –, so ist der Ausgangspunkt des Ansatzes der »unsichtbaren Bewältigungskarten«[12] die strukturelle Desintegration. Unter Be-

---

[9] Diese Erkenntnisse haben Konsequenzen für die sozialräumliche Kinder- und Jugendarbeit, wie dies als erster Mathias Kippe (1997) aufgezeigt hat.

[10] Als wenige bisher erschienene Beiträge einer Sozialgeographie des Jugendalters lassen sich die Arbeiten von Klingshirn (1992) oder Emmenegger (1995) aus dem Bereich der interkulturellen Sozialgeographie bzw. von Hasse (1990) oder Thiemann (1990) zum Thema ›Kinder und Jugendliche im Geographieunterricht‹ zuordnen.

[11] Vgl. Fuhs (2001).

[12] Vgl. Reutlinger (2001a; 2003).

dingungen des digitalen Kapitalismus muss jedes Individuum die Probleme und die Angst durch die Bedrohung des ›Abgehängtseins‹ bzw. des Überflüssigseins und die Abstrahierungsprozesse in seiner Biographie selbst bewältigen. Das Aneignungsverhalten von Jugendlichen wird dadurch vermehrt anomisch: Handlungen im Jugendalter verlieren ihren partizipativen Charakter, sie werden immer stärker auf sich selbst verwiesen, aus der Struktur ausgegrenzt, sie können immer weniger angreifen und liefern wenig sozialintegrative Garantie. Das Aneignungshandeln ist damit vermehrt hohl und läuft leer (gleich einer Maschine, die leer läuft und ›durchdreht‹).

Die Konsequenz daraus ist, dass handlungstheoretische Untersuchungen ihren Arbeitsbegriff heute differenzierter reflektieren und in erster Linie von der Freisetzung, der Abstrahierung und möglichen (dauerhaften) sozialen und räumlichen Ausgrenzung und der damit zusammenhängenden »Bewältigungstatsache« (Böhnisch, 1999a) ausgehen müssen.

Im Anschluss an die Überlegungen einer handlungszentrierten Sozialgeographie stehen die Territorialisierungsformen und sozialräumlichen Handlungen Jugendlicher als jugendspezifisches Geographie-Machen im Zentrum des sozialgeographischen Ansatzes der »Bewältigungskarten«. Der Handlungsbegriff wird für dieses Lebensalter durch den handlungstheoretischen Ansatz der Lebensbewältigung[13] erweitert und somit wird der strukturellen Desintegrationsthese Rechnung getragen. Im Konzept der Lebensbewältigung liegen die theoretischen Grundlagen der Erklärung der biographischen Bewältigungsformen von Heranwachsenden im Strukturwandel der kapitalistischen Arbeitsgesellschaft. Im Geographie-Machen werden damit die Analysedimensionen der Orientierung, der Zugehörigkeit und der sozialen, für das Selbstkonzept wirksamen Anerkennung ebenso erklärbar, wie die aktuellen Territorialisierungen und Sozialraumkonstitutionen Heranwachsender: Jugendliche werden als handlungsfähige Akteure betrachtet, die sich ihre Umwelt aneignen und dadurch ihre jugendspezifischen und jugendkulturspezifischen Sozialräume konstituieren. Indem sie ihre eigenen Geographien machen, konstituieren sie eine jugendspezifische Welt. Diese jugendspezifische Form des Geographie-Machens wird als *Schreiben von Bewältigungskarten* bezeichnet. Dieser Aneignungsprozess lässt sich symbolisch als Schreiben von ›Landkarten‹ in der Stadt betrachten, die mit den physisch-materiellen Symbolisierungen auf geographischen Karten nur bedingt übereinstimmen. Räumliche Artefakte

---

[13] Vgl. Böhnisch (1999b).

innerhalb einer ›Landkarte‹ werden für die Jugendlichen nur situativ und in gelebter Weise relevant. Zwar können wichtige Orte von ihnen kartographiert werden (Reutlinger, 1998), doch sagen die Abbildungen von Orten wenig über die gelebte Stadt einer Jugendgruppe aus. Vielmehr sind die Bewältigungskarten als Symbol für die gelebte Welt Jugendlicher zu verstehen.

Beim Schreiben von Bewältigungskarten ist die Bedeutung der Gruppe der Gleichaltrigen hervorzuheben. Unter entkoppelten Bedingungen finden Jugendliche Selbstwert, Anerkennung und Orientierung immer weniger über einen Job, sondern über sich selbst und über die Gruppe. Wird das Aneignungsverhalten mit dem Bewältigungskonzept aufgeschlossen, können sowohl die Leistungen von Jugendlichen anerkannt als auch die hinter den Handlungen liegenden Motive erklärt werden.

Wenn diese jugendspezifischen Bewältigungskarten mit der räumlichen Logik von Betreuungsinstitutionen übereinstimmen, indem sich beispielsweise Jugendliche in der Schule zum Zwecke des Unterrichts das Schulzimmer ›schulkonform‹ aneignen, indem sie in ihren Bankreihen sitzen und die Regeln dieses Ortes befolgen, werden sie und ihre ›Landkarten‹ sichtbar. Unter den beschriebenen Umbruchbedingungen (Überflüssigkeitsthese) scheinen jedoch diese offiziellen Orte immer weniger relevant für die Lebensbewältigung junger Menschen zu sein. Sichtbare Bereiche dieser ›Landkarten‹ verlieren dabei an Wichtigkeit und das Schreiben von Bewältigungskarten tendiert dazu, in die Unsichtbarkeit abgedrängt zu werden.

Für die sozialräumliche Jugendforschung bedeutet diese Einsicht eine Fokusverschiebung von der »sichtbaren Jugend« hin zur »unsichtbaren Jugend«[14] und deren unsichtbaren Bewältigungskarten. Das sozialräumliche Problem der Gefahr des Überflüssigseins lässt sich zwar am besten an randständigen Jugendlichen bzw. Jugendlichen mit besonderen Problemlagen ausmachen, doch ist dies ein aktuelles gesellschaftliches Querschnittsproblem, das alle Heranwachsenden erfahren. Alle Jugendlichen brauchen Rückzugsräume zur Bewältigung des immer stärker ansteigenden Mithaltedrucks. Die Sichtbarkeit und die Unsichtbarkeit sind deshalb eher als Metapher zu verstehen. Über die Bewältigungskarten kann somit die sozialräumliche Wirklichkeit von Jugendlichen beschrieben und zugleich immer mit diesen in den gesellschaftlichen Rahmen gesetzt werden. Dies soll in der Folge anhand eines empirischen Beispiels illustriert werden.

---

[14] Vgl. auch Reutlinger (2000a; 2006b).

Empirische Umsetzungen

Während eines achtmonatigen Forschungsaufenthalts wurde in der nordspanischen Hafenstadt La Coruña eine Gruppe von Jugendlichen mit dem Ziel der Aufdeckung der Innenperspektive von unsichtbaren Bewältigungskarten untersucht. Den oben angestellten theoretischen Überlegungen folgend, lag der Fokus der Untersuchung nicht in der Beschreibung des sozialräumlichen Verhaltens einer ›subkulturellen‹ Jugendbande, wie es in klassischen sozialräumlichen Studien üblich ist. Das heißt, es ging nicht um das Aufzeigen der Konflikte mit anderen Raumnutzern und ähnlichen Raumaneignungsprozessen. Vielmehr sollten die Territorialisierungs- und Aneignungsformen aufgezeigt werden, d. h. ihre Bewältigungskarten, die sie auf der Suche nach Orientierung, Zugehörigkeit und Selbstwertgefühl/Anerkennung schreiben. Diese drei Dimensionen wurden aus dem Konzept der unsichtbaren Bewältigung operationalisiert und bilden die relevanten Analysedimensionen.

In der Folge wird zuerst, anhand einer historisch-ethnographischen Beschreibung, das Quartier als alltagsweltlicher Kontext dargestellt. Daran schließen Ausführungen zur untersuchten Jugendbande der ›Koreaner‹, sowie zur Untersuchungsmethode der ›mitagierenden Sozialforschung‹ an. Abgeschlossen wird dieser Teil durch die beispielhafte Darstellung vom Schreiben von Bewältigungskarten, indem dargestellt wird, wie die Jugendlichen ihr Quartier konstituieren.

Alltagsweltlicher Kontext: ›Labañou‹, die Bronx von La Coruña

Die untersuchten Jugendlichen stammen aus einer Sozialwohnungssiedlung der 1960er Jahre mit dem Namen ›Korea‹[15], einem Teil des Quartiers ›Labañou‹. Durch den massiven Wohnungsbau, vor allem den Bau der neuen Siedlung ›Los Rosales‹, beginnt seit Mitte der 1990er Jahre ein rasantes

---

15 Eigentlich wird im Spanischen Corea mit ›C‹ geschrieben. Um jedoch eine gegenkulturelle Bewegung zu kennzeichnen wird das ›C‹ als ›K‹ geschrieben. Deshalb bezeichnen sich die Bewohner dieses Quartiers (Korea) als ›Koreaner‹. Da das fließende Wasser, das es in der Anfangszeit in den Häusern gab, zu geringen Druck und keine Trinkwasserqualität hatte, kam jeden Tag ein Lastwagen mit Wasser vorbei, um die Leute mit Trinkwasser zu versorgen. Bei dessen Ankunft stürmten die Leute mit Bottichen und anderen Behältern aus ihren Häusern heraus und stellten sich in die Schlange. Es war ein Bild »wie in Korea«, oder mindestens so, wie sich die Leute ein Leben in Korea vorstellten oder dies aus Berichten kannten.

Wachstum der Bevölkerung und damit verbunden auch eine vollständige Veränderung der wirtschaftlichen und sozialen Struktur des gesamten Stadtteils. Damit haben sich sowohl die räumlichen als auch die sozialen Bedingungen des Aufwachsens massiv verändert.

Figur 1: Labañou mit den Sozialwohnungen ›Korea‹ sowie der Hüttenstadt im Vordergrund

Labañou liegt im fünften Bezirk La Coruñas, einem (städtebaulich und wirtschaftlich gesehen) äußerst heterogenen Teil der Stadt. Dieser Stadtteil ist geprägt durch eine Geschichte der Marginalisierung: Die Bewohnerinnen und Bewohner sind (nach sozialstatistischen Indikatoren) in der Unterschicht anzusiedeln. Eine Geschichte im Zusammenhang mit dem Drogenhandel und -konsum[16] prägt noch heute die Biographien der Menschen, die in diesem Stadtteil leben. Für die Bewohner der ›Stadt‹ wurde das Quartier Labañou zur »Bronx von La Coruña«. Ihre Bewohner werden in Verbindung mit Delinquenz und Illegalität gebracht. Aus diesem Grund wird, wann immer möglich, von den Einwohnern nicht über ihre Herkunft aus Labañou gesprochen:

[16] Vgl. Reutlinger (2001b).

Um eine Stigmatisierung zu vermeiden, geben sie als Wohnort eher den neutralen Namen ihrer Straße als das Quartier an.

Ganz im Gegensatz dazu steht die untersuchte Jugendbande: Dieser allgemeinen Tendenz zum Trotz oder gerade, um sich mit der negativen Zuschreibung in Verbindung zu bringen, brauchen sie weiterhin diesen negativ aufgeladenen Begriff. Sie spielen damit, indem sie sich »*die Bande der Koreaner*« nennen. In ›Korea‹ oder Labañou sind etliche von den Jugendlichen hingesprayten Schriftzüge zu finden: »*Benvido a Korea*« – »Willkommen in Korea«.

Anfang der 1990er Jahre begann die Regierung (der Stadt und der Region) mit einer präventiven Informationskampagne mit dem Fokus auf der Drogenproblematik in diesem ›sozialen Brennpunkt‹. Damals entstand auch das Gemeinwesenarbeitsprojekt, in welchem die dem vorliegenden Artikel zugrunde liegende Untersuchung durchgeführt wurde.[17]

Mitagierende Sozialforschung mit der Jugendbande der ›Koreaner‹ – Quartierskonstitution in der Gruppe der Gleichaltrigen

Die meisten Bandenmitglieder der untersuchten Gruppe der ›Koreaner‹ stammten aus Labañou, andere aus anderen Teilen des fünften Bezirk oder benachbarten Stadtteilen. Das älteste Mitglied der Bande der ›Koreaner‹ war 20 Jahre alt, das jüngste 14, durchschnittlich lag ihr Alter bei 16 Jahren. Zur Gruppe gehörten ungefähr 21 Jungen und fünf Mädchen (die Zahl variierte im Laufe der Untersuchung). In der Gruppe der ›Koreaner‹ gab es nur vier Jugendliche, die angaben, nicht mehr zur Schule zu gehen. Ungefähr zehn Jugendliche der Gruppe waren zwar noch in der Schule eingeschrieben, gingen aber nicht mehr regelmäßig hin (dies lässt sich beispielsweise durch die im Forschungstagebuch festgehaltenen Beobachtungen nachweisen, wobei die betreffenden Jugendlichen schon am Morgen an ihren Orten außerhalb der Schule anzutreffen waren). In dieser heterogenen Jugendgruppe (bspw. bezüglich jugendkultureller Zusammensetzung) ließen sich unterschiedliche Untergruppen ausmachen, die sich aufgrund gemeinsamer Interessen und Erfahrungen konstituierten.

Den Mittelpunkt im Leben der Jugendbande der ›Koreaner‹ bildete ihr ›chabola‹ (ihre Hütte oder Bude), welche sie sich selber in einer slumartigen

---

[17] Die empirische Umsetzung der Forschung fand in Zusammenarbeit mit dem italienischen Soziologen und Sozialpädagogen Marco Marchioni und seinen ›Kommunitären Sozialprojekten‹ (spanische Form der Gemeinwesenarbeit) statt (Marchioni, 1994; 1999).

Hüttenstadt gebaut haben. Analysiert man die Geschichte der Jugendgruppe der Koreaner,[18] so kann man feststellen, dass sie immer wieder versuchten, sich einen eigenen Ort im Stadtteil (d. h. im fünften Bezirk) anzueignen. Ihre Versuche misslangen jedoch, da sie durch polizeiliche Kontrollen, aber auch durch andere Ordnungshüter (Hausmeister bzw. Wachpersonal) von den temporären, unkontrollierten Orten verdrängt wurden. Nach und nach wichen sie an weniger frequentierte Orte aus, bis sie schließlich mit der selbst gebauten Hütte einen Ort fanden.

Figur 2: Chabola – informeller Jugendtreff der Jugendbande der Koreaner

Der Bau der Hütte weitab von belebten Straßen bedeutete für die Jugendlichen eine gewisse Ruhe und Entspannung, vor allem bezüglich der Auseinandersetzungen mit der Polizei. Diese kümmert sich eher um die Jugendlichen, die sich in den Straßen aufhalten, die da stören und die einen schlechten oder verdächtigen Aspekt für das Stadtbild von ›Los Rosales‹ abgeben. Das heißt, dass sich auch die Ordnungshüter durch das Verschwinden der Jugendlichen in ihrer Hütte immer weniger für diese und ihre (z. T. illegalen)

[18] Vgl. Reutlinger (2001b).

Bewältigungsformen interessieren. Gleichzeitig bedeutet dies auch, dass die Jugendlichen dadurch immer mehr von Erwachsenen (und insbesondere erwachsenen Pädagogen) entfernt sind. Auch zu so genannten ›normalisierten Jugendlichen‹ pflegt die Gruppe wenig Kontakt (was ihren Aussagen zu entnehmen ist). In ihren Aktivitäten sind sie meist unter sich, losgelöst von anderen Gruppen. Die Ausnahme bildet der Samstagabend, wenn die Clique in die Discothek fährt und mit Jugendlichen aus anderen sozialen Schichten zusammentrifft. Dort findet jedoch kein Austausch im Sinne von Kommunikation statt, da der Musik wegen nicht gesprochen werden kann und sie, ähnlich wie in der Hütte, wieder nur unter sich sind. Die Kontakte, die sie in der Discothek mit anderen Jugendlichen haben, enden meistens mit ›Scharmützeln‹ oder in einer Schlägerei und das Vorurteil der Leute aus Labañou als gewalttätige und konfliktive bestätigt sich einmal mehr.

Die Bude bedeutet für die Jugendlichen, deren Familienverhältnisse als problematisch zu bezeichnen sind und bei denen die soziale Lage z. T. prekär ist[19], einen Zufluchtsort innerhalb der Lebensbewältigung. Sie ist als Symbol der Sicherheit, ein gesicherter Rückzugsort und damit weniger als gesellschaftlicher Gegenort zu sehen. Hier findet diese Jugendgruppe mit ihren heterogenen und diffusen Strukturen einen gemeinsamen Bezugspunkt, indem die Gleichaltrigen in ihren schwierigen Lebenslagen einander Orientierung, Zugehörigkeit und Selbstwert bzw. Anerkennung vermitteln. Die Orientierung an der Gruppe der Gleichaltrigen und an dem damit verbundenen Jugendstil gewinnt bei diesen Jugendlichen zwar an Bedeutung, jedoch ist die Gleichaltrigengruppe auf sich selbst zurückverwiesen und hat ihr systemintegratives Moment verloren. Die Bewältigungsformen innerhalb der Gruppe vermitteln ihren Mitgliedern zwar Zugehörigkeit zur Gruppe, in ihrer Hütte sind sie jedoch nicht zugehörig zur Gesellschaft. Für die Bandenmitglieder ist ihre ›chabola‹ der – gesellschaftlich ausgeklinkte – Ort der Unterstützung. Die Gruppe spielt für den Einzelnen eine entscheidende Rolle beim Erlangen der Handlungsfähigkeit und stiftet die Orientierung und Seinsgewissheit. Die Zeiten der Jugendbande bestimmen weitaus den Tagesablauf der einzelnen Mitglieder; an diesen Zeiten orientieren sich die Bandenmitglieder. Neben dem Leben in der Hütte sind gemeinschaftliche

---

[19] Wie schon erwähnt, sind viele der Eltern abwesend (siehe Geschichte des Stadtteils). Alle sozial-ökonomischen Indikatoren des Stadtteils verweisen auf eine belastende Lebenslage (vgl. Reutlinger, 1997; Lesta Casal/Barbeito Fernández/Reutlinger, 1998).

Erfahrungen innerhalb der Gruppe wichtig. Diese tragen zur Selbstwertsteigerung bei und führen zur Anerkennung in der Gruppe.

Zugang der ›mitagierenden Sozialforschung‹ über die Gleichaltrigengruppe

Für die vorliegende sozialgeographische Fragestellung, bei der es um die Beantwortung der Frage ging, welche Aneignungsformen marginalisierte Jugendliche aus einem benachteiligten Stadtteil bei ihrem spezifischen Geographie-Machen konstituieren, wurde die Methode der ›*mitagierenden Sozialforschung*‹ angewandt.[20]

Der Begriff des Mitagierens soll sich von den klassischen aktivierenden Handlungsmethoden (Action Research) abgrenzen, in welchen der Forscher aktiv handelt, aktiviert, oder im Namen der Beforschten etwas ›macht‹ bzw. für die Betroffenen verändert. Vielmehr entspricht das Mitagieren der Idee, dass hinter den Bewältigungsformen von Jugendlichen eine Leistung steckt, die mit den herkömmlichen Forschungsmethoden in der Unsichtbarkeit liegt und erst einmal gesehen werden muss. Der mitagierende Sozialforscher kann lernen, diese Bewältigungskarten nachzuzeichnen. Durch das Mitagieren findet er überhaupt einen Zugang zu den Jugendlichen und ihren Bewältigungskarten. Die sozialräumlichen Probleme der Heranwachsenden werden damit im Prozess nach und nach sichtbar.

Eine Konsequenz des Mitagierens liegt darin, dass es für diese Form von Sozialforschung *das* Untersuchungsinstrument nicht gibt. Um sich auf die Lebenswelt von Jugendlichen einzulassen und ihre unsichtbaren Bewältigungskarten lesen zu lernen, muss mit einem Methoden- und Instrumentenmix gearbeitet werden, wie dies zum Beispiel Karin Wessel (1996, 152ff.) für die sozialgeographische Forschung mit der Begründung der »tieferen Durchdringung des Forschungsgegenstandes« beschreibt. Der mitagierende Forscher sammelt alle möglichen Anhaltspunkte, welche es ihm erlauben, die (unsichtbaren) Bewältigungskarten zu verstehen und nachzuzeichnen. Bei der Untersuchung wurde hauptsächlich mit folgenden Untersuchungsinstrumenten gearbeitet:

Der teilnehmenden Beobachtung: Deren Möglichkeiten werden in der Jugendforschung relativ wenig genutzt[21], aber sie erscheint gerade für die Erforschung von Bewältigungsleistungen besonders geeignet, weil sie die sub-

---

[20] Vgl. Reutlinger (2001a).
[21] Vgl. Hurrelmann (1995, 359).

jektiven Wahrnehmungen der Beforschten zu erschließen sucht.[22] Die Beobachtungen wurden in einem Forschungstagebuch festgehalten.[23]

Dem offenen Interview: Struktur und Gestaltung der Interviews sind offen, d. h. die Durchführung geschieht in der Regel ohne Leitfaden. Der Forscher stellt keine konkreten Fragen und es gibt folglich auch keine spezifischen Antworten der privilegierten Zeugen. Vielmehr wird zu einem Thema oder zu mehreren Themen der ›angehörten‹ Person ein Begriff gegeben (ähnlich wie bei einem Schüleraufsatz), auf den hin die Person frei sprechen soll.

Die Organisation eines Ausfluges: Um eine Gruppe und ihre innere Struktur kennen zu lernen, sollten neben dem alltäglichen Leben spezielle Erfahrungen außerhalb des Kontextes ihrer täglichen Handlungen miterlebt werden. Aus diesem Grund wurde an einem Wochenende ein Ausflug organisiert. Neben dem Ziel, die Gruppe besser kennen zu lernen, konnten bei dieser Gelegenheit verschiedene informelle Gespräche, aber auch individuelle Kolloquien und Gruppenkolloquien durchgeführt werden.

In regelmäßigen Abständen wurde in *strukturierteren Interviews*[24] mit den Praktikern des ›Gemeinwesenarbeitsprojektes‹ sowie in *Gesprächsrunden* resp. »*Gruppendiskussionen*« mit Jugendlichen und Erwachsenen gearbeitet.[25]

Orientierung an der Jugendbande und an den jugendkulturellen Werten

Indem die klassischen Orte der Sozialisation, wie Familie und Schule an Wichtigkeit verlieren, gewinnen die Bezüge und Orte der Gruppe der

---

[22] Vgl. Pronk (1994).
[23] Dieses Tagebuch ist (gemäß Ander-Egg, 1982) eine Schilderung der täglichen Erfahrungen und beobachteten Tatsachen. In jedem Fall ist es ratsam, alle Anmerkungen, die man neben den eigentlichen Beobachtungen vornimmt (wie Kommentare, subjektive Eindrücke, neue Themen, weitere Fragen, Widersprüche, Unklarheiten etc.), voneinander (mittels verschiedener Farben oder unterschiedlicher Anordnung) zu differenzieren. Zu Beginn der Untersuchung wurden die auftauchenden Beobachtungen kaum strukturiert, sondern relativ unsystematisch im Forschungstagebuch aufgeschrieben. Nach und nach kamen die wichtigsten Fragen, die relevanten Punkte zur Unsichtbarkeit zum Vorschein und die Beobachtungen richteten sich auf diese Fragen aus. Zum Schluss der Untersuchung wurden die Beobachtungen an verschiedenen Problemkreisen ausgerichtet, die nach und nach mit neuen Informationen ›gefüllt‹ wurden. Im Auswertungsschritt wurde das Tagebuch verschnitten, die einzelnen Seiten mehrmals fotokopiert und danach die verschiedenen Einträge nach Themen geordnet (vgl. Pronk, 1994).
[24] Nach den Überlegungen von Ander-Egg (1982).
[25] Vgl. Bohnsack (1997, 492ff.).

Gleichaltrigen an Bedeutung für unsichtbare Jugendliche. Vor diesem Hintergrund wird in diesem Abschnitt die Bedeutung der Peer Group (und in diesem Zusammenhang der ›jugendkulturellen‹ Elemente der Bande der ›Koreaner‹) für das Individuum im Sinne einer Orientierung herausgearbeitet.

Die Freizeitaktivitäten der ›Koreaner‹ sind geprägt von einer Eintönigkeit und verlaufen mit einigen Ausnahmen immer gleich: Sie gehen am Nachmittag zur Hütte, setzen sich vor die Fernseher, kiffen und rauchen dabei. Während des Untersuchungszeitraums ist festzustellen, wie sich diese Passivität laufend verstärkt. Während sie am Anfang der Untersuchung noch ab und zu den Fernseher abstellten, um gemeinsam ein Kartenspiel zu spielen, liefen zum Schluss der Fernseher und die laut dröhnende Techno-Musik aus dem ›Ghettoblaster‹ gleichzeitig.

Das Fernsehen ist für die Gruppe der ›Koreaner‹ von großer Bedeutung. So kleiden sie sich zum Beispiel wie die schwarzen Jugendlichen aus den ›abgehängten Stadtteilen‹ der USA, die sie aus den Videoclips kennen. Die ›Koreaner‹ tragen wie die ›coolen Typen‹ aus den Clips, den ›home-boys‹, Trainingsanzüge, lässige Turnschuhe oder andere Kleider aus der Techno-Szene. Innerhalb der Gruppe gibt es jedoch Differenzen zwischen den einzelnen Jugendlichen. Einige verfügen nicht über die finanziellen Mittel, um sich der Mode entsprechend zu kleiden.

Allgemein kann man zusammenfassen, dass sich die ›Koreaner‹ nach dem Jugendstil kleiden, den MTV vorgibt. In ihren Handlungen orientieren sich die ›Koreaner‹ also hauptsächlich an den von der Jugendkultur vorgegebenen Moden und Werten. Die Grundeinstellung oder die Idee, ›dass alle gleich sind‹[26], hilft den einzelnen Mitgliedern, sich zu integrieren und sich als Teil der Gruppe zu fühlen. Die Mitglieder der ›Koreaner‹ können sich über die Jugendkultur mit der Gruppe identifizieren, d. h. die Gruppe ist in diesem Sinne hauptsächlich das Medium für die Orientierungspunkte, die selbst weitgehend von außen als Konsumformen herangezogen werden.

Am Beispiel der Jugendkultur ist weiter zu sehen, dass eher Einflüsse von außen, wie die globalen Jugendstile (die Mode, die Musik etc.) die Jugendlichen eines solchen marginalisierten Stadtquartiers beeinflussen und ihnen Orientierung vermitteln. Die lokalen Einflüsse, die zur spezifischen Ausprägung einer eigenen Quartierskultur führen könnten, sind dabei eher unterge-

---

[26] Die Koreaner gaben an, dass sie keinen Chef oder Anführer hätten oder diesen bräuchten. Sie wären alle gleich!

ordnet. Man will dazugehören und mithalten können. Der ›Jugendstil‹ ebnet nicht nur die Unterschiede einzelner Länder, sondern auch einzelner sozialer Schichten ein: alle Jugendliche sind Konsumenten, oder im Konsum sind alle Jugendlichen gleich. So gehen sowohl ›integrierte‹ als auch benachteiligte Jugendliche am Samstagabend in die Discothek, hören dieselbe Musik, kleiden sich in einem ähnlichen Stil und sehen sich im Fernsehen dieselben Programme an.[27] Die Jugendlichen in benachteiligten bzw. benachteiligenden Quartieren nehmen zwar am Konsumstil teil, jedoch fehlen ihnen vielfach die nötigen Ressourcen, um bis ins letzte Detail auch die entsprechenden Attribute des betreffenden Stils zu konsumieren. Innerhalb einer Peer Group »unsichtbarer« Jugendlicher wird ein Jugendstil so weit den Möglichkeiten angepasst, bis er konsumierbar ist. Fehlen die entsprechenden Ressourcen, um wie ein ›Rapper‹ gekleidet zu sein, wird nur ›cool‹ agiert und die dazu gehörigen Utensilien werden lediglich durch Billigprodukte oder gruppeninterne Substitute ersetzt. Der Jugendstil wird durch die Gleichaltrigengruppe mediatisiert, damit er Orientierung für die Einzelnen liefern kann.

Die Bewältigungsformen in der Hütte und die Konstitution ihres Quartiers

Die Gruppe der ›Koreaner‹ konstituiert sich, wie erwähnt, hauptsächlich in und um ihre Hütte. Dabei lässt sich ein Netz relevanter Orte nachzeichnen, welches geknüpft ist aus Orten der Freizeitgestaltung (Baden am Strand), Orte des Konsums (Einkaufszentrum), Orten der pädagogisch betreuten Aktivitäten (im Gemeinschaftszentrum), oder auch Orten des Abenteuers (dazu siehe genauer Reutlinger, 2001; 2003).

Bei manchen Bewältigungsformen geht es den Jugendlichen gar nicht um die Hütte als physisch-materiellen Raum, sondern viel eher um die damit verbundene Sicherheit, um z. B. in eine virtuelle Welt, die fern vom problembeladenen Alltag liegt, zu entfliehen. Dies soll hier am Beispiel des Spiels im virtuellen Raum aufgezeigt werden.

Zu Untersuchungsbeginn ist der Fernseher das wichtigste Objekt in der Hütte. Es wird ständig ferngesehen. Doch nach einem Monat wird es ihnen langweilig, ein Adapter wird gekauft und nur noch ›Canal+‹ gesehen. Dank Canal+ können sie auch spät in der Nacht noch Filme anschauen, die eine Altersempfehlung über ihrem Durchschnittsalter haben, und die somit im

---

[27] Wobei dies zunächst als These in den Raum gestellt sei und erst in einem entsprechenden Vergleich differenziert werden könnte.

normalen Fernsehen und in der Videothek für sie unzugänglich wären. Die Attraktivität von Canal+ dauert beinahe zwei Monate, dann läuft plötzlich kein Film mehr, sondern neben dem Fernseher steht ein Kästchen – eines der ersten Nintendo-Videogames, mit Hockey, Fußball und einem Raumschiff, das Städte und feindliche Raumschiffe zerbomben muss. Dieses ›Gamen‹ entwickelt eine völlig neue Struktur in der Hütte. Der Kreis, in dem die ganze Gruppe beisammen war, wird aufgelöst und nun können maximal zwei der Bande ›aktiv‹ sein. Der Rest befindet sich in einer Warteposition. Oft wird nichts gesprochen, sondern nur vor sich hin oder auf den Bildschirm gestarrt. Das Zentrum bildet bei der neuen Aktivität der kleine Kreis der zwei gerade spielenden Kids, die mit ihrem Kästchen durch ein Kabel verbunden nahe an der Glotze hocken und an einem Joystick herumhebeln. Somit bildet sich in der Sitzstruktur ein innerer Kreis der für einige Minuten ›aktiven‹ Spieler, die bis zum ›game-over‹ einen Sinn im Hüttenleben finden, um sich dann wieder in den äußeren Wartekreis zu begeben, der ›passiv‹ rumhängt.

Die Struktur hat sich von einem gemeinsamen Entfliehen in eine ferne Fernsehwelt hin zu einem Leben von ›game-over‹ zu ›game-over‹ entwickelt. Doch entwickelt sich der Prozess noch weiter: Nach drei Wochen ist auch die erste Generation der Nintendos ›out‹ und dem Ort wird Platz gemacht für eine neue Generation. Dem Kampf von potenten Titanen – Superhelden, muskulösen Mannsweibern, grinsenden Skeletten, mit Messern bestückten Riesen, fratzenhaften Russen oder alles vernichtenden Dinos. Die Kids können per Knopfdruck ihren Liebling anwählen und für zwei Energiebarrenlängen in deren Rolle schlüpfen. In asiatischer Kampfmanie, mit Armen, Beinen, Messern, Pfeilen und Energiegeschossen geht es nun darum, das ebenso böse Gegenüber zu vernichten. Der virtuelle Boden färbt sich von den Spritzern des virtuellen Bluts rot. Jeder Treffer macht den Gegner lahmer, er verliert an Energie, taumelt, ein letzter vernichtender Angriff, in dem er gepackt wird, in dem eine Salve von Schlägen ausgeteilt und der Gegner in die Luft gewirbelt wird, bevor er auf den Boden fällt und für einige Sekunden liegen bleibt. Dann erhellt ein Blitz die Szenerie und der Gefallene wird zu Asche gemacht. Übrig bleibt ein Häufchen, während der Sieger die Hände in die Lüfte hebt, wie wir dies von einem Olympiasieger gewohnt sind; das Getöse eines vermeintlichen Publikums, die Unterschrift ›WINNER‹ und danach die Möglichkeit, sich mit drei Initialen in der Liste des Games zu verewigen. In der Realität darf der ›WINNER‹ bleiben, er kann nun mit demselben Helden weiterspielen oder zuerst einen neuen wählen. Jeder Titan hat seine Stärken,

Raffinessen und Tricks. Der ›LOSER‹ entfernt sich aus dem inneren Kreis (er hat sichtlich an Energie verloren) und lässt sich auf den Platz, wo der neue Gegner gesessen hat, fallen. Ein neues Kid kommt nun an die Reihe, er wählt seinen Titanen und die Blutspritzerei beginnt von neuem.

Oft gibt es Krach unter den Wartenden, da sich einer vordrängt, oder da die Reihenfolge nicht klar ist. Festzuhalten ist, dass die Stimmung während des beschriebenen Prozesses deutlich aggressiver geworden ist. Es bilden sich Machtkämpfe – wer ist der Stärkste? –, die virtuell ausgetragen werden. Die Mädchen spielen nicht mit Videospielen, befinden sich immer im äußeren Kreis und sprechen mit den Wartenden oder schauen den Spielenden zu.

Vom Angewiesensein auf den Raum

Betrachtet man das jugendspezifische Netz von Orten, so stellt sich heraus, dass die Gruppe der Koreaner in einer besonderen Weise auf diese angewiesen ist. Diese Erkenntnis ist eine Besonderheit, die sich für ›unsichtbare Jugendliche‹ verallgemeinern lässt: Die territoriale Besonderheit von unsichtbaren Jugendlichen ist das spezielle Angewiesensein auf die physisch-materielle Komponente in den Handlungen. Ein ›normalisierter‹, integrierter Jugendlicher bewegt sich in dem triangulären Sozialisationsverhältnis Schule, Familie und Gruppe der Gleichaltrigen. Die physisch-materielle Komponente hat in seinen Handlungen lediglich eine jugendkulturelle Bedeutung. Bei ›unsichtbaren Jugendlichen‹ geht sie aber über die jugendkulturelle hinaus; die Bedeutung der physisch-materiellen Komponente in seinen Handlungen ist eine sozial-existenzielle: Er oder sie braucht den Raum für seine oder ihre Lebensbewältigung, denn ein unsichtbarer Jugendlicher bewegt sich durch das ›Institutionsversagen‹ nicht in einem stabilen triangulären Verhältnis. Handlungstheoretisch heißt dies, dass es im Gleiten in die Unsichtbarkeit zu einer Verschiebung der Weltbezüge in folgender Weise kommt: Sind bei einem ›normalisierten‹ Jugendlichen vor allem der Bezug auf die soziale und die physisch-materielle Welt wichtig, so verschiebt sich dies bei »unsichtbaren Jugendlichen«, die sich in ihren Handlungen vermehrt auf die physisch-materielle und symbolische Welt beziehen.

Verbindet man nun beide Einsichten, so bedeutet das, dass für benachteiligte bzw. unsichtbare Jugendliche die Zugehörigkeit zu ihrem Territorium wichtig ist, dass aber dieses nicht mehr im Zusammenhang mit einer gesellschaftlichen Positionierung zu sehen ist, sondern nur noch unter sich – in der Gleichaltrigengruppe. Die Bewältigungsdimension der Zugehörigkeit zum

›normalisierter‹ Jugendlicher   **›unsichtbarer‹ Jugendlicher**

Gruppe der Gleichaltrigen — Schule — Familie

Bezug zur Gruppe der Gleichaltrigen — Educador de Calle — Familie — Anwohner

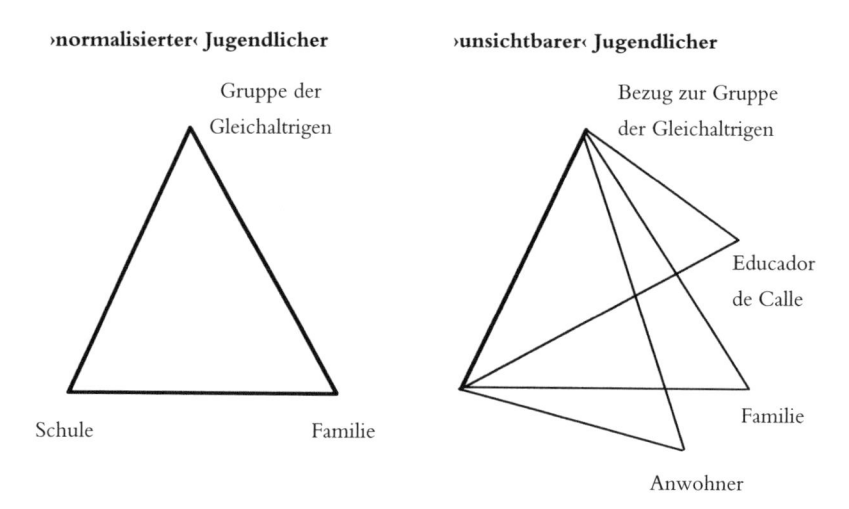

Figur 3: Sozialräumliche Bezüge bei ›normalisierten‹ bzw. ›unsichtbaren‹ Jugendlichen

Quartier drückt sich bei dieser Peer Group sozialräumlich aus und wird ihnen durch das Desinteresse der Erwachsenen und die Prozesse der sozialen und räumlichen Ausgrenzung von außen auferlegt. Die Zugehörigkeit beim Schreiben von Bewältigungskarten ist deshalb auf die Jugendlichen selbst zurückgeworfen.

Erste Folgerungen

Insbesondere am aufgezeigten Beispiel der virtuellen Welt des Computerspiels wird deutlich, dass der in der Gruppe konstituierte soziale Raum (hier aufgefasst als ›Quartier der Koreaner‹) praktisch nichts mit der territorialen Aufteilung der Stadt La Coruña in Quartiere gemeinsam hat. Wie ich an anderer Stelle ausführlich und mit weiteren Beispielen dargestellt habe, unterliegt das Schreiben ›ihres Quartiers‹ den eigenen jugendkulturellen und gruppeninternen Gesetzmäßigkeiten. Diese sind von Jahres- und Tageszeiten, aber auch von unterschiedlichen Bedürfnissituationen und Bewältigungsaufgaben abhängig.[28]

---

[28] Vgl. Reutlinger (1998; 2001b; 2002; 2003).

Ganz im Sinne der Grundannahmen der Sozialgeographie alltäglicher Regionalisierungen sind die untersuchten Jugendlichen der Koreanerbande ohne irgendein Zutun Anderer handlungsfähig. Sie machen eigenständig ihre Geographien, auch außerhalb der territorialen Einheit des Quartiers. Ihre Zugehörigkeit finden sie nicht über den Container ›Quartier‹, sondern konstituieren ihre Sozialräume immer wieder von neuem. Durch dieses konträr verlaufende Raumverständnis (Containerraum vs. Sozialraumkonstitution) überlappen sich die Territorien der Jugendlichen und diejenigen der Pädagogen (bspw. Straßensozialarbeiter) nicht mehr. Mehr noch, sie treffen resp. berühren sich nicht mehr. Damit ist es unmöglich, dass zum Beispiel die Orte und Zeiten des Straßensozialarbeiters (›Educador de calle‹) als Vertreter des institutionellen bzw. pädagogisierten ›Sozialraum Korea‹, mit denjenigen übereinstimmen, die die ›Koreaner‹ beim Konstituieren ihres jugendkulturellen Sozialraumes frequentieren.

Würden die Resultate mit den klassischen sozialräumlichen Ansätzen (Aneignungsansatz siehe Deinet, 1990) analysiert werden, läge die Interpretation der Geschichte der Koreaner als Geschichte der Suche nach einem eigenen Raum, die Bedeutung ihrer Hütte als ›Form des Eigensinns‹, nahe. Die Räume der ›Koreaner‹ würden in einer solchen Perspektive einer ständig fortschreitenden Funktionalisierung unterliegen, indem sie mit der Ausdehnung des neu entstehenden Stadtteils ›Los Rosales‹ zubetoniert, überbaut und die räumliche Welt zunehmend ›monofunktional‹, ›vergesellschaftet‹ und ›monoton‹ werden. Betrachtet man jedoch die Reaktionen der Erwachsenen auf die jugendlichen Formen der ›Provokation‹ (auf ihre Formen des ›Sich-Sichtbar-Machen-Wollens‹ im öffentlichen Raum, wie beispielsweise die Markierung ›ihres Territoriums‹ mit Schriftzügen »Korea City«), kommt man mit diesem Ansatz in Erklärungsnöte: Es lässt sich nachzeichnen, dass sich niemand für die Jugendlichen und ihre Aneignungsformen interessiert. Nur bei einer Schlägerei (Discobesuch) interessieren sich bestimmte Erwachsene (Ordnungshüter bzw. herbeieilende Nachbarn) einen Moment lang für sie. Sie werden jedoch in diesen Momenten der ›Sichtbarkeit‹ nicht mehr in ihrem ›Anderssein‹ im Sinne einer jugendkulturellen Gruppe wahrgenommen, sondern ihr benachteiligendes Label als ›abgehängte‹ Jugendliche eines ›abgehängten‹ Stadtteils wird verstärkt. Die dahinter liegenden Bewältigungsaufgaben und Lebensprobleme verschwinden neuerlich in der Unsichtbarkeit. Die Jugendlichen sind deshalb mehr und mehr auf sich allein gestellt. Die Aneignungsformen ›reiben‹ sich nicht mehr an der Gesellschaft, sondern es kommt verstärkt zum ›wilden Aneignen von sozialräumlichen Strukturen‹. Es ist im Gegenteil gut und wünschenswert, dass diese Jugendlichen unsichtbar sind, und sie sollen es auch bleiben. Fallen sie trotzdem auf, so werden sie stigmatisiert und (notfalls) weggesperrt. Aus einer handlungszentrierten sozialgeographischen Perspektive bräuchten Jugendliche gesellschaftliche Kontexte, um die (insbesondere physisch-materiellen) Handlungsbedingungen mit den Akteuren, welche ihre Geographien (durch mehr autoritative und allokative Ressourcen, Macht) überlagern, aushandeln zu können.

Ausblick und Konsequenzen für eine sozialgeographische Jugendforschung

Will man die sozialräumlichen Probleme von Heranwachsenden in der Stadt ›lesen‹ lernen, muss man aus dem Denken im Container ›Sozialraum‹ herauskommen.[29] Deshalb dürfen aus der Sicht der Sozialgeographie des Jugendalters Sozialraum und Sozialräumlichkeit nicht gleichbedeutend mit geschlossenen und determinierenden räumlichen Strukturen (Containern) sein. Jugendliche schreiben unter den aktuellen urbanen und sozialen Gegebenheiten ihre eigenständigen Bewältigungskarten. Durch die Loslösung der individuellen und gruppenspezifischen Handlungen von den gesellschaftlichen Integrationsstrukturen (Entkoppelung von Systemintegration und Sozialintegration, Habermas, 1988, 225f.) fehlt es auf der Handlungsebene an gesellschaftlicher, integrativer Resonanz. Diese kann nur in der ›Gruppe der von Ausgrenzungsprozessen betroffenen‹ gefunden werden. Jugendliche schaffen sich zwar eine eigene sozialräumliche und territoriale Struktur; diese bezieht sich jedoch immer weniger auf die gesellschaftlichen, sondern vielmehr auf die gruppeninternen Verhältnisse. Zwar bleibt das jugendliche Bedürfnis nach ›Aneignung‹ und aneigenbaren Räumen. Aneignung ist jedoch im Zuge des Strukturwandels der Arbeitsgesellschaft (Integrationsformen/Exklusionsprozesse) nicht mit dem herkömmlichen integrativen Modell zu beschreiben, sondern durch die zunehmende Bedeutung der Formen des ›wilden Aneignens von sozialräumlichen Strukturen‹ über die Bewältigungskarten aufzuschließen. Damit wird deutlich, dass sich Jugendliche heute vermehrt in unsichtbare Bewältigungswelten zurückziehen. Der jugendliche Eigensinn,

---

[29] Vgl. Werlen (2005); Werlen/Reutlinger (2005).

der in der Lebensphase ›Jugend‹ steckt, drückt sich heute nicht mehr über die Sichtbarkeit aus, sondern ist in die Unsichtbarkeit ›weggedrückt‹ und in unsichtbare ›Zwangsrückzugswelten‹ abgedrängt worden. Diese werden von Jugendlichen zur Bewältigung der anomischen Strukturen vermehrt gebraucht und aufgesucht.

Die Forderung, ›aus dem Container herauszukommen‹, ist wichtig. Jedoch muss der Blick vermehrt auf die Engagementstrukturen von Jugendlichen und deren Sozialräume gerichtet werden, die sie beim Schreiben von Bewältigungskarten konstituieren, in denen sie Orientierung, Zugehörigkeit und Anerkennung außerhalb des gesellschaftlichen Spannungsverhältnisses finden. Es geht weniger um die sichtbaren und rationalen Zentrumsbereiche, sondern um die nicht-systemrationalen und in die Unsichtbarkeit abgedrängten Peripheriebereiche der Menschen.

Eine zukünftige sozialgeographische Jugendforschung müsste sich um Möglichkeiten bemühen, diese Rückzugswelten wieder in die Sichtbarkeit zu bringen und damit andere Formen der Integration zu garantieren. Dabei sollte in Zukunft von den verschiedenen Bewältigungskarten bzw. von den verschiedenen Sozialräumen ausgegangen werden, die Jugendliche bei ihrem Bewältigungshandeln ›schreiben‹, und weniger von ›der Jugend‹ oder von ›dem Sozialraum, der die Jugend konstituiert‹.[30] Eine zukünftige sozialgeographische Bewältigungsforschung müsste deshalb sowohl von den ›verschiedenen Jugenden‹ ausgehen[31] als auch mit spezifischen Brennpunkten z. B. auf Geschlecht oder auch Lebenslagen etc. an die Bewältigungsleistungen von Heranwachsenden herangehen.

Als sozialpädagogische Konsequenz müssten vermehrt Ermöglichungsstrukturen geschaffen und ausgebaut werden. Diese dürften jedoch nicht nur örtlich und sozialräumlich auf den physisch-materiellen Raum beschränkt bleiben, ihrer bedarf es vielmehr in allen möglichen Formen und Ebenen, wie zum Beispiel als virtuelle, institutionelle und digitale Ermöglichungsstrukturen, mit den diversen Sprachcodes. Dazu müssten die bisherigen Konzepte und Ideen von Sozialräumlichkeit und sozialem Raum durchbrochen werden und die Bewältigungskarten der Kinder und Jugendlichen als eigenständige Form der Bewältigungsleistung anerkannt, in Verbindung zu

---

[30] Vgl. Reutlinger (2003).
[31] Vgl. Lenz (1998).

allen Bereichen – von virtuellen bis zu privaten – gebracht, und die nötigen Übergänge angeboten werden.[32]

Eine an die Erkenntnisse der Sozialgeographie des Jugendalters anknüpfende sozialräumliche Kinder- und Jugendpolitik dürfte sich nicht darauf beschränken, die aktuellen Bewältigungskarten, die hier und jetzt in den ›Containern‹ der Jugendhilfe-, Förderungsprogramm- und Stadtplanerlogik geschrieben werden, anzuerkennen. Die Sozialgeographie des Jugendalters sollte die Jugend in und mit ihren eigenen Bewältigungskarten (als ihre eigene Sozialgeographie), die sie bei den Bewältigungsleistungen schreiben, anerkennen. Eine darauf bezogene Kinder- und Jugendpädagogik hätte dafür zu sorgen, dass die Sozialgeographien der Jugend auf unterschiedlichen Ebenen zu den gesellschaftlichen Partizipations- und Teilnahmeformen in Verbindung gebracht und auch Partizipationsformen in der Unsichtbarkeit, d. h. in nicht-systemrationalen Bereichen des Lebens, ermöglicht werden. Dazu müsste gesellschaftspolitisch darüber nachgedacht werden, wie das Potential aus den Bewältigungshandlungen zur Gestaltung von Gesellschaft und Politik genutzt werden kann, d. h. wie heutige Formen der Aneignung durch Handeln wieder in der Gesellschaftsstruktur Wirkung entfalten können.

Literatur

Ander-Egg, E.: Técnicas de investigación social. Humanitas. Buenos Aires 1982
Böhnisch, L.: Pädagogische Soziologie. Eine Einführung. Weinheim/München 1996
Böhnisch, L.: Sozialpädagogik der Lebensalter. Weinheim/München 1999a
Böhnisch, L.: Abweichendes Verhalten. Eine pädagogisch-soziologische Einführung. Weinheim/ München 1999b
Böhnisch, L./Schröer, W.: Pädagogik und Arbeitsgesellschaft. Weinheim/München 2001
Bohnsack, R.: Gruppendiskussionsverfahren und Milieuforschung. In: Friebertshäuser, B./Prengel, A. (Hrsg.): Handbuch Qualitative Forschungsmethoden in der Erziehungswissenschaft. Weinheim/München 1997, S. 492-502
Castel, R.: Metamorphosen der sozialen Frage. Eine Chronik der Lohnarbeit. Konstanz 2000
Deinet, U.: Sozialräumliche Jugendarbeit: eine praxisbezogene Anleitung zur Konzeptentwicklung in der Offenen Kinder- und Jugendarbeit. Opladen 1999
Durkheim, E.: Der Selbstmord. Neuwied/Berlin 1973
Emmenegger, M.: Zuerst ich denke: ›Schweiz ist Schwein‹, aber jetzt ist besser. Bern 1995

[32] Vgl. Reutlinger (2006a).

Fuhs, B.: Räume der Kinder – Platz für Kinder. In: Bruhns, K./Mack, W. (Hrsg.): Aufwachsen und Lernen in der Sozialen Stadt. Kinder und Jugendliche in schwierigen Lebensräumen. Opladen 2001, S. 131-146

Gastberger, T.: Städtische Wohnumgebung als Spielraum für Kinder. (Diplomarbeit) Zürich 1989

Habermas, J.: Theorie des kommunikativen Handelns, Band 2. Frankfurt a. M. 1988

Hasse, J.: Kinder und Jugendliche heute. Eine geographiedidaktische Fragestellung? In: Praxis Geographie. 20. Jg., Nr. 6, 1990, S. 9-11

Hurrelmann, K.: Jugend. In: Flick, U. (Hrsg): Handbuch qualitative Sozialforschung. Grundlagen, Konzepte, Methoden und Anwendungen. Weinheim 1995, S. 358-362

James, S.: Is there a ›place‹ for children in geography? In: Area 22, 3, 1990, S. 278-283

Kippe, M.: Das Konzept der ›alltäglichen Regionalisierung‹ und seine Verwendbarkeit in der Sozialpädagogik. Die Relevanz einer sozialgeographischen Raumkonzeption in Bezug auf sozialpädagogische Forschung und Theoriebildung im Themenbereich Raumaneignung, Sozialraumkonstruktion und Strassensozialisation. Zürich 1997 (unveröff. Lizentiatsarbeit)

Klingshirn, U.: Ausländerpolitik und Rückwanderung: die türkischen Jugendlichen. Eine sozialgeographische Untersuchung. Beiträge angewandter Sozialgeographie. Nr. 26. Augsburg 1992

Koditek, T.: Jugendliche. In: Schröer, W./Struck, N./Wolff, M. (Hrsg.): Handbuch der Kinder- und Jugendhilfe. Weinheim/München 2002, S. 99-112

Lenz, K.: Zur Biographisierung der Jugend. Befunde und Konsequenzen. In: Böhnisch, L./Rudolph, M./Wolf, B. (Hrsg.): Jugendarbeit als Lebensort: jugendpädagogische Orientierungen zwischen Offenheit und Halt. Weinheim/München 1998, S. 51-74

Lesta Casal, E./Barbeito Fernández, A./Reutlinger, C.: Monografía comunitaria del distrito quinto de La Coruña. (unveröffentlichte Stadtteilstudie). La Coruña 1998

Marchioni, M.: La utopía posible. La intervención comunitaria en las nuevas condiciones sociales. Tenerife 1994

Marchioni, M.: Comunidad, Participación y Desarrollo. Teoría y metodología de la intervención comunitaria. Madrid 1999

McKendrick, J. H.: Children's geographies. Edinburgh 2004

Monzel, S.: Kinderfreundliche Wohnumfeldgestaltung!? Anthropogeographische Schriftenreihe, Bd. 13, Geographisches Institut der Universität Zürich. Zürich 1995

Pronk, M.: Soziale und wirtschaftliche Verflechtungen im Alltag von Slumbewohnern in Bangkok. Zürich 1994 (unveröff. Diplomarbeit)

Projekt Netzwerk im Stadtteil (Hrsg.): Grenzen des Sozialraums. Kritik eines Konzepts: Perspektiven für Soziale Arbeit. Wiesbaden 2005

Reutlinger, C.: En el Distrito Quinto no hay sitios para los jóvenes – o cual es el trabajo de un geógrafo social. In: Disquedín – Revista del Plan Comunitario del Distrito Quinto de La Coruña. 2. Jg., 4, 1997, S. 7-9

Reutlinger, C.: Geographien einer unsichtbaren Jugend. Eine sozialgeographische Studie über Strassenkinder in La Coruña (Spanien). Zürich 1998 (unveröff. Diplomarbeit)

Reutlinger, C.: Juventud invisible, exclusión social y geografías diarias – hacia una geografía social de la juventud. In: Actas del VII Congreso de Geografía Humana, Juventud, la edad de las opciones. Madrid 2000

Reutlinger, C.: Unsichtbare Bewältigungskarten von Jugendlichen in gespaltenen Städten. Sozialpädagogik des Jugendraumes aus sozialgeographischer Perspektive. Dissertation zur Erlangung des akademischen Grades doctor philosophiae (Dr. phil.) an der Fakultät für Erziehungswissenschaften der Technischen Universität Dresden. Dresden 2001a

Reutlinger, C.: Sociedad laboral sin trabajo, juventud y territorios invisibles – un análisis sociogeográfico de la situación actual de la juventud en España. In: Marchioni, M. (Hrsg.): Experiencias del trabajo social comunitario. Madrid 2001b

Reutlinger, C.: Stadt. Lebensort für Kinder und Jugendliche. In: Schröer, W./Struck, N./ Wolff, M. (Hrsg.): Handbuch der Kinder- und Jugendhilfe. Weinheim 2002, S. 255- 272

Reutlinger, C.: Jugend, Stadt und Raum. Sozialgeographische Grundlagen einer Sozialpädagogik des Jugendalters. Opladen 2003

Reutlinger, C.: Gespaltene Stadt und die Gefahr der Verdinglichung des Sozialraums – eine sozialgeographische Betrachtung. In: Projekt Netzwerke im Stadtteil (Hrsg.): Grenzen des Sozialraums. Kritik eines Konzeptes – Perspektiven für Soziale Arbeit. Wiesbaden 2005, S. 87-106

Reutlinger, C.: Raum, Soziale Entwicklung und Ermöglichung. Eine Diskursperspektive für die Sozialpädagogik. Habilitationsschrift. TU Dresden 2006a

Reutlinger, C.: Unsichtbare Jugendliche in spanischen Städten. In: Reutlinger, C./Mack, W./ Wächter, F./Lang, S. (Hrsg.): Jugend und Jugendpolitik in benachteiligten Stadtteilen in Europa. Wiesbaden 2006b (im Erscheinen)

Reutlinger, C./Kessl, F./Maurer, S.: Die Rede vom Sozialraum – eine Einführung. In: Kessl, F./ Reutlinger, C./Maurer, S./Frey, O. (Hrsg.): Handbuch Sozialraum. Wiesbaden 2005, S. 11-27

Reutlinger, C./Mack, W./Wächter, F./Lang, S. (Hrsg.): Jugend in benachteiligten Stadtteilen in Europa. Wiesbaden 2006

Schröer, W.: Jugend. In: Schröer, W./Struck, N./Wolff, M. (Hrsg.): Handbuch Kinder- und Jugendhilfe. Weinheim/München 2002, S. 81-97

Thiemann, F.: Räume für Kinder. In: Praxis Geographie. 20. Jg., 6, 1990, S. 6-8

Valentine, G.: Children should be seen and not heard: The production and transgression of adults' public space. In: Urban Geography 17(3), 1996, S. 205–220

Wessel, K.: Empirisches Arbeiten in der Wirtschafts- und Sozialgeographie. Paderborn/München/Wien/Zürich 1996

Werlen, B.: Gesellschaft, Handlung und Raum. Stuttgart 1988

Werlen, B.: Sozialgeographie alltäglicher Regionalisierungen. Band 1: Zur Ontologie von Gesellschaft und Raum. Erdkundliches Wissen 116. Stuttgart 1995a

Werlen, B.: Zur Sozialgeographie der Kinder. In: Monzel, S.: Kinderfreundliche Wohnumfeldgestaltung!? Anthropogeographische Schriftenreihe, Bd. 13, Geographisches Institut der Universität Zürich. Zürich 1995b

Werlen, B.: Sozialgeographie alltäglicher Regionalisierungen. Band 2: Globalisierung, Region und Regionalisierung. Erdkundliches Wissen 119. Stuttgart 1997

Werlen, B.: Sozialgeographie. Eine Einführung. Bern/Stuttgart/Wien 2000

Werlen, B.: Raus aus dem Container. Ein sozialgeographischer Blick auf die aktuelle (Sozial-) Raumdiskussion. In: Projekt Netzwerke im Stadtteil (Hrsg.): Grenzen des Sozialraums. Kritik eines Konzeptes – Perspektiven für Soziale Arbeit. Wiesbaden 2005, S. 15-35

Werlen, B./Reutlinger, C.: Sozialgeographie. In: Kessl, F./Reutlinger, C./Maurer, S./Frey, O. (Hrsg.): Handbuch Sozialraum. Wiesbaden 2005, S. 49-66

Winchester, H.: The geography of children. In: Area 23, 4, 1991, S. 357-360

Zierhofer, W.: Alltagsroutinen von Erwachsenen und Erfahrungsmöglichkeiten von Vorschulkindern. Ein Humangeographischer Beitrag zur Sozialisationsforschung. In: Geographica Helvetica, 2, 1989, S. 87-92

Beat Giger

Ausländerpolitik und nationalstaatliche Praktiken des Geographie-Machens

Einleitung

Ausländerpolitik gehört für alle Nationalstaaten zu einer zentralen Praxis der Reproduktion der territorialen Verfasstheit des gesellschaftlichen Lebens. In der Schweiz gelangten zwischen 1960 und 1980 in regelmäßigen Abständen so genannte »Überfremdungsinitiativen« zur Abstimmung. Diese wurden von Wahlberechtigten in entsprechenden Volksabstimmungen jeweils knapp abgelehnt. Anfang der 1990er Jahre legte der Bundesrat, die Exekutive des schweizerischen Bundesstaates, mit dem so genannten »Drei-Kreise-Modell« einen Entwurf zur Neuregelung der Immigrationspolitik vor, der den neuen, globalisierten Bedingungen Rechnung tragen sollte. Dieser Beitrag analysiert die in diesem Modell entworfenen Leitlinien der schweizerischen Ausländerpolitik und die damit vorgeschlagenen politischen Praktiken des Geographie-Machens.[1]

Der Kern des Modells, das Ende der 1990er Jahre zur Abstimmung gelangen sollte, besteht darin, dass Kriterien definiert werden, nach denen Einreisegesuche von Immigranten beurteilt werden können, um damit letztlich den Zugang zum schweizerischen Arbeitsmarkt zu regulieren. Die vom Bundesrat vorgeschlagene »Geographie der Drei Kreise« ist darum als Ausdruck der Art und Weise zu begreifen, wie über nationalstaatliche Regelungen eine spezifische Art der »Welt-Bindung« (Werlen, 1997, 216), des regionalisierenden Weltbezuges konstituiert wird.

Ein solches ›Auf-sich-beziehen‹ bedingt allerdings eine Vorstellung des ›Eigenen‹, worauf ›Außenstehendes‹ oder ›Fremdes‹ bezogen werden kann.

---

[1] Nach der Fertigstellung der empirischen Untersuchung hat der Bundesrat beschlossen, das Drei-Kreise-Modell – auch in revidierter Fassung – aufgrund heftiger Kritik nicht zur Abstimmung zu bringen, sondern abzuschaffen. Die Ergebnisse der empirischen Untersuchung betreffen somit die aktuelle Praxis nicht mehr. Für die methodologische Erschließung der Praktiken der Ausländer- bzw. Zuwanderungspolitk als geographische Alltagspraktiken büßt die Untersuchung dennoch nicht an Relevanz ein.

Im Rahmen der nationalstaatlichen Organisation der Gesellschaft hat sich als Fokus der sozialen Integration und der Grenzziehung die ›Nation‹ etabliert. Damit einhergehend haben sich in allen Staaten Europas gesellschaftliche Tendenzen zu Fremden- und Ausländerfeindlichkeit entwickelt, die in der Schweiz mit dem Selbstbildnis eines ›Sonderfalles‹ und einer spezifischen »Vorstellung der Überfremdung« (Imhof, 1993, 350) einhergegangen sind.

Im Folgenden sollen zunächst der politische Kontext und die wichtigsten Zieldimensionen des Drei-Kreise-Modells vorgestellt werden. Zur Herleitung und Konstruktion des inhaltsanalytischen Kategoriensystems – dem Instrument der empirischen Untersuchung – wird auf die Strukturationstheorie sowie die theoretischen Zusammenhänge von Nation, Nationalstaat und Territorium eingegangen. Abschließend werden anhand der Resultate der inhaltsanalytischen Untersuchung des ausländerpolitischen Berichts die Argumente des Bundesrates kritisch beleuchtet.

Politischer Kontext

Insulare Vorstellungen des ›nationalen Eigenen‹ sind im praktischen Bewusstsein breiter Kreise der Wahlberechtigten der Schweiz immer noch (latent) vorhanden und werden von gewissen (nationalistisch orientierten) PolitikerInnen reproduziert. Für die offizielle Regierungspolitik hat dies zur Konsequenz, dass sie die Bedeutung der ›Nation‹ aufgrund ihrer sozialen Wirksamkeit (innen-)politisch in Rechnung stellen muss.[2] In diesem Sinne wird denn auch die »Wahrung der nationalen Identität, die der Bundesrat [BR] nicht als Zustand, sondern als Prozeß versteht« (BR, 1991, 300), als eines der staatspolitischen Ziele der Schweiz genannt.

Als gleichberechtigtes Ziel nennt der Bundesrat aber auch die »optimale Integration der Schweiz in die europäische Architektur« (BR, 1991, 300). In ausländerpolitischer Hinsicht bedingt diese europapolitische Zielsetzung die Übernahme des freien Personenverkehrs innerhalb der Staaten der EU und der EFTA. Auch wenn mit dieser Freizügigkeitsregelung keine große Zunahme von EU- bzw. EFTA-Angehörigen in der Schweiz zu erwarten ist,

---

[2] Dies gilt insbesondere für die Ausländerpolitik, die mit der Zulassung von AusländerInnen zu einem nationalstaatlichen Arbeitsmarkt das Verhältnis von ›eigen‹ und ›fremd‹ bzw. von ›Nationalem‹ und ›Ausländischem‹ tangiert.

steht die Ausländerpolitik doch vor der (innen-)politischen Herausforderung, im Rahmen der »Wahrung der nationalen Identität« unter Berücksichtigung der Bedeutung der ›Nation‹ die Öffnung der Schweiz gegenüber Europa in einer transparenten Politik mehrheitsfähig umzusetzen. Mit der Formulierung und Begründung des Drei-Kreise-Modells wird im »Bericht des Bundesrates zur schweizerischen Ausländer- und Flüchtlingspolitik« (BR, 1991) diesen Anforderungen zu entsprechen versucht.

Anhand der Resultate der qualitativen Inhaltsanalyse des bundesrätlichen Textes sollen folgende Fragen beantwortet werden: Wie werden die im Drei-Kreise-Modell sich ausdrückenden wirtschaftlichen und politischen Interessen der Schweiz – und speziell die Einführung des freien Personenverkehrs im innersten Kreis der EU- und EFTA-Staaten – innenpolitisch legitimiert? Wo und gemäß welchen Kriterien verläuft die dem Drei-Kreise-Modell zugrunde liegende soziale Grenzziehung zwischen dem ›Eigenen‹ und dem ›Fremden‹?

Das Drei-Kreise-Modell

Die schweizerische Praxis der Beurteilung und Prüfung von Zuwanderungsgesuchen orientiert sich zu Beginn der 1990er Jahre am Drei-Kreise-Modell. Dieses beruht auf einer Dreiteilung der Welt bezüglich der Zuwanderungsbedingungen. Je nach Kreis bzw. Kategorie werden unterschiedliche Politiken für die Erlangung einer Arbeits- oder Aufenthaltsbewilligung mobilisiert.

Im ersten oder innersten Kreis, dem die EU- und EFTA-Staaten angehören, wird in Angleichung an das EU-Recht die Freizügigkeit im Personenverkehr angestrebt. Gegenüber Angehörigen der beiden verbleibenden Kreise wird prinzipiell an einer Begrenzungspolitik festgehalten. Der zweite Kreis, dem die USA, Kanada, Australien und Neuseeland zugerechnet werden, unterscheidet sich vom all die restlichen Staaten umfassenden äußeren Kreis dadurch, dass dort – aufgrund wirtschaftlicher und politischer Interessen – eine begrenzte Rekrutierung ebenfalls möglich ist. Gegenüber Angehörigen des dritten Kreises kommt eine konsequente und restriktive Politik zur Anwendung. Zulassungen werden auf Ausnahmen beschränkt, die zur Sicherung des Know-hows in Wirtschaft, Wissenschaft und Technik nur hoch qualifizierten SpezialistInnen gewährt werden (BR, 1991, 303-306).

Die ausländerpolitische Regionalisierung, wie sie sich im Drei-Kreise-Modell ausdrückt, lässt sich jedoch nicht als isolierte Praxis des staatlichen

Geographie-Machens betrachten. Sie ist einerseits Ausdruck und institutionalisierter Bestandteil der strukturierenden Reproduktion der nationalstaatlichen Organisation der Gesellschaft. Andererseits nimmt sie Bezug auf übergeordnete weltwirtschaftliche, geopolitische sowie weltanschaulich-ideologische Regionalisierungen. Dies zeigt sich an den beiden ersten Kreisen, die die wohlhabenden, westlich-industrialisierten Staaten umfassen. Diese globalen Rahmenbedingungen sind angesichts der Konzentration auf die bundesrätliche Argumentation nicht außer Acht zu lassen. Bevor auf diesen globalisierten Kontext eingegangen wird, soll zuerst präzisiert werden, in welchem spezifischen Sinne die Zuwanderungspolitik als Strukturierungsprozess verstanden werden kann, der über institutionalisierte Praktiken von Subjekten in entsprechenden Positionen vollzogen wird. Hierfür soll zunächst geklärt werden, was in diesem Anwendungskontext und in Anlehnung an Giddens (1992) unter ›Struktur‹ zu verstehen ist.

Strukturationstheoretische Perspektive

In allgemeinster Form definiert Giddens (1992, 432) den Begriff der Struktur als »Regeln und Ressourcen, die in rekursiver Weise in die Reproduktion sozialer Systeme einbezogen sind.« *Regeln* verweisen dabei einerseits auf die Konstitution von Sinn in Interaktionen (semantische Regeln), andererseits auf die Sanktionierung sozialer Verhaltensweisen (moralische Regeln); (Giddens, 1984, 150; 1992, 73f.). Bei den *Ressourcen* unterscheidet Giddens zwischen allokativen und autoritativen:

> »Allokative Ressourcen beziehen sich auf Fähigkeiten – oder genauer auf Formen des Vermögens zur Umgestaltung –, welche Herrschaft über Objekte, Güter oder materielle Phänomene ermöglichen. Autoritative Ressourcen beziehen sich auf Typen des Vermögens zur Umgestaltung, die Herrschaft über Personen oder Akteure generieren.« (Giddens, 1992, 86)

Für die sozialgeographische Perspektive ist Giddens' Berücksichtigung räumlicher Aspekte der Konstitution von Gesellschaft von besonderem Interesse. Diese werden insofern relevant, als Interaktionen räumlich situiert stattfinden und handelnde Subjekte Eigenschaften des physisch-materiellen Kontextes laufend in die Produktion und Reproduktion von Begegnungen mit einfließen lassen (Giddens, 1992, 170f.). Diese handlungsleitenden Eigenschaften sind einem Interaktionsrahmen jedoch nicht inhärent, sondern wurden in Prozessen der Regionalisierung, einem Spezialfall der Strukturierung, sozial zugewiesen. Prozesse der Regionalisierung beziehen sich somit auf die im Handlungsvollzug vorgenommene Reproduktion der Bedeutung eines räumlichen Kontextes. Der erdräumliche Handlungsrahmen wird dabei gemäß den gesellschaftlich vorherrschenden Konventionen interpretiert.

In Bezug auf die Produktion bzw. Reproduktion sozialer Systeme in Interaktionszusammenhängen lassen sich drei »Dimensionen der Dualität von Struktur« (Giddens, 1992, 82) analytisch unterscheiden (siehe Fig. 1).

Strukturebene:	Signifikation	Herrschaft	Legitimation	
	↕	↕	↕	
Handlungsebene:	Kommunikation	Macht	Sanktion	
	↕	↕	↕	
Institutionen:	symbolische Formen, Bedeutungsordnungen	polit. und wirtsch. Institutionen	juristische Institutionen	
	↓	↓ ↘	↓	
allgemein relevante Kategorien der Regionalisierung	kulturelle Kategorie	politische Kategorie	wirtsch. Kategorie	juristische Kategorie

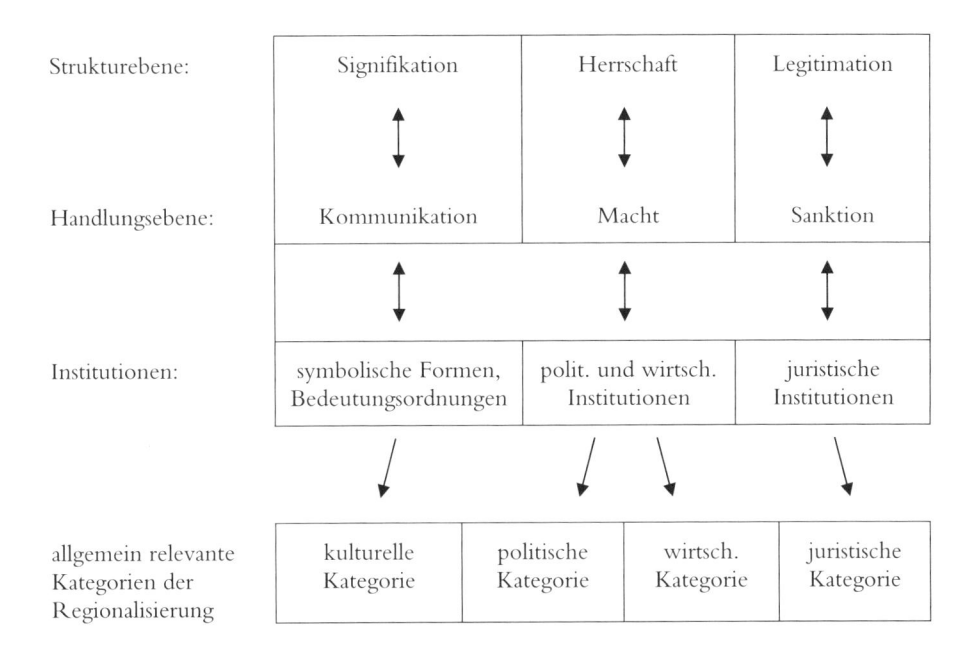

Figur 1: Herleitung allgemeiner Kategorien der Regionalisierung

Mit semantischen Regeln ist die strukturelle Dimension »Signifikation« zusammenzubringen, mit allokativen und autoritativen Ressourcen wird »Herrschaft« in Verbindung gebracht, während moralische Regeln auf »Legitimation« zielen. Diesen strukturellen Dimensionen sozialer Systeme stellt Giddens (1984, 148; 1992, 81) die ebenfalls nur analytisch trennbaren Dimensionen von Interaktion – Kommunikation, Macht, Sanktion – gegenüber. Den Strukturierungsachsen »Signifikation-Kommunikation«, »Herrschaft-Macht«

sowie »Legitimation-Sanktion« sind zudem entsprechende soziale Institutionen zuzuordnen (Giddens, 1992, 84).

Ausgehend von den Dimensionen der Dualität von Struktur lassen sich allgemein relevante Kategorien der Strukturierung bzw. Regionalisierung der sozialen Wirklichkeit ableiten. Die Herleitung dieser Kategorien geschieht im Hinblick auf die Konstruktion eines inhaltsanalytischen Kategoriensystems zur Untersuchung des Berichtes des Bundesrates zur schweizerischen Ausländerpolitik. Zu diesem Zweck sind die allgemeinen Kategorien in ausländerpolitischer Hinsicht zu spezifizieren.

Von besonderer Bedeutung für die sozialen Prozesse der Strukturierung ist die institutionelle Ordnung einer Gesellschaft, da sie die Rahmenbedingungen des sozialen Alltags über die Generationen hinweg organisiert. Giddens (1985, 1) betont nun aber mit allem Nachdruck, »[that] modern ›societies‹ are nation-states, existing within a nation-state system«.[3] Da nationalstaatliche Territorialisierungen die wichtigste Form (normativ-politischer) Regionalisierungen in der Moderne darstellen, sind staatliche Institutionen wesentlich an der Reproduktion von ›Gesellschaft‹ beteiligt. Dies gilt im Besonderen für die Ausländerpolitik, die als staatlich-institutionalisierte Schnittstelle zwischen ›Eigenem‹ und ›Fremdem‹ zu begreifen ist.

Nationalstaat und Territorium

Die Existenz von Nationalstaaten ist als Konsequenz der Entwicklung und des Zusammenspiels von Kapitalismus, Industrialismus, bürokratischer Überwachung und militärischer Macht – der vier »institutionellen Dimensionen der Moderne« (Giddens, 1995, 80) – zu begreifen. Der Ausgangspunkt der Entwicklung dieser Dimensionen ist nach Giddens (1985) im europäischen Staatensystem des Absolutismus angesiedelt, doch haben sie im Zuge der europäischen Vorherrschaft über die (kolonialisierte) Welt sowie der »Globalisierung der Moderne« (Giddens, 1995, 84) als dem Nationalstaat zugrunde liegende Dimensionen weltweite Verbreitung erfahren.

Dabei markiert die nationalstaatliche Organisation der Gesellschaft – die Regionalisierung der Erdoberfläche in territorial definierte Nationalstaaten –

---

[3] Zur Gleichsetzung von ›(moderner) Gesellschaft‹ und ›Nationalstaat‹ siehe auch Giddens (1985, 141) sowie (1995, 23 und 77).

den Übergang von prä-modernen zu modernen, territorialen Formen sozialer Organisation und politischer Kontrolle. Nationalstaaten repräsentieren somit territoriale Regionalisierungen, welche die »Kontrolle über Personen und Mittel der Gewaltanwendung« (Werlen, 1997, 358) organisieren.

Hinsichtlich der Kontrolle von Personen ist anzumerken, dass die Ausübung »politische[r] Macht […] auf die Kontrolle der Körper der zu beherrschenden Subjekte zielt. Da Körper räumlich existieren, schließt der Anspruch dieser Art der Machtausübung eine Territorialkontrolle ein« (Werlen, 1997, 375f.). Im Kontext der Moderne stellen die territorial ausgerichteten, nationalstaatlichen Einrichtungen gesellschaftlicher Organisation und Kontrolle »die wichtigste Form [dar], das Verhältnis von Macht, Körper und Raum institutionell zu ordnen« (Werlen, 1997, 333). Die nationalstaatlichen Territorialisierungen sind deshalb als »Geographien politischer Kontrolle« (ebd., 358) aufzufassen.

Wie am Beispiel der Ausländerpolitik ersichtlich, zielt die national-staatliche Territorialkontrolle nicht nur auf die Überwachung der inländischen Bevölkerung, sondern erstreckt sich ebenso auf die Kontrolle des Zugangs zum Territorium eines Staates, also der Zulassung zum nationalen Arbeitsmarkt. Die Ausländerpolitik ist demzufolge als nationalstaatliche Institution zu betrachten, die die Zusammensetzung der Bevölkerung hinsichtlich der sozialen und innenpolitischen Bedeutung der ›Nation‹ sowie der Kontinuität der staatlichen Herrschaft politisch kontrolliert.

›Nation‹ als Fokus sozialer Integration

Die Entwicklung und Festigung des Nationalstaates im europäischen Kontext der letzten drei bis vier Jahrhunderte hat die ›Wir-Gruppe‹ der ›Nation‹ oder des ›Volkes‹ hervorgebracht. In dem Prozess, der eine ›Wir-Gruppe‹ konstituiert, werden einerseits Merkmale des ›Eigenen‹ und andererseits Abgrenzungstypisierungen gegenüber ›Anderen‹ und ›Fremden‹ ausgebildet. Dabei tragen Letztere zur Konstitution eines sozialen Kollektivs (sei dies nun eine ›Nation‹, eine ›Sippe‹, ein ›Stamm‹, etc.) und zur Identifikation mit diesem genauso bei, wie der Glaube an kollektiv geteilte, gruppeninterne soziale Eigenarten und sozio-historische Erfahrungen (Imhof, 1993, 329f.). Somit ist der, die oder das »Fremde […] ein Element der Gruppe selbst […] – ein Element, dessen […] [gesellschaftliche Position] zugleich ein Außerhalb und

Gegenüber einschließt« (Simmel, 1968, 63f.) und das über diesen Bezug identitätsstiftend wirkt.

In der Moderne stellt die ›Nation‹ den primären Bezugspunkt kollektiver Identitäten dar, der sich aufgrund »von nationalstaatlich und territorial geprägten Semantiken der Eigen- und Fremdtypisierung« (Imhof, 1993, 333) konstituiert. Die staatliche Aneignung und Kontrolle eines Territoriums innerhalb eines territorial definierten Staatensystems ist deshalb als Bedingung der Entwicklung der ›Nation‹ zu sehen. Denn erst integrative staatliche Maßnahmen, die auf dem ganzen beanspruchten Territorium Gültigkeit haben und unzählige Schnittstellen zwischen Staat und Alltagsleben produzieren, ermöglichen die Konstitution eines sozialen Zusammenhalts zwischen Staat und Bevölkerung. Die Entwicklung eines ›nationalen Bewusstseins‹ ist deshalb als staatlich vermittelt zu betrachten: als Folge der integrierenden und kulturell homogenisierenden Wirkung territorialstaatlicher Administrationsmaßnahmen. Die Aneignung und Kontrolle des Territoriums durch den Staat muss folglich der Konstitution der ›Nation‹ vorausgehen (Gellner, 1995, 13; Hobsbawm, 1996, 21).

Aufgrund der staatlichen Vermittlerrolle kann die ›Nation‹ als »vorgestellte politische Gemeinschaft« (Anderson, 1988, 15) definiert werden, die sich durch einen »ethnischen Gemeinsamkeitsglauben« (Weber, 1976, 237) konstituiert. Die Gemeinschaft der ›Nation‹ bleibt deshalb fiktiv, da »die Art der Entstehung eines ethnischen Gemeinsamkeitsglaubens […] der Umdeutung von rationalen Vergesellschaftungen in persönliche Gemeinschaftsbeziehungen [entspricht]« (ebd.). Doch in phänomenologischer Hinsicht unterscheidet sich die ›Nation‹ nicht von traditionellen Verwandtschaftsgruppen oder Sippen, denn wie diese konstituiert sich die ›Nation‹ als »[kollektives] Bewusstsein von Menschen« (Hoffmann, 1991, 194), das diese von sich selbst als soziale bzw. nationale Gruppe haben.

Die Bedeutung der ›Nation‹ ist erstens darin zu sehen, dass sie schon vor dem Individuum als »eine ›Wert-Idee‹ [besteht], die eine Gruppe reflexiv auf sich anwendet« (Hoffmann, 1991, 194). Die zweite Bedeutung besteht für das Individuum im psychischen Bedürfnis, sich mit derjenigen Gruppe zu identifizieren, in die es hineingewachsen ist und deren kollektive Wirklichkeitsinterpretation es sich angeeignet hat. ›Volk‹ oder ›Nation‹ werden somit insofern zu existentiellen Begriffen, als sich die persönliche Identität im Rahmen einer umfassenderen kollektiven Identität entwickelt. »Durch diese Leistung für die persönliche Identität der Menschen, die dem Volk angehören, definiert sich der existentielle Volksbegriff« (ebd., 198), der für nationalstaatlich verwaltete Menschen oft ein unhinterfragt gegebener Teil ihrer Lebenswelt ist.

Ein wichtiger Faktor, der ein nationales Bewusstsein innerhalb der Bevölkerungen der Staaten Europas festigte, war die Entwicklung der demokratischen Volksbeteiligung. Zur Förderung der Loyalität mit dem Staat im »Tausch [...] gegen soziale Sicherheit und demokratische Teilhabe« (Wimmer, 1996, 187) wurden die Zusammenhänge von ›Nation‹, Territorium und Staat als natürliche hingestellt sowie anhand nationaler Mythen, Symbole etc. propagiert und politisch mobilisierbar gemacht. Diese »Nationalisierung« des Staates bzw. der staatlich-bürokratischen Apparate (ebd.), der Bevölkerung, des Territoriums sowie der Staatsbürgerschaftsrechte kann mit Imhof (1993, 328) als »Ethnisierung des Politischen« betrachtet werden, die den ›Staat‹ und sein ›Volk‹ als eine natürliche Einheit erscheinen lassen.[4] Als Konsequenz dieser sozialpsychologisch-politischen Zusammenhänge fällt ›Ausländisches‹ als ›Fremdes‹ ins Blickfeld.

›Eigenes‹ und ›Fremdes‹ in Phasen sozialer Krisen

Indem ›Fremdes‹ zur Konstitution von ›Wir-Gruppen‹ beiträgt, wird es gerade in Krisenzeiten zum gesellschaftspolitischen Thema. Soziale Krisen, die sich in wirtschaftlichen Konjunkturproblemen, vor allem aber in einer *kollektiven Orientierungs- und Identitätsunsicherheit* äußern, »sind Zeiten neuer Konzepte, neuer Muster der Deutung dessen, was das Kollektiv ›Gesellschaft‹ ist« (Imhof, 1993, 341f.). Kollektive Krisen, in denen bewährte weltanschauliche, wirtschaftliche und politische Gewissheiten der sozialen Realität zu widersprechen beginnen, haben auch Auswirkungen auf die individuelle Seinsgewissheit und vermögen existentielle Ängste auszulösen.

In solchen Situationen kollektiver Verunsicherung sind die offizielle Politik, aber auch soziale Bewegungen und Protestparteien über eine Neubestimmung des Eigenen darum bemüht, soziale Sicherheit und kollektiven Orientierungssinn zu vermitteln. Von der Neudeutung der sozialen Wirklichkeit bleibt auch das Verhältnis zum ›Fremden‹ nicht unberührt, da

»die Semantiken, die das Fremde vom Nicht-Fremden differenzieren, [...] infolge ihrer gesellschaftskonstitutiven Bedeutung, die sie in ihrer abgrenzenden wie in ihrer identi-

---

[4] Vgl. Werlen (1993, 64f.).

tätsstiftenden Funktion innehaben [...], immer in die kollektive Krisenbewältigung involviert [sind].« (Imhof, 1993, 328)

Diese Sichtweise erlaubt es, die ausländerfeindlichen Tendenzen der europäischen Gesellschaften »nicht als ›Fremden-‹ oder ›Ausländerproblem‹ [anzugehen], sondern als [...] Konflikt, der mit dem Selbst, der Bestimmung des ›Wir‹ zu tun hat« (Bielefeld, 1992, 102). Der immer wiederkehrende Diskurs über das ›Fremde‹ und die ›Fremden‹ steht somit für eine Krise des eigenen Selbstverständnisses.

In solch einer sozialen (Identitäts- und Orientierungs-)Krise, die zu wirtschaftlichem Einbruch und steigenden Arbeitslosenraten geführt hat, befindet sich Europa seit Ende der 1980er Jahre. Sie geht einher mit einer zunehmenden Verunsicherung durch illegale Einwanderung und Aufenthalt von AusländerInnen. Für die Schweiz lassen sich zudem Orientierungsschwierigkeiten bezüglich der europäischen Integration festhalten (Imhof, 1993, 352).

Als gesellschaftlicher Ausdruck dieser kollektiven Identitäts- und Orientierungsunsicherheit kann in der Schweiz das (kurzzeitige) öffentliche Auftreten rechtsradikaler Frontenbewegungen Anfang der 1990er Jahre gesehen werden. Als ausländerpolitische Maßnahmen sind zum einen die Formulierung des Drei-Kreise-Modells zu betrachten, sowie – im Kontext der ›nationalen Notlage‹ hinsichtlich der drogenpolitischen Situation in Zürich[5] – zum anderen auch die Einführung der so genannten »Zwangsmaßnahmen« im Ausländerrecht. Gleichzeitig kann davon ausgegangen werden, dass in der bundesrätlichen Argumentation zur Begründung der Ausländerpolitik ein ›neues‹ nationales Selbstverständnis zum Ausdruck gebracht bzw. zu vermitteln versucht wird. Anhand einer inhaltsanalytischen Untersuchung des ausländerpolitischen Berichtes des Bundesrates sind im Folgenden die Kriterien der Regionalisierung der Welt in drei Kreise herauszuarbeiten. Die Grundlage der Analyse bilden dabei die Aussagen zu ›Eigenem‹ und zu ›Fremdem‹.

Konstruktion des inhaltsanalytischen Kategoriensystems

Zur Konstruktion des für eine Inhaltsanalyse[6] benötigten Kategoriensystems ist auf die strukturationstheoretisch abgeleiteten, allgemeinen Kategorien der

[5] Vgl. dazu den Beitrag von Guenther Arber in diesem Band.
[6] Zur Methode der qualitativen Inhaltsanalyse vgl. z. B. Mayring (1994); Flick (1995).

Regionalisierung (vgl. Fig. 1) zurückzukommen. Wie bereits betont, beruht die Ableitung dieser Kategorien auf der analytischen Trennung verschiedener Dimensionen der Dualität von Struktur (inklusive der ihnen zugeordneten Institutionen), die jedoch allesamt in die Prozesse der strukturierenden Regionalisierungen involviert sind. Es ist deshalb davon auszugehen, dass mit diesen Kategorien die wesentlichen Einflussgrößen auf die schweizerische Drei-Kreise-Politik, die als nationalstaatliche Praxis der Regionalisierung beschrieben wurde, inhaltsanalytisch in Form kategorisierter Textstellen erfasst und auf ihren Aussagegehalt hinsichtlich ›eigen‹ und ›fremd‹ interpretiert werden können. ›Eigenes‹ und ›Fremdes‹ bilden deshalb die inhaltsanalytischen Haupt-

Tabelle 1: Inhaltsanalytisches Kategoriensystem

Kategorie	Unter-Kategorie	Ausprägung	No.
Eigenes	kulturelle bzw. nationale	Eigentypisierungen im Sinne von Verweisen auf nationale Identität, Eigenarten und Verhältnisse, auf kollektive Selbstwahrnehmung etc.	E.1.
	innenpolitische	Berücksichtigung der Stimmung im ›Volk‹ bezogen auf die soziale Akzeptanz von AusländerInnen bzw. die politische Akzeptanz der Ausländerpolitik	E.2.
	außenpolitische	internationale Erwartungen und Anforderungen an die Zulassungspolitik von AusländerInnen	E.3.
	wirtschaftliche	handels- und arbeitsmarktpolitische Faktoren der Ausgestaltung der schweizerischen Ausländerpolitik	E.4.
	andere	…	E.5.
Fremdes	kulturelle bzw. nationale	Fremdtypisierungen und -wahrnehmungen im Sinne der Zuschreibung kollektiver Merkmale, Eigenschaften etc.	F.1.
	politische	Verweise auf politische Standards von Staaten (Menschenrechte, Demokratie, Rechtssicherheit etc.)	F.2.
	wirtschaftliche	Hinweise auf externe wirtschaftliche Faktoren, welche die Ausländerpolitik tangieren	F.3.
	andere	…	F.4.

kategorien der Untersuchung, denen die zuvor abgeleiteten allgemeinen Kategorien der Regionalisierung entsprechend Tab. 1 zugeordnet werden.

Die »kulturelle« Unterkategorie wird – da die Ausländerpolitik mit nationalstaatlich bedingten Phänomenen immanent verknüpft ist – um den Zusatz »bzw. nationale« ergänzt. Bei den politischen Aspekten wird bei »Eigenem« zwischen »innen-« und »außenpolitisch« differenziert.

Die »juristische« Kategorie wird aus folgenden Gründen fallen gelassen: Bezüglich des ›Fremden‹ sind juristische Kriterien der ausländerpolitischen Regionalisierung – da sie sich auf Staaten beziehen – als staatspolitische aufzufassen und den politischen Kriterien zuzuordnen. Da über die Ausländerpolitik die juristischen Richtlinien der Zulassung von ausländischen Arbeitskräften festgelegt werden, scheint die Suche nach juristischen Kriterien der Unterscheidung der drei Kreise auch hinsichtlich des ›Eigenen‹ als müßig. Auf juristischer Ebene verbleibt somit die Beachtung nationalen und internationalen Rechts, die der Ausgestaltung einer ausländerpolitischen Konzeption Grenzen setzt und den legitimen Rahmen stellt, innerhalb dessen ein Nationalstaat souverän über seine Ausländerpolitik entscheiden kann. Die Abklärung, ob mit dem Drei-Kreise-Modell Verfassungs- oder internationales Recht tangiert worden wäre, braucht hier jedoch kein Thema zu sein.

Das Kategoriensystem wurde mit einer Ausnahme auf alle Abschnitte des »Bericht[es] des Bundesrates zur schweizerischen Ausländer- und Flüchtlingspolitik« (BR, 1991) angewandt, die sich auf die Ausländerpolitik beziehen.

Zur sozialen Legitimation der Drei-Kreise-Politik

Ausgangsituation

In seinem Bericht zur Ausländerpolitik hebt der Bundesrat die vier schweizerischen Kulturen hervor, welche die Grundlage der Willensnation Schweiz bilden (BR, 1991, 301). In der Schweiz leben auch viele AusländerInnen, die

> »ganz wesentlich unser kulturelles, gesellschaftliches und wirtschaftliches Leben [beeinflussen]. [...] Andererseits ist ihre große Anzahl eine bedeutende Herausforderung für den nationalen Zusammenhalt, der angesichts von vier verschiedenen schweizerischen Kulturen und Lebensarten nicht leicht zu wahren ist.« (BR, 1991, 293)

Auch hat der hohe Ausländeranteil immer wieder zu gesellschaftlichen Auseinandersetzungen über Einwanderung und Asylgewährung geführt. Als innenpolitische Konsequenz ist deshalb »ein ausgewogenes Verhältnis zwischen der schweizerischen und der ausländischen Bevölkerung [beizubehalten]« (ebd., 302) und »konsequent auf Maßnahmen zu verzichten, welche die Schweiz als attraktives Einwanderungsland für nicht gezielt rekrutierte Arbeitskräfte erscheinen lassen« (ebd., 300).

Doch zur Gewährleistung ihrer künftigen Wettbewerbsfähigkeit ist die schweizerische Wirtschaft »auf die Anwesenheit einer großen Zahl von Ausländern [...] angewiesen« (BR, 1991, 304f.). Der schweizerische Arbeitsmarkt soll deshalb vor allem für westeuropäische Arbeitskräfte attraktiver gestaltet werden, wofür nicht zuletzt die Zulassungspolitik ausschlaggebend ist:

> »Die Substanz der schweizerischen Ausländerpolitik der 90er Jahre wird auch [...] [dafür] entscheidend sein, ob unser Arbeitsmarkt bezüglich Attraktivität mit demjenigen der EU künftig wieder wird mithalten können oder ob wir uns bald veranlasst sehen könnten, unseren Arbeitskräftebedarf aus immer entfernteren Ländern zu decken.« (BR, 1991, 298)

In wirtschaftlicher Hinsicht hält der Bundesrat zudem fest, dass zur Knowhow-Sicherung insbesondere der Zugang zum europäischen Arbeitsmarkt für die schweizerische Wirtschaft »lebenswichtig« (ebd.) ist.

Neben diesen herkunftsbezogenen sowie arbeitsmarktpolitischen und wirtschaftlichen Kriterien spricht aber auch die politische Erwartungshaltung des umliegenden Auslandes für eine Integration der Schweiz in Europa (BR, 1991, 301f.). Als ausländerpolitische Konsequenz ergibt sich das »zentrale [...] Anliegen einer [...] Einbettung der Schweiz in ihr europäisches Umfeld. [...] Dies bedingt eine schrittweise Öffnung und schließlich die Freizügigkeit gegenüber den Staaten der EU und der EFTA« (ebd.).

Legitimierung des freien Personenverkehrs

In Anbetracht des staatspolitischen Ziels der optimalen Integration der Schweiz in Europa erscheint die Definition des ersten Kreises als politische Setzung, die sich als Konsequenz wirtschaftlicher und politischer (Inter-)Dependenzen verstehen lässt. Zur Legitimation dieses Schrittes in sozialer bzw. nationaler Hinsicht führt der Bundesrat in seinen Schlussfolgerungen Folgendes an: »[Die Schweiz] ist und bleibt Bestandteil einer internationalen, insbesondere europäischen Ordnung. Isolation und Abschottung entsprechen weder ihrer Geschichte noch ihrer Bestimmung«. Hinsichtlich der schweizerischen Zulassungspolitik fährt er fort:

»Gegenüber Europa strebt unser Land eine ausländerpolitische Öffnung an. Nur so wird es uns gelingen, entsprechend unserer geographischen Lage und kulturellen Bestimmung einen von uns bejahten und von anderen Staaten anerkannten Platz im neu sich ordnenden Europa zu finden.« (BR, 1991, 320)

Die Argumentation des Bundesrates kann so interpretiert werden, dass mit der Re-Interpretation der »Geschichte«, der »geographischen Lage« und der »kulturellen Bestimmung« der Schweiz die lange Zeit aufrechterhaltene Vorstellung des wirtschaftlichen, politischen und kulturellen ›Sonderfalles‹ nun endgültig fallen gelassen wird. Es scheint, dass der Bundesrat damit ein schweizerisches Selbstverständnis zu vermitteln versucht, in welchem die Schweiz nicht als isolierte ›Nation‹, sondern als Bestandteil eines größeren Kontextes gesehen wird.

Der Widerspruch zwischen den staatspolitischen Zielsetzungen der »Wahrung der nationalen Identität« und der »optimalen Integration der Schweiz in die europäische Architektur« scheint sich in dem vom Bundesrat propagierten Selbstverständnis der Schweiz dahingehend aufzulösen, dass die zu bewahrende »nationale Identität« in einem breiteren Kontext situiert, das »nationale Eigene« in einen umfassenderen europäischen Rahmen gestellt wird. Die Verwendung der Begrifflichkeit »kulturelle Bestimmung« im Zusammenhang mit der Öffnung gegenüber Europa legt den Schluss nahe, dass der Bundesrat das Bild einer Schweiz entwirft, die ihre »nationale Identität« im Rahmen einer westeuropäischen Kultur zu wahren hat, deren Bestandteil sie ist, und die erdräumlich an das von den Staaten der EU und der EFTA beanspruchte Territorium gebunden ist.[7]

Zwar wird vom Bundesrat die »Wahrung der nationalen Identität« als staatspolitisches Ziel angeführt, doch scheint dies eher auf die existentielle sowie die innenpolitische Bedeutung der ›Nation‹ abzuzielen, denn eine *soziale* Grenzziehung auf der Basis *nationaler Kriterien* ist gegenüber den Staaten der EU und der EFTA nicht auszumachen. Vielmehr wird »nationales Eigenes« innerhalb eines »kulturellen Eigenen« kontextualisiert, das als übergeordnet und allgemeiner zu betrachten ist. Im ausländerpolitischen Umgang mit Westeuropa kommen somit weniger nationale Kriterien der Grenzziehung zur Anwendung, als vielmehr auf der Basis einer »kulturellen« (und

---

[7] Als Kürzel für diese eher schwerfällige Umschreibung – die allerdings den Vorteil hat, dass der Zusammenhang von Staat und Kultur explizit erwähnt wird – soll im Folgenden der Begriff ›westeuropäischer Kulturkreis‹ verwendet werden.

nicht etwa einer »nationalen«) »Bestimmung« die Gemeinsamkeiten der westeuropäischen Staaten hervorgehoben werden.

Hinsichtlich des Kriteriums der Grenzziehung zwischen ›eigen‹ und ›fremd‹ lässt sich somit eine Verschiebung von der »Nation« zur »Kultur« festhalten. Wie wir gleich sehen werden, findet sich die These der sozialen Grenzziehung gemäß kultureller Kriterien bei der Unterscheidung des zweiten Kreises vom dritten Kreis bestätigt. Ebenso wird sich zeigen, dass die Zugehörigkeit zum westeuropäischen ›Kulturkreis‹ zwar das Kriterium der *zulassungspolitischen* Grenzziehung bildet, die zwischen Freizügigkeit des Personenverkehrs und Begrenzungspolitik der Zuwanderung unterscheidet, jedoch nicht die *soziale* Grenze, an der sich ›innen‹ und ›außen‹ wie ›eigen‹ und ›fremd‹ verhalten.

Unterscheidung des mittleren vom äußersten Kreis

Als Kriterium der Zugehörigkeit zum zweiten Kreis in Abgrenzung zum dritten nennt der Bundesrat – neben der Anerkennung und Respektierung der Menschenrechte, traditionellen und bewährten wirtschaftlichen Austauschbeziehungen sowie den Bedürfnissen der schweizerischen Wirtschaft nach Know-how – »die Zugehörigkeit dieser Länder zum gleichen (im weitesten Sinne europäisch geprägten) Kulturkreis mit Lebensverhältnissen, die den unsrigen ähnlich sind« (BR, 1991, 303). Es stellt sich jedoch die Frage, welche Kultur denn angesichts der globalen Verbreitung der nationalstaatlichen Organisation und des industrie-kapitalistischen Produktionsregimes nicht im weitesten Sinne als »europäisch geprägt« zu verstehen ist. Somit bleibt dieses Kriterium relativ vage und beliebig.

An anderer Stelle verdeutlicht der Bundesrat jedoch Ziel und Zweck der »Zugehörigkeit zum europäisch geprägten Kulturkreis«. Er empfiehlt in »Botschaft über den Beitritt der Schweiz zum Internationalen Übereinkommen von 1965 zur Beseitigung jeder Form der Rassendiskriminierung und über die entsprechende Strafrechtsrevision« (BR, 1992)[8] den Eidgenössischen Räten (Legislative), dem besagten Übereinkommen zuzustimmen.[9] Die Verbindung zur schweizerischen Ausländerpolitik besteht darin, dass hinsichtlich der Ratifizierung des Abkommens Vorbehalte u. a. bezüglich der schwei-

---

8 Vgl. Eidgenössische Kommission gegen Rassismus (EKR, 1996)/Caloz-Tschopp (1996).
9 Mit der Annahme des »Antirassismus-Gesetzes« 1994 konnte die Schweiz dem Abkommen beitreten.

zerischen Zulassungspolitik von AusländerInnen angebracht und erläutert werden (ebd., 2). Anhand dessen lässt sich das Kriterium der »Zugehörigkeit zum europäisch geprägten Kulturkreis« dahingehend bestimmen, dass es »der Integrationsfähigkeit der angeworbenen Arbeitskräfte in die schweizerische Gesellschaft Rechnung [trägt]« (BR, 1992, 29). Der Bundesrat führt aus:

> »Die schweizerische Zulassungspolitik gegenüber Erwerbstätigen beruht damit auf dem Grundsatz, dass die *ethnische und nationale Andersartigkeit* der Menschen, die aus bestimmten Staaten kommen, deren Eingliederung in unsere Gesellschaft allgemein erschwert. Das [...] Zulassungskriterium der *Integrationsfähigkeit* verfolgt keine rassendiskriminierenden Ziele. Es ist jedoch nicht auszuschließen, dass sich die schweizerische Zulassungspolitik dem Vorwurf aussetzen könnte, [solche] Auswirkungen zu haben [...]. In der Tat erschwert das Kriterium der Integrationsfähigkeit grundsätzlich die Zulassung von Angehörigen *anderer ethnischer und rassischer Gruppen – wegen deren eingeschränkter Integrationsfähigkeit* – entscheidend.« (BR, 1992, 29f.; eigene Hervorhebung)

Der entscheidende Punkt bei diesem Begriffschaos von kulturellen, nationalen, ethnischen und ›rassischen‹ Unterscheidungen liegt darin, dass der Bundesrat diese Differenzen zwar in einem soziologischen Verständnis aufzufassen versucht, dabei aber sozialen Merkmalen den Status unverrückbarer Naturtatsachen zuschreibt. Dies kommt in der Art und Weise zum Ausdruck, wie der Bundesrat die Definition des Begriffs »Rassendiskriminierung« im Übereinkommen – unverständlicherweise – hinsichtlich der Bestimmung eines ›sozialen‹ Begriffs der ›Rasse‹ interpretiert: Dieser soll »subjektive und soziale Komponenten mit ein[schließen]: Eine Rasse ist in diesem breiten – soziologischen – Sinn eine Menschengruppe, die sich selbst als unterschiedlich von anderen Gruppen versteht und/oder so verstanden wird, *auf der Grundlage angeborener und unveränderlicher Merkmale*« (BR, 1992, 11; eigene Hervorhebung).

Diese Definition eines eigentlich diskreditierten Begriffs disqualifiziert sich nicht nur aus terminologischen Gründen – selbst im ›neo-rassistischen‹ Diskurs wird nicht mehr von »Rassen«, sondern ›nur‹ noch von »unüberbrückbaren kulturellen Differenzen« (Balibar, 1990, 29) gesprochen; ebenso ist sie aufgrund ihrer essentialisierenden und naturalisierenden Auffassung sozialer Merkmale (strukturationstheoretisch) zu kritisieren.

Das vom Bundesrat vertretene Kulturverständnis bedeutet in sozial-theoretischer Hinsicht, dass für Handelnde keine Möglichkeit besteht, gesellschaftliche bzw. kulturelle Strukturen zu transformieren. Die Lernfähigkeit von Menschen wird darauf beschränkt, sozio-kulturelle Bedeutungen, Regeln und Normen irreversibel zu internalisieren, wodurch sie als angeboren und unveränderlich erscheinen.[10] Die menschliche Handlungsfähigkeit, die gemäß der Strukturationstheorie ›Macht‹ im Sinne eines umgestaltenden Vermögens mit einschließt, sowie die Reflexivität menschlichen Handelns bleiben in diesem Menschen- und Kulturverständnis völlig unberücksichtigt: Individuen erscheinen nicht als aktiv (und gelegentlich auch innovativ) Handelnde, sondern als von gesellschaftlichen Strukturen bzw. kulturellen Prägungen determiniert, die als unabänderliche »Natur« ausgegeben werden.

Auf der Basis dieses ›Kultur-als-Natur‹-Paradigmas fungieren kulturelle Kriterien der sozialen Grenzziehung »als eine Art und Weise, Individuen und Gruppen a priori in eine Ursprungsgeschichte, eine Genealogie, einzuschließen, in ein unveränderliches und unberührbares Bestimmtsein durch den [kulturellen] Ursprung« (Balibar, 1990, 30).[11] Die Analogien von kulturalistischen und rassistischen Argumentationsmustern sind offensichtlich: Stehen beim klassischen Rassismus ›natürliche‹, biologisch-genetische Kriterien der Unterscheidung von Menschengruppen im Vordergrund, nehmen beim heutigen »Neo-Rassismus« (Balibar, 1990) soziale Kriterien als ›naturalisierte‹ kulturelle Merkmale dieselbe ausschließende Funktion ein.

Kulturelle Unterscheidung zwischen ›Eigenem‹ und ›Fremdem‹

Mit der »Zugehörigkeit zum europäisch geprägten Kulturkreis« ist das Abgrenzungs- bzw. Zugehörigkeitskriterium gefunden, welches, in Bezug auf die Schweiz, ›kulturell Eigenes‹ strikt von ›kulturell Fremdem‹ trennt. Denn das Kriterium »europäisch geprägt« zielt auf ein postuliertes Merkmal ab, welches ›innen‹ vorhanden ist – die »Integrationsfähigkeit« der dem ersten und zweiten Kreis zugeteilten Menschen – und ›außen‹ nicht – die »Integrationsunfähigkeit« der Angehörigen von nicht westlich-europäisch geprägten und (zum Großteil) wirtschaftlich unterprivilegierten Staatsangehörigen, die dem Bereich des dritten Kreises zugeordnet werden. Dies ist allerdings nur möglich vor dem Hintergrund des bereits kritisierten naturalistisch-substantialistischen Verständnisses sozialer und kultureller Phänomene.

---

10 Diese Argumentation entspricht etwa dem Stand der soziologischen Diskussion der 1950er und 1960er Jahre und kann mit funktionalistischen und strukturalistischen Ansätzen zusammengebracht werden.

11 ›Kultur‹ lässt sich nach Belieben durch funktionale Äquivalente wie ›Nation‹ oder ›Religion‹ ersetzen.

Zudem lassen sich auf der Basis eines solchen Kulturverständnisses fremdenfeindliche Haltungen und gesellschaftliche Aggressionen gegenüber Angehörigen außer-europäischer Staaten als ›natürliche‹ Reaktionen legitimieren: als logische Konsequenz angeborener und unveränderlicher kultureller Differenzen und Inkompatibilitäten. Die postulierte »Nicht-Integrierbarkeit«, die kulturelles Abgrenzungsdenken und Fremdenfeindlichkeit rechtfertigt, kanalisiert und fördert, entzieht Menschen des dritten Kreises die soziale Aufenthaltsberechtigung in der Schweiz – ob es sich nun um bereits anwesende Personen (anerkannte Flüchtlinge, SchweizerInnen mit außer-europäischer Herkunft, in der Schweiz geborene AusländerInnen) oder um Angehörige von Dritt-Kreis-Staaten handelt, die als fernzuhaltende potentielle MigrantInnen gesehen werden (EKR, 1996, 5).

Bezüglich der sozialen Grenzziehung zwischen ›eigen‹ und ›fremd‹ ist festzuhalten, dass diese entlang des kulturellen Inklusions-/Exklusionskriteriums »(west-)europäisch geprägt« verläuft. Dieses kann einerseits als Kriterium verstanden werden, welches auf säkularisierte, individualisierte und demokratisierte Gesellschaften verweist, andererseits, in politisch-ökonomischer und militärischer Hinsicht, als Kriterium der Zugehörigkeit zum Block der industrie-kapitalistischen, wirtschaftlich und machtpolitisch etablierten Staaten des ›Westens‹. Somit ist die kulturalistische (und letztlich neo-rassistische) Argumentation des Bundesrates auch dazu geeignet, die globale Vormachtstellung der industrialisierten, westlich-europäischen Staaten zu rechtfertigen, die sich in der ungleichen Verteilung des Wohlstands sowie der politischen und sozialen Ausgrenzung der Mehrheit der Staaten und Menschen ausdrückt.

Folgerungen

Im Drei-Kreise-Modell kommt bezüglich des Kriteriums der sozialen Grenzziehung zwischen ›eigen‹ und ›fremd‹ eine Verschiebung von der ›Nation‹ zur ›Kultur‹ zum Ausdruck. Die mit dem Drei-Kreise-Modell getroffene ausländerpolitische Unterscheidung von Staaten des »(west-)europäischen Kulturkreises« (erster Kreis), des »(west-)europäisch geprägten Kulturkreises« (zweiter Kreis) und in kulturellem Sinne »außer-(west-)europäischen« Staaten (dritter Kreis) illustriert diese Praxis beispielhaft.

Die regionalisierenden Praktiken, die sich in der »Geographie der Drei Kreise« ausdrücken, lassen sich jedoch in doppelter Hinsicht nicht isoliert betrachten: Einerseits sind sie im Rahmen demokratisierter Politik der innenpolitischen Bedeutung der ›Nation‹ verpflichtet, andererseits in politische, ökonomische, militärische sowie weltanschaulich-ideologische Prozesse der Regionalisierung auf globaler Ebene eingebunden.

Das dem Drei-Kreise-Modell zugrunde liegende eurozentristische Denkmuster ist somit im Rahmen sowohl weltumspannender als auch lokal-alltagsweltlicher Regionalisierungen zu sehen, die von der schweizerischen Ausländerpolitik zwar mit reproduziert werden, letztlich aber auch ohne sie Bestand haben.

Dabei ist bemerkenswert, dass auf alltagsweltlicher Ebene des Geographie-Machens – analog zur traditionellen Geographie – ein Oszillieren zwischen Kultur- und Naturbegriffen beobachtbar ist, das sich gerade auch gegen eigene Absichten richtet. Die angestrebte Abwendung von rassistischen Denkmustern wird, nicht zuletzt aufgrund mangelnder ontologischer und theoretischer Klarheit, im Rahmen der eigenen Argumentation auf geradezu paradoxe Weise unterlaufen.

Insgesamt ist das Drei-Kreise-Modell eine Demonstration der Implikationen der Vorrangstellung von räumlichen Kategorien gegenüber sozial-kulturellen und der Verräumlichung von Kulturen, die zu einer vordergründigen Stimmigkeit räumlicher Argumentationen für die Lösung sozialer Problemlagen führt. Jede verräumlichte Form von Kulturkreisen führt, gerade unter globalisierten Bedingungen, zu prekären politischen Praktiken. Das kritische Potential einer sozialtheoretisch begründeten Geographie gewinnt in diesem Kontext eine besondere praktische Relevanz.

Literatur

Anderson, B.: Die Erfindung der Nation. Zur Erfindung eines erfolgreichen Konzepts. Frankfurt a. M./New York 1988

Balibar, E.: Gibt es einen »Neo-Rassismus«? In: Balibar, E. & Wallerstein, I.: Rasse Klasse Nation. Ambivalente Identitäten. Hamburg/Berlin 1990, S. 23-38

Bielefeld, U.: Das Konzept des Fremden und die Wirklichkeit des Imaginären. In: ders. (Hrsg.): Das Eigene und das Fremde. Neuer Rassismus in der Alten Welt? Hamburg 1992, S. 97-128

Caloz-Tschopp, M.-C.: Institutioneller Rassismus in der Ausländer- und Asylpolitik der Schweiz. Das Drei-Kreise-Modell. In: Widerspruch, 16. Jg., Heft 32, 1996, S. 151-161

Eidgenössische Kommission gegen Rassismus (EKR): Stellungnahme zum Drei-Kreise-Modell des Bundesrates über die schweizerische Ausländerpolitik. Bern 1996

Eidgenössischer Bundesrat (BR): Bericht des Bundesrates zur Ausländer- und Flüchtlingspolitik. In: Bundesblatt, Bern, Bd. III, 1991, S. 291-323

Eidgenössischer Bundesrat (BR): Botschaft über den Beitritt der Schweiz zum Internationalen Übereinkommen von 1965 zur Beseitigung jeder Form von Rassendiskriminierung und über die entsprechende Strafrechtsrevision. Bern 1992

Flick, U.: Qualitative Forschung. Theorie, Methoden, Anwendung in Psychologie und Sozialwissenschaften. Hamburg 1995

Gellner, E.: Nationalismus und Moderne. Hamburg 1995

Giddens, A.: Interpretative Soziologie. Eine kritische Einführung. Frankfurt a. M./New York 1984

Giddens, A.: A Contemporary Critique of Historical Materialism, Vol. 2: The Nation-State and Violence. Cambridge 1985

Giddens, A.: Die Konstitution der Gesellschaft. Grundzüge einer Theorie der Strukturierung. Frankfurt a. M./New York 1992

Giddens, A.: Die Konsequenzen der Moderne. Frankfurt a. M. 1995

Giger, B.: Nationalstaatliche Praktiken der Regionalisierung. Das Drei-Kreise-Modell der schweizerischen Ausländerpolitik. Zürich 1997 (unveröffentlichte Diplomarbeit)

Hobsbawm, E. J.: Nationen und Nationalismus. Mythos und Realität seit 1780. München 1996

Hoffmann, L.: Das »Volk«. Zur ideologischen Struktur eines unvermeidlichen Begriffs. In: Zeitschrift für Soziologie, 20. Jg., Heft 3, 1991, S. 191-208

Imhof, K.: Nationalismus, Nationalstaat und Minderheiten. Zu einer Soziologie der Minoritäten. In: Soziale Welt, 44. Jg., Heft 3, 1993, S. 327-357

Mayring, P.: Qualitative Inhaltsanalyse. Grundlagen und Techniken. Weinheim 1994

Simmel, G.: Der Fremde. In: Landmann, M. (Hrsg.): Das individuelle Gesetz. Philosophische Exkurse. Frankfurt a. M. 1968, S. 63-70

Weber, M.: Ethnische Gemeinschaftsbeziehungen. In ders.: Wirtschaft und Gesellschaft. Grundriß der verstehenden Soziologie. Tübingen 1976, S. 234-244

Werlen, B.: Identität und Raum – Regionalismus und Nationalismus. In: Soziographie, Nr. 7, 1993, S. 39-73

Werlen, B.: Sozialgeographie alltäglicher Regionalisierungen Bd. 1. Zur Ontologie von Gesellschaft und Raum. Stuttgart 1995

Werlen, B.: Sozialgeographie alltäglicher Regionalisierungen Bd. 2. Globalisierung, Region und Regionalisierung. Stuttgart 1997

Wimmer, A.: Der Appell an die Nation. Kritische Bemerkungen zu vier Erklärungen von Xenophobie und Rassismus. In: Wicker, H.-R. (Hrsg.): Das Fremde in der Gesellschaft. Zürich 1996, S. 173-198

Markus Schwyn

Regionalistische Bewegungen und politische Alltagsgeographien

Das Beispiel ›Rassemblement jurassien‹

Einleitung

Trotz fortschreitender Globalisierung gewinnen regionale Probleme an Bedeutung. Die Spannung zwischen lokaler und globaler Politik ist ein wesentlicher Faktor aktueller Regionalismen, die ihre Identität in kleinen Einheiten zu begründen verstehen. Bahrenberg (1987, 153) bezeichnet diesen Regionalismus als »eine direkte Konsequenz der sich im Gefolge der Aufklärung entwickelten industriellen Massengesellschaft mit ihrer entsprechenden funktionalen Differenzierung«. Die Charakterisierung verweist auf den gesellschaftstheoretischen Kontext, in dem der Regionalismus als eine politische und kulturelle Bewegung anzusiedeln ist: als eine Teilantwort auf die spezifischen Herausforderungen spät-moderner Gesellschaften.

In Westeuropa weisen ›Völker ohne Staaten‹, wie die Basken oder die Korsen, oder nationale Minderheiten und ausgegrenzte Minoritäten, wie die Nordiren oder die Südtiroler, auf einen Missstand hin, der nicht selten in regionalistischen Bewegungen seinen Ausdruck findet. Regionalismusbewegungen, die nach Autonomie, Selbstbestimmung und Eigenständigkeit streben, gibt es seit mehreren Jahrzehnten, aber sie verkörpern gerade heute einen virulenten Machtkörper – nicht nur der zunehmende Einfluss und die Allianzfähigkeit der Lega Nord in Italien sind deutliche Zeichen.

Die Gruppierung, der in der Schweiz die Loslösung der frankophonen, ehemals bischöflich-baslerischen Gebiete des Kantons Bern und die Verselbständigung zum neuen Kanton Jura gelang, wird immer wieder als Beispiel einer erfolgreichen regionalistischen Bewegung angeführt, obwohl die Jurafrage bei Weitem nicht als gelöst betrachtet werden darf. Eine Analyse der jurassischen Separatistenbewegung ›Rassemblement jurassien‹ vermag aber aufschlussreiche Interpretationsgrundlagen anzubieten, beim Versuch, aktuelle regionalpolitische Fragen neu zu überdenken und im Kontext einer aktualisierten Sicht auf die Prozesse und Konflikte der Spät-Moderne zu analysieren.

Mit der Beschreibung regionalistischer Bewegungen als soziale Bewegungen können wesentliche Faktoren ihrer Wirkung und ihrer Konstituierung erfasst werden. Soziale Bewegungen sind Kollektivgebilde, in denen sich Individuen mit bestimmten Vorstellungen hinsichtlich gesellschaftspolitischer Veränderungen zusammenschließen, um als Gruppe ihren Forderungen zu mehr Nachdruck zu verhelfen. Durch die öffentlichen Auftritte, bei denen sie ihre Forderungen und Zielsetzungen artikuliert, kann eine soziale Bewegung – nicht zuletzt, weil sie als eine geschlossene Einheit, als ein Kollektiv, auftritt – auf viele Bereiche der gesellschaftspolitischen Realität Druck ausüben. Bei der Untersuchung des jurassischen Regionalismus wurden diese Prämissen genutzt, um die Bewegungsinhalte und die Forderungen zu erfassen. Das ›Rassemblement jurassien‹ ist nicht nur gut dokumentiert, sondern hat eine große Anzahl relevanter Texte in Eigenregie publiziert. Insofern liegt Quellenmaterial vor, das über eine empirische Untersuchung, in diesem Falle mit einer qualitativen Inhaltsanalyse, erschlossen werden kann. Basis der empirischen Untersuchung ist ein theoretischer Entwurf, der den Regionalismus als soziale Bewegung beschreibt, einer sozialen Bewegung, die sich im Kontext spät-moderner Gesellschaften formiert.

Region und Bewegung

Im Zusammenhang mit der zunehmenden Globalisierung sind wir durch die Ausweitung der internationalen Arbeitsteilung, der Ausdehnung globaler Kommunikationssysteme, globaler Formen der Kultur und der Transformation lokaler Systeme über immer größere regionale und soziale Räume hinweg in herkunftsindifferenter Weise miteinander verbunden – technologisch, politisch, ökonomisch und kulturell.[1] Dadurch werden Spannungen und Ambivalenzen aufgebaut, in denen der Ausgangspunkt der aktuellen Belebung regionaler und nationaler Einheiten auszumachen ist. Es entsteht, so Hermann Lübbe (1990, 38), »komplementär zu den einen alsdann verbindenden Gemeinsamkeiten ein rasch an Intensität gewinnendes Interesse der kleinen Herkunftsregionen an der Behauptung dieser ihrer Herkunft«. Die Beto-

---

[1] Vgl. dazu ausführlicher Giddens (1988; 1990; 1992).

nung der Möglichkeiten und der Qualität regionaler und lokaler Bedingungen von Kommunikation und sozialer Interaktion weist darauf hin, dass sich viele Menschen mit ihren Herkunftsregionen identifizieren. Dadurch können sie sich trotz der immer komplexeren Abhängigkeitsverhältnisse innerhalb eines klaren Orientierungsrahmens bewegen, der scheinbar überschaubar geblieben ist. Das Bestreben, diesen lokalen Orientierungsrahmen von den Turbulenzen spät-moderner Transformationen abzuschirmen oder ihn in geeigneter Weise zu integrieren, kann zu regionalistischen Bewegungen führen, die gemäß ihren spezifischen Zielsetzungen die lebensweltliche Umgestaltung aktiv beeinflussen und mitgestalten.

Regionalismus – eine neue soziale Bewegung?

Die aktuellen Regionalismen sind inhomogene und nicht generalisierbare Phänomene. Die zugrunde liegenden Aktivitäten, Strategien und Ziele nehmen verschiedene Formen an. Neben emanzipativen, vorwärtsgerichteten Ansätzen sind auch rückwärtsgewandte auszumachen, die die gemeinsame Vorstellung vom ›Guten‹ mit verschiedensten Ideologien ausfüllen. Was sie verbindet ist, dass sie als Ausdruck der Ängste und der Orientierungslosigkeit auf die Wirkungszusammenhänge spät-moderner Umschichtungen hinweisen.

In diesem Bereich sind insbesondere die sozialen Bewegungen aktiv. Sie deuten auf schwelende Konflikte hin, thematisieren Problemstellen und bringen diese außerhalb der politischen Strukturen zum Ausdruck. Sie bieten aber auch immer wieder Alternativen oder unorthodoxe Lösungsvorschläge an und sind auf diese Weise zu einem wichtigen Teil einer neuen politischen Partizipation geworden, die gerade in den jüngsten politischen und gesellschaftlichen Umschwüngen eine wichtige Funktion übernommen hat.[2] Die Mitglieder einer sozialen Bewegung versuchen ihr Ziel oftmals auf einem dritten Weg, angesiedelt in der Grauzone zwischen Staat und Gesellschaft, zu erreichen. Beck (1993) bezeichnet diese Form der Einflussnahme als »Subpoli-

---

2 Die Umwälzungen in der ehemaligen DDR oder in anderen osteuropäischen Staaten sind Beispiele. Aber auch die Aktivitäten von Umweltorganisationen und deren Erfolge können dahingehend interpretiert werden. Diese Form des Bürgerprotests (Darnstädt/Spörl, 1993) ist ein Stück »life politics« (Giddens, 1991) – ein Anspruch auf die Realisierung eines bestimmten Lebensstils.

tik« – eine Form der Gesellschaftsgestaltung von unten. Die Subpolitik als eine Weise der politischen Einflussnahme zur Durchsetzung bestimmter Vorstellungen und Zielsetzungen entzieht sich als solche einer normativen Beurteilung. Erst die konkreten Ausdrucksformen und Zielsetzungen von Gruppen, die in diesem Bereich aktiv sind, lassen diese zu.[3]

In diesem theoretischen Kontext stellt sich auch die Frage nach der Bedeutung und der Situierung regionalistischer Bewegungen. Insbesondere die Frage, ob der Regionalismus, der für Autonomie, Selbstbestimmungsrecht und Eigenständigkeit der betreffenden Region eintritt, als eine soziale Bewegung interpretiert werden kann, gewinnt an Relevanz, wenn man sich deren Bedeutung vor Augen hält. Sind regionalistische Bewegungen soziale Bewegungen, entstehen sie wie jene aus dem Versuch heraus, den spezifischen Herausforderungen spät-moderner Lebensbedingungen Alternativen entgegenzuhalten. Sie werden zum Ausdruck der Suche »nach Formen der Demokratie, die sich durchgehend von den lokalen Gemeinwesen bis zu den Organisationen auf globaler Basis erstrecken« (Giddens, 1992, 49).

Die Mehrschichtigkeit regionalistischer Bewegungen kann aber nur über ein Raster erfasst werden, das die Komplexität ihrer Zielsetzungen, ihres politischen Profils und ihrer Organisationsmuster aufzeigen kann. Das erforderliche Instrumentarium bieten die theoretischen Modelle zur Beschreibung sozialer Bewegungen an.[4] Nötig ist ein Kategoriensystem, das die zentralen Komponenten sozialer Bewegungen reflektiert. In Anlehnung an Melucci (1989) kann eine soziale Bewegung durch drei zentrale Komplexe, *kollektive Identität*, *Abgrenzung* und *Forderungen*, charakterisiert werden. Diese vermögen die relevanten Ausformungen zu erfassen und eine soziale Bewegung von einem beliebigen kollektiven Phänomen zu unterscheiden.

---

[3] Es darf keineswegs davon ausgegangen werden, dass derartige Gruppen und ihre Aktivitäten stets konstruktiver, der Aufklärung verpflichtender Natur sind. Es gibt auch eine Kehrseite. Sie zeigt sich in der hergestellten Fraglosigkeit der Fundamentalisten, Nationalisten oder Rassisten. Die »Subpolitik« wird genauso von den Brandstiftern der Asylantenheime betrieben, wie von den Aktivisten der Umweltorganisationen, der Frauenbewegung und anderen neuen sozialen Bewegungen.

[4] Insbesondere die Arbeiten von Alberto Melucci sind eine inspirierende Quelle. Vgl. Melucci (1989). Zur Charakterisierung regionalistischer Bewegungen vgl. Schwyn (1996a, 48f.; Werlen, 1997, 372ff.). Eine detaillierte Beschreibung findet sich in Schwyn (1996a).

Kollektive Identität

Der Komplex *kollektive Identität* thematisiert die konstitutiv wirkenden Komponenten, die es der Gruppe erlauben, sich als etwas Besonderes zu definieren. Als objektive Kriterien gelten insbesondere kulturelle Elemente wie die Sprache, die gemeinsame Geschichte oder die Religion und die politisch-rechtlichen Merkmale der Gruppe. Die subjektiven Kriterien beruhen auf den gemeinsamen Bildern, Symbolen und Mythen, auf denen das moralische und emotionale Zusammengehörigkeitsgefühl basiert. Eine weitere Komponente der kollektiven Identität liegt in der Identifikationsmöglichkeit mit Aussagen des regionalistischen Diskurses. Es handelt sich dabei um eine kulturelle Definition des Anderen, sein bewusstes Zeichnen, also um eine eigentliche Feindbildkonstruktion, bei der die latent vorhandenen ethnischen, sprachlichen, geschichtlichen und kulturellen Unterschiede aktualisiert und affektiv aufgeladen werden.

Abgrenzung

Der Komplex *Abgrenzung* behandelt die Kontrastierung und Polarisierung zwischen den verschiedenen Gruppen innerhalb des regionalen Kontextes. Die regionalistische Argumentation zeichnet sich dabei durch die Betonung von Unterschieden aus. Durch die klare Abgrenzung der eigenen Gruppe in Bezug auf eine Fremdgruppe wird das über ein ›Wir-Gefühl‹ zusammengehaltene, aber grundsätzlich inhomogene Gebilde zu einer homogenen Gruppe. Die Betonung der Unterschiede überblendet die eigenen sozialen Trennungslinien im gesellschaftlichen Gefüge der Gruppe. Dafür bietet sich die räumliche Kategorie als Argumentationsbasis an. Das Regionale – als ein klar bestimmter Raumausschnitt – wird zu einem Teilelement der ideologischen Repräsentation des ›Wir-Konzeptes‹ bzw. zu einem zentralen Definitionskriterium innerhalb der Bestimmung der Fremdgruppe.

Forderungen

Der Komplex *Forderungen* thematisiert die Umsetzung der symbolisch konstruierten Vorstellungen und Zielsetzungen auf die reale gesellschaftspolitische Ebene. Durch die Forderungen werden die konkreten Zielsetzungen und Vorstellungen der Bewegung ausgedrückt. Das bedeutet, dass die beiden symbolisch konstruierten Dimensionen, die kollektive Identität und die Abgrenzung, von der Bewusstseinsebene auf die reale gesellschaftspolitische Ebene transformiert werden müssen. Die innerhalb der regionalistischen Argumentation artikulierten Problempotentiale finden ihren Ausdruck in der Infragestellung der räumlichen Einheit. Entsprechend zielt der Regionalismus auf eine Veränderung der Zugehörigkeitsverhältnisse ab und versucht, dies durch die Präsentation möglicher Alternativen zu erreichen.

Mit der Ausdifferenzierung und der Charakterisierung regionalistischer Bewegungen in einer Theoriestruktur liegen nun Hypothesen vor, die einer empirischen Überprüfung standhalten müssen. Die Überprüfung des empirischen Gehaltes der Aussagen erfolgt anhand einer inhaltsanalytischen Untersuchung von Publikationen des ›Rassemblement jurassien‹. Die Methode der Textanalyse bietet ein konzises Verfahren, die Thesen und Argumente innerhalb der Öffentlichkeitsarbeit der Bewegung zu erfassen.

Das ›Rassemblement jurassien‹ betrieb bei der Verbreitung der Thesen und Forderungen zur Information der breiten Bevölkerung einen großen Aufwand. In zahlreichen Publikationen haben Exponenten der Bewegung Standpunkte, Motive und Forderungen in differenzierter Form dargestellt. Gerade deshalb bieten diese Kommunikationsinhalte eine geeignete Basis, um die regionalistische Argumentation der Jurabewegung zu rekonstruieren bzw. eine empirische Untersuchung an diesen Texten durchzuführen.

Von Texten und ihren Inhalten – Die empirische Analyse des jurassischen Regionalismus

Sprachlichen Äußerungen kommt eine wichtige soziale Funktion zu, da die in den Kommunikationsinhalten übermittelten sprachlichen Symbole Indikatoren für Einstellungen, Meinungen, Werthaltungen, Vorurteile oder andere Eigenschaften des jeweiligen Senders darstellen. Diese Tatsache kann auch dazu verwendet werden, vorerst spekulative Theorien an der Wirklichkeit zu erproben. Das Verfahren der Inhaltsanalyse beruht in der Zerlegung eines Textes in seine zu analysierenden Bestandteile und der Zuordnung zu analytischen Kategorien, die vom theoretischen Modell abgeleitet werden. Die theoretisch definierten Annahmen müssen dabei mit Begriffen der Realität verknüpft, d. h. die vom theoretischen Modell abgeleiteten abstrakten Kategorien müssen mit Aspekten der Wirklichkeit in Beziehung gesetzt werden.

Die Inhaltsanalyse ist im Prinzip die Systematisierung eines alltäglichen Vorgehens, nämlich der impressionistischen Interpretation von Zeitungsartikeln, Plakaten und anderen Botschaften, indem man systematisch und objektiv zuvor festgehaltene Inhaltsmerkmale erfasst. Die Inhaltsanalyse kann als eine Methode bezeichnet werden, die Texte, Bilder oder auch Töne als Teil sozialer Kommunikation analysiert.[5] Die systematische Analyse von Textmaterial, die Textanalyse, ist als Teilbereich der Inhaltsanalyse gewissen Ansprüchen und Anforderungen unterworfen, die bei der Erstellung eines analytischen Rasters für die Informationsabtastung von Textinhalten berücksichtigt werden müssen.

Die Forderungen nach Objektivität und Systematik gelten als zentrale Kriterien wissenschaftlicher Untersuchungen, wobei der Begriff der Objektivität zu relativieren ist. Jede Wirklichkeit hat einen relativen Status und wird vom erkennenden Subjekt konstruiert. Mit der Forderung nach Objektivität kann somit nur gemeint sein, dass die bei der Untersuchung und der Analyse verwendeten Begriffe und deren Operationalisierung so präzise sein müssen, dass jedem Untersuchungsschritt intersubjektiv eine gleiche Bedeutung zugewiesen wird und damit eine Kontrollmöglichkeit besteht.[6]

Das grundsätzliche Ziel jedes inhaltsanalytischen Modells ist es, die Realität – so, wie sie sich in der Botschaft darbietet – möglichst adäquat und entsprechend der jeweiligen Fragestellung zu erfassen und zu analysieren, »indem die prinzipiell vorfindbare Information auf die in bezug zur Fragestellung relevante Information reduziert wird« (Lisch/Kriz, 1978, 69). Angesichts der kaum überblickbaren Datenmenge setzt dies bei der Textanalyse die Bildung von Kategorien voraus.[7] Der Sinn der Kategorienbildung besteht im Wesentlichen in der Gewichtung und der Bezeichnung von Informationseinheiten. Im Kategoriensystem bezeichnet jede Kategorie eine bestimmte Klasse von Bedeutungen oder Textinhalten, denen Textinformationen zugewiesen werden können. Auf diese Weise wird die Information in die durch das Kategoriensystem bestimmten, forschungsrelevanten Segmente aufgespalten, bezeichnet und für die Interpretation fassbar.

Bei der Inhaltsanalyse ist für ein systematisches Vorgehen jeder Analyseschritt von Bedeutung. Die Bildung von Kategorien und die Zuordnung der Textelemente in diese (Codierung) ist der Kernbereich der inhaltsanalytischen Informationsgewinnung, mit der die gesamte Analyse letztlich steht oder fällt.

---

5   Vgl. Friedrichs (1980, 324f.).
6   Vgl. Merten (1983, 48f.).
7   Vgl. Lisch/Kriz (1978, 69).

Um die Wissenschaftlichkeit der Inhaltsanalyse zu garantieren, sind Gütekriterien erforderlich. So muss die Möglichkeit einer Reproduzierbarkeit der Ergebnisse unter gleichen intersubjektiven Bedingungen gewährleistet sein, zudem muss sichergestellt sein, dass das gewählte Instrument auch das misst, was es messen soll, d. h. dass die gewählte Operationalisierung den anvisierten Bedeutungsgehalt (die dargestellten Merkmale) auch tatsächlich erfasst.[8]

Die einfachste Form der Klassifikation ist die Feststellung der Präsenz oder Absenz eines inhaltlichen Merkmals. Die Inhalte, die den drei oben genannten Hauptkategorien zugewiesen werden sollen, müssen als eigene Kategorien ausdifferenziert werden, wobei die Bestimmung der Kategorien in einem direkten Zusammenhang mit der theoretischen Beschreibung des Regionalismus als soziale Bewegung steht. Indem die einzelnen Kategorien zusätzlich charakterisiert bzw. gegenüber anderen Kategorien durch eine präzisierende Umschreibung abgegrenzt werden, wird die methodische Forderung nach der eindeutigen Definition der Kategorien erfüllt.[9]

Das Kategoriensystem

Hauptkategorie	Kategorie	mögliche Inhalte
Kollektive Identität	kulturell begründet	Betonung der sozialen Solidarität mit Bezug auf kulturelle Artefakte, die Religion, die gemeinsame Geschichte und die französische Sprache.
	ethnisch begründet	Die Art des Zusammenlebens und die Betonung eines spezifischen Zusammengehörigkeitsgefühls auf der Basis der gemeinsamen Herkunft, der gemeinsamen Abstammung oder des »Bewusstseins« der Zugehörigkeit.
	politisch begründet	Betonung des politisch-rechtlichen Minderheitenstatus der Jurassier im Kanton Bern mit entsprechender Bevormundung durch die deutschsprachige, protestantische Mehrheit.

[8] Vgl. Lisch/Kriz (1978); Friedrichs (1980); Kromrey (1991); Merten (1983).
[9] Kategorien werden gebildet, indem sie zuerst theoretisch definiert und danach, durch die Konfrontation mit dem Untersuchungsmaterial, empirisch differenziert und präzisiert werden.

	Transsubstantiations-prozess	Begründung und Legitimation des Rechts des ›Rassemblement jurassien‹, nach innen und außen für die Jurassier zu sprechen.
	andere	Aussagen zur kollektiven Identität, die nicht eindeutig zuweisbar sind.
Abgrenzung	kulturelle Argumente	Sprachliche, kulturelle und konfessionelle Abgrenzung auf regionaler, nationaler und internationaler Ebene als Reaktion gegen die Bedrohung einer zunehmenden ›Germanisierung‹.
	ethnische Argumente	Die ethnische Kontrastierung wird als Mittel der Bewusstwerdung der eigenen Wesensart, zur Eigendefinition und zur Abgrenzung und Charakterisierung des Anderen benutzt.
	politische Argumente	Die Legitimation der Kontrastierung wird mit politisch-rechtlichen Argumenten aus der Verfassung und dem Staatsrecht, dem föderalistischen Prinzip der Eigenständigkeit und mit ökonomischen Argumenten begründet.
	historische Argumente	Historisch begründete Gebietsansprüche als Ausdruck der gemeinsamen Vergangenheit innerhalb eines definierten territorialen Rahmens – des früheren Fürstbistums Basel.
	territoriale Argumente	Politisch oder geographisch beeinflusste, territoriale Gebietsdefinition.
	Blut- und Bodenargumente	Wiederherstellung mystischen Volkstums mit Rekurs auf Dimensionen wie: Heimaterde; Land der Ahnen; l'âme du pays; âme jurassienne. Die Argumente beziehen sich auf wenig klare, ambivalente, auf den Affektbereich zielende Vorstellungen.
	Gegenüber	Bezeichnung, Darstellung und Charakterisierung.
	andere	Aussagen der Abgrenzung, die nicht eindeutig zuweisbar sind.

Forderungen	Abspaltung/ Eigenständigkeit	Konzepte und Vorstellungen der gebietskörperschaftlichen Abspaltung des Jura vom Kanton Bern und Befreiung von der bernischen Vormundschaft: als Kanton, als autonomes Gebiet im Kanton Bern etc.
	Autonomie/ Selbständigkeit	Konkrete Anhaltspunkte und Vorstellungen in Bezug auf die Bildung eines ›jurassischen‹ Kantons (Staates) und seine Bedeutung: Fragen nach der Organisation, staatsrechtlichen Formen und Funktion in der Schweiz stehen im Mittelpunkt.
	Selbstbestimmung	Modalitäten und Forderungen in Bezug auf die (rechtlichen) Ansprüche der Selbstbestimmung und Aspekte der Legitimierung einer Selbstbestimmung: Wer darf bestimmen und wie sollen die Verhandlungen und der Dialog organisiert werden etc.
	reaktionäre Vorstellungen	Forderungen als Ausdruck verkürzter und komplexitätsreduzierender Argumente fundamentalistischer und rassistischer Art, beispielsweise die Marginalisierung neuer Minderheiten und/oder die Verweigerung der Ausdehnung des Gehalts eigener Forderungen auf ihre Situation.
	progressive Vorstellungen	Forderungen, die Wertinnovationen im kulturellen, rechtlichen und sozialen Bereich beinhalten. Diese sollen in der Form des Dialogs und nicht mittels der Anwendung von Gewalt durchgesetzt werden; sie sollen die Garantie der Grundfreiheiten der Bürger, sowohl der Minderheiten wie der Mehrheit garantieren, und die Respektierung des Rechts des Anderen, anders zu sein, beinhalten.
	Föderalismuskonzepte	Organisatorische Kriterien der staatlichen, kantonalen und kommunalen Föderierung, der die Lösung der Konflikte zwischen ethnischen und gesellschaftlichen Einheiten ermöglicht.

	wirtschaftliche Konzepte	Richtlinien zur aktuellen und zukünftigen wirtschaftlichen Situation im Jura: Vorstellungen und Konzepte.
	andere	Forderungen und Vorstellungen, die nicht eindeutig zuweisbar sind.

Damit die Bedingungen der Intersubjektivität und der Objektivität der Untersuchung gewährleistet sind, müssen vorab die Untersuchungseinheiten definiert werden. Bei der vorliegenden Untersuchung umfasst die Untersuchungseinheit eine Auswahl typischer und im Hinblick auf die Fragestellung besonders charakteristischer Texte. Die Eingrenzung erfolgte zum Ersten anhand der Verfasser, allesamt Exponenten des ›Rassemblement jurassien‹. Eine zweite Eingrenzung bot sich hinsichtlich des Erscheinungszeitpunkts der Publikationen an. Die im Hinblick auf die Fragestellung wesentliche Zeitspanne kann auf die Phase zwischen der Gründung des ›Rassemblement jurassien‹ im Jahre 1952 und der Abstimmung vom März 1975 eingegrenzt werden.[10] Während dieser Periode konstituierte und entwickelte die Bewegung ihre spezifischen Formen und Argumentationsmuster. Vor 1952 bleibt die Bewegung wegen des fehlenden organisatorischen Konzepts kaum fassbar, und nach der Abstimmung von 1975, bei der die südlichen Bezirke den Verbleib im Kanton Bern beschließen, wird sie durch die neue Ausgangslage mit einer zwangsläufig veränderten Zielsetzung – der Vereinigung des getrennten Jura – konfrontiert. Zum Dritten beruht die Auswahl auf inhaltlichen Kriterien, die im Zusammenhang mit den im Kategoriensystem thematisierten und operationalisierten Merkmalen stehen.

---

10 Bei der am 23. Juni 1974 durchgeführten Volksabstimmung sprach sich eine knappe Mehrheit der jurassischen Bevölkerung (36.802 gegen 34.057) für die Lostrennung vom Kanton Bern aus. In der Volksbefragung vom 16. März 1975 beschlossen die drei südlichen Bezirke Courtelary, La Neuveville und der größte Teil von Moutier, beim Kanton Bern zu bleiben. In der nationalen Volksabstimmung vom 24. September 1978 stimmte auch die Schweizer Bevölkerung der Bildung des neuen Kantons zu und am 1. Januar 1979 erhielt der Kanton Jura seine Souveränität auf der Basis einer neuen kantonalen Verfassung, die sowohl die jurassische Bevölkerung wie die Bundesversammlung 1977 gutgeheißen hatte.

Die Datenerhebung

Die Datenerhebung bestand im Wesentlichen in der Codierung der relevanten Aussagen in die entsprechenden Kategorien. Die Codierung erfolgte im Verlauf der Textlektüre, indem den erhobenen Aussagen eine präzise Angabe der Textquelle beigestellt wurde, damit der Rückgriff auf diese gewährleistet und damit der Nachvollzug der Untersuchung garantiert werden kann. Das Verfahren unterlag den folgenden formalen Aspekten:

- Die Codierung erfolgte nicht verschlüsselt, um zum einen eine transparente Auswertung und zum anderen Kontrolle (Intersubjektivität) zu gewährleisten.
- Die Texte der Untersuchungseinheit wurden nach Äußerungen abgesucht, die in eine der Kategorien des Kategoriensystems passen. Alle im Sinne des Kategoriensystems irrelevanten Äußerungen blieben unberücksichtigt und wurden bei der Codierung übergangen.
- Passt eine Äußerung in zwei Kategorien, soll immer die spezifischere Kategorie gewählt werden.

Die Hauptkategorien des Untersuchungsinstruments leiten sich direkt aus der theoretischen Beschreibung des Regionalismus als soziale Bewegung ab. Sie umfassen das oben beschriebene Raster mit den Einheiten »kollektive Identität«, »Abgrenzung« und »Forderungen«.

Die unten angeführten Texte stellen das Untersuchungsmaterial dar, wobei jeder Text als eine eigene Untersuchungseinheit definiert wurde. Um eine allfällige Veränderung der Argumentation über die Untersuchungsdauer sichtbar zu machen, wurden die Texte in chronologischer Abfolge codiert:

Jahr	Nr.	Text
1952	01	Béguelin, R. 1952. Le réveil du peuple jurassien. 1947-1950.
1953	02	Béguelin, R. 1953. Le peuple jurassien ne survivra que s'il est autonome.
1954	03	Rassemblement jurassien. 1954. Déclaration de principe.
1956	04	Béguelin, R. 1956a. Die Jurafrage. Der Standpunkt der Separatisten.
	05	Béguelin, R. 1956b. Die Wirtschaftskapazität des Berner Juras – eine verkannte Grösse.
1958	06	Schaffter, R. 1958. Die Frage des »Kantons Jura« – ein schweizerisches Problem.
1959	07	Rassemblement jurassien. 1968a. Tätigkeitsprogramm des Rassemblement jurassien vom 2. August 1959.
	08	Schaffter, R. 1959. La Question jurassienne: juridisme ou morale politique?

1960	09	Rassemblement jurassien. 1968b. Auszug aus den Statuten der Jurassischen Sammlung vom 20. August 1960.
1963	10	Béguelin, R. 1963a. La question jurassienne. (Kapitel IV).
	11	Schaffter, R. 1963a. Petit essai d'anatomie politique.
	12	Béguelin, R. 1963b. Le réveil du Jura.
	13	Schaffter, R. 1963b. Le problème jurassien reste posé.
1964	14	Béguelin, R. 1964a. L'évolution du problème jurassien.
	15	Schaffter, R. 1964. Les affaires jurassiennes et les limites de la démocratie.
	16	Béguelin, R. 1964b. La Question jurassien s'est aggravée.
1965	17	Béguelin, R. 1965a. Le temps de la solidarité.
	18	Béguelin, R. 1965b. »Berne n'est pas notre patrie«.
	19	Béguelin, R. 1965c. L'arbitre impartial est-il a Strasbourg?
1966	20	Béguelin, R. 1966. Protection ethnique et révision de la Constitution fédérale.
	21	Rassemblement jurassien. 1968c. Erklärungen zur allgemeinen Politik, vom 17. April 1966.
	22	Schaffter, R. 1966. Un pamphlet révélateur: »Los von Bern! – Wohin?«
1967	23	Béguelin, R. 1967. L'autodétermination.
	24	Rassemblement jurassien. 1968d. Resolutionen vom 10. September 1967.
	25	Schaffter, R. 1967a. Vingt ans de lutte. 1947-1967.
	26	Schaffter, R. 1967b. Despotisme démocratique ou négociation?
	27	Wilhelm, J. 1967. La Romandie sous tutelle.
1968	28	Béguelin, R. 1968. Les voies de la négociation.
	29	Rassemblement jurassien. 1968e. Politische Erklärung des Rassemblement jurassien vom 14. Februar 1968.
	30	Schaffter, R. 1968. Les impératifs de la liberté.
1971	31	Béguelin, R. 1971. Volksbefragung und Selbstbestimmungsrecht im Völkerrecht.
1974	32	Béguelin, R. 1974a. RJ: votez oui.
	33	Béguelin, R. 1974b. L'autodisposition du peuple jurassien et ses conséquences.
	34	Schaffter, R. 1974. L'unité du Jura francophone.
1975	35	Rassemblement jurassien. 1975. Comment vous représentez-vous l'avenir du Jura?

Den erhobenen Aussagen ist hier eine präzise Angabe der Quelle beigestellt. Sie besteht aus der Nummer des Textes und der Seitenzahl. Die folgende Übersicht ist eine Zusammenstellung der wichtigsten und charakteristischen Äußerungen aus den von Schwyn (1996a) ausführlich untersuchten Texten.

Textbeispiele aus der untersuchten Literatur

Hauptkategorie Kategorie	Aussagen	Quelle
Kollektive Identität kulturell begründet	[...] les citoyens mineurs, qui sont Jurassien, parlent français.	01.011
	L'histoire a fait du peuple jurassien une petite nation jalouse de ses droits, consciente de sa personnalité, fière d'une longue autonomie passée.	02.013
	Durant cent cinquante ans, à travers sept mouvements séparatistes et les efforts inouïs de ses meilleurs citoyens, le Jura a défendu son patrimoine, sa langue, ses coutumes, ses lois françaises, sa foi ou son économie [...] il s'agit d'une lutte pour la culture, les Jurassiens étant [...] dans une position de stricte défensive sur un territoire qui, depuis plus de mille ans, est un avant-poste de la latinité. Ils ne menacent personne et ne cherchent pas à franciser les terres allemandes qui les entourent.	23.015
	[...] jusqu'à l'avènement du régime bernois, la paix confessionnelle qui régnait dans l'Etat, pourtant mixte [...] était donnée en exemple à l'Europe entière.	30.007
ethnisch begründet	Rien n'illustre mieux les heureux résultats obtenus par cet approfondissement de notre personnalité jurassienne que le renouveau de solidarité qui s'est manifesté au sein des colonies de Jurassiens établis en dehors de chez nous.	25.016
	[...] des Jurassiens de la langue française, c'est-à-dire du peuple du Jura considéré comme une entité ethnique et historique.	28.014
	Der Berner Jura fühlt sich in seinen sechs Amtsbezirken seit der bernischen Herrschaft als geistige und ethnische Einheit.	31.039
	[...] das jurassische Volk fühlt sich als Glied der französischen Volkstumsgemeinschaft, mit einem französischen Geisteserbe.	31.041
politisch begründet	[...] le peuple jurassien n'a pas d'influence sur sa destinée, ses institutions, sa politique [...] le peuple jurassien est le seul dans la Confédération, à ne pas avoir un statut politique propre.	03.005
	[...] les Jurassiens seront constamment ›majorisés‹, contraints, brimés, poussés au désespoir.	16.015

Transsubstanti-ationsprozess	Dès sa naissance, le mouvement autonomiste a su rallier dans son sein et porter à sa tête des hommes de toute tendance politique et de toute confession.	25.015
	Seule une minorité d'hommes courageux ose, dans la plupart des cas, engager la lutte qui finira par sauver et libérer le peuple tout entier [...] En effet, ce qui reste du peuple jurassien, ce qui a survécu à 150 ans d'intimidation, représente encore une masse impressionnante, groupée presque entièrement dans le Rassemblement jurassien, qui en est devenu le port-parole. La moitié des habitants du pays, les trois quarts au moins des Jurassiens de langue française, voilà une assiette qui suffit à légitimer le rôle qu'entend assumer et qu'assumera jusqu'au bout le Rassemblement jurassien.	30.008
	Solange sich innerhalb der Gruppe Leute finden, die diese Bewahrung [und Entfaltung des in Frage stehenden Volkstums] irgendwie wünschen, auch wenn es sich nur um eine Minderheit [...] handelt, haben sie das Recht für die ganze ethnische Gruppe zu sprechen.	31.037
andere	Die wirtschaftliche Entwicklung des Jura ist nicht das Resultat staatlicher Initiative oder der Einsetzung öffentlicher Mittel, sondern einzig und allein eine Folge der Unternehmungslust und der Intelligenz des jurassischen Volkes.	05.008 f.

Das ›Rassemblement jurassien‹ versuchte, die kollektive Identität und damit die Solidaritätsbasis der Bewegung in der Konstruktion einer jurassischen Ethnie zu verankern. Diese zeichnete sich durch geringe Differenzierung objektiver Komponenten aus. Von Bedeutung sind lediglich die Sprache, die gemeinsame Geschichte und die Position als Minderheit im Kanton Bern. Innere soziale, politische oder konfessionelle Differenzierungen konnten auf diese Weise ausgeblendet werden. Damit zeigt sich jedoch, dass der verwendete Ethnienbegriff eine Konstruktion darstellt, die von den Exponenten des ›Rassemblement jurassien‹ als Instrument zur Bildung einer eigentlichen solidarischen Gruppe eingesetzt wurde. Darüber hinaus gelang es den Exponenten, mit einer Strategie der Thematisierung und Aktualisierung des latent vorhandenen ethnischen Substrats ein jurassisches Selbstbewusstsein auszubilden und in der breiten Öffentlichkeit zu verankern. Gleichzeitig konnten der überparteiliche Charakter bewahrt und die Bevölkerungsgruppen über Klassengrenzen hinweg mobilisiert werden (Schwyn, 1996a, 131f.).

Abgrenzung kulturelle Argumente	[...] ein echter Jurassier kann nicht und wird nie anerkennen können, dass er ein ›Berner‹ sei. Es tut ihm weh, wenn man ihn als ›Berner französischer Zunge‹ bezeichnet und nichts ist ihm so sehr zuwider, als wenn das bernische Wappen dazu verwendet wird, zugleich den alten Kanton und den Jura zu versinnbildlichen.	07.093
	[...] la langue constitue le critère essentiel de l'assimilation. Le Jura francophone, si souvent menacé dans sa culture par des visées étrangères, entend se définir en s'appuyant fermement sur cette assise.	33.008
ethnische Argumente	Le peuple jurassien forme, dans le canton de Berne, une minorité ethnique, qui devrait être revêtue de la souveraineté. Le district de Laufon sera, dans le Jura, une minorité purement linguistique.	03.016
	[...] les Jurassiens savent d'instinct et par eux-mêmes au premier chef ce qu'ils veulent et surtout ce qu'ils ne veulent pas.	27.003
	[...] la conscience nationale du peuple jurassien n'a cessé de grandir par elle-même et de s'affirmer dans la lutte pour la sauvegarde de sa personnalité et son entité naturelle.	27.003
politische Argumente	[...] [le] peuple jurassien [...] n'a pas la faculté de nommer librement ses représentants au gouvernement cantonal et aux Chambres fédérales. Il en découle, dans la domaine culturel, comme dans celui de l'économie et des finances, des conséquences graves qui constituent les causes secondaires de la Question jurassienne.	03.005
	[...] die Jurassier [haben] keinen bestimmenden Einfluss auf ihr Schicksal und ihre Politik. Da sie einer sechsfachen Mehrheit gegenüberstehen, müssen sie sich dem Willen des Volkes des alten Kantons beugen.	04.006
	Voyons ce qui passe, par exemple, pour les conseillers d'Etat jurassiens. Ceux-ci ne sont pas, comme on pourrait le croire, nommées par le Jura, mais bien par le canton tout entier [...] La sélection est faite sans pitié: Berne choisit ses hommes.	11.098
	[...] rien n'a été fat, ni par Berne, ni par les Confédérés, pour donner aux Jurassiens l'occasion d'exprimer librement, et valablement, leur volonté profonde.	13.044

historische Argumente	La création, en 1815, d'un canton du Jura eût été l'aboutissement normal de l'évolution historique; elle eût été dans la logique non seulement du passé jurassien, mais de l'histoire de la Confédération helvétique.	02.013 f. 03.004
	L'unité du pays jurassien est une évidence historique.	34.029
territoriale Argumente	Qui donc, un jour, osa nier l'unité physique de ce pays? [...] c'est tout le pays jurassien qu'on voit surgir groupé autour des Abbayes de Moutier-Grandval et de Bellelay et former l'essentiel de l'Evêché de Bâle [...] l'unité politique découla directement de l'unité géographique.	25.006
	[...] der Jura [umfasst] die Amtsbezirke Courtelary, Delsberg, Freiberge, Münster, Neuenstadt und Puntrut (welscher Jura), das heisst 133 Gemeinden mit einem Gebiet von 1386.81 Quadratkilometern. Daneben besteht der Amtsbezirk Laufen mit deutschsprachiger Bevölkerung. Er fällt ausser Betracht, denn die französischsprachigen Jurassier schliessen ihn von ihren politischen Begehren aus.	31.035
	Les districts francophones représentent dans leur ensemble la patrie ancestrale des Jurassiens.	33.015
Blut- und Bodenargumente	Rien n'est plus insaisissable que l'âme d'un peuple et nul ne saurait dire au juste de quoi elle est faite. Pourtant, force obscure et indomptable, elle se perpétue de génération en génération [...].Ceux qui meurent pour elle l'enrichissent de leur vie sacrifiée, ceux qui vivent reçoivent d'elle la force de lutter et de vaincre [...] Ce peuple, qu'ils jugeaient avili, se redresse avec fureur. Un sang nouveau bouillonne dans ses veines. A ses oreilles, les mots d'honneur ou de liberté ont retrouvé tout leur sens. Ce peuple, naguère condamné, marche vers son salut, car il a retrouvé son âme. Le peuple jurassien n'a pas échappé à cela. Durant le premier siècle de sa vie bernoise, il n'a cessé de combattre pour défendre son existence. De 1815 [...] l'âme jurassien s'est usée dans une longue et héroïque résistance.	01.009
	[...] jene, die den Jura als Heimat haben (Land der Ahnen).	31.035
	Die welschen jurassischen Amtsbezirke stellen die Urheimat der Jurassier insgesamt dar.	31.039

Gegenüber	[...] l'important était, pour Berne, d'étouffer la voix du peuple jurassien.	15.046
	Il n'a pas de patrie suisse, ni de nation suisse, mais une Confédération, un lien fédéral dont le but est d'assurer l'indépendance et la sécurité ethnique de patries ou de fragments de patries fort dissemblables.	18.129
	Angesichts des bernischen Starrsinns und der Gleichgültigkeit der Schweizer wird indessen die jurassische Bewegung fortfahren, sowohl auf eidgenössischem wie auf internationalem Boden mit legalen Mitteln zu kämpfen.	21.099
andere	[...] le Jura, ›entité géographique‹, ›entité ethnique‹, ›entité nationale‹ sortie du 'creuset de l'histoire' [...] le Jura 'n'a pas cessé de former une entité politique' [...] c'est une réalité vivante, supérieure aux individus, qu'elle fond en un tout et qu'elle conduit vers des fins communes.	02.008

Das ›Rassemblement jurassien‹ hat einen wesentlichen Teil seiner Bemühungen darauf verwendet, die Gruppe der Jurassier und damit die eigene Position zu definieren. Gegenüber der insgesamt sehr differenzierten Abgrenzung in Bezug auf die ›Anderen‹, steht eine durchweg diffuse Umschreibung der eigenen Position. Die Polarisierung wurde auf verschiedenen Ebenen vorangetrieben, blieb aber auf der ethnischen und sprachlichen am stärksten ausgeprägt. Die Ab- und Ausgrenzung der ›Anderen‹ ermöglichte die emotionale Kontrastierung der gesuchten kollektiven Identität, im Fall des ›Rassemblement jurassien‹ als einer ethnischen Minderheit. Die spezifische Raumbezogenheit der Argumentation, ausgedrückt durch die territorialen Gebietsansprüche, stellen in dieser Hinsicht eine klar definierte physischräumliche Positionierung der Gruppe dar, die als eine Verdinglichung der Identitätsbasis interpretiert werden kann (Schwyn, 1996a, 133f.).

Forderungen Abspaltung/ Eigenständigkeit	[...] il [le peuple du Jura] a manifesté le désir d'être suisse et de former un canton, car, logiquement, il devait former un canton.	02.014
	[...] l'autonomie cantonale demeure la seule forme d'autonomie possible.	02.018

		Dès que son sort a été en jeu, il [le peuple jurassien] a manifesté le désir d'être suisse et de former un canton. Car, logiquement, il devait former un canton [...] le peuple du Jura aspire au rétablissement de ses droits souverains.	03.004
		Cette autonomie que Berne lui refusait, le Jura la rechercherait dans la séparation, c'est-à-dire dans la création d'un canton propre.	08.048
		[...] le but final, qui est l'indépendance.	12.009
		[...] les aspirations jurassiennes vont vers l'autonomie, vers la liberté.	13.045
Autonomie/ Selbständigkeit	La défense de la langue, de la culture, de l'économie, cette défense, nous le savons d'expérience, ne s'assume pleinement que lorsqu'elle est garantie et étayée par l'autonomie politique.	02.017
	[...] l'Etat jurassien garantira le mieux l'équilibre confessionnel et perpétuera une stabilité propre à empêcher toute méfiance et tous malentendus.	03.013
	[...] c'est avec assurance que les Jurassiens [...] sauront se donner une administration souple, des lois modernes, ils sauront aussi créer un esprit nouveau, tant dans le domaine politique que dans le domaine social, et l'on peut être certain qu'ils auront à coeur de faire de leur jeune canton un canton modèle.	25.028
Selbst-bestimmung	Si cet article [5 de la Constitution fédérale] garantit le territoire et la souveraineté des cantons, c'est contre l'étranger, et il n'ôte pas aux citoyens le droit de reviser la structure d'un canton dans le cadre de la Confédération.	01.029
	Die Jurassier (einschliesslich die auswärtigen) wünschen die Zukunft ihrer Heimat nach dem im öffentlichen Recht geltenden Regeln der Selbstbestimmung frei wählen zu können.	21.099
	il faut consulter le peuple jurassien! Le peuple a le droit de donner son avis. Les autorités ont le devoir de lui en fournir l'occasion.	23.006
	[...] l'attitude du Rassemblement jurassien [...] stipule: qu'une négociation doit avoir lieu en présence et sous la conduite de médiateurs étrangers au canton de Berne; que les questions de procédure, de marche à suivre et d'autodétermination constituent le premier objet de la négociation.	28.012

	Le droit de libre disposition, avons-nous dit en invoquant la doctrine des Nations unies, ne peut s'appliquer qu'à des peuples entiers.	33.022
reaktionäre Vorstellungen	[...] dass alle von der kantonalen Verwaltung abhängigen Stellen im Jura und in der Zentralverwaltung [...] Jurassiern vorbehalten werden.	07.094
	Deutschsprachige Schulen [...] bergen nicht bloss die Gefahr in sich, gelegentlich zu Germanisationsherden sich auszuwachsen, sondern ihr Vorhandensein erschwert die Assimilation der Eingewanderten, die eine unerlässliche Voraussetzung für das gute Einvernehmen unter der Bevölkerung ist.	07.094
	Intégrer les nouveaux venus n'est pas une mauvaise politique, mais s'ils sont trop nombreux, on court le risque de leur livrer les clés de la maison; sous leur nouvelle identité, ils resteront pareils à eux-mêmes et leur premier souci sera d'imposer leur manière de vivre et de penser.	20.004
	Der Berner Jura ist [...] ethnisch homogen trotz der Minderheiten deutschsprachiger Einwanderer in den Grenzgebieten.	31.035
progressive Vorstellungen	[...] l'ethnie n'a rien à voir avec la race et le racisme [...] La xénophobie, ce sentiment vulgaire est tout aussi inexistante [...] car la solidarité ethnique, qui est une forme du respect de soi-même, tue les complexes et donne une assurance qui permet à chacun de respecter, sans réserve aucune, toutes les autres ethnies.	20.009
	Elle [la nouvelle génération] souhaite un canton 'pas comme les autres' en ce sens qu'il serait neuf, donc moderne, donc ouvert au monde, donc facteur de progrès. Le dynamisme intrinsèque de la 'révolution jurassienne' imprègne tout le corps social [...] le canton du Jura sera plus avancé, sur le plan humain et social, que le canton de Berne. Quelque chose se passe dans ce territoire qui a tant souffert, et tant lutté; le social et le culturel y marchent de pair et l'engagement civique peut être cité en exemple.	32.035
	L'Etat jurassien devra, comme il se doit, mettre en oeuvre une politique culturelle et linguistique adaptée aux besoins du pays. Par la force des choses, et par souci d'universalité, de contacts et de rayonnement, ses préoccupations ne se limiteront pas à l'aire territoriale du nouveau canton.	33.025

Föderalismus-konzepte	La plupart des grands postulats d'ordre social (assurance-vieillesse, assurances sociales, réglementation du travail et des salaires par contrats collectifs, etc.) se réalisent sur le plan fédéral, respectivement par branches d'industrie. Ils échappent par conséquent aux contingences de la politique cantonale. Dans les domaines où les autorités cantonales ont des initiatives à prendre, on peut être assuré que celles du Jura démontreront le souci de progrès qui est celui des Etats industrialisés.	03.021
	L'Europe de demain suscite aussi des espoirs d'ordre politique, au point que des esprits lucides n'hésitent pas à prédire un sort meilleur aux minorités ethniques dont les Etats nationaux n'ont pas réussi à satisfaire les aspirations légitimes.	10.088
	[...] des questions essentielles d'ordre politique, social et économique ne peuvent pas être tranchées simplement une fois pour toutes par une petite majorité contre une forte minorité. Il faut trouver un ordre fondamental qui satisfasse dans une large mesure les exigences de cette minorité.	14.027
	Der von den Staaten gepflegte Nationalismus muss einer engen Zusammenarbeit der Völker, zuerst in Europa, dann in der ganzen Welt, Platz machen.	24.100
wirtschaftliche Konzepte	Il sera de toute urgence de doter le Jura d'établissements d'enseignement technique et professionnel en rapport avec les besoins de l'industrie et de l'artisanat. L'enseignement agricole, s'inspirant des besoins particuliers de l'agriculture jurassienne, devra être développé harmonieusement.	03.011
	A cause de leur état de dépendance politique, les jurassien [...] auront tendance à se tourner résolument vers l'Europe. Le centre géographique du Marché commun se situe non loin du Territoire de Belfort, dont le Jura constitue le prolongement méridional. Cette région en pleine expansion industrielle représente un pôle d'attraction qui répond aux conditions géographiques et aux courants traditionnels de l'économie jurassienne [...] Qu'on supprime le cordon douanier et les entraves qui, depuis cent cinquante ans, ont mis dans un carcan les terres basses et riantes du Jura, que la barrière tombe, qui a tué l'avenir de Porrentruy.	10.088

| andere | Les Jurassiens, une fois de plus, accueillaient favorablement le principe d'une négociation [...] parce que la Question jurassienne ne peut être résolue, au-delà du despotisme du plus nombreux, que par la négociation. | 26.004 |

Die Argumentationsmuster beziehen sich in dem Bereich »Forderungen« genauso auf die politische wie auf die wirtschaftliche Ebene, wobei insbesondere alle Entscheide der Berner Zentralinstanz, also der Berner Regierung, notiert und kommentiert wurden. Das Spannungsverhältnis zum Kanton Bern und deren Exponenten wurde letztlich in der Form einer klaren Forderung nach mehr Selbstbestimmung und Autonomie manifest, wobei verschiedentlich die Absicht zum Ausdruck kam, dass die Art und Weise des Vorgehens hierbei innerhalb eines Dialogs zwischen den Opponenten festgelegt werden sollte.[11]

Der jurassische Regionalismus

Die Texte des ›Rassemblement jurassien‹ spiegeln die Inhalte der drei Komplexe deutlich wider. Die Themen waren wichtige Bestandteile des regionalistischen Diskurses und wurden innerhalb seiner Argumentationslinie in differenzierter Form abgehandelt. Es zeigt sich deutlich, dass gerade die Elemente, die zur Konstruktion einer kollektiven Identität thematisiert werden und auf diese Weise die gruppenspezifische Solidarität ermöglichen, wie auch die abgrenzenden Aussagen, die eine Polarisierung zwischen verschiedenen Interessengruppen auslösen, als wesentliche Bestandteile des regionalistischen Diskurses zu verstehen sind. Beide Kriterien, die Identität und die Abgrenzung, beeinflussen zur Hauptsache die Bewusstseinsebene der Akteure und sind gleichzeitig Ausdruck dieser Ebene. Im Gegensatz dazu stehen die konkreten Forderungen. Hier werden eigentliche gesellschaftspolitische Anliegen thematisiert. Entsprechend wichtig ist ihre Funktion hinsichtlich realer Veränderungen innerhalb der politischen Praxis. Im Jura zeigte sie sich insbesondere in der Bildung des neuen Kantons.

---

[11] Vgl. Schwyn (1996a, 135f.).

Auch die von der lokal-globalen Dialektik ausgehende Spannung, eine der zentralen Konsequenzen der Spät-Moderne, verdeutlicht sich im regionalistischen Diskurs der Jurabewegung. So waren Themen mit augenfälligem Außenbezug, in diesem Fall die Annäherung an Europa, genauso Bestandteil der Argumentation, wie der Innenbezug mit der Betonung der kulturellen, ethnischen, sprachlichen und regionalen Besonderheiten, die es zu schützen und zu bewahren galt.

Die Legitimation des jurassischen Separatismus geschah im Wesentlichen auf der Basis historischer, politischer und ethnischer Kriterien. Er ist in diesem Sinn als ein von sozialen Prozessen bestimmtes Phänomen zu verstehen. Die soziale Konstruktion implizierte dann die räumliche Komponente und erst in deren Konsequenz äußerte sich der Regionalismus auf der territorialen Ebene. Die Basis der regionalistischen Bewegung kann also nicht im Territorialen gefunden werden, sie zeigt sich vielmehr als eine Übertragung sozialkultureller Momente auf die räumliche Dimension.

Schluss

Die regionalistische Bewegung im Jura wurde in ihrer Ausrichtung von den drei Komplexen getragen, die eine soziale Bewegung charakterisieren. Die Untersuchung zeigte auch, dass nicht nur strukturellen Defiziten, sondern insbesondere Faktoren mit kulturellem und emotionalem Gehalt innerhalb des regionalistischen Diskurses eine zentrale Bedeutung zukommt. In dieser Hinsicht liefert der lokale Handlungskontext einen wichtigen Orientierungshintergrund für Kommunikationsprozesse und soziale Interaktionen und ist seiner Bedeutung entsprechend zu akzeptieren. Gleichzeitig muss aber auf die Gefahr einer emotionalen Rückbindung an die Herkunftsregion hingewiesen werden: Der Rückgriff auf ethnische, kulturelle, regionale oder nationale Werte kann sich zu einem Rückzug, zu einer eigentlichen Abkapselung entwickeln und es besteht die Gefahr, in das Ausschließen des Anderen abzugleiten, in ›ethnische Säuberung‹, Rassismus und Gewalt. Der Regionalismus kann somit auf der einen Seite als eine sozial-kulturelle Konstruktion neue Handlungs- und Denkweisen eröffnen und als solche Synthesen und Gegenkulturen aufbauen, welche den Unsicherheiten entgegenwirken, die sich im Kontext der Spät-Moderne ausbreiten. Auf der anderen Seite beinhaltet er aber auch ein ideologisches Potential und kann mit verkürzten, rassistischen oder völkischen Argumenten verheerende Konsequenzen nach sich ziehen. Oft genug stehen die demokratisch legitimierbaren Lösungsansätze aktueller Regionalismen im Schatten der demagogischen Stoßrichtung – ein Gefahrenpotential, das nicht unterschätzt werden darf.

Trotzdem: Es scheint, dass der klassische Nationalstaat als souveräner Hüter von Grenzen in der Welt des ›Und‹ unzweckmäßig geworden ist, denn Grenzen – nationalstaatliche Grenzen – vermögen wichtige Zusammenhänge nicht mehr abzubilden: Gifte und Umweltverschmutzung sind ebenso wenig hinter solchen Grenzen zurückzuhalten wie Kommunikationsnetzwerke oder wirtschaftliche Verflechtungen. Das ›Entweder-Oder‹ greift nicht mehr, und je stärker die globale Verflechtung fortschreitet, wird das verbindende ›Und‹ zum Thema werden. Das gemeinsame Auftreten von zunehmender Globalisierung und verstärkter Identifizierung mit regionalistischen oder nationalistischen Diskursen ist deshalb kein Widerspruch, sondern eine Folge des Bedürfnisses nach Identität und der Suche nach Orientierungshilfen. Aber gerade deshalb ist dieser Entwicklung die notwendige Aufmerksamkeit entgegenzubringen, damit die Problemstellen aktiv bewältigt werden können. Dies setzt die Akzeptanz der Differenz in multikulturellen Lebenswelten mit voraus.

Literatur

Ahlemeyer, H. W.: Was ist eine soziale Bewegung? Zur Distinktion und Einheit eines sozialen Phänomens. In: Zeitschrift für Soziologie, Jg. 18, Heft 3, 1989, S. 175-191

Bahrenberg, G.: Unsinn und Sinn des Regionalismus in der Geographie. In: Geographische Zeitschrift, Jg. 75, Heft 3, 1987, S. 149-160

Beck, U.: Die Erfindung des Politischen. Zu einer Theorie reflexiver Modernisierung. Frankfurt a. M. 1993

Béguelin, R.: Le réveil du peuple jurassien. 1947-1950. Edité par le Rassemblement jurassien. Delémont 1952

Béguelin, R.: Le peuple jurassien ne survivra que s'il est autonome. Edité par le Rassemblement jurassien. Delémont 1953

Béguelin, R.: Die Jurafrage. Der Standpunkt der Separatisten. In: Echo. Die Zeitschrift der Schweizer im Ausland, Jg. 36, Heft 6, 1956a, S. 5-6

Béguelin, R.: Die Wirtschaftskapazität des Berner Juras – eine verkannte Grösse. In: Echo. Die Zeitschrift der Schweizer im Ausland, Jg. 36, Heft 6, 1956b, S. 6-9

Béguelin, R.: La question jurassienne. In: Béguelin, R. u. a.: Le Jura des Jurassiens. Lausanne: Cahiers de la Renaissance Vaudoise No. XLIV, 1963a

Béguelin, R.: Le réveil du Jura. In: Béguelin, R. und Schaffter, R.: Comment résoudre la question jurassienne? Edité par le Rassemblement jurassien. Delémont 1963b

Béguelin, R.: L'évolution du problème jurassien. In: Béguelin, R. und Schaffter, R.: Berne à l'heure du choix. Edité par le Rassemblement jurassien. Delémont 1964a

Béguelin, R.: La Question jurassien s'est aggravée. Edité par le Rassemblement jurassien. Delémont 1964b

Béguelin, R.: Le temps de la solidarité. In: Béguelin, R. und Héraud, G.: Europe – Jura. Edité par le Rassemblement jurassien. Delémont 1965a

Béguelin, R.: »Berne n'est pas notre patrie«. In: Béguelin, R. und Héraud, G.: Europe – Jura. Edité par le Rassemblement jurassien. Delémont 1965b

Béguelin, R.: L'arbitre impartial est-il a Strasbourg? in: Béguelin, R. und Héraud, G.: Europe – Jura. Edité par le Rassemblement jurassien. Delémont 1965c

Béguelin, R.: Protection ethnique et révision de la Constitution fédérale. Edité par le Rassemblement jurassien. Delémont 1966

Béguelin, R.: L'autodétermination. Edité par le Rassemblement jurassien. Delémont 1967

Béguelin, R.: Les voies de la négociation. Edité par le Rassemblement jurassien. Delémont 1968

Béguelin, R.: Volksbefragung und Selbstbestimmungsrecht im Völkerrecht. Pressekonferenz von Roland Béguelin, Generalsekretär des Rassemblement jurassien und Chefredaktor des ›Jura libre‹, am 13. September 1970. In: Zweiter Bericht der Kommission der guten Dienste für den Jura vom 7. September 1971. Bern 1971

Béguelin, R.: Un faux témoin. La Suisse. Paris/Lausanne/Montreal: Editions du Monde 1973

Béguelin, R.: RJ: votez oui. In: choisir. Nr. 173, Mai 1974. Fribourg 1974a

Béguelin, R.: L'autodisposition du peuple jurassien et ses conséquences. In: Béguelin, R. und Schaffter, R.: L'autodisposition du peuple jurassien et ses conséquences. Edité par le Rassemblement jurassien. Delémont 1974b

Béguelin, R. und Donzé. G.: Briefwechsel mit dem Rassemblement jurassien. In: Kommission der 24. Bericht zur Jurafrage. Bern 1968

Darnstädt, T. und Spörl, G.: Streunende Hunde im Staat. In: Der Spiegel, Heft 13, 1993, S. 142-159

Friedrichs, J.: Methoden empirischer Sozialforschung. Opladen 1980

Giddens, A.: The Role of Space in the Constitution of Society. In: Steiner, D./Jäger, C./ Walther, P. (Hrsg.): Jenseits der mechanistischen Kosmologie – Neue Horizonte für die Geographie? Berichte und Scripten. Geographisches Institut ETH Zürich 1988

Giddens, A.: The Consequences of Modernity. Cambridge 1990

Giddens, A.: Modernity and Self-Identity. Self and Society in the Late Modern Society. Cambridge 1991

Giddens, A.: Kritische Theorie der Spätmoderne. Wien 1992

Henecka, H. P.: Der Jurakonflikt – von aussen gesehen. Eine soziologische Analyse zur Struktur und Dynamik der bernisch-jurassischen Auseinandersetzung. In: Reformatio, Jg. 23, Heft 5, 1974, S. 257-274

Kromrey, H.: Empirische Sozialforschung. Opladen 1991 (5. Auflage)

Lisch, R. und Kriz, J.: Grundlagen und Modelle der Inhaltsanalyse. Reinbek 1978

Lübbe, H.: Der Philosoph im fremden Lande: Hat die schweizerische Identität gelitten? In: Institut für Angewandte Psychologie IAP (Hrsg.): Störfall Heimat – Störfall Schweiz. Zürich 1990

Melucci, A.: Nomades of the Present. Social Movement and Individual Needs in Contemporary Society. Philadelphia 1989

Merten, K.: Inhaltsanalyse. Einführung in Theorie, Methode und Praxis. Opladen 1983

Rassemblement jurassien: Déclaration de principe sur la Constitution et sur les lignes directrices de la politique de l'Etat jurassien. Delémont 1954

Rassemblement jurassien: Separatistische Thesen und Forderungen: *Tätigkeitsprogramm des Rassemblement jurassien*. Delegiertenversammlung, 22. August 1959. In: Kommission der 24. Bericht zur Jurafrage. Bern 1968a

Rassemblement jurassien: Separatistische Thesen und Forderungen: *Auszug aus den Statuten der Jurassischen Sammlung*. Delegiertenversammlung, 20. August 1960. In: Kommission der 24. Bericht zur Jurafrage. Bern 1968b

Rassemblement jurassien: Separatistische Thesen und Forderungen: *Erklärungen zur allgemeinen Politik*. Delegiertenversammlung, 17. April 1966. In: Kommission der 24. Bericht zur Jurafrage. Bern 1968c

Rassemblement jurassien: Separatistische Thesen und Forderungen: *Resolutionen*. 20. Fest des jurassischen Volkes, 10. September 1967. In: Kommission der 24. Bericht zur Jurafrage. Bern 1968d

Rassemblement jurassien: Separatistische Thesen und Forderungen: *Politische Erklärung des Rassemblement jurassien*. Direktionsausschuss, 14. Februar 1968. In: Kommission der 24. Bericht zur Jurafrage. Bern 1968e

Rassemblement jurassien: Comment vous représentez-vous l'avenir du Jura? In: La Vie protestante Nr. 5/1 vom Freitag, 31. Januar 1975, S. 3, Genève 1975

Rassemblement jurassien (Hrsg.): Livre Blanc sur les relations entre le Rassemblement jurassien et les autorités suisses. Delémont 1981

Schaffter, R.: Die Frage des »Kantons Jura« – ein schweizerisches Problem. In: Schweizer Rundschau, Jg. 58, Heft 1, 1958, S. 33-39

Schaffter, R.: La Question jurassienne: juridisme ou morale politique? In: Die Schweiz. La Suisse. La Svizzera. Jahrbuch der Neuen Helvetischen Gesellschaft. Jg. 30, Bern: Jahrbuch-Verlag NHG 1959

Schaffter, R.: Petit essai d'anatomie politique. In: Béguelin, R. u. a.: Le Jura des Jurassiens. Lausanne: Cahiers de la Renaissance Vaudoise No. XLIV, 1963a

Schaffter, R.: Le problème jurassien reste posé. In: Béguelin, R. und Schaffter, R.: Comment résoudre la question jurassienne? Edité par le Rassemblement jurassien. Delémont 1963b

Schaffter, R.: Les affaires jurassiennes et les limites de la démocratie. In: Béguelin, R. und Schaffter, R.: Berne à l'heure du choix. Edité par le Rassemblement jurassien. Delémont 1964

Schaffter, R.: Un pamphlet révélateur: »Los von Bern! – Wohin?«. Edité par le Rassemblement jurassien. Delémont 1966

Schaffter, R.: Vingt ans de lutte. 1947-1967. Edité par le Rassemblement jurassien. Delémont 1967a

Schaffter, R.: Despotisme démocratique ou négociation? Edité par le Rassemblement jurassien. Delémont 1967b

Schaffter, R.: Les impératifs de la liberté. Edité par le Rassemblement jurassien. Delémont 1968
Schaffter, R.: L'unité du Jura francophone. In: Béguelin, R. und Schaffter, R.: L'autodisposition du peuple jurassien et ses conséquences. Edité par le Rassemblement jurassien. Delémont 1974
Schmidtke, O. und Ruzza C. E.: Regionalistischer Protest als »Life Politics«. Die Formierung einer sozialen Bewegung: die Lega Lombarda. In: Soziale Welt, Heft 1, 1993, S. 5-29
Schwander, M.: Jura – Ärgernis der Schweiz. Basel 1971
Schwander, M.: Jura – Konfliktstoff für Jahrzehnte. Zürich/Köln 1977
Schwyn, M.: Regionalismus als soziale Bewegung. Entwurf einer theoretischen Beschreibung des Regionalismus – mit einer empirischen Analyse des Jurakonfliktes. Anthropogeographische Schriftenreihe, Bd. 15, Geographisches Institut der Universität Zürich. Zürich 1996a
Schwyn, M.: Regionalismus – Ein Beispiel aus der Schweiz. In: Renner, E. (Hrsg.): Regionalismus. FWR – Publikationen 30/96, St. Gallen 1996b, S. 25-32
Schwyn, M.: Regionalismus. Bewegung im Regionalen. In: Soziographie (im Druck) 1997
Voutat, B.: Interpreting National Conflict in Switzerland: the Jura Question. In: Coakley, J. (Hrsg.): The Social Origins of Nationalist Movements. The Contemporary West European Experience. London/Newbury Park/New Delhi 1992
Weichhart, P.: Raumbezogene Identität. Bausteine zu einer Theorie räumlich-sozialer Kognition und Identifikation. Stuttgart 1990
Werlen, B.: Gesellschaft, Handlung und Raum. Stuttgart 1988
Werlen, B.: Regionale oder kulturelle Identität. Eine Problemskizze. In: Berichte zur deutschen Landeskunde, 66. Band, Heft 1, 1992, S. 9-32
Werlen, B.: Identität und Raum – Regionalismus und Nationalismus. In: Soziographie, 6. Jg., Bd. 6/7, 1993
Werlen, B.: Sozialgeographie alltäglicher Regionalisierungen. Band 1: Zur Ontologie von Gesellschaft und Raum. Erdkundliches Wissen, Heft 116. Stuttgart 1995
Werlen, B.: Sozialgeographie alltäglicher Regionalisierungen. Band 2: Globalisierung, Region und Regionalisierung. Erdkundliches Wissen, Heft 119. Stuttgart 1997

Michael Hermann
Heiri Leuthold

Weltanschauung und ungeplante Regionalisierung

Einleitung

Der institutionelle und soziale Wandel im Zuge der Modernisierung und Globalisierung der alltäglichen Lebensbedingungen hat die Möglichkeit einzelner Akteure zur Gestaltung ihres Umfelds verändert. Die Reichweite des Handelns ist größer geworden, die Möglichkeit für gezielte Eingriffe mit vorhersehbarer Wirkung ist dagegen geschwunden. Gemäß Anthony Giddens (1995; 1994) sind gesellschaftliche Strukturen unter spätmodernen Bedingungen weniger das Produkt aktiver Planung als unbeabsichtigte Folgen vieler intendierter Einzelhandlungen. In Bezug auf den Prozess der Regionalisierung bedeutet dies, dass die Möglichkeit zum bewussten, zielgerichteten »Geographie-Machen« (Werlen, 1997) abgenommen hat. Parallel zum Bedeutungsverlust der planvollen Gestaltung von Regionen sind alltägliche Regionalisierungen, die auf dezentral gesteuertem oder ungeplant koordiniertem Handeln basieren, wichtiger geworden.

Eine explizite Auseinandersetzung mit den qualitativen Unterschieden von geplanter und ungeplanter Regionalisierung wird notwendig. Dem Umstand, dass sich die Hervorbringer nicht-intendierter und ungeplanter Regionalisierungen der Folgen ihres Handelns nicht bewusst sind, ist auch in methodologischer Hinsicht Rechnung zu tragen. Mit der Analyse von Intentionen und Motiven der Akteure allein können die Ursachen für die Bildung von Regionen nicht ergründet werden. Persistente ungeplante Regionen entstehen und bestehen nur dann, wenn sie kontinuierlich durch gleichgerichtetes Handeln reproduziert werden. Im Zentrum des Forschungsinteresses steht deshalb die Frage, welche Mechanismen und Prinzipien zu einer Koordination und Gleichrichtung von individuellem Handeln führen.

Dieses Problemfeld wird in drei Schritten bearbeitet. Im ersten Teil wird das Prinzip der ungeplanten Regionalisierung konzeptualisiert. Aus einer modernisierungstheoretischen Perspektive wird dargelegt, dass wichtige Voraussetzungen für die zentral gesteuerte Planung von Regionen unter spätmodernen Bedingungen entfallen und dezentral koordiniertes Handeln an Bedeutung gewinnt. Als Instrument zur Analyse von koordiniertem Handeln wird das Konzept der Weltanschauungen eingeführt. Weltanschauung wird als Grundraster mentaler Dispositionen aufgefasst, das ökonomische und soziale Restriktionen sowie individuelle Wünsche und Zielsetzungen als handlungsleitende Momente gleichermaßen berücksichtigt und abbildet.

Im zweiten Teil wird das induktiv und empirisch hergeleitete Modell der Weltanschauung vorgestellt.[1] Das Modell zerlegt die Weltanschauung in drei grundlegende Komponenten, die aus der quantitativ-statistischen und der inhaltlichen Analyse von politischen Konflikten in der Schweiz resultierten. Als empirische Grundlage dienten 172 Volksbefragungen über politische Sachfragen, wie sie im direktdemokratischen System der Schweiz periodisch durchgeführt werden. Die drei Komponenten lassen sich auf Ungleichheiten bezüglich Bildungsniveau und materiellen Ressourcen, Art der Erwerbstätigkeit und die Zugehörigkeit zu einer sprachkulturellen Tradition zurückführen. Mit der Entwicklung des »Raumes der Weltanschauungen«, der durch die drei eben genannten Komponenten dreidimensional aufgespannt wird, eröffnet sich die Möglichkeit, die mentale Differenzierung der Stimmbürgerinnen und Stimmbürger der Schweiz abzubilden. In der erdräumlichen Repräsentation der Segregation der weltanschaulichen Milieus zeigt sich das Zusammenwirken von intraregionaler, sozialer Hierarchie auf der Basis der Verfügbarkeit von Ressourcen sowie das Zusammenwirken von interregionaler Hierarchie auf der Basis unterschiedlicher Zentralität.

Im dritten Teil werden die beiden vorangegangenen Argumentationsschritte zusammengeführt. Es wird gezeigt, wie Unterschiede in den mentalen Dispositionen zu systematischen territorialen Regionalisierungen führen. Unterschiede in der Weltanschauung sind insbesondere bei Migration und Wohnortwechseln bedeutsam. Weltanschauliche Regionalisierungen entstehen durch Mentalitätsunterschiede zwischen Mobilen und Nicht-Mobilen, durch ähnliche Standortansprüche aufgrund ähnlicher Wert- und Idealvorstellungen, und schließlich führt der regional differenzierte Arbeitsmarkt zur Konzentration und Segregation von sozialen und weltanschaulichen Milieus.

[1] Seit dem Jahr 2001, als dieser Beitrag geschrieben wurde, erschienen mehrere Veröffentlichungen der beiden Autoren zum Modell der Weltanschauung und seiner Dynamik (Hermann/Leuthold, 2001; 2002a; 2002b; 2003a; 2003b; 2004). Der 2003 erschienene »Atlas der politischen Landschaften« bietet eine umfassende Abhandlung zu den regionalen Unterschieden der politischen Mentalitäten in der Schweiz.

Die bestehende Regionalisierung der Weltanschauung hat Inkorporierungseffekte des Milieus zur Folge. Sie wird reproduziert, indem die dominierende weltanschauliche Orientierung die lokalen Institutionen durchdringt und das weltanschauliche Milieu somit zum Standortfaktor wird.

Ungeplante Regionalisierung und Koordination

Regionalisierungen können als unbeabsichtigtes (Neben-)Produkt menschlicher Handlungen, aber auch intentional vollzogen werden. Hier wird zuerst gezeigt, wie ungeplante Regionalisierung von geplanter unterschieden werden kann, warum ungeplantes Regionalisieren in der Spätmoderne zunehmend an Bedeutung gewinnt und schließlich wird auf die Frage eingegangen, unter welchen Bedingungen ungeplante Regionalisierungen ent- und bestehen können.

Regionalisierungsbegriffe

»Regionalisierung« bezeichnet den Prozess bzw. den Akt des Unterteilens einer räumlich ausgedehnten Gegebenheit in Zonen unterschiedlichen Gehalts und Bedeutung. Werlen (1997, 51-67) unterscheidet zwischen wissenschaftlicher und alltäglicher Regionalisierung.[2] *Wissenschaftliche Regionalisierung* ist ein Klassifikationsverfahren, um einen Raumausschnitt nach objektiven Kriterien zu zonieren und einzuteilen. Es ist eine wissenschaftliche Tätigkeit, bei der der betroffene Raumausschnitt Objekt der Betrachtung bleibt. Er wird dabei weder umgestaltet noch verändert, sondern er wird beschrieben. *Alltägliche Regionalisierung* dagegen bezeichnet praktisches Handeln, das Raum interpretiert, nutzt und gestaltet und so zu einer Zonierung und Strukturierung von Raum führt. Die methodologischen Konsequenzen der Unterscheidung sind offensichtlich. Im Zentrum des Interesses der wissenschaftlichen Regionalisierung stehen die resultierenden Regionen. Dagegen bilden bei der Untersuchung der alltäglichen Regionalisierung die Prozesse und Tätigkeiten des Alltags, die zur Regionenbildung führen, sowie die routinierte Zonierung des Handlungskontextes den eigentlichen Forschungsgegenstand.

In diesem Beitrag möchten wir eine weitere Unterscheidung einführen, die weder Werlen noch Giddens explizit vornehmen. Es ist die Unterteilung

---

2 Eine Herleitung des strukturationstheoretischen Begriffs von Regionalisierung findet sich bei Giddens (1995, 171-192).

der alltäglichen Regionalisierung in geplante und ungeplante. Als geplante oder auch intendierte Regionalisierung wird eine Tätigkeit bezeichnet, die mit dem Ziel ausgeführt wird, Regionen zu bilden. Von ungeplanten bzw. nicht-intendierten Regionalisierungen sprechen wir, wenn eine Handlung zwar eine regionalisierende Wirkung hat, diese Wirkung aber von dem Handelnden weder geplant noch beabsichtigt ist, sondern vielmehr ein unbeabsichtigtes Nebenprodukt einer anderweitig motivierten Handlung. Diese Unterscheidung ist insbesondere im Hinblick auf die verwendete Methodik zur empirischen Untersuchung von alltäglicher Regionalisierung wichtig.

Geplante Regionalisierung

Geplante Regionalisierung kommt in idealtypischer Weise in der Tätigkeit von Raumplanern zum Ausdruck. Diese regionalisieren, indem sie ein bestimmtes Gebiet in unterschiedliche Nutzungszonen aufteilen. Während geplante Regionalisierungen im öffentlichen Raum in erster Linie auf Gesetzgebung und Verwaltungstätigkeit beruhen, werden private Handlungskontexte von denjenigen regionalisiert, welche die Verfügungsrechte besitzen. Das Management eines Industriebetriebs bestimmt, in welcher Art ein Fabrikationsgelände genutzt wird, und jeder Wohnungsmieter kann festlegen, wie er die Zimmer seiner Wohnung aufteilen und nutzen will.

Als intendierte Handlungen spielen sich geplante Regionalisierungen auf der Ebene des »diskursiven Bewusstseins« (Giddens, 1995) ab, d. h. es kann darüber Auskunft erteilt werden. Für die Untersuchung geplanter Regionalisierungen eignen sich akteurszentrierte Ansätze wie z. B. der Gatekeeper- oder Manageransatz. Erstens sind die Akteure der regionalisierenden Handlungen in der Regel identifizierbar. Zweitens sind sich diese Akteure ihrer Motive und Gründe im Hinblick auf die resultierenden Folgen bewusst und können darüber Auskunft geben. Hinzu kommt, dass in beiden Fällen, bei geplanter Regionalisierung öffentlicher und privater Räume, die Machtkomponente und die verfügbaren Ressourcen eine wichtige Rolle spielen und deshalb der Kreis der regionalisierenden Akteure begrenzt ist.

Ungeplante Regionalisierung

Die strukturationstheoretische Konzeption von »Handeln« nach Giddens[3] legt nahe, auch zwischen geplanten und ungeplanten Regionalisierungen zu un-

---

[3] Vgl. Giddens (1995, 55ff.).

terscheiden und Letztere zum Gegenstand sozialgeographischer Gesellschaftsforschung zu machen. Gemäß der Strukturationstheorie sind unbeabsichtigte Folgen menschlichen Handelns für die Produktion, Reproduktion und Veränderung der Gesellschaft von zentraler Bedeutung. Ungeplante Regionalisierungen sind Handlungen mit räumlich-zonierenden Folgen, deren Intention jedoch nicht darauf ausgerichtet ist.

Giddens (1995, 64f.) unterscheidet analytisch zwischen drei Typen von unbeabsichtigten Handlungsfolgen, die auf die Analyse ungeplanter Regionalisierung angewendet werden können. Der erste Typus ist die kausale Verknüpfung einer Kaskade von einzelnen, aufeinander folgenden Ereignissen, die sich aus einem initiierenden Akt herleiten lassen. Das klassische Beispiel einer Initialhandlung, die eine Kaskade von Folgehandlungen auslöst, ist der 1914 in Sarajewo auf den habsburgischen Thronfolger Erzherzog Franz Ferdinand abgefeuerte Schuss, der den Anlass für den Ausbruch des Ersten Weltkriegs gab. Eine Folge des Attentats war die politische Neuordnung und Grenzziehung Europas (und anderen Teilen der Welt) im Vertrag von Versailles, die massive regionalisierende Konsequenzen nach sich zog, vom Attentäter jedoch in keiner Weise so beabsichtigt war.

Als zweiten Typus unbeabsichtigter Handlungsfolgen nennt Giddens das Herausbilden von Mustern und Strukturen aus einem Komplex individueller, motivierter und beabsichtigter Aktivitäten. Ein typisches Beispiel hierfür ist die soziale Segregierung in Städten. Auch in einer offenen Gesellschaft, die eine freie Wohnstandortwahl ermöglicht, ent- und bestehen starke Segregierungen nach sozialen Schichten und Milieus sowie ethnischer Zugehörigkeit. Sie sind unbeabsichtigte Folgen bewusster Wohnstandortentscheide von Einzelnen. Giddens (1995, 61) bringt das folgendermaßen auf den Punkt: Ethnische Segregation »ist gleichsam jedermanns Tun oder niemandes Tun«. Viele von einzelnen Akteuren unabhängig durchgeführte rationale Handlungen können zu »paradoxen Effekten« führen, d. h. zu Ergebnissen, die insgesamt für die beteiligten Individuen irrational sind. Ethnische oder soziale Segregation ist ein Beispiel eines paradoxen Effekts. Weil dieser Effekt eine räumliche Äußerungsform aufweist, könnte man auch von einer »paradoxen Regionalisierung« sprechen.

Der dritte Typus bezeichnet Effekte nicht direkt intendierter, routiniert abgewickelter Handlungen des Alltags, die gemäß Giddens wesentlich an der Reproduktion sozialer Strukturierung beteiligt sind. Ein einfaches Beispiel für diesen dritten Typus unbeabsichtigter Handlungsfolgen mit regionalisierender

Wirkung ist die tägliche Busfahrt zur Arbeit. Die routinierte Benutzung desselben Busses trägt mit zur Aufrechterhaltung der Buslinie bei. Die Folge ist, dass verschiedene an der Buslinie gelegene Quartiere gut durch den öffentlichen Verkehr erschlossen bleiben und somit ihre Attraktivität als Wohngebiete beibehalten oder gar gesteigert werden.

Für die sozialwissenschaftliche Analyse sind vor allem der zweite und der dritte Typus unbeabsichtigter Handlungsfolgen von Interesse. Der erste Typus tritt meistens als Einzel- oder Spezialfall auf und kann deshalb nicht zur allgemeinen Erklärung von sozialen Tatbeständen verwendet werden. Ein wichtiger Punkt, der die beiden anderen Typen auszeichnet, ist, dass diese nur dann eine strukturierende Wirkung haben, wenn unterschiedliche Akteure immer wieder gemäß denselben Maximen handeln, oder mit anderen Worten, wenn ihr Handeln durch bestimmte Prinzipien koordiniert ist. Zur Erforschung ungeplanter Regionalisierungen ist es notwendig, diese Prinzipien und Regeln der Koordinierung aufzudecken und in ihrer räumlichen Wirkung zu untersuchen. Dieses Vorgehen ist auch deshalb geboten, weil sich die beteiligten Akteure der regionalisierenden Wirkung ihres Handelns unter Umständen gar nicht bewusst sind und konsequenterweise über diese auch keine Auskunft geben können.

Bedeutungsverlust geplanter Regionalisierungen

Die Unterscheidung von geplanter und ungeplanter Regionalisierung ist nicht nur methodologisch von Bedeutung, sondern weist auch eine sozialontologische Dimension auf. Der Wandel moderner Gesellschaften hat einen Bedeutungsverlust der geplanten und eine Bedeutungszunahme der ungeplanten Regionalisierung zur Folge. Die Radikalisierung der Moderne im Sinne von Giddens und der damit verbundene Umbau staatlicher und privatwirtschaftlicher Institutionen führen dazu, dass der Bedarf nach einer streng geplanten Raumaufteilung wie auch die Möglichkeiten zu deren Umsetzung zunehmend kleiner geworden sind.

Nach Giddens (1994) sind Rationalisierung, zeitliche und räumliche Entankerung sowie Enttraditionalisierung die wesentlichen Charakteristika der Modernisierung. Diese drei Prinzipien haben dazu geführt, dass die Errungenschaften der Moderne selbst permanent in Frage gestellt werden und immer wieder neu rational begründet werden müssen. Dieser Aspekt wird mit der Unterscheidung von Erster und Zweiter Modernisierung hervorgehoben. Die Erste Moderne gilt als die Phase der durchgehenden Etablierung »rationaler« Institutionen und Organisationsformen, die Zweite Moderne hingegen als die Phase der »Re-Rationalisierung« dieser Institutionen. Als beispielhaft hierfür lassen sich die klassischen bürokratischen nationalstaatlichen Institutionen wie Post, Bildungseinrichtungen oder Sozialversicherungen anführen, die einst Triebfedern der Modernisierung waren, sich mittlerweile aber als schwerfällige, traditionsreiche Einrichtungen erweisen, deren Effizienz und Wirkung durch tiefgreifende Reformen und Umstrukturierungen zu verbessern sind.[4]

Territorialität und zentrale Steuerung sind zwei charakteristische Organisationsprinzipien der ersten Moderne. Sie waren grundlegend für die Realisation geplanter Regionalisierungen. Im Folgenden soll dargelegt werden, warum diese beiden Prinzipien in der zweiten Moderne an Bedeutung verloren haben, durch welche Organisationsprinzipien sie abgelöst wurden und welche Konsequenzen dies für die Regionalisierung hat. Der dritte Aspekt für den Niedergang der Planbarkeit von Regionalisierungen ist die Individualisierung und Pluralisierung der Gesellschaft.

Entterritorialisierung

Raumplanung und alle anderen Arten der geplanten Regionalisierung beruhen auf dem Prinzip der Territorialität. »Territorialität« bedeutet, dass sich der Kompetenzbereich einer Verwaltungseinheit, wie etwa einer Steuerbehörde, eines Gerichtes oder der Müllabfuhr, auf einen klar begrenzten Raumausschnitt bezieht. Territorialisierung ist nicht auf staatliche Aktivitäten begrenzt, sondern umfasst viele ökonomische, politische, religiöse oder kulturelle Institutionen, deren Gliederung meist an der staatlichen angelehnt ist. Das Territorialitätsprinzip ist eine wichtige Voraussetzung für die Durchführung geplanter Regionalisierungen. Um einen Raumausschnitt nach einem festgelegten Schema einteilen zu können, muss die planende Instanz die Hoheit darüber haben und über genügend Autorität zur Durchsetzung der Planung

---

[4] Die Unterscheidung der beiden Modernisierungsphasen wird von verschiedenen Autoren beschrieben, aber unterschiedlich benannt. Beck (1994) stellt die Deindustrialisierung ins Zentrum und verwendet das Begriffspaar Industriemoderne und reflexive Moderne. Giddens (1994) dagegen spricht vom Übergang von der Moderne oder Hochmoderne zur Spätmoderne. Im Grunde genommen können die Begriffe jedoch als Synonyme verwendet werden. Die unterschiedliche Benennung erfolgt, weil jeweils verschiedene Charakteristika des Wandels hervorgehoben werden sollen.

verfügen. Diese Bedingungen sind dann am besten erfüllt, wenn für eine Raumeinheit genau eine Ordnungseinheit verantwortlich ist.

Das Prinzip der territorialen Organisation von Institutionen verdrängte in der Neuzeit nach und nach das mittelalterliche Personalitätsprinzip, das auf der Basis von persönlicher Gefolgschaft, Lehen und Hörigkeit funktionierte. Zu einem relevanten, gesellschaftsbestimmenden Strukturierungsprinzip wurde die Territorialität aber erst in der Moderne. Sie war eine wichtige Voraussetzung für die Entwicklung rationaler, bürokratischer Institutionen im Sinne Max Webers.[5] Durch eine hierarchisch abgestufte, territoriale Organisation wurde es möglich, den Nationalstaat vollständig bürokratisch zu durchdringen und die Verwaltung zu institutionalisieren, d. h. von der Bindung an einzelne Personen zu lösen und auf anonyme, nach festgelegten Satzungen operierende Beamte zu übertragen. Aufgrund der durchgehenden Strukturierung der Gesellschaft nach räumlichen Kriterien wurde das gegliederte Territorium zur ordnenden und koordinierenden Klammer verschiedenster, sachlich unabhängiger Gesellschaftsbereiche.

Entscheidend für die Thematik der Regionalisierung ist, dass die Modernisierung das ihr zugrunde liegende Territorialitätsprinzip mit der Zeit selbst in Frage gestellt hat. Territorialität ist zwar ein einfaches und klares Ordnungsprinzip, sie hat aber einen gravierenden Nachteil: Die Gliederung ist nicht auf das abgestimmt, was es eigentlich zu regeln gilt, nämlich die sozialen und wirtschaftlichen Interaktionen. Durch die Steigerung der Mobilität und die Entwicklung der Telekommunikation in den letzten Jahrzehnten des 20. Jahrhunderts kann eine territoriale Ordnung immer weniger mit den Reichweiten und Einzugsgebieten von Interaktionen zur Deckung gebracht werden. Die einstmals effiziente territoriale Gliederung erweist sich daher zunehmend als hinderlich.

Gleichzeitig bewirken technischer Fortschritt und neue Erkenntnisse über die Funktionsweise von Institutionen, dass in der Phase der Zweiten Modernisierung staatliche und private Tätigkeiten vermehrt nach funktionalen bzw. sachlichen Kriterien gegliedert werden können. Konkret geschieht dies in

---

5 In Webers Herrschaftssoziologie bleibt das Territorialitätsprinzip als Voraussetzung für die Entfaltung der bürokratischen Herrschaft weitgehend ausgeklammert, bildet aber immer implizit die Grundlage seiner Überlegungen (vgl. Weber, 1980, 552-579). Dagegen führt Giddens (1994, 77ff.) die territoriale Durchdringung sowie die territoriale Begrenztheit von Institutionen zur Kontrolle, Überwachung und Gewaltanwendung als wesentliche Voraussetzungen für die durchgreifende Loslösung der Moderne von traditionalen Ordnungen an.

erster Linie durch horizontale Integration regionaler Institutionen mittels Verträgen, Konkordaten und Kooperationen. Anders als bei Fusionen – wie beispielsweise der Einverleibung umliegender Dörfer durch Großstädte im 19. Jahrhundert –, die zur Vergrößerung von Territorien und zur Verschmelzung der Institutionen führte, werden Verbundformen der Zweiten Moderne an die Aufgabenbereiche angepasst und mit wechselnden Partnern sowie auf verschiedenen Maßstabsebenen durchgeführt: Regionale Sparkassen kooperieren, Kommunen und Provinzen gründen Zweckverbände, Konkordate für Infrastruktur- oder Bildungseinrichtungen und Staaten schließen sich supranationalen Verbänden an usw.[6] Aufgrund der Entterritorialisierung sind die institutionellen Wirkungsfelder der Zweiten Moderne in räumlicher Hinsicht weit verästelt. Dies hat zur Konsequenz, dass die Reichweite des institutionellen Handelns zwar zunimmt, zugleich aber die Autonomie einzelner Körperschaften in einem Raumausschnitt eingeschränkt wird, weil jene auf vielfältige Weise an ortsfremde Entscheidungen gebunden sind. Mit dem Aufweichen des Territorialitätsprinzips bzw. der regionalen Autonomie entfällt jedoch eine entscheidende Voraussetzung für die Umsetzung von geplanten Regionalisierungen.

Von der zentralen zur dezentralen Steuerung

Das zweite Strukturierungsprinzip der Moderne, das durch deren Radikalisierung aufgeweicht und verdrängt wurde und dabei dem Prinzip der geplanten Regionalisierung den Boden entzogen hat, ist die zentral gesteuerte Koordination wirtschaftlicher und gesellschaftlicher Aktivitäten. Analog zur Territorialität handelt es sich dabei um ein Prinzip, das Voraussetzung für den Aufbau rationaler Institutionen war, durch technischen und organisatorischen Fortschritt aber zunehmend an Bedeutung verloren hat oder gar zum Hindernis geworden ist.

Die zentrale Steuerung avancierte mit der einsetzenden Moderne zur rationalen Organisationsform schlechthin und erfasste die industrielle Produktion ebenso wie die öffentliche und private Administration. Unter dem Namen »Fordismus« wurde die Produktionsweise bekannt, bei der ein Fertigungsprozess in viele getrennt durchgeführte, standardisierte Einheiten zerlegt wird,

---

[6] Radikale Regionalökonomen sprechen bereits vom Ende der institutionellen Territorialisierung und propagieren so genannte Functional, Overlapping, Competing Jurisdictions, kurz FOCJ genannt (vgl. Frey/Eichenberger, 1999).

wodurch die Effizienz bei der Herstellung von Massengütern gesteigert wird. Die fordistische Produktion erfordert einen hohen Grad an Koordination, der nur durch eine rigide, hierarchisch strukturierte, zentrale Lenkung erreicht werden kann. Die Prinzipien des Fordismus können in analoger Weise im Bereich der Staatstätigkeit gefunden werden: Administrative Abläufe werden von einer zentralen Instanz entworfen, standardisiert und an die verschiedenen Amtsstellen bzw. Abteilungen zum Vollzug delegiert.

Wie das Prinzip der Territorialität hat auch das Prinzip der zentralen Steuerung ernsthafte Nachteile: Es führt zu statischen, kaum anpassungsfähigen Apparaten und Abläufen, die nicht auf differenzierte Bedürfnisse und Anforderungen reagieren können. Die Umstrukturierungen in der Zweiten Moderne haben deshalb meist eine Flexibilisierung der schwerfälligen zentralisierten Organisationsstrukturen der Ersten Moderne zum Ziel. Im Bereich der Industrieproduktion wurde der Fordismus zur kundenindividuellen Massenproduktion (On-Demand-Production) weiterentwickelt, in den Dienstleistungsbranchen werden die einzelnen Abteilungen zu Profitzentren mit größerer Autonomie umstrukturiert. Im Bereich der öffentlichen Verwaltung wird zunehmend versucht, mit New Public Management erweiterte Entscheidungs- und Budgetkompetenzen zu dezentralisieren und auf untere Hierarchiestufen zu übertragen. Damit soll insbesondere auch mehr »Bürgernähe« geschaffen werden. Die Beispiele veranschaulichen, dass der Übergang von der ersten zur zweiten Moderne gekennzeichnet ist durch die Ablösung von geschlossenen, zentral gesteuerten Systemen zu Gunsten offener, dezentraler, häufig auch selbst organisierender Systeme, die sich flexibel an externe Anforderungen anpassen können.

Der beschriebene Wandel hat einschneidende Konsequenzen für die Planbarkeit von Prozessen und damit auch für die Planbarkeit von Regionalisierungen. Denn je dezentraler die Entscheidungskompetenzen der beteiligten Stellen sind, umso schwieriger ist es, einen Plan im Sinne eines fertig durchdachten Schemas eins zu eins in die Realität umzusetzen. Der Gewinn an Effizienz, der durch die Dezentralisierung von Entscheidungskompetenzen erzielt werden kann, geht auf Kosten der Plan- und Lenkbarkeit sowie der Kontrolle der Umsetzung. Die Raumplanung ist davon besonders betroffen, weil Handlungsentscheide in staatlichen und privatwirtschaftlichen Institutionen die räumliche Ordnung beeinflussen. Der Kreis der daran Beteiligten ist durch die Dezentralisierung stark ausgeweitet worden. Erfolgreiche Raumplanung kann deshalb nicht mehr so einfach von einer einzigen Behörde betrieben und verordnet werden, sondern ist als Prozess zu gestalten, in dem alle relevanten beteiligten und betroffenen Kräfte frühzeitig mitwirken können.

Individualisierte Gesellschaft

Parallel zu den beiden dargestellten Entwicklungstendenzen, die auf institutionellem Wandel beruhen, ist für den Niedergang der geplanten Regionalisierung auch der Prozess der fortschreitenden Individualisierung und Pluralisierung bedeutsam. Er prägt seit Ende der 1960er Jahre kapitalistische Gesellschaften in zunehmendem Maße und ist auf die Bildungsexpansion, die fortschreitende Demokratisierung westlicher Gesellschaften sowie die Diffusion des Wohlstandes in breite Bevölkerungskreise zurückzuführen.[7]

Für die Planbarkeit von Regionalisierungen stellt der Individualisierungsprozess – verbunden mit der Pluralisierung von Lebensstilen und individuellen Interessen – eine zusätzliche Beschränkung dar. Die Ausscheidung idealer Zonen zur Verrichtung verschiedener »Daseinsgrundfunktionen« im Sinne der Münchner Sozialgeographie[8] kann den Anforderungen und Bedürfnissen der Menschen in einer spätmodernen, individualisierten Gesellschaft nur am Rande gerecht werden. Zu vielfältig und zu divergent sind die Wünsche und Präferenzen, als dass optimale Wohnlagen oder Erholungszonen nach objektiven Kriterien bestimmt und verordnet werden können.

Besonders deutlich zeigt sich die Pluralisierung der so genannten Daseinsgrundfunktion »Wohnen«. Das in den 50er und 60er Jahren des 20. Jahrhunderts dominierende Ideal des modernen Wohnens in der Kleinfamilie – getrennt von der Erwerbsarbeit – stellt nur noch ein Ideal unter mehreren dar. Heute existiert eine große Vielfalt an Wohnidealen nebeneinander.[9] Die Pluralisierung betrifft aber auch andere Daseinsgrundfunktionen wie etwa »Arbeiten«, »Sich-Erholen« oder »Sich-Versorgen«.

Konsequenzen des Bedeutungsverlusts

Mit den Darlegungen zur Entterritorialisierung, zum Wandel der Steuerungsprinzipien und zur Individualisierung konnte gezeigt werden, dass sich die geplante Regionalisierung seit Beginn der Zweiten Modernisierung im Nie-

---

[7] Die Individualisierungs- und Pluralisierungsthese wurde von verschiedenen Autoren beschrieben und vertreten. Eine Übersicht gibt Müller (1997).
[8] Vgl. Werlen (2000, 175).
[9] Vgl. Häussermann/Siebel (1996).

dergang befindet. Für die Regionalisierung kann dies zweierlei bedeuten: Zum einen ist es möglich, dass Regionalisierung überhaupt an Bedeutung verliert. Argumente hierfür sind, dass die Institutionen der Zweiten Moderne vom Raum losgelöst sind, oder dass sich in einer individualisierten Gesellschaft die regionalisierenden Wirkungen der Handlungen verschiedener Individuen gegenseitig neutralisieren. Die von uns favorisierte, zweite mögliche Konsequenz ist, dass Regionalisierung noch immer ein wichtiges gesellschaftsstrukturierendes Prinzip ist, sich aber die Art und Weise der Strukturierung verändert hat.

Das Argument, Institutionen der Zweiten Moderne wären vom Raum losgelöst, kann hierbei relativ einfach entkräftet werden: Auch wenn Institutionen nicht nach territorialen Gesichtspunkten organisiert sind, verlieren sie nicht ihre räumliche bzw. körperliche Dimension. Institutionelles Handeln hat nach wie vor räumliche Konsequenzen, auch wenn die Reichweite der Institutionen beinahe unbegrenzt ist. So haben Standortentscheide global agierender Unternehmen enorme regionalisierende Auswirkungen, und selbst das scheinbar substanzlose, sich vollständig in elektronischen Netzen abspielende E-Business produziert Investitionen und Arbeitsplätze an geographisch festgelegten Orten.

Schwieriger als die Frage des Bedeutungsverlusts von »Raum« ist die Frage, ob in offenen, dezentral gesteuerten Systemen mit individualisierten Akteuren systematische und persistente Regionalisierungen entstehen oder ob Regionalisierung zu einer Randerscheinung geworden ist, die keine dauerhaften Strukturen hervorbringt und wissenschaftlich nur schwierig erfassbar ist. Da Regionalisierungen nur neu geschaffen und reproduziert werden, wenn das raumrelevante Alltagshandeln der Menschen koordiniert wird, stellt sich als erste Frage, welche Koordinationsmechanismen das durch den Rückgang der zentralen und hierarchischen Steuerung entstandene Vakuum aufgefüllt haben.

Die unsichtbare Hand

Die Zweite Modernisierung zeichnet sich durch einen Bruch mit verschiedenen Ordnungsprinzipien, Errungenschaften und Institutionen der Ersten Moderne aus. Das Rationalitätsprinzip als zentrales Charakteristikum der Modernisierungsprozesse ist erhalten geblieben und breitet sich kontinuierlich aus. Auch in der zweiten Moderne durchdringt Handeln auf der Basis von rationalen Erwägungen immer mehr Bereiche der Gesellschaft. Ein wichtiges

Element rationalen Handelns ist die Orientierung am Optimum. Damit ist der Anspruch gemeint, Aufwand und Ertrag von Handlungen zum Erreichen eines bestimmten Ziels in ein möglichst günstiges Verhältnis zu bringen. Der Optimierungsanspruch ist nicht nur ein wesentlicher Bestandteil des oben diskutierten institutionellen Wandels, sondern aufgrund der umfassenden Durchdringung der Gesellschaft durch das ökonomische Denken in immer stärkerem Maße auch für individuelles Handeln leitend.

Rationalität und Optimierung führen dazu, dass individuelles Handeln auch in der zweiten Moderne systematische und damit berechenbare Auswirkungen hat. Seit Adam Smith sprechen die Ökonomen von der »unsichtbaren Hand des Marktes«, welche die Handlungen von Menschen ohne direkte Ausübung von Zwang koordiniert und steuert, wodurch Ziele erreicht werden, die ursprünglich niemand beabsichtigt hat. Dass die Vorstellung der unsichtbaren Hand des Marktes verallgemeinert und auf Bereiche außerhalb der Ökonomie angewendet werden kann, wissen die Ökonomen seit den 1980er Jahren.[10] Letztlich steht hinter der unsichtbaren Hand ein einfaches, aber wirksames Prinzip: Wenn sich viele Menschen in ihrem Alltag an derselben Maxime orientieren, dieselben Ziele anstreben und ihre Entscheidungen nach denselben Grundsätzen fällen, wird ihr Handeln unbeabsichtigt gleichgerichtet und damit koordiniert. Für die unbeabsichtigte Produktion und Reproduktion von Regionalisierungen heißt das: Alltägliches rationales Handeln führt zu ungeplanten Regionalisierungen, weil Rationalität systematische Übereinstimmungen und Abweichungen im Handeln bewirkt.

Wollen und Können

Die wissenschaftliche Analyse der ungeplanten Regionalisierung kann bei zwei Aspekten des Handelns ansetzen: beim »Wollen« und beim »Können«. Die große Mehrheit der wissenschaftlichen Ansätze zieht dabei den Aspekt des »Könnens« dem des »Wollens« vor. Das heißt, es wird untersucht, wie Unterschiede in der Verfügbarkeit von Ressourcen und Restriktionen räumliche Segregationen bewirken. So erklärt beispielsweise das Modell der innerstädtischen Segregation von Alonso (1964) die konzentrische Abfolge von Gebäudenutzungszonen in Großstädten als Folge der Verdrängung extensiver Nutzungsweisen durch kapitalintensive. Andere Autoren weisen darauf hin, dass sich soziale Unterschiede auf den Raum übertragen, da sich Personen mit

---

[10] Vgl. z. B. Frey (1990).

genügend Kapital »die guten Adressen« aneignen und dabei ärmere Menschen in ungünstige Lagen verdrängen, was zur Bildung von Ghettoähnlichen Stadtquartieren und Vororten führt.[11]

Dass Restriktionen und Unterschiede in der Verfügbarkeit von Ressourcen im Zentrum der wissenschaftlichen Analyse stehen, hat verschiedene Gründe: Wie die Ökonomie eindrücklich zeigt, sind materielle Ressourcen gut operationalisier- und auch quantifizierbar, so dass komplexe Modelle und Analysemethoden darauf aufgebaut werden können. Nicht weniger wichtig ist die Tatsache, dass ausreichende Ressourcen eine notwendige Bedingung für die Realisierung von Wünschen sind. Trotzdem hat die Vernachlässigung des Aspekts des Wollens zur Konsequenz, dass die erwähnten Ansätze den Verhältnissen der Zweiten Moderne immer weniger gerecht werden können. Die relative Mächtigkeit der wohlhabenden Mittelschichten, wie sie für reife kapitalistischen Gesellschaften typisch ist, die starke Ausdifferenzierung von Produkten des alltäglichen Gebrauchs und die Pluralität von Lebensstilen führen dazu, dass heute die Unterschiede im Wollen sehr groß sind und eine strukturierende Bedeutung erlangt haben. Falsch wäre es, aus diesen Entwicklungen zu schließen, Restriktionen könnten heute ausgeblendet werden. Das Gegenteil ist der Fall. Eine differenzierte Analyse sozialer Prozesse ist komplexer als früher, denn es bedarf der Integration des feinen Zusammenspiels von Wünschen und Zielen einerseits, sowie Restriktionen und Ressourcen andererseits.

Weltanschauung als Abbild von Wollen und Können

Einen konzeptionellen Weg zur Verknüpfung von Wollen und Können zeigt Pierre Bourdieu auf. In verschiedenen Arbeiten hat er dargelegt, dass sich im persönlichen Geschmack und den Vorlieben des Alltags die Hierarchie und die Strukturierung der Gesellschaft widerspiegeln.[12] Die Inkorporierung des sozialen Raumes und der damit verbundenen hierarchisierten symbolischen Ordnung erzeugt gemäß Bourdieu jene »klassifikatorischen Schemata«, mit denen jemand die Welt beurteilt und die ausschlaggebend dafür sind, was er für schön, gut und richtig hält. Diese inkorporierten mentalen Dispositionen bilden den ideellen Teil des sozialen Habitus und sind der eigentliche Schlüssel zwischen den in den alltäglichen Lebensbedingungen eingeschriebe-

---

[11] Vgl. z. B. Bourdieu (1997).
[12] Vgl. Bourdieu (1995; 1994).

nen Restriktionen und Chancen eines Individuums und seinen Wünschen, Zielen und Handlungsweisen.

Durch die Inkorporierung erwachsen aus unterschiedlichen Lebensbedingungen unterschiedliche mentale Dispositionen. Diese führen nicht nur zu systematisch divergierenden Wünschen und Zielsetzungen, sondern auch zur Koordination von Handlungsentwürfen und Handlungsweisen. Personen, die ähnliche Idealvorstellungen und Wünsche haben, weil sie die Welt ähnlich erfahren und ähnlich deuten, ziehen nach rationalem Abwägen dieselben Schlüsse, wie sie ihre Ziele realisieren können.

Im Begriff »Weltanschauung« kommt die doppelte Bedeutung einer mentalen Disposition zum Ausdruck. In seiner engeren, umgangssprachlichen Bedeutung bezeichnet Weltanschauung einen Kanon an Werten, die das Handeln einer Person leiten. Das Wort »Weltanschauung« verweist aber auch auf ein mentales Schema zur Beurteilung bzw. Anschauung der Welt. Weltanschauung umfasst somit auch die spezifische Weltsicht oder die Perspektive, mit und aus der jemand die Welt wahrnimmt. In diesem Sinne entspricht das Konzept »Weltanschauung« den »klassifikatorischen Schemata« bzw. der mentalen Komponente des sozialen Habitus bei Bourdieu.

Weltanschauung bildet Wollen und Können gleichermaßen ab, denn in ihr verschmelzen erfahrene Restriktionen und gehegte Wünsche zu einem Wertesystem, das als leitendes Raster für die Formulierung von Zielsetzungen sowie die Art und Weise des Handelns dient. Je nach weltanschaulicher Orientierung gelten unterschiedliche Dinge als wichtig und erstrebenswert. Zwar ist das konkrete Handeln keineswegs durch die Weltanschauung determiniert, doch führen unterschiedlich ausgeprägte Grundwerte zu systematisch abweichenden Handlungszielen und Handlungsweisen. Die Weltanschauung fließt ins Wollen ein, sie ist aber auch mit dem Können verbunden, denn die Zwänge und Restriktionen, denen ein Mensch im Laufe seines Lebens unterworfen war und ist, aber auch die Möglichkeiten und Chancen, die sich ihm eröffnet haben, prägen seine Sicht der Welt.

Regionalisierte Weltanschauung

Um »Weltanschauung« als Konzept für die Analyse alltäglicher Regionalisierung verwenden zu können, ist ein erster wichtiger Schritt die Aufdeckung der wesentlichen Gradienten der weltanschaulichen Differenzierung. Weltanschauung kann anhand politischer Meinungsäußerungen gemessen werden. Wie Wahlanalysen aus verschiedenen Ländern zeigen, variieren politische Einstellungen häufig sehr stark zwischen Regionen. Die hohe Korrelation der Weltanschauung mit der überregionalen sozialen Segregation legt den Schluss nahe, dass Weltanschauung mit sozialen sowie mit regionalen Milieus und Mentalitäten zusammenhängt, die auch in der späten Moderne persistieren, sich verändern und reproduziert werden.

Unsere Untersuchung, die in diesem Kapitel vorgestellt wird, hatte zwei Ziele. Zum einen wollten wir die wichtigsten Komponenten der Weltanschauung in der Schweiz aufspüren und die Verankerung spezifischer weltanschaulicher Ausprägungen in bestimmten sozialstrukturellen und kulturellen Lebensbedingungen ergründen.[13] Zum anderen waren wir von Anfang an auch an der regionalen Dimension der weltanschaulichen Differenzierung interessiert. Die Zusammenhänge von Zentralität, regionaler Wirtschaftsstruktur und kollektiven historisch-kulturellen Gedächtnissen und der Dominanz von bestimmten Wertmustern zeigen, dass die bestehende regionale Differenzierung von Mentalitäten eine wichtige strukturierende Rolle für die Bildung von Regionen und für deren Reproduktion spielt.

Das Modell der Weltanschauung

Das politische System der Schweiz hat weit entwickelte Instrumente der direkten Demokratie, welche die Mitwirkung der Bürgerinnen und Bürger bei politischen Entscheiden ermöglicht. Die Schweizer Bevölkerung kann sich deshalb nicht nur bei Wahlen politisch artikulieren, sondern auch regelmäßig in direkten Volksbefragungen zu einzelnen Sachthemen Stellung nehmen. Aufgrund dieser häufig durchgeführten Volksabstimmungen eignet sich die Schweiz sehr gut als Laboratorium für die Rekonstruktion der wichtigsten weltanschaulichen Differenzierungsachsen reifer kapitalistischer Gesellschaften, denn jede einzelne dieser Volksabstimmungen ist – im Grunde genommen – eine Meinungsumfrage mit rund zwei Millionen über das ganze Land verteilten Befragten.

In den letzten 20 Jahren konnte die Schweizer Bevölkerung auf nationaler Ebene 172-mal über politische Sachfragen abstimmen, wobei die verschiedensten Themenbereiche abgedeckt wurden. Beispiele dafür sind die Locke-

---

[13] Eine ausführlichere Darstellung des Modells der Weltanschauung und seiner Herleitung als in der hier vorliegenden gerafften Fassung findet sich in Hermann/Leuthold (2001).

rung des Sexualstrafrechts, der Beitritt zur UNO, die Freigabe von harten Drogen oder die Abschaffung der Armee. Mit einem statistischen Vergleich der Ja-Stimmen-Anteile in den 3000 Kommunen der Schweiz rekonstruierten wir die wichtigsten Konfliktfelder, die die Gesellschaft spalten. Die Auseinandersetzungen verlaufen zumeist entlang dreier unabhängiger Konfliktachsen oder setzen sich aus einer Kombination dieser Achsen zusammen. Zwei der drei Achsen sind für die in diesem Beitrag diskutierten allgemeinen Aspekte der Regionalisierung von zentraler Bedeutung, auf der dritten Achse bilden sich vor allem die sprachkulturellen und konfessionellen Teilungen der Schweiz ab, die hier ausgeklammert bleiben.

Durch Extraktion des gemeinsamen Gehalts der politischen Sachfragen, die eine Konfliktachse prägen, kann der weltanschauliche Kern der drei Konflikte bestimmt und benannt werden. Jede der drei Konfliktachsen repräsentiert eine Komponente der Weltanschauung. Eine Weltanschauung lässt sich folglich als Punkt in einem dreidimensionalen Raum abbilden, wobei die Dimensionen dieses Raums den drei in der empirischen Analyse gefundenen Konfliktachsen entsprechen.

Mit dem Modell der Weltanschauung als dreidimensionaler Raum erhalten wir ein Werkzeug, das die mehrdimensionale Topologie der sozialen Differenzierung sicht- und greifbar machen kann. Da die Stimmenverhältnisse in den Kommunen die empirische Basis des Modells stellen, ist der Raum der Weltanschauungen in geographischer Hinsicht sehr fein aufgegliedert. Im Raum der Weltanschauungen kann deshalb nicht nur die soziale, sondern auch die regionale Differenzierung abgebildet werden.

Die Gliederung der Weltanschauung

Zur inhaltlichen Bestimmung des Modells der Weltanschauung kombinierten wir eine Faktorenanalyse der Ja-Stimmen-Anteile mit einer Diskursanalyse der Argumente von Gegnern und Befürwortern der einzelnen Vorlagen. Diese kombinierte qualitativ-quantitative Analyse ist anderenorts ausführlich beschrieben. Die folgende Charakterisierung der Dimensionen der Weltanschauung entspricht einer kurzen Zusammenfassung der Analyse-Resultate.

Die erste vorgefundene Dimension des Raums der Weltanschauungen wird von Abstimmungen dominiert, die einerseits die Kontroll-, und andererseits die Verteilfunktion des Staates betreffen. Die Vorlagen zur *Kontrollfunktion* zielen auf den Ausbau von Militär- oder Polizeigewalt bzw. auf deren Abbau. Auch bei den Vorlagen zur *Verteilfunktion* geht es um Aus- bzw. Abbau, allerdings von Sozialstaat und Arbeitnehmerschutz. Gemäß der statistischen Analyse korreliert der Wunsch nach Abbau bei der Kontrollfunktion mit dem Wunsch nach Ausbau der Verteilfunktion und umgekehrt. Das heißt, es existiert ein weltanschaulicher Grundkonflikt, bei dem sich eine *sozial-autoritätskritische* und eine *kompetitiv-autoritätsfreundliche* Haltung gegenüberstehen. Dieser Grundkonflikt entspricht unseres Erachtens dem klassischen Links-rechts-Gegensatz. Wir bezeichnen deshalb die erste Dimension des Raums der Weltanschauungen als *links* (sozial-autoritätskritisch) gegen *rechts* (kompetitiv-autoritätsfreundlich).[14]

»Liberal«
↑
weltoffen-reformorientiert

»Links« ⇐ sozial-autoritätskritisch   ▪   kompetitiv-autoritätsfreundlich ⇒ **»Rechts«**

verschlossen-bewahrend
↓
»Konservativ«

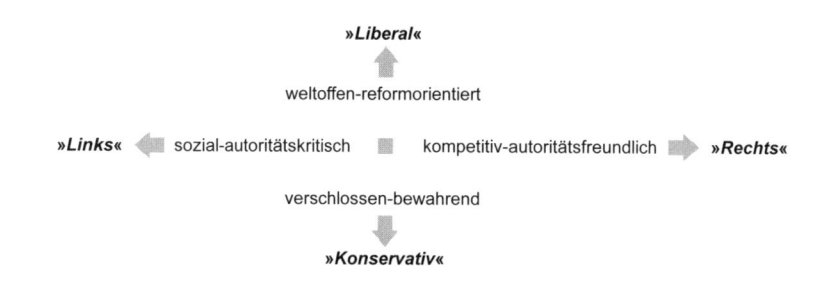

Figur 1: Die zwei Dimensionen des Raumes der Weltanschauungen
(horizontal: links-rechts/vertikal: liberal-konservativ)

Auf der zweiten Konfliktachse, die in den Abstimmungen zum Ausdruck kommt, finden sich die Themenkreise Öffnung und Reformen. Eine weltoffene und reformfreundliche Haltung bildet dabei den einen Pol des Konflikts. Wichtige Anliegen hierbei sind die Integration von Ausländern, die Beteiligung an supranationalen Institutionen und die Reform der staatlichen Institutionen. Ihr entgegen steht eine auf Abgrenzung gegen Ausländer und Ausland gerichtete Haltung, die Reformen und Umstrukturierung generell kritisch gegenübersteht. Wir bezeichnen den zweiten weltanschaulichen Grundkonflikt als Gegensatz zwischen *liberal* (weltoffen-reformfreudig) und *konservativ*

---

[14] Bei dieser Begriffsbestimmung gilt es zu beachten, dass in Deutschland mit *rechts* oft eine Haltung bezeichnet wird, die dem Nationalsozialismus nahe steht. In der vorliegenden Arbeit wird *rechts* jedoch als logisches Gegenteil von *links* verwendet. Eine *rechte* Haltung beschreibt nach dieser Definition eine politische Einstellung, die auch als *bürgerlich* bezeichnet werden könnte.

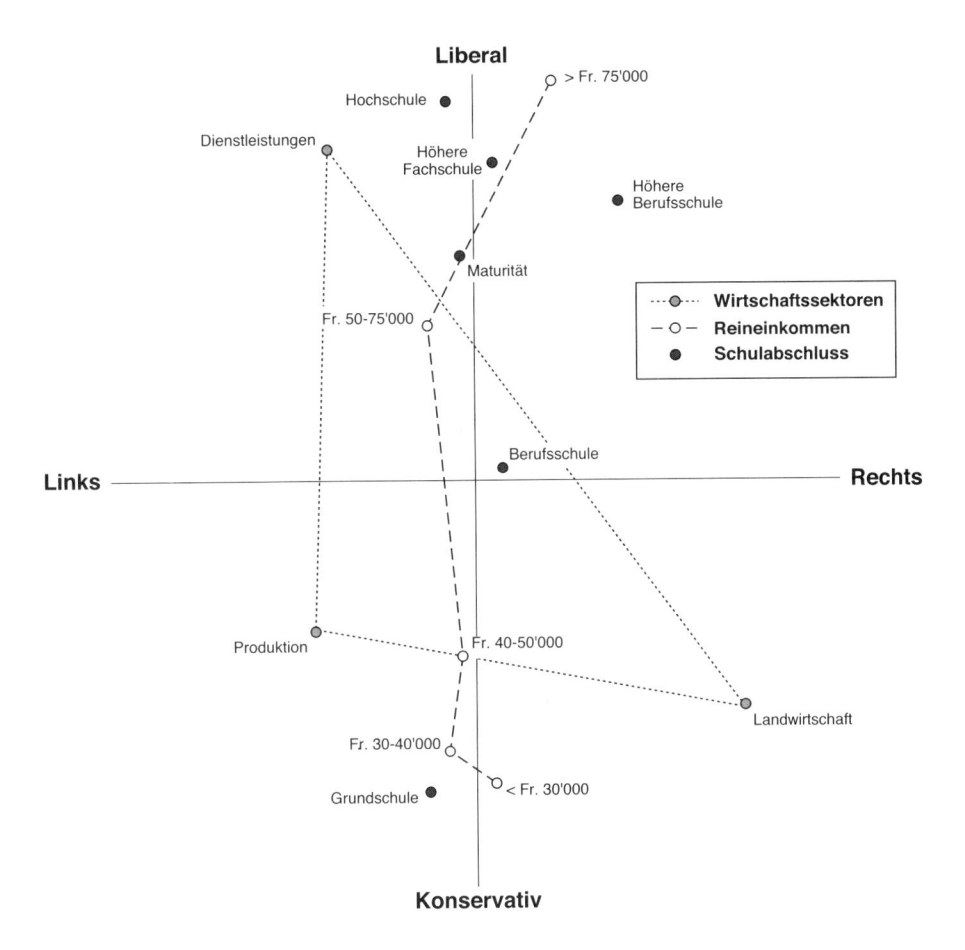

Figur 2: Bildungsniveaus, Einkommensklassen und Wirtschaftssektoren im Raum der Weltanschauungen

(verschlossen-bewahrend). Die dritte Konfliktachse, auf die hier nicht näher eingegangen wird, ist bestimmt durch Abstimmungen zu ökologischen Themen.

Die beiden Konfliktachsen *links-rechts* und *liberal-konservativ* bilden die in diesem Beitrag fokussierte Ebene des Raums der Weltanschauungen. Jeder Punkt auf dieser Ebene entspricht einer anderen Weltanschauung – so kann diese etwa »ausgeprägt linksliberal« oder »schwach rechtskonservativ« sein.

Weltanschauung und Sozialstruktur

Je nach sozialer Stellung und sozialem Werdegang sieht sich ein Mensch mit unterschiedlichen Restriktionen und Möglichkeiten konfrontiert. Das heißt mit anderen Worten, dass je nach sozialer Position die Welt ganz unterschiedlich aussieht und wahrgenommen wird. Außerdem werden die im eigenen sozialen Milieu vorherrschenden Werte und Haltungen verinnerlicht, so dass sich ein systematischer Zusammenhang zwischen Weltanschauung und sozialer Position ausbildet.

Empirisch kann der Zusammenhang von Sozialstruktur und Weltanschauung untersucht werden, indem sozialstrukturelle Merkmale der Gemeinden mit ihren Positionen im Raum der Weltanschauungen korreliert werden. Figur 2 zeigt die Lage verschiedener sozialer Merkmalsklassen im Raum der Weltanschauungen. Die Verteilung der Bildungs- und Einkommensklassen im Raum der Weltanschauungen macht deutlich, dass der Gegensatz zwischen liberal und konservativ mit der vertikalen sozialen Schichtung zusammenfällt. Gemeinden mit einem hohen Akademikeranteil und einem hohen Anteil an Gutverdienenden liegen am liberalen Pol, während sich Gemeinden mit vielen Grundschulabgängern und vielen Einwohnern mit geringem Einkommen am konservativen Pol des Raums gruppieren. Der empirisch gefundene Zusammenhang zwischen den ökonomischen und kulturellen Ressourcen und dem Grad der Liberalität zeigt, dass das Vorhandensein von Ressourcen bzw. die Absenz von einschneidenden Restriktionen die Voraussetzung für eine offene und reformfreundliche Haltung bildet. Nur wer die Welt als gestalt- und beeinflussbar wahrnimmt, glaubt an die Wirksamkeit von Reformen. Nur wer von seiner Stärke und seinen Möglichkeiten überzeugt ist, kann offen und selbstbewusst dem Anderen und Fremden begegnen. Wer sich dagegen mit einer Welt voll unüberwindbarer Restriktionen konfrontiert und die eigene Position gefährdet sieht, der versucht seine Stellung zu sichern, indem er sich abgrenzt und sich gegen Änderungen verwahrt. Der Gegensatz *liberal-konservativ* ist als ein Gegensatz zwischen subjektiv wahrgenommener Macht und empfundener Ohnmacht zu verstehen.

Während die vertikale Differenzierung der Gesellschaft primär mit der Liberal-konservativ-Dimension des Raums der Weltanschauungen korreliert, hat die horizontale Differenzierung eine starke Links-rechts-Konnotation. In groben Zügen kommt dies in der Positionierung der drei Wirtschaftssektoren im Raum der Weltanschauungen zum Ausdruck (vgl. Figur 2). Rechtskonservativ sind landwirtschaftlich geprägte Gemeinden, linkskonservativ jene der industriellen und gewerblichen Produktion, linksliberal schließlich die Gemeinden, deren Einwohner vor allem im Dienstleistungssektor tätig sind. Auf der konservativen Seite des Weltanschauungsraums kommt dabei deutlich die Übereinstimmung der horizontalen sozialen Differenzierung und der Weltanschauung zum Ausdruck. Idealtypisch wird sie durch die gegensätzlichen Mentalitäten von Bauern (rechtskonservativ) und Industriearbeitern (linkskonservativ) wiedergegeben.[15] Ein entsprechender horizontaler Konflikt auf der liberalen Seite des Raums kann durch die Positionierung der drei Wirtschaftssektoren alleine nicht ausgemacht werden. Eine Detailanalyse der Lage von Gemeinden und Stadtkreisen zeigt aber, dass die horizontale soziale Differenzierung in der oberen Hälfte des Raums vor allem durch den Gegensatz von Management (rechtsliberal) und Diensten in den Bereichen Kommunikation, Kultur und Wissen (linksliberal) gebildet wird.[16]

Weltanschauung und Regionalisierung

Für eine Geographie der alltäglichen Regionalisierung ist die Weltanschauung von zweifacher Bedeutung. Der erste Aspekt betrifft die weltanschauliche Orientierung als koordinierendes Moment für individuelles Handeln und somit auch für die Produktion und Reproduktion von Regionen im Alltag. Im dritten Teil dieses Beitrags wird auf diesen Aspekt vertiefend eingegangen und es wird gezeigt, in welcher Art und Weise differenzierte Weltanschauungen Handlungsentscheide leiten und so zu Regionalisierungen führen. Zunächst soll jedoch der zweite Aspekt des Verhältnisses von Weltanschauung und Regionalisierung untersucht werden. Dieser betrifft die vorgefundene Segregierung der Weltanschauung, die nicht nur von akademischem Interesse ist, sondern auch im Alltag eine wichtige Rolle spielt. Dies deshalb, weil die Öffentlichkeit einer Region von der dort dominierenden Weltanschauung geprägt ist – angefangen bei der Verwaltung und den Behörden, bis hin zu informellen Gesprächen und Diskussionen auf der Straße, in Geschäften oder

---

[15] Die ideologische Aufsplittung des unteren Mittelstandes und der Unterschicht in besitzlose, lohnabhängige Arbeiter (Proletarier) und besitzende Kleinbauern, Kleinkaufleute und andere Selbständige (Proletaroide), wie sie sich im Raum der Weltanschauungen abbildet, wurde bereits von Weber (1980) und Geiger (1967), wie auch später von Bourdieu (1994) thematisiert und empirisch überprüft.

[16] Dies wird gestützt durch die These des Politologen Hanspeter Kriesi, nach der sich in den 1990er Jahren ein neuer Cleavage zwischen Managern und Berufstätigen in den sozialen und kulturellen Dienstleistungsbereichen formierte (Kriesi, 1998a; 1998b).

Wirtshäusern. In Anlehnung an den Begriff des sozialen Milieus bezeichnen wir das ideologische – oder eben weltanschauliche – Umfeld als *weltanschauliches Milieu*. Das weltanschauliche Milieu ist ein bedeutender Teil des Handlungskontextes, der wohl beeinflussbar ist, der dem Einzelnen im Moment des Handelns jedoch als unverrückbar erscheint. Die wesentlichen Determinanten weltanschaulicher Milieus sind die Position in der gesellschaftlichen Hierarchie sowie die Teilhabe an einer spezifischen kulturellen Tradition (Sprache, Konfession, dominierende Erwerbszweige). Diese Determinanten der Weltanschauung sind im Prinzip raumlose, rein soziale Faktoren. Sie haben aber eine starke räumliche Dimension, weil sie selbst stark segregiert und regional gegliedert sind. Jeder Ort hat eine eigene spezifische Sozialstruktur, eine eigene ökonomische Prägung und eine bestimmte kulturelle Prägung. Zudem stehen – wie wir später genauer ausführen werden – auch Orte untereinander in einer interregionalen Hierarchie. Das Zusammenwirken dieser Faktoren an verschiedenen Orten bewirkt eine räumliche Ausdifferenzierung von sozialen und ideologischen Kontexten in verschiedene *sozialgeographische Milieus*.

Eine Erklärung von Zusammenhängen zwischen Weltanschauung und Regionalisierung wird nicht nur im Alltag häufig versucht, sondern ist auch ein Dauerthema in der Wissenschaft.[17] Das wohl bekannteste und auch älteste Beispiel eines regionalisierten weltanschaulichen Konfliktes ist der so genannte Stadt-Land-Graben, eine Bezeichnung notabene, die sowohl im alltäglichen politischen Diskurs als auch als Fachterminus in der Politikwissenschaft verwendet wird. Mit dem Begriff »Stadt-Land-Graben« wird zwar auf eine regionalgeographische Einteilung verwiesen, implizit bezeichnet er aber eine weltanschauliche Differenz zwischen Stadt- und Landbevölkerung. In unserem Modell der Weltanschauung wird der Zusammenhang zwischen Regionalisierung und Weltanschauung explizit gemacht. Das bedeutet, es geht daraus hervor, welche Werthaltungen den Unterschied zwischen städti-

---

[17] Die älteste systematische wahlgeographische Studie stammt von André Siegfried (1913). Er verglich die regionale Verteilung der Wahlergebnisse zwischen 1871 und 1910 in den Wahlkreisen Nordwestfrankreichs mit den herrschenden Eigentumsverhältnissen an Grund und Boden, dem Urbanisierungsgrad, der Verbreitung des Klerikalismus und weiteren Milieufaktoren und stellte dabei eine erstaunliche Persistenz der regionalen politisch-moralischen Milieus fest.

scher und ländlicher Mentalität ausmachen und welche Werte anderen Differenzierungslinien folgen.[18]

Stadt und Land

Stadt und Land sind konträre sozialgeographische Milieus, einen eigentlichen Graben zwischen ihnen gibt es aber nicht. Zwischen den beiden Extremen Großstadt und ländlicher Streusiedlung bestehen die verschiedensten Siedlungstypen mit unterschiedlichem Urbanisierungsgrad. Mit der graduellen Sichtweise, die der Raum der Weltanschauungen ermöglicht, können diese Zwischenformen in eine Ordnung gebracht werden. Zum besseren Verständnis der graduellen Unterschiede lohnt es sich aber, zuerst die Unterschiede von Stadt und Land bezüglich des sozialen und auch weltanschaulichen Milieus in ihrer Reinform herauszuschälen.

Städtische Regionen

Städtische Gebiete zeichnen sich aus durch eine dichte Besiedlung und Bebauung sowie eine hohe Durchmischung von verschiedenen Nutzungen. Gemischt ist in einer großen Stadt auch die Bevölkerungszusammensetzung, und damit ist auch das Spektrum der Weltanschauungen in Städten sehr breit. Trotzdem gibt es so etwas wie eine typische städtische Weltanschauung – die linksliberale. Die Untersuchung des Abstimmungsverhaltens zeigt: Je urbaner ein Stadtquartier, was in der Regel auch innenstadtnäher bedeutet, desto linksliberaler ist das Stimmverhalten. Allerdings gibt es auch in den Innenstädten eine Differenzierung und Segregation verschiedener Milieus. In den Wohnquartieren des klassischen Groß- und Bildungsbürgertums dominiert die liberale Weltanschauung, in den innenstadtnahen ehemaligen Arbeiterquartieren die linke, und gentrifizierte Quartiere sind geprägt vom linksliberalen Milieu.

Wird der Blickwinkel von den Innenstädten auf die großstädtischen Agglomerationen ausgeweitet, weitet sich auch das Spektrum der weltan-

---

[18] Seymour Lipset und Stein Rokkan (1967), die Väter des Cleavagemodells zur Erklärung von politischer Parteibildung, benennen neben dem Stadt-Land-Gegensatz auch die konfessionelle Teilung und den Klassenkonflikt als die wesentlichen Gegensätze, welche die politischen Landschaften von westeuropäischen Staaten strukturieren. Der Gegensatz zwischen Stadt und Land gilt dabei als der älteste. Auch in der Eidgenossenschaft des späten Mittelalters war der Stadt-Land-Konflikt immer wieder Gegenstand von Krisen und Konflikten (z. B. Alter Zürichkrieg 1444, Stanser Verkommnis 1481).

schaulichen Milieus. Figur 3 zeigt die Bevölkerungsverteilung der drei größten städtischen Agglomerationen der Schweiz im Raum der Weltanschauungen. Eine auffällige Gemeinsamkeit in allen drei Figuren ist die längliche Gestalt der Agglomeration und ihre Ausdehnung von links nach rechtsliberal. Diese Gestalt spiegelt die großräumige soziale Segregierung von Ballungszentren wider.

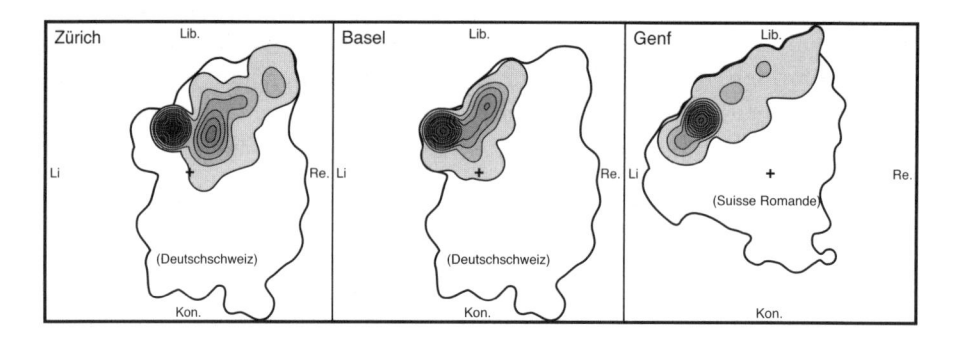

Figur 3: Typische weltanschauliche Lagen von großstädtischen Agglomerationen

Rechtsliberal ist die typische Weltanschauung der im Umland von Großstädten ansässigen Oberschicht. Das rechtsliberale Milieu ist vorwiegend in Villengemeinden mit tiefen Steuersätzen und idealen topographischen Bedingungen lokalisiert. Als topographisch besonders ideal gelten in der Schweiz stadtnahe, sonnige Hanglagen mit Seesicht. Aufgrund der relativen Universalität dieser Kriterien für das gehobene Wohnsegment ergeben sich zwischen dem Raum der Weltanschauungen und dem geographischen Raum erstaunliche Übereinstimmungen. Ein Beispiel hierfür ist das Nordostufer des Zürichsees, das in der Schweiz auch unter dem Namen »Goldküste« bekannt ist. Die Gemeinden der Goldküste reihen sich im Raum der Weltanschauungen exakt nach derselben Ordnung auf, wie sie am Seeufer gelegen sind. Eine analoge Ordnung findet sich in der Agglomeration von Genf. Die Erklärung für diesen Zusammenhang ist folgende: Je näher an der Stadt, desto besser und damit teurer ist – ceteris paribus – die Wohnlage, desto wohlhabender sind die Einwohner und desto liberaler und rechter ist ihre Weltanschauung.

Das Gegenstück zur rechtsliberalen Oberschicht bildet die linke bzw. linkskonservative Unterschicht, die sich in den einzelnen Städten der Schweiz stark unterscheidet. Je nach sozialstrukturellen und kulturellen Voraussetzungen ist dieser Typus unterschiedlich stark ausgebildet. Während in Städten mit bedeutenden Industrien wie Basel (Chemie) und La-Chaux-de-Fonds (Uhren) linke, gewerkschaftlich orientierte Arbeitermilieus im Raum der Weltanschauungen deutlich erkennbar sind, sind diese in den Städten wie Zürich (Banken und Versicherungen) oder Bern (öffentliche Verwaltung), wo der Dienstleistungsbereich überwiegt, weniger ausgeprägt. Bedeutsamer noch ist der sprachkulturelle Kontext: In der französischen Schweiz ist die Linke stärker in der Arbeiterschaft verwurzelt als in der deutschen Schweiz, wo sie vor allem im Dienstleistungssektor verankert ist. Die linkesten Milieus der deutschen Schweiz sind deshalb in den multikulturellen Innenstadtquartieren der Großstädte zu finden und nicht wie in der französischen Schweiz in den klassischen Arbeiterquartieren. Die Deutschschweizer Arbeiterschaft hat sich weltanschaulich dem konservativen kleinbürgerlichen Milieu angeglichen, wie es für ländliche Kleinstädte charakteristisch ist.

Ländliche Regionen

Der Vergleich von Weltanschauung und Sozialstruktur hat gezeigt, dass die typische Weltanschauung des bäuerlich-gewerblichen Milieus die rechtskonservative ist (vgl. Figur 2). Rechtskonservativ ist auch die typische Weltanschauung ländlicher Regionen. Ein Beispiel ist das in Figur 4 dargestellte Emmental. Doch selbst in ländlichen Regionen wie dem Emmental kann ein Stadt-Land-Gegensatz beobachtet werden. Während die Hauptorte Burgdorf und Langnau relativ (links-)liberal stimmen, sind die kleinen, ganz hinten in den Tälern gelegenen Dörfer ausgesprochen rechtskonservativ. Dies zeigt, dass der Stadt-Land-Gegensatz weniger als absolutes, denn als relatives Konzept verstanden werden muss.

Ländliche Regionen, die nicht wie das Emmental vom bäuerlich-gewerblichen Milieu geprägt sind, weichen auf systematische Weise von der rechtskonservativen Positionierung ab. Exemplarisch kann dies anhand der anderen in Figur 4 dargestellten Regionen veranschaulicht werden. Das touristische Engadin liegt weit oben im rechtsliberalen Quadranten des Raums der Weltanschauung (in der Nähe der Zürcher Villenvororte). Das weltanschauliche Milieu von touristischen Regionen ist generell liberaler als das von bäuerlich-gewerblichen. Analog zum Wohnumland von Großstädten kann dabei eine soziale Differenzierung ausgemacht werden. Je nobler eine Kurregion ist, desto liberaler ist ihr weltanschauliches Milieu. Beherberger und Beherbergte passen sich offenbar in ihren Ansichten an. Die liberale Spitze der Schweizer Tourismusregionen bildet das Engadin mit dem traditionsreichen, mondänen Luxuskurort St. Moritz, gefolgt von der Landschaft Davos mit den berühmten Höhenkliniken. Wesentlich konservativer sind dagegen die Tourismuszentren, meist Skiorte, die von eher mittelständischem Publikum frequentiert werden.

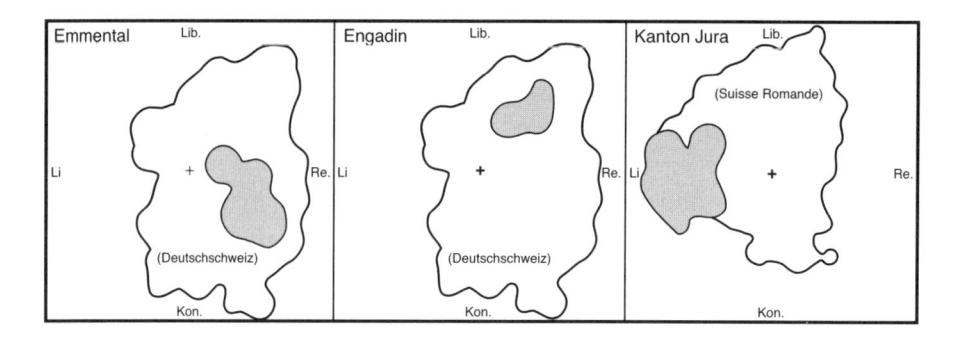

Figur 4: Typische weltanschauliche Lagen von touristischen, industriellen und landwirtschaftlich geprägten Landregionen

Ländliche Regionen, deren kulturelle Selbstwahrnehmung und Identität sich an der industriellen Produktion orientieren, bilden eher linke oder linkskonservative Milieus aus. Ausschlaggebend dafür ist nicht allein der Anteil an Industriearbeitern. Dies kann anhand des oben dargestellten Kantons Jura veranschaulicht werden, der wie der gesamte Jurabogen ein für schweizerische Verhältnisse sehr linkes Milieu bildet. Dieser Landesteil ist die Heimat der Schweizer Uhrenindustrie. Auch wenn sich im Jura das zahlenmäßige Verhältnis der Erwerbstätigen zwischen erstem und zweitem Wirtschaftssektor nicht wesentlich von anderen ländlichen Regionen unterscheidet, ist für die Identität dieser Region die Uhrenindustrie sehr wichtig, so dass das Bäuerliche in den Hintergrund gedrängt wird. Anders sieht dies in den alpinen und voralpinen Regionen aus. Dort bleibt die bäuerliche Identität oft auch dann bestimmend, wenn andere Erwerbszweige eine gewichtige ökonomische Bedeutung erlangt haben. Dies zeigt, dass die ökonomische und daraus resultierende soziale Struktur nicht unmittelbar das Denken und Handeln bestimmt, sondern dass ein Milieu auch stark von tradierten Selbstbildern und kollektiven kulturellen Gedächtnissen geprägt ist.

Gradienten der weltanschaulichen Regionalisierung

Wie die Verteilung der Schweizer Gemeinden im Raum der Weltanschauungen zeigt, bildet sich die weltanschauliche Differenzierung der Gesellschaft im geographischen Raum ab. Grundlage dafür bilden zwei Gegensätze, die Weltanschauung und Regionalisierung verklammern. Es sind dies die Gegensätze zwischen zentral und peripher einerseits, und zwischen oben und unten in der gesellschaftlichen Hierarchie andererseits. Die Gegensätze *Herrschende-Beherrschte* und *zentral-peripher* widerspiegeln zwei unterschiedliche Hierarchietypen. Es sind dies einerseits *soziale Hierarchien* zwischen Menschen in unterschiedlichen wirtschaftlichen und gesellschaftlichen Stellungen, und andererseits *regionale Hierarchien* zwischen Regionen unterschiedlicher wirtschaftlicher Potenz und gesellschaftlicher Bedeutung.

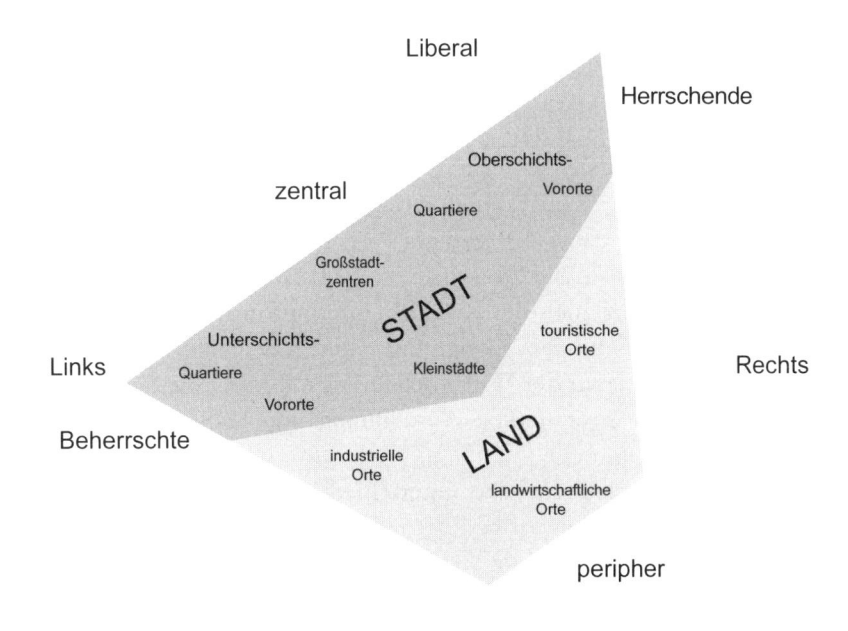

Figur 5: Die Gradienten der weltanschaulichen Differenzierung

Beide Hierarchien sind zentrale Momente der gesellschaftlichen Differenzierung, in der Regel wird jedoch, je nach wissenschaftlicher Perspektive, nur die eine oder die andere Hierarchie thematisiert. So konzentriert sich beispielsweise die Soziologie auf Hierarchien, die sich aus der Arbeitsteilung zwischen Individuen bzw. Klassen ableiten. Regionalgeographie und Regionalökonomie dagegen fokussieren regionale Disparitäten und Hierarchien von Regionen und Orten, die sich bezüglich ihrer Zentralität unterscheiden. Die für das Verständnis der gesellschaftlichen Differenzierung wichtigen Verbindungen zwischen den beiden Hierarchietypen fallen dabei aus dem Blickfeld. Im Modell der Weltanschauungen werden beide Hierarchietypen und damit auch ihr Zusammenwirken erfasst.

Soziale und regionale Hierarchien

Regionale und soziale Hierarchien sind eng verknüpft, weil sich aus regionalen Hierarchien soziale und aus sozialen Hierarchien regionale ableiten. Soziale Hierarchien ergeben sich aus der Arbeitsteilung und der Ungleichverteilung von Ressourcen innerhalb einer Gesellschaft. Dies hat sekundär Segregationseffekte zur Folge, die zu regionalen Unterschieden und Rangordnungen führen. Soziale Hierarchien bilden sich gemäß Bourdieu (1991) im physischen Raum ab, weil sich Personen, die über ein großes Volumen an ökonomischem und kulturellem Kapital verfügen, die guten Adressen und Orte aneignen können und dabei die weniger Privilegierten in ungünstigere Lagen verdrängen. Weil das soziale Spektrum in großstädtischen Agglomerationen sehr breit ist, sind dort auch der Konkurrenzkampf um die besten Standorte und die daraus resultierenden Aneignungs- und Verdrängungseffekte besonders ausgeprägt. Im Raum der Weltanschauungen kommt die Segregation der Agglomerationen in ihrer starken Ausdehnung von rechtsliberal nach links zum Ausdruck.

Hierarchien, die sich aus der unterschiedlichen Zentralität von Orten ergeben,[19] sind primär regional bedingt und erst sekundär sozial im oben beschriebenen Sinn. Regionale Hierarchien ergeben sich im Unterschied zu den sozialen aus einer Arbeits- und Funktionsteilung zwischen Regionen und Orten. Orte großer Zentralität rangieren vor anderen, da sie spezifische Funktionen erfüllen und Leistungen erbringen, die in anderen nicht erbracht

---

[19] Der Begriff der Zentralität wird hier im Sinne von Walter Christallers Theorie der zentralen Orte verwendet. Entsprechend ihrer Reichweite bildet sich eine Ordnung von Gütern unterschiedlicher Zentralität aus. Ein Ort hat dann eine hohe Zentralität, wenn dort viele Waren und Dienstleistungen hoher Zentralität angeboten werden (vgl. auch Schätzl, 1992).

werden. Sekundär sind allerdings auch in regionalen Hierarchien soziale enthalten, denn der Anteil der Menschen, die über ein großes Kapitalvolumen verfügen, ist in den Zentren größer als in der Peripherie. Die regionale Hierarchie drückt sich im Gefälle zwischen Stadt und Land aus, das sich im Raum der Weltanschauung von der linksliberalen zur rechtskonservativen Ecke erstreckt.

Regionalisierung und Liberalität

Weltanschaulich korrespondiert sowohl die soziale als auch die regionale Hierarchie mit der Liberalität der Regionen. An zentralen Orten wird liberaler gestimmt als an peripheren, und in den Oberschichtgebieten wird liberaler gestimmt als in den Gebieten der Unterschicht. Beide Hierarchien stehen für eine Ungleichheit der Möglichkeiten. Diese Ungleichheit führt zu einer unterschiedlichen Haltung gegenüber Öffnung und Modernisierung. Oben wurde gezeigt, dass eine liberale Einstellung Ausdruck eines subjektiven Machtgefühls ist. Wer Handlungsmöglichkeiten und -perspektiven besitzt, erhofft sich eine Erweiterung des Möglichkeitsraums durch die Öffnung und Modernisierung der Gesellschaft.

Bezüglich des Liberal-konservativ-Gegensatzes stimmen die soziale und die regionale Hierarchie überein. Bezüglich des Links-rechts-Gegensatzes verhalten sie sich dagegen reziprok. In Unterschichtgebieten wird dementsprechend linker gestimmt als in den Gebieten der Oberschicht (vgl. Fig. 5). Umgekehrt wird in peripheren, agrarischen Regionen rechter gestimmt als in urbanen Zentren. Die unterschiedliche weltanschauliche Konnotation der beiden Hierarchien lässt sich aus deren unterschiedlichen Beschaffenheit ableiten. Beide Hierarchien sind Rangordnungen, doch für die Lebenswelt der betroffenen Individuen haben sie unterschiedliche Konsequenzen.

Gegensätzliche Links-rechts-Konnotation

Die soziale Hierarchie und Ungleichheit hat dann besondere Auswirkungen auf das Denken und Handeln, wenn Sie im Alltag erfahren wird. Dies geschieht in erster Linie durch Konfrontation und Interaktion von Statushöheren und Statusniedrigen im alltäglichen Aktionskreis und ist deshalb regional begrenzt. Die soziale Hierarchie ist in erster Linie eine *intraregionale* Hierarchie und entspricht dem Gegensatz zwischen Arbeitgebern und Arbeitnehmern oder, verallgemeinert, zwischen Herrschenden und Beherrschten. Sie beruht auf einer personenbezogenen Ungleichheit und manifestiert sich im

Konflikt zwischen links und rechts. Die Herrschenden, deren Stellung auf autoritativen und materiellen Ressourcen gründet, tendieren zu einer kompetitiv-autoritätsfreundlichen (rechten) Haltung. Die materiell Benachteiligten und Beherrschten empfinden sich auch als solche, fühlen sich tendenziell ausgeschlossen und unterdrückt und neigen daher zu einer sozial-autoritätskritischen (linken) Haltung. Die starke Ausdifferenzierung der weltanschaulichen Milieus in den städtischen Agglomerationen von links nach rechts ist ein Produkt der erfahrenen Dominanz und Dominiertheit.

Die soziale Hierarchie ist nicht auf städtische Gebiete beschränkt, wo sie besonders ausgeprägt ist, sondern sie existiert auch in ländlichen Dörfern, wo es eine lokale Ober- und Unterschicht gibt. Auf dem Land ist die intraregionale soziale Hierarchie aber bedeutend weniger ausgebildet und daher ist, wie Figur 5 zeigt, auch der Links-rechts-Konflikt weniger bedeutsam.

Die *interregionale* Rangordnung, die im Zentrum-Peripherie-Gegensatz enthalten ist, ist keine autoritäre Ordnung, die auf direkter Interaktion und persönlicher Ungleichheit beruht, sondern in erster Linie eine Rangordnung des ökonomischen und kulturellen Potenzials. Dieses Potenzial ist in den Zentren größer und damit auch der potenzielle Möglichkeitsraum für den Einzelnen. Die Rangordnung ist aber nicht nur eine quantitative, sondern es bestehen auch qualitative Unterschiede, die für das weltanschauliche Milieu von Relevanz sind. In der Peripherie ist sowohl das Arbeitsplatz- als auch das Konsumangebot stark an primären, materiellen Bedürfnissen und Gütern orientiert. Die meisten Erwerbstätigen sind in der Primär- und in der gewerblichen Sekundärproduktion beschäftigt. Tertiäre Bedürfnisse können nur beschränkt lokal befriedigt werden. Die Produktion und der Konsum immaterieller Güter, wie kulturelle Veranstaltungen, Medien, Bildung, Wissen oder Beratungsdienstleistungen, finden vor allem in den großen Zentren statt. Im Zentrum-Peripherie-Gegensatz ist deshalb ein Gegensatz zwischen primären, materiellen und tertiären, immateriellen Gütern und Bedürfnissen eingelagert.

In der Theorie des Wertewandels von Ronald Inglehart wird dieser Gegensatz als Gradient der gesellschaftlichen Entwicklung aufgefasst. Die Generation, die als erste in materiellem Wohlstand sozialisiert wird, wendet sich von den auf materielle Grundversorgung und Eigentum orientierten Werten der Elterngeneration ab, um sich postmaterialistischen Werten zuzuwenden. Dazu gehören Werte wie egalitäre Entscheidungsfindung, Selbstbestimmung und persönliche Entfaltung. Das, was Inglehart als zeitliche Entwicklung konzeptualisiert, ist im geographischen Raum als zeitgleich existierendes Nebeneinander zu finden. Die Nachfrage nach tertiären Gütern basiert auf einer ausreichenden Versorgung mit materiellen Gütern. In der zeitlichen Entwicklung erfolgt eine Nachfragesteigerung nach tertiären Gütern deshalb nach der mehrheitlichen Befriedigung der primären Bedürfnisse, in geographischer Hinsicht konzentriert sich die Nachfrage nach tertiären Gütern auf Orte hoher Zentralität, weil nur diese ein genügend großes Einzugsgebiet besitzen.[20]

Städtische Zentren bieten bezüglich Konsum und Arbeitsplatzangebot die besten Voraussetzungen, einen zur postmaterialistischen Wertorientierung passenden Lebensstil zu führen, die postmaterialistische Orientierung ist deshalb in Großstädten am stärksten verbreitet.[21] Im Modell der Weltanschauungen korrespondieren die postmaterialistischen Werte mit einer linksliberalen Einstellung, die für Egalität und gesellschaftliche Freiheit steht.

Wechselspiel von regionalen und sozialen Ungleichheiten

Mit der Untersuchung des Zusammenhangs von Regionalisierung und Weltanschauung kann aufgezeigt werden, dass die weltanschaulichen Unterschiede im physischen Raum abgebildet sind. Wenn wir Weltanschauung als mentales Gegenbild zu den Lebensbedingungen betrachten, dann bestätigt unsere Untersuchung Bourdieus These, dass sich die soziale Ungleichheit im Raum niederschlägt. Gleichzeitig wird aber auch sichtbar, dass der Zusammenhang zwischen gesellschaftlicher Differenzierung und Raum komplexer ist, als dies aus Bourdieus These hervorgeht. Die Ungleichheit zwischen Orten hoher und Orten niedriger Zentralität entsteht nicht durch Aneignung und Verdrängung und ist nicht Produkt einer sozialen Ungleichheit im soziologischen Sinn. Nicht die Arbeitsteilung zwischen Individuen, sondern die Funktionsteilung zwischen Regionen ist ausschlaggebend für diese Ungleichheit. Da die regionalen Ungleichheiten Konsequenzen für die Lebensbedingungen haben, führen sie aber ihrerseits zu einer sozialen und weltanschaulichen Differenzierung. Bourdieus These muss deshalb erweitert werden. Es ist nicht nur einseitig die soziale Ungleichheit, die sich auf den Raum überträgt. Viel-

---

20 Vgl. Inglehart (1977; 1990).
21 Ländliche Regionen haben zu Beginn der postmaterialistischen Wende eine wichtige Rolle gespielt. Für Hippies und Alternative bot der ländliche Raum die Perspektive, einen autarken, von den Zwängen des kapitalistischen Systems befreiten Lebensstil zu führen. Mit den zunehmenden Möglichkeiten, postmaterialistische Werte auch innerhalb des Wirtschaftssystems umsetzen zu können, hat »Aussteigen« als postmaterialistischer Lebensentwurf an Bedeutung verloren.

mehr führen räumliche bzw. regionale Unterschiede ihrerseits zu sozialen und weltanschaulichen Unterschieden. Die (wirtschafts-)geographische Regionalisierung bildet sich in der sozialen Differenzierung ab.

Produktion und Reproduktion ungeplanter Regionen

Die regionalisierte Weltanschauung ist ein Produkt ungeplanter Regionalisierung. Die Individuen einer freiheitlichen Gesellschaft leben dort, wo sie immer schon gelebt haben, wo es ihnen ihr Einkommen erlaubt, wo sie Arbeit und Wohnung finden oder schlicht wo sie immer gerne hinziehen wollten. Mit der Planung von Siedlungen und Zentren werden zwar räumlich spezifische Angebote planvoll entworfen, im Ganzen gesehen ist die bestehende weltanschauliche Regionalisierung jedoch nicht geplant, sondern ein Nebenprodukt von Handlungen, die nicht auf Regionalisierung zielen.

Im dritten Teil dieses Beitrags möchten wir schließlich zeigen, welche Mechanismen und Prinzipien dafür verantwortlich sind, dass Handlungen, die an anderen Zielen als an der weltanschaulichen Regionalisierung orientiert sind, in ihrer Summe zu einer systematischen Regionalisierung der Weltanschauung führen.

Koordinierte Mobilität und Segregation

Ein Motor der weltanschaulichen Regionalisierung ist die geographische Mobilität. Wenn Personen ihren Arbeitsplatz und/oder ihre Wohnung wechseln, dann führen unterschiedliche Wünsche und Möglichkeiten zu unterschiedlichen Zielen. Personen mit ähnlichen mentalen Dispositionen weisen ähnliche Präferenzen bezüglich Arbeitsmarkt und Wohnumfeld auf. Weltanschauung koordiniert also die räumliche Mobilität, was dazu führt, dass sich Personen mit ähnlichen Dispositionen an ähnlichen Orten konzentrieren. Regionalisierungen, die durch Arbeitsplatzwechsel bestimmt sind, unterscheiden sich von Regionalisierungen durch Wohnungswechsel. Erstere sind vor allem für eine grobmaschige Regionalisierung verantwortlich. Für einen Arbeitsplatz werden zwar große Standortverschiebungen in Kauf genommen, gleichzeitig bestimmt der Arbeitsort aber nur den Umkreis von möglichen Orten, an denen man sich niederlassen kann. Die feinkörnige Regionalisierung geschieht bei der Wahl des Wohnorts und der Wohnung.

Der Zusammenhang zwischen Segregierung und Weltanschauung ist ein doppelter. Zum einen führt die Ungleichverteilung von Ressourcen dazu, dass sich nicht alle Menschen dieselben Orte und Lagen aneignen können und sich deshalb Unter- und Oberschichtquartiere mit jeweils typischen mentalen Profilen ausbilden. Zum anderen entsteht eine weltanschauliche Segregierung durch systematische Unterschiede in den Zielen und Vorlieben. Je nach weltanschaulicher Disposition bieten unterschiedliche Regionen und Wohnumfelder das ideale Angebot.

Eine Diskrepanz in den Wohnwünschen entsteht aus dem weltanschaulichen Gegensatz zwischen rechts und links. Mit einer rechten Weltanschauung korrespondiert ein Wohnideal, das auf Eigentum und Privatheit orientiert ist, mit einer linken dagegen eines, das sich am öffentlichen Leben, am kulturellen Angebot und Multikulturalität orientiert. Dies hat zur Konsequenz, dass in Innenstädten eine andere Weltanschauung dominiert als in Vororten und Reihenhausquartieren.

Ein zweiter wichtiger Gegensatz besteht zwischen Gemeinschaft und Individualität bzw. Anonymität. In Regionen hoher Zentralität ist zwar das Berufs- und Konsumangebot groß, gleichzeitig aber das Angebot an gemeinschaftlicher Geborgenheit kleiner als in Dörfern und Kleinstädten. Weltanschaulich korrespondiert das Bedürfnis nach lokaler Gemeinschaft mit einer konservativen Haltung. Während sich Personen mit einer liberalen Grundhaltung an individueller Freiheit und an der Umsetzung eigener Möglichkeiten orientieren, legen Konservative Wert auf die Bezugssysteme Heimat, Tradition und Gemeinschaft, die Leitlinien und Sicherheit bieten, aber häufig auch Konformität und Loyalität einfordern. Wenn sie die Möglichkeit dazu besitzen, meiden sie deshalb die Anonymität von Großstädten.

Weltanschauliche Segregation durch koordinierte Mobilität ist vor allem für die liberalen Milieus auf der linken wie auf der rechten Seite von Bedeutung. Personen, die sich an Tradition und Gemeinschaft orientieren, sind weniger mobil als Personen, welche die Umsetzung eigener Möglichkeiten zum Ziel haben. Durch geographische Mobilität werden vor allem zentrale Regionen strukturiert. Umgekehrt hat die geographische Mobilität auch für die konservativen, peripheren Regionen Konsequenzen: Arbeitersiedlungen und stadtferne Dörfer reproduzieren und verstärken ihr konservatives Profil dadurch, dass Einwohner mit besseren Einkommens- und Bildungschancen wegziehen.

Inkorporierung des sozialgeographischen Milieus

Das zweite wichtige Prinzip der weltanschaulichen Regionalisierung ist die Anpassung der eigenen kognitiven Interpretationsschemata an das lokale Milieu. Idealtypisch kommt dieses Prinzip bei Stammtischgesprächen in Dorfkneipen zum Ausdruck, wo die (verschiedenen) Interpretationsschemata der Dorfbewohner vorgebracht, getestet und abgestimmt werden. Insbesondere in ländlichen Regionen, wo eine starke lokale Gemeinschaft mit Institutionen wie Kneipen, Plätzen und Vereinen besteht, wird über den lokalen, räumlichen Bezug eine mentale Gemeinschaft generiert und reproduziert.

Je großstädtischer die Siedlungsstruktur, desto weniger ausgeprägt ist die Verbindung von Wohnumfeld und ideellem Milieu. Weder in Großstädten noch in deren Umland entfalten lokale Gemeinschaften eine ähnlich starke integrative Rolle wie im traditionell ländlichen Kontext. Die Inkorporierung und Angleichung von Meinungen und Haltungen geschieht im städtischen Umfeld über soziale und ideologische Milieus, die räumlich desintegriert und weit verzweigt sind (im Extremfall sind dies globale Internetgemeinschaften). Auch wenn eine direkte Inkorporierung von Haltungen und Werten durch das lokale Milieu nur bedingt stattfindet, existieren im großstädtischen Kontext indirekte Formen der Inkorporierung. Statt sich direkt dem Milieu des Wohnumfelds anzupassen, passt man sich an ein in Medien und der Öffentlichkeit entwickeltes Bild eines Milieus an. Aufgemacht an Begriffen wie »Trend« und »Szene« werden Lebensstile entworfen und kommuniziert. Zu diesen konstruierten Milieus gehören Leitlinien bezüglich Kleidung, Freizeitbeschäftigung, Wohnweisen usw.

Strukturierende Weltanschauung

Mobilität und Inkorporierung führen zur Produktion weltanschaulicher Regionalisierungen. Sind solche Strukturen einmal in Ansätzen vorhanden, entwickeln sie ein Eigenleben. Sie reproduzieren sich, schaffen neue Strukturen und hinterlassen immer tiefere Spuren in den Institutionen. Eine positive Rückkopplung entsteht, wenn an einem Ort Personen mit einer bestimmten mentalen Disposition übervertreten sind. Dann erzeugen diese eine Nachfrage nach bestimmten Konsumgütern und damit auch ein entsprechendes Angebot. Dieses Angebot seinerseits bewirkt, dass der Ort für Personen mit denselben Vorlieben an Attraktivität gewinnt, was wiederum die Nachfrage steigert usw.

Die Strukturierungen, die durch die weltanschauliche Regionalisierung ausgelöst werden, gehen über die Mechanismen von Angebot und Nachfrage hinaus. Insbesondere prägt die einmal vorherrschende Weltanschauung an einem Ort sein Erscheinungsbild. In Anlehnung an Bourdieus Begriff des »sozialen Habitus« eines Individuums, der die Materialisierung und Manifestierung der mentalen Dispositionen in Form von Kleidung, Gestik usw. bezeichnet, kann man auch von einem Habitus eines Ortes bzw. eines sozialgeographischen Milieus sprechen. Der Stil und die Art und Weise, wie sich Menschen in der Öffentlichkeit bewegen und wie sie sich in Institutionen verhalten, geben jedem Lebensraum eine eigene Charakteristik. Diese Charakteristik ist in einem gentrifizierten Innenstadtquartier anders als in einer Arbeitersiedlung und anders auf dem Dorf oder im Villenquartier. Die durch die Einwohner eines Ortes erzeugte Öffentlichkeit ist entscheidend für seinen Habitus. Letzterer wiederum hat eine anziehende Wirkung auf andere Personen, die sich demselben Lebensstil und Habitus zugehörig fühlen, so dass eine positive Rückkopplung ausgelöst wird.

Schluss

Der theoretische Ausgangspunkt dieses Beitrages war die begriffliche, konzeptionelle und methodologische Unterscheidung von geplanter und ungeplanter Regionalisierung. Als Konsequenz der radikalisierten, Zweiten Modernisierung diagnostizierten wir das Schwinden der Voraussetzungen für eine erfolgreiche räumliche Planung – wie institutionelle Territorialität und starre zentralistische Organisationsprinzipien. Demgegenüber stellten wir eine größere Relevanz von institutionalisierten und informellen Koordinationsprinzipien und -mechanismen des alltäglichen Handelns fest, die zu autonomem, aber gleichgerichtetem Handeln und damit auch zu ungeplanten Regionalisierungen führen.

Die fortgeschrittene Pluralisierung der Lebensstile und Lebensformen hat zur Konsequenz, dass rein ökonomische Modelle, die auf intersubjektiv gültigen Vorstellungen von Kosten und Nutzen basieren, an Erklärungskraft eingebüßt haben. In vielen Lebensbereichen ist der gesellschaftliche Grundkonsens dessen, was für gut, schön, richtig und erstrebenswert gehalten wird, verloren gegangen. Lebensstilgruppen und soziokulturelle Milieus sind moderne »Wertegemeinschaften« und übernehmen die Vermittlung dessen, was

Nutzen bringt und was Kosten sind. Die gesellschaftliche Pluralisierung und Fragmentierung in soziokulturelle Milieus wirkt sich vor allem bezüglich der Interpretation von räumlichen Kontexten und des »raumwirksamen Handelns« – beispielsweise bei Wohnstandortpräferenzen, Mobilitäts- oder Freizeitverhalten – aus. Sie zeigt sich aber auch in den vielfältigen Konnotationen von sozialen Habitaten.

Für eine Geographie der alltäglichen Regionalisierung erscheint aus den oben genannten Gründen die Fokussierung sozialer, weltanschaulicher und insbesondere sozialgeographischer Milieus von hoher Wichtigkeit. Bourdieus Konzept des sozialen Habitus und seine Übertragung auf bestehende soziale Habitate ist dabei ein viel versprechender Ansatz. Das hier vorgestellte Konzept der Weltanschauung und seine empirische Umsetzung mit Hilfe der Schweizer Referendumsdaten modelliert die mentale bzw. ideelle Komponente des Habitus auch in seiner räumlichen Dimension.

Literatur

Alonso, W.: Location and Land Use. Toward a General Theory of Land Rent. Cambridge 1964

Beck, U.: Das Zeitalter der Nebenfolgen und die Politisierung der Moderne. In: Beck, U./Giddens, A./Lash, S.: Reflexive Modernisierung. Eine Kontroverse. Frankfurt a. M. 1996, S. 19-112

Bourdieu, P.: Die feinen Unterschiede. Kritik der gesellschaftlichen Urteilskraft. Frankfurt a. M. 1994

Bourdieu, P.: Ortseffekte. In: Bourdieu, P. et al.: Das Elend der Welt. Zeugnisse und Diagnosen alltäglichen Leidens an der Gesellschaft. Konstanz 1997, S. 159-167

Bourdieu, P.: Physischer, sozialer und angeeigneter physischer Raum. In: Wentz, M. (Hrsg.): Stadträume. Frankfurt a. M. 1991, S. 25-34

Bourdieu, P.: Sozialer Raum und »Klassen«, Leçon sur la Leçon. Frankfurt a. M. 1995

Frey, B. S./Eichenberger R.: The New Federalism for Europe: Functional Overlapping and Competing Jurisdictions. Cheltenham 1999

Frey, B. S.: Ökonomie ist Sozialwissenschaft. Die Anwendung der Ökonomie auf neue Gebiete. München 1990

Geiger, T.: Die soziale Schichtung des deutschen Volkes. Ein soziographischer Versuch auf statistischer Grundlage. Stuttgart 1967

Giddens, A.: Die Konsequenzen der Moderne. Frankfurt a. M. 1994

Giddens, A.: Die Konstitution der Gesellschaft. Grundzüge einer Theorie der Strukturierung. Frankfurt a. M. 1995 (2. Auflage)

Häussermann, H./Siebel, W.: Soziologie des Wohnens. Eine Einführung in Wandel und Ausdifferenzierung des Wohnens. München 1996

Hermann, M./Leuthold, H.: Atlas der politischen Landschaften. Ein weltanschauliches Porträt der Schweiz. Zürich 2003a

Hermann, M./Leuthold, H.: Deutsch und Welsch im Raum der Weltanschauungen. In: Zeitschrift für Archäologie und Kunstgeschichte, Vol. 60 (1/2), 2003b, S. 187-192

Hermann, M./Leuthold, H.: Ein Graben der Werte trennt Stadt und Land. In: Tages-Anzeiger, 2. Dezember 2004, Zürich

Hermann, M./Leuthold, H.: Stadt-Land-Cleavages einer urbanisierten Gesellschaft. Arbeitspapier zum Jahreskongress der Schweizerischen Vereinigung für Politikwissenschaft. Fribourg 2002

Hermann, M./Leuthold, H.: The Consequences of Gentrification und Marginalisation on Political Behaviour. In: Proceedings to the Conference »Upward Neighbourhood Trajectories: Gentrification in a New Century«. 26. & 27. September 2002, Department of Urban Studies, University of Glasgow 2002

Hermann, M./Leuthold, H.: Weltanschauung und ihre soziale Basis im Spiegel eidgenössischer Volksabstimmungen. In: Schweizerische Zeitschrift für Politikwissenschaften Vol. 7 (4), 2001, S. 39-63

Inglehart, R.: Cultural Shift in Advanced Industrial Society. Princeton 1990

Inglehart, R.: The Silent Revolution. Changing Values and Political Styles Among Western Publics. Princeton 1977

Kriesi, H.: Le système politique suisse. Paris 1998a

Kriesi, H.: The transformation of cleavage politics. The 1997 Stein Rokkan lecture. In: European Journal of political Research 33. 1998b, S. 165-185

Lipset, S. M./Rokkan, S.: Party Systems and Voter Alignments: Cross-National Perspectives. New York 1967

Müller, H. P.: Sozialstruktur und Lebensstile. Der neuere theoretische Diskurs über soziale Ungleichheit. Frankfurt a. M. 1997

Schätzl, L.: Wirtschaftsgeographie 1. Theorie. Paderborn 1992

Siegfried, A.: Tableau politique de la France de l'ouest sous la troisième république. Paris 1913.

Weber, M.: Wirtschaft und Gesellschaft. Tübingen 1980

Werlen, B.: Sozialgeographie alltäglicher Regionalisierungen. Band 2: Globalisierung, Region und Regionalisierung. Stuttgart 1997

Werlen, B.: Sozialgeographie. Eine Einführung. Bern 2000

Guenther Arber

Medien, Regionalisierungen und das Drogenproblem

Zur Verräumlichung sozialer Brennpunkte

> »*The daily press and the telegraph, which in a moment spread inventions over the whole earth, fabricate more myths in one day than could have formerly done in a century.*«
>
> Karl Marx

Die Massenmedien Presse, Fernsehen und Radio sind aus dem Leben der meisten Menschen nicht mehr wegzudenken, ihre Nutzung gehört zur alltäglichen Routine. Die Bedeutung der Medien – wenn auch teilweise in anderen Formen – nimmt weiter zu: Es kursiert der Begriff der Informationsgesellschaft. Medien überbrücken räumliche und zeitliche Distanzen: Sie verschaffen ihren Nutzerinnen und Nutzern Zugang zu Gegebenheiten und Ereignissen, zu denen sie keinen unmittelbaren Bezug haben und von denen sie folglich sonst nichts wüssten. Die Medien haben also eine enorme Bedeutung bei der Vermittlung von Wissen erlangt. Auf dessen Grundlage konstruieren die Menschen ihre Weltbilder und Wirklichkeiten, die den Sinnhorizont für ihr Handeln darstellen.

Ein Gegenstandsbereich, zu dem sicherlich die meisten Menschen nur über die Medien Zugang haben, ist die Drogenthematik. Das von den Medien im Zusammenhang mit Drogen verbreitete Wissen ist folglich maßgeblich an der Definition des so genannten ›Drogenproblems‹ beteiligt. Im Fall der Schweiz und Zürichs legt die Betrachtung des gesellschaftlichen Umgangs mit dem Faktum einer bestehenden Nachfrage nach illegalen Stoffen während der letzten zwanzig Jahre die Vermutung nahe, dass die Drogenthematik in einer breiteren Öffentlichkeit als räumliches Problem wahrgenommen wird. Vor allem die zwei Stadtgebiete ›Platzspitz‹ und später der ›Letten‹ beherrschten während Jahren landesweit Debatten und Diskussionen über die

Drogenthematik und erschienen geradezu als das ›Drogenproblem‹ schlechthin. Die beiden Areale waren als Aufenthaltsorte der offenen Drogenszene in Zürich im Verlauf des gesellschaftlichen Diskurses über die Drogenthematik offensichtlich sukzessive mit dem Bedeutungsgehalt ›Drogenproblem‹ belegt worden, wobei die Massenmedien als wichtige Instanzen der Wissensvermittlung – wie angedeutet – eine entscheidende Rolle in diesem Diskurs und damit bei der Ausformung einer ›territorialen‹ Sichtweise der Drogenthematik gespielt haben dürften. Solche Ausdifferenzierungen der sozialen Bedeutung von Arealen oder Territorien können als Konstitutionsprozesse von Regionen, oder mit anderen Worten: als Regionalisierungen, verstanden werden.

Damit sind die drei wichtigsten Themenbereiche der hier geführten Auseinandersetzung mit der Konstitution informativ-signifikativer Geographien angesprochen: Regionalisierungen, Medien und die mediale Darstellung der Drogenthematik. In einem ersten, theoretischen Teil werden die Medien als Instanzen der Verbreitung von Wissen aus dem Blickwinkel der Regionalisierung thematisiert. Das zentrale Thema ist demnach die Konstruktion der sozialen Bedeutung von erdräumlichen Ausschnitten über die Verbreitung spezifischer Wissensbestände durch die Medien.

Im zweiten Teil wird anhand des angesprochenen Fallbeispiels die Darstellung der Drogenthematik einer Tageszeitung auf eine solche Bedeutungskonstruktion hin untersucht. Dabei geht es um die Auseinandersetzung mit der Frage, wie die Aufenthaltsorte der offenen Drogenszene – als sichtbarer Ausdruck bestehender gesellschaftlicher Verhältnisse – über die mediale Darstellung zum Drogenproblem *per se* wurden. Mit anderen Worten: Mit welchen medialen Praktiken wurde die Reduktion gesellschaftlicher Komplexität auf eine räumliche Dimension bewerkstelligt, auf deren Basis dann ›räumliche Maßnahmen‹ als Strategie der Problemlösung als angemessen erscheinen konnten?

Regionalisierungen

Weder das traditionelle noch das raumwissenschaftliche Begriffsverständnis von ›Region‹ ist nun anzulegen, sondern die Sichtweise einer sozialwissenschaftlich orientierten Geographie. Im Folgenden werden ›Region‹ bzw. ›Regionalisierung‹ dementsprechend auf der Grundlage der Ansätze von Giddens, Paasi und Werlen thematisiert.

Von Anthony Giddens' (1992) Konzeption von ›Regionalisierung‹ wird der explizite Einbezug von Raum und Zeit in die Gesellschaftsanalyse übernommen, der auch für Paasi und für Werlen – wenn auch in unterschiedlichem Ausmaß – eine zentrale Rolle spielt. Unter Regionalisierung versteht Giddens die Strukturierung sozialen Handelns über Raum und Zeit. Diese Strukturierung besteht darin, dass die Bezüge auf die physisch-materiellen Bedingungen im Handeln in spezifischer Weise interpretiert und symbolisch belegt werden. Dabei werden die Sinngehalte des so definierten Handlungskontextes konstitutiv für das Handeln.

Der finnische Geograph Anssi Paasi (1986, 105-146) benutzt hingegen den Begriff der Regionalisierung im engeren Sinne nicht. Er spricht vielmehr von der Institutionalisierung von Regionen. In diesem Kontext geht es bei ihm aber auch um die Untersuchung der gesellschaftlichen Prozesse der Bildung von Regionen. Paasi unterscheidet dabei zwischen vier Institutionalisierungsvorgängen oder eben, in der Begrifflichkeit von Giddens, »Regionalisierungsprozessen«: erstens die Bildung der territorialen Form einer Region als Resultat verschiedener Praktiken; zweitens die Bildung der symbolischen Form einer Region, also deren semantische Konstruktion; drittens das Entstehen von Institutionen und viertens die Etablierung der Region im regionalen System und im gesellschaftlichen Bewusstsein, d. h. die Reproduktion des Handlungskontextes. Paasi hat sein Konzept der Regionalisierung bis anhin stets im Zusammenhang mit der politisch-administrativen Gliederung von Nationalstaaten vorgebracht, möchte es aber explizit nicht ausschließlich auf diesen Bereich beschränkt wissen.

Benno Werlen (1995; 1997) übernimmt in seiner »Sozialgeographie alltäglicher Regionalisierungen« im Wesentlichen die Konzepte und Begriffe von Giddens, besitzt aber ein anderes Raumverständnis. Anstatt wie Giddens, in Anlehnung an die Zeitgeographie, den newtonschen Container-Raum beizubehalten, postuliert er, auch ›Raum‹ und nicht nur ›Gesellschaft‹ sei als das Ergebnis von Konstitutionsprozessen zu begreifen. Die Konstitution von ›Raum‹ beruht demnach auf der Körpergebundenheit des Handelns. Unter Regionalisierung versteht Werlen folglich die soziale Konstitution von Handlungskontexten, oder präziser: eine Ausdifferenzierung der sozialen Bedeutung räumlicher Ausschnitte bezüglich bestimmter Handlungsweisen.

Zur Untersuchung von alltäglichen Regionalisierungen schlägt Werlen die Differenzierung von verschiedenen Formen vor: produktiv-konsumtive Regionalisierungen (die Konstitution von Regionen über Produktion und Konsumtion), normativ-politische Regionalisierungen (die Bildung von Regionen aufgrund von territorial gebundenen Verboten, Geboten etc.) und informativ-signifikative Regionalisierungen. Signifikative Regionalisierungen sind als symbolische Aneignungen von Handlungskontexten zu begreifen, die aufgrund eines bestimmten verfügbaren Wissensvorrates verwirklicht werden. Signifikative Regionaliserungen beruhen demzufolge auf informativen Regionalisierungen und sind Ausdruck der Strukturierung der sozialen Bedeutung von räumlichen Ausschnitten.

Mit Giddens, Paasi und Werlen kann somit unter ›Regionalisierung‹ die gesellschaftliche Konstruktion von Handlungskontexten verstanden werden, die von Subjekten mit unterschiedlichem Machtpotential – nicht zur Erstellung von Raumstrukturen, sondern im Umgang mit und zur Bewältigung von sozialen Gegebenheiten – vorgenommen wird und die den Alltag auf verschiedenste Weise raum-zeitlich strukturiert.

Medien

Bei der sozialgeographischen Auseinandersetzung mit den Medien bzw. den Massenmedien ›Zeitung‹, ›Radio‹ und ›Fernsehen‹ geht es zuerst um die Klärung der Frage, welche Bedeutung die durch die Medien vermittelten Wissensbestände für die Wirklichkeitsdeutungen räumlicher Handlungskontexte erlangen. Sodann ist die Frage zu stellen, welche Relevanz die aus diesen Wirklichkeitsdeutungen resultierenden Regionalisierungen für das Handeln der Mediennutzerinnen und -nutzer erlangen. Mit anderen Worten: Welches Verhältnis besteht zwischen mediatisiertem Wissen und den subjektiven Wirklichkeitskonstruktionen?

Der Ausgangspunkt für die Beantwortung dieser Frage ist das Wirklichkeitsverständnis der phänomenologisch orientierten Sozialwissenschaften. In der phänomenologischen Sichtweise bildet das Wissen des Subjektes den Bezugsrahmen seiner Sinnbildung und Handlungsorientierung. Die Medien – als zentrale Institutionen der Wissensvermittlung – sind demzufolge vor allem deshalb von Bedeutung, weil sie für die Subjekte wichtige Informationslieferanten und damit einflussreiche Bezugsgrößen der Handlungsorientierung darstellen.

Vor diesem Hintergrund ist die Rolle und Bedeutung der Medien unter den aktuellen gesellschaftlichen Bedingungen zu betrachten. Nach Giddens sind die Medien zuerst als Mechanismen der raum-zeitlichen Entflechtung, der institutionellen Reflexivität sowie als Instanzen der Informationskontrolle und damit Handlungskoordinierung zu verstehen. Mit institutioneller Reflexivität wird der Sachverhalt thematisiert, dass Aussagen über Gesellschaftliches in die Konstitution der gesellschaftlichen Wirklichkeit selbst einfließen. Diese Deutung der Relevanz der Medien ist weiterhin um die Sichtweise von Jürgen Habermas (1990) zu ergänzen, für den Massenmedien hauptsächlich einen institutionellen Bereich darstellen, über welchen privilegierte Interessen in die Öffentlichkeit einwirken und diese zu einer »vermachteten Arena« deformieren.

Auf dieser Basis können dann verschiedene medienwissenschaftliche Erklärungsansätze, Modelle und Befunde zur Selektivität und zum gesellschaftlichen Einfluss der Medien für die Fragestellung fruchtbar gemacht werden. Zwei medientheoretische Ansätze sind dafür als besonders wertvoll einzustufen und sollen daher in Bezug auf die Fragestellung ausführlicher erörtert werden: Die Theorie der Nachrichtenselektion und die Agenda-Setting-Hypothese.

Gemäß der *Theorie der Nachrichtenselektion* bestimmen so genannte Nachrichtenfaktoren als journalistische Urteilskriterien den Nachrichtenwert von Ereignissen. Wesentliche Nachrichtenfaktoren oder Ereignismerkmale sind:
− Überraschung und Aktualität;
− Vertrautheit des thematischen Bezugsrahmens;
− Einfluss und Prominenz der Akteure und Akteurinnen;
− Konflikt, Schaden, Gefahr oder Normverletzung und
− räumliche und kulturelle Nähe.

Je ausgeprägter diese Faktoren sind und je mehr diese auf ein bestimmtes Ereignis zutreffen, desto größer ist, so die These, sein Nachrichtenwert und damit die Chance, dass das Ereignis im journalistischen und redaktionellen Prozess der Nachrichtenselektion berücksichtigt wird. Neues und Nahes, Veränderung und Abnormität stoßen auf größeres Interesse − ja machen das Wesentliche an Nachrichten im allgemeinen Verständnis überhaupt erst aus − als Altes und Fernes, als Bestand und Normalität und erreichen damit einen höheren Absatz der Medienprodukte.[1]

Die *Agenda-Setting-Forschung* beschäftigt sich mit der Frage, welche Medieninhalte rezipiert werden. Zahlreiche Untersuchungen über die Themen-

---

[1] Vgl. Erbring (1989, 304f.); Früh (1992, 71); Hall (1981, 234-237); Schulz (1989, 138f.).

behandlung in den Medien und das öffentliche Themenbewusstsein stützen die Hypothese, dass der Umfang der Behandlung von Themen und ihre Darstellung in den Medien wesentliche Faktoren sind, welche die Wahrnehmung dieser Themen und ihre Einschätzung durch die Rezipienten und Rezipientinnen beeinflussen.[2] Den Medien kommt gemäß dieser Agenda-Setting-Hypothese eine Thematisierungsfunktion zu, d. h. dass durch entsprechende redaktionelle Mittel das Selektionsverhalten des Publikums beeinflusst und damit die Konstitution der ›öffentlichen Gesprächsagenda‹ – über was man spricht – mitbestimmt werden kann. Auf eine griffige Formel gebracht lautet die Agenda-Setting-Hypothese wie folgt: »The press may not be successful much of the time in telling people what to think, but is stunningly successful in telling its readers what to think *about*« (Cohen, zit. in Weiss, 1989, 474).

Resümierend kann festgehalten werden, dass die Medien in der dargestellten Sichtweise keinesfalls allmächtig, jedoch als wichtige Instanzen in die gesellschaftliche Konstruktion von Wirklichkeit eingebunden sind. In der phänomenologischen Sichtweise typisiert das Subjekt die Welt auf der Basis der Struktur seines Wissens; die Mannigfaltigkeit wird demzufolge vom Individuum auf der Grundlage angeeigneter Kategorien reduziert und gedeutet. Dies gilt auch für die Handelnden im Medienbereich, d. h. für Redakteure und Redakteurinnen sowie Journalistinnen und Journalisten. Die Medien transportieren folglich unweigerlich immer eine gewisse Weltsicht, ein bestimmtes Weltbild: Sie selektieren und gewichten Ereignisse, stellen Sinnzusammenhänge her und weisen Bedeutungen zu.

Geschieht Letzteres im Zusammenhang mit räumlichen Ausschnitten, so kann man mit Werlen (1997, 378ff.) von informativen Regionalisierungen sprechen. Auch kann die Produktion und Verbreitung von Informationen durch marktwirtschaftlich orientierte Unternehmen zu einer Favorisierung bestimmter Inhalte und Weisen der medialen Darstellung führen. Die mediatisierten Wissensbestände vermitteln den Medienkonsumentinnen und -konsumenten vielfältige Kenntnisse über die Welt. Sie stellen somit eine wichtige Grundlage der Konstitution ihrer Weltbilder dar. Oder mit den Worten des ehemaligen US-Präsidenten Lyndon B. Johnson (zit. in Erbring, 1989, 303): »If it didn't happen on the evening news, it didn't happen.«

---

[2] Vgl. Schulz (1989, 139).

Verräumlichung des Sozialen

Der Zürcher Soziologe Eisner (1991, 86) schreibt zum so genannten »Drogenproblem«: »Das ›Drogenproblem‹ ist nicht ein natürlicher Sachverhalt, sondern das Ergebnis eines längeren sozialen Interaktionsprozesses, in dem dieses erst als eine scheinbar vernünftige Einheit benannt wurde«. Aufgrund der Beobachtung, dass von den beiden Gebietsbezeichnungen ›Platzspitz‹ und ›Letten‹ im Zusammenhang mit der Drogenthematik über Jahre in manchmal geradezu inflationärer Weise – mitunter sogar im internationalen Kontext – Gebrauch gemacht wurde, stellt sich die Frage, ob durch die Mediendarstellung eine ›territoriale‹ Sichtweise der Drogenthematik vermittelt, das Drogenproblem also als räumliches Problem konstituiert wurde.

Als Untersuchungsmaterial für die entsprechende Analyse der Mediendarstellung der Drogenthematik dient die Boulevardzeitung BLICK. Diese pflegt eine dezidiert alltagsnahe Sprache und ist im Untersuchungszeitraum als auflagestärkste Schweizer Tageszeitung zweifellos für viele Menschen eine wichtige Wissensvermittlerin, auch in Bezug auf die Drogenthematik. Die Untersuchung der Darstellung der Drogenthematik in dieser Zeitung geht, wie bereits erwähnt, von der Fragestellung aus, ob über die Berichterstattung und Kommentierung im Zusammenhang mit der Drogenthematik eine Zuweisung des Bedeutungsgehaltes ›Drogenproblem‹ zu den Aufenthaltsorten der Drogenszene stattfand. Hiermit ist ein Aspekt der Regionalisierung – der Bedeutungskonstruktion von erdräumlichen Ausschnitten – angesprochen, den man mit ›Verräumlichung des Sozialen‹ bezeichnen kann.

Die Verräumlichung gesellschaftlicher Gegebenheiten kann im Prinzip als eine spezifische Form der Reifikation oder Verdinglichung aufgefasst werden. Unter dem Begriff ›Verräumlichung‹ soll hier die Projektion und Reduktion des Sozialen auf das Räumliche bzw. die Thematisierung gesellschaftlicher Prozesse in räumlichen Kategorien verstanden werden. Die Verräumlichung sozialer Gegebenheiten rückt die räumlichen Manifestationen in den Vordergrund und verwischt die gesellschaftlichen Vorgänge, deren Ausdrucksformen diese räumlichen Manifestationen sind. Verräumlichung ist folglich eine bestimmte Weise der Bedeutungskonstruktion eines räumlichen Ausschnittes und stellt somit eine spezifische Form der Regionalisierung dar.

Auf die Verbreitung der Verräumlichung als *wissenschaftliche* Regionalisierung in der (sozial-)geographischen Forschung, vor allem auf ihre Unangemessenheit in der wissenschaftlichen Methodologie und Forschungslogik haben verschiedene Autoren hingewiesen.[3] Werlen (1994, 369) schreibt hierzu: »Statt das Soziale zu verräumlichen, scheint es Erfolg versprechender zu sein, zu untersuchen, wie räumlich gebundene Symbolisierungen und Markierungen in sozialer Hinsicht eingesetzt werden«.

Bei der Betrachtung *alltagsweltlicher* Regionalisierungen im Zusammenhang mit Verräumlichung ist es sinnvoll, zwischen den subjektiven Belegungen (signifikative Regionalisierungen) und der Wissensvermittlung (informative Regionalisierungen) zu differenzieren.

Reifikation als alltagsweltliche Praxis

»Hypostasierungen sprachlicher Zeichen sind allgegenwärtige Lebensnotwendigkeiten innerhalb der naiv-realistisch aufgefassten Welt, in der fast alle wesentlichen und unwesentlichen Entscheidungen des Lebens getroffen werden; in einer transzendentalen Atmosphäre lässt sich kaum ernsthaft leben« (Hard, 1970, 70). Im alltäglichen Leben der Subjekte herrscht im Allgemeinen offensichtlich keine semiologische Klarheit: »Im ungeprüften Alltagsverständnis gilt die Bedeutung eines Zeichens als etwas, das mit dem Zeichen relativ starr verbunden und als Objekt gedacht wird« (Merten, 1983, 62). Cassirer (zit. in Hard, 1970, 70) spricht von der »Einerleiheit von Wort und Wesen, von ›Bedeutendem‹ und ›Bedeutetem‹«. In der Alltagswelt der Subjekte scheinen Reifikationen also grundlegend in die Wirklichkeitskonstitutionen eingebunden zu sein. Reifikationen sind dabei wohl wesentliche Garanten der grundlegenden persönlichen Stabilität und Handlungsfähigkeit der Subjekte.

›Regionalisierung‹ bedeutet nach Giddens (1992, 171), dass der Bezugsrahmen des Handelns von den Subjekten in Interaktionen, im Handeln in spezifischer Weise interpretiert und symbolisch belegt wird. Gemäß den bisherigen Ausführungen ist Reifikation eine alltagsweltliche Kategorie. In alltäglichen signifikativen Regionalisierungen, d. h. in diesen Prozessen der Konstitution und Zuweisung von Bedeutung im routinisierten Handeln, wird die Bedeutung folglich reifiziert bzw. verräumlicht: Der Bezugsrahmen und seine Bedeutung sind eins. Die Menschen leben im Allgemeinen in einer Welt, in der die Bedeutungen der Gegebenheiten normalerweise nicht hinterfragt werden. Sie sind wie selbstverständlich gegeben.

Bourdieu (1991, 26) nennt den räumlichen Kontext der Alltagswelt den »reifizierten sozialen Raum«. Er trennt analytisch klar zwischen dem physi-

---

[3] Vgl. z. B. Eisel (1981, 176-190); Hard (1987, 127-148); Werlen (1991, 25-28).

schen Raum, der für ihn durch die wechselseitigen Äußerlichkeiten der Teile bestimmt ist, und dem abstrakten sozialen Raum, der als eine über wechselseitige Distinktion gebildete Struktur von sozialen Positionen, welche die Akteure und Akteurinnen »wie auch die von ihnen angeeigneten und damit zu Eigenschaften, Merkmalen erhobenen Gegenstände« (ebd.) innehaben, konstituiert ist. Der physische Raum und der soziale Raum sind dabei keine alltagsweltlichen Kategorien, sondern letztlich Denkmodelle. Der soziale Raum weist gemäß Bourdieu »die Tendenz auf, sich mehr oder weniger strikt im physischen Raum in Form einer bestimmten distributionellen Anordnung von Akteuren und Eigenschaften niederzuschlagen« (Bourdieu, 1991, 26). Die eigentliche alltägliche Dimension, in der sich das Leben der Subjekte abspielt, ist somit der angeeignete physische, d. h. der reifizierte soziale Raum, und gemäß Bourdieu (1991, 28) »ist nichts schwieriger, als aus dem reifizierten sozialen Raum herauszutreten, um ihn nicht zuletzt in seiner Differenz zum sozialen Raum zu denken.«

Bezüglich der Rolle der Sprache in diesem Zusammenhang lässt sich festhalten, dass in ihr die Reifikation im Prinzip schon angelegt ist. Gemäß Popper (zit. in Hard, 1970, 74) ist »unsere Alltagssprache [...] voll von Theorien«, und eine dieser sprachimmanenten, alltagsweltlichen »Theorien«, so könnte man sagen, ist die Reifikation. Die Sprache gehört zu den »Medien der Objektivierung« (Knorr-Cetina, 1989, 88), in ihrem Rahmen vollzieht sich die »Hypostasierung durch das Wort« (Leisi, zit. in Hard, 1970, 70). Der Glaube, dass einem Substantiv auch ein reales Objekt entsprechen müsse, führt zur Verdinglichung dieses Substantivs. Nach Bourdieu erschwert die Sprache die Differenzierung zwischen dem reifizierten sozialen Raum und dem abstrakten sozialen Raum, weil »der soziale Raum gleichsam prädestiniert ist, in Form von Raumschemata visualisiert zu werden, und die üblicherweise dazu benutzte Sprache gespickt ist mit Metaphern aus dem Geltungsbereich des physischen Raumes« (Bourdieu, 1991, 28).

»Hypostasierung des Alltags abzuwerten, ist wenig sinnvoll« (Hard, 1970, 70), denn das alltägliche Leben der Menschen mit seinen Routinen vollzieht sich in einem Kosmos von Gegenständen und räumlichen Gegebenheiten, die wie selbstverständlich etwas bedeuten. Bei auftretendem Erfordernis wird sich diese in alltäglichen Handlungsvollzügen starr erlebte Beziehung zwischen den Bedeutungsträgern und ihrer Bedeutung im Kontext spät-moderner Gesellschaften in der Regel aufbrechen lassen und die Problematisierung der Prozesse der Bedeutungskonstitution möglich sein.

Reifikation als Diskursform

Informative Regionalisierungen interessieren hier unter dem Aspekt des »Geographie-Machens« (Werlen, 1997, 39) über die Verbreitung spezifischer Formen von Wissen. Sie können als über die Medien verbreitete Deutungsregeln und somit als Diskursformen aufgefasst werden.

Im vorangehenden Abschnitt wurde ausgeführt, dass Reifikation und Verräumlichung offensichtlich alltagsweltliche Erscheinungen sind, dass diese aber im aktuellen gesellschaftlichen Kontext der Thematisierung zugänglich sind. Diese Problematisierung der Bedeutungskonstruktion wird durch reifizierende Diskursformen erschwert, denn »verdinglichende Diskurse beziehen sich auf die ›Faktizität‹ von sozialen Erscheinungen, und zwar in einer solchen Weise, dass verdeckt wird, wie diese im menschlichen Handeln produziert und reproduziert werden« (Giddens, 1992, 234). Bourdieu (1991, 27) spricht in diesem Zusammenhang von einem »Naturalisierungseffekt«: Sozial geschaffene Unterschiede – oder ganz allgemein könnte man wohl sagen: soziale Erscheinungen – können durch ihre Einschreibung in die physische Welt den Anschein machen, aus der Natur der Dinge hervorzugehen.

Wie erwähnt, wird hier unter Verräumlichung eine territoriale Sichtweise bzw. eine Diskursform über gesellschaftliche Vorgänge verstanden, die das räumlich Manifeste auf sich selbst reduziert und dessen soziale Bedingungen und Ursachen ausblendet. Verstanden als Form informativer Regionalisierungen bedeutet Verräumlichung folglich die Konstruktion von Regionen durch die Verbreitung von Wissensbeständen, welche sich inhaltlich auf räumliche Manifestationen beschränken.

Gemäß Hard (1987, 133) ist »ein räumlicher Kode meist von fast irreduzibler Simplizität«; Soziales unterliegt dabei einer »räumlichen Komplexitätsreduktion«. Räumliche Kodes sind Kommunikationsvereinfachungen, sprachliche oder optische Kürzel, welche die Identifikation und Thematisierung von Gegebenheiten rein über deren erdräumliche Position, also ohne die Bedingung weitergehender Kenntnisse von ihnen, ermöglichen. Räumliche Kodes sind in vielen alltäglichen Situationen zur pragmatischen Handlungskoordinierung nützlich oder gar notwendig, doch ihre Kurzformelhaftigkeit sollte stets – wie bei sprachlichen Kürzeln im Zusammenhang mit Kollektiven – Gegenstand der Betrachtung bleiben, denn: »Kommunikationsvereinfachungen räumlicher Art können zugleich weitere Erkenntnisbemühungen blockieren« (Luhmann, zit. in Hard, 1987, 133). Bleibt die Kurzformelhaftigkeit ausgeblendet, so wird aus einem räumlichem Kode Verräumlichung, aus (einer möglichen Form von an sich unumgänglicher Komplexitäts-)Reduktion wird Reduktionismus. Folge davon ist eine »Scheinkorrelation zwischen Raum und Ereignis« (Keller, 1993, 22), wobei die konkrete Benennung sozialer Vorgänge und Gegebenheiten ausgespart bleibt. Es kommt dabei zu einer ›semantischen Substitution‹, quasi zu einem Wechsel der Ontologie von Gesellschaft zu Raum, von sozialer zu physischer Welt.[4] Brisante verräumlichende Diskursformen in Alltag und Politik finden sich in regionalistischen und nationalistischen Debatten: Dabei wird häufig Soziales in räumlichen Kategorien thematisiert.

Es kann folglich zwischen (1) ›angemessenen‹, rationalen, und (2) ›unangemessenen‹, irrationalen oder ›mythenbildenden‹, Formen des Diskurses bzw. von informativen Regionalisierungen unterschieden werden:

1) Die Kurzformelhaftigkeit räumlicher Kodes im Zusammenhang mit gesellschaftlichen Gegebenheiten ist ersichtlich. Räumlich manifest zugeordnete Sinnzuweisungen sind somit als Resultat sozialer Prozesse zu thematisieren.
2) Gesellschaftliche Komplexität ist über die Fokussierung auf deren räumliche Ausdrucksformen als territoriale Kategorie zu behandeln, wobei die Kurzformelhaftigkeit dieser Betrachtungs- und Darstellungsweise ausgeblendet bleibt.

Verräumlichung als Mythos

Verräumlichende Diskurse reduzieren die Komplexität von Gegebenheiten, indem sie die Prozesse ihrer gesellschaftlichen Herstellung, ihre Geschichte, verdecken. Diese Qualität ist gemäß Barthes eine Qualität des Mythos:[5] Verräumlichungen können demzufolge als Basis für die Konstitution von Mythen verstanden werden.

Barthes spricht vom Mythos im Zusammenhang mit einer ›semiologischen‹ – semiotischen – Betrachtungsweise, mit der er die gesellschaftlichen Verhältnisse und ihre scheinbaren Selbstverständlichkeiten kritisieren und den ideologischen Missbrauch dahinter aufdecken will. Er stößt sich an der »falschen Augenscheinlichkeit«, welche von den Mythen verbreitet wird, d. h. ihn stört die »›Natürlichkeit‹, die der Wirklichkeit von der Presse oder der Kunst unaufhörlich verliehen wird, einer Wirklichkeit, die, wenn sie

---

4 Vgl. Werlen (1988, 88).
5 Vgl. Barthes (1964).

auch die von uns gelebte ist, doch nicht minder geschichtlich ist« (Barthes, 1964, 7). Das Lesen der Mythen, die Mythologie, ist gemäß Barthes (ebd., 148) ein Akt der »Entschleierung, [...] also ein politischer Akt«. Letztlich richtet sich seine Dekonstruktion gegen das bürgerliche ›gute Gewissen‹, das sich zur eigenen Beruhigung und Bestärkung ständig der Mythen bedient.

Barthes versteht unter Mythos zunächst ein semiologisches System, in dem ein Signifikant/Bedeutendes ein Signifikat/Bedeutetes ausdrückt. Das System baut insgesamt auf drei Termini auf: das Bedeutende (z. B. Rosen), das Bedeutete (z. B. Leidenschaft) und das Zeichen als assoziative Gesamtheit (z. B. ›verleidenschaftlichte‹ Rosen). Das Spezielle am Mythos besteht darin, dass er auf einem bereits vorhandenen semiologischen System aufbaut und deshalb als ein ›sekundäres semiologisches System‹ betrachtet werden kann.

1. Bedeutendes	2. Bedeutetes	
3. Zeichen: Sinn		
I. BEDEUTENDES: Form	II. BEDEUTETES	
III. ZEICHEN: Bedeutung		

Sprache (Objektsprache)   *MYTHOS (Metasprache)*

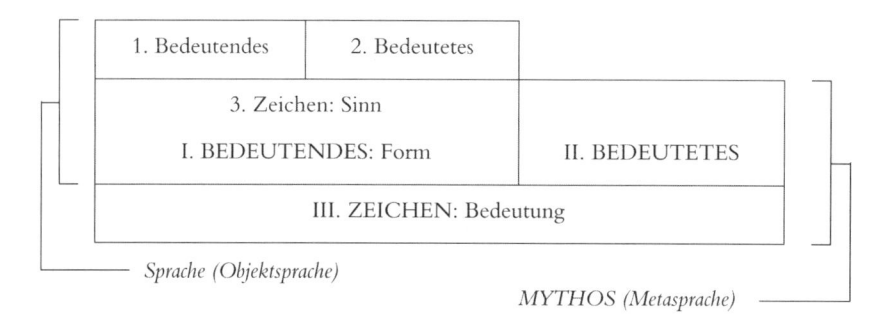

Figur 1: Mythologisches System nach Barthes (leicht verändert nach Barthes, 1964, 93)

Ein mythologisches System besteht nach Barthes also aus zwei semiologischen Systemen oder Ketten. Die primäre Kette (in Fig. 1: 1., 2., 3.) ist ein System der Sprache (linguistisches System) oder gleichwertiger Darstellungsweisen. Darauf baut der Mythos auf, indem er das Zeichen des ersten Systems (3.), den eigentlichen ›Sinn‹, zum Bedeutenden seines sekundären semiologischen Systems (I.), zu einer neuen ›Form‹ degradiert, neu bedeutet (II.) und damit eine andere ›Bedeutung‹ (III.) produziert. Im Bereich der ersten semiologischen Kette spricht Barthes von Objektsprache, weil dies die Sprache ist, die vom Mythos in Beschlag genommen wird, um seine eigene, sekundäre semiologische Kette darauf aufzubauen. Der Mythos ist in diesem Sinne eine Metasprache, in der man von der ersten, der Objektsprache, spricht. Der Mythos deformiert und entfremdet den Sinn:

> »Im Sinn ist bereits eine Bedeutung geschaffen, die sich sehr wohl selbst genügen könnte, wenn sich der Mythos nicht ihrer bemächtigte und aus ihr plötzlich eine parasitäre leere Form machte. Der Sinn ist bereits vollständig, er postuliert Wissen, eine Vergangenheit, ein Gedächtnis, eine vergleichende Ordnung der Fakten, Ideen und Entscheidungen.« (Barthes, 1964, 96f.)

Es wird eine natürliche Analogie zwischen Sinn und Form, die doch immer eine sozial konstruierte ist, suggeriert und dadurch – Barthes sieht hierin das eigentliche Prinzip des Mythos – ›Geschichte in Natur‹ verwandelt. Diese vorgetäuschte Naturbeziehung macht den Mythos so verführerisch, so erfolgreich. Sie lässt ihn als unschuldige Aussage erscheinen, sie propagiert den Mythos als System von Fakten, während er lediglich ein semiologisches System ist. Der Mythos ist somit eine Botschaft der ›Entnennung‹, eine ›entpolitisierte Aussage‹:

> »Er schafft die Komplexität der menschlichen Handlungen ab und leiht ihnen die Einfachheit der Essenzen, er unterdrückt jede Dialektik, jedes Vordringen über das unmittelbar Sichtbare hinaus, er organisiert eine Welt ohne Widersprüche, weil ohne Tiefe, eine in der Evidenz ausgebreitete Welt. Er begründet eine glückliche Klarheit. Die Dinge machen den Eindruck als bedeuteten sie von ganz allein.« (Barthes, 1964, 131f.)

Nach Barthes ist die Presse, sind die Medien eine der Hauptquellen der Produktion und Verbreitung von Mythen: »Jeden Tag bemüht sich die Presse zu zeigen, dass der Vorrat an mythischem Bedeutenden unerschöpflich ist« (Barthes, 1964, 110). Gemäß Barthes (1964, 114) sind vor allem Schlagzeilen und Photographien ausgezeichnete Vehikel für die Verbreitung von Mythen, ihre »Wirkung wird für stärker gehalten als die rationalen Erklärungen, die ihn [den Mythos] etwas später dementieren könnten«.

Hypothese und Vorgehen

Die empirische Untersuchung der medialen Berichterstattung über ›das Drogenproblem Platzspitz/Letten‹ geht von folgender allgemeiner Fragestellung aus: In welcher Weise gelangt die Drogenthematik in der Tageszeitung BLICK zur Darstellung?

Unter ›Drogenthematik‹ sind dabei alle Gegenstandsbereiche zu verstehen, die in einem ersichtlichen Zusammenhang mit Drogen stehen, also politische (Gesetzgebung, Vollzug), ökonomische (Produktion, Vertrieb, Konsumtion), im engeren Sinn ›soziale‹ (Lebensumstände und -bewältigung von Betroffenen, Prävention, Therapie) und medizinische Aspekte (Wirkungen, Therapie). Es wird also die Frage danach gestellt, was in welcher Weise im Zusammenhang mit Drogen thematisiert wird: Welche Informationen, welche Wissensbestände werden über die Drogenthematik verbreitet? Oder mit anderen Worten: Wie wird im BLICK die ›Gesprächsagenda‹ zum Thema Drogen konstituiert?

Durch die Theorie der Nachrichtenselektion wird die Annahme nahe gelegt, dass von der Drogenthematik vor allem Negativismen wie ›Elend‹, ›Schmutz‹, ›Gewalt‹, ›Konflikt‹, ›Schaden‹, ›Gefahr‹ und ›Normverletzung‹ zur Darstellung gelangen. Dies um so mehr, als der BLICK gemeinhin als Boulevardzeitung eingestuft wird und diese definitionsgemäß den Sensationsaspekt betonen. ›Konflikt‹, ›Schaden‹, ›Gefahr‹ und ›Normverletzung‹ lassen sich im Zusammenhang mit Drogen über die Zuweisung an die Akteure der Drogenszene leicht erdräumlich lokalisieren. Eine Fokussierung auf dieselben hat die Verräumlichung gesellschaftlicher Verhältnisse zur Folge. So kann folgende Hypothese formuliert werden: Die Darstellung der Drogenthematik in der Tageszeitung BLICK tendiert zur Verräumlichung sozialer Gegebenheiten und Prozesse.

Wie bereits ausgeführt wurde, vermitteln Medien in ihren Wirklichkeitsdarstellungen Deutungsregeln, die Giddens auf der institutionellen Ebene als Diskursformen versteht. Mediendarstellungen, d. h. die Weisen der Selektion, Gewichtung, Präsentation und Kommentierung, können somit als eine spezifische Diskursform aufgefasst werden. Die Hypothese lautet folglich, dass im BLICK in Bezug auf die Drogenthematik ein mythenbildender Diskurs geführt wird. Dieser Diskurs rückt die räumlichen Manifestationen der gesellschaftlichen Gegebenheiten und Prozesse im Zusammenhang mit Drogen in den Vordergrund, ›setzt sie auf die Agenda‹, und definiert damit die Drogenthematik auf territorialer Ebene. Die lokalisierten, sichtbaren Vorgänge sind dadurch nicht Ausdruck gesellschaftlicher Verhältnisse und Gegebenheiten, sondern *sind* die Drogenthematik. Dieser Diskurs regionalisiert, denn er konstituiert die Bedeutung des Aufenthaltsortes der Drogenszene: Er konstruiert eine Region als Drogenproblem, eine Region die *das* Drogenproblem *ist*. Es vollzieht sich in dieser Diskursform über die Drogenthematik eine Problemdefinition in räumlichen Kategorien. Der so geschaffene Mythos verheißt einen einfachen Umgang mit einer vielschichtigen Thematik, er suggeriert territoriale Maßnahmen für soziale Komplexität. Figur 2 versucht, die zentrale Aussage der Hypothese, die Verräumlichung der Drogenthematik, in Barthes' mythologischem System darzustellen:

1. Bedeutendes Areal (räumlicher Ausschnitt)	2. Bedeutetes Aufenthaltsort einer sog. Drogenszene	
3. Zeichen: Sinn Region: Areal (räumlicher Ausschnitt), auf dem sich die Konsequenzen bestimmter sozialer Bedingungen und Prozesse manifestieren (Bedeutung oder Sinn)		
I. BEDEUTENDES: Form *Deformation des Sinns*	II. BEDEUTETES Schauplatz von Elend, Schmutz und Gewalt	MYTHOS
III. ZEICHEN: Bedeutung Region: Das Areal mit den dort lokalisierten Vorgängen IST das Drogenproblem (Bedeutung). Territoriale Maßnahmen sind daher der angemessene Umgang mit der Drogenthematik		

Figur 2: Verräumlichung der Drogenthematik

Um die Darstellung der Drogenthematik in der Zeitung BLICK in Bezug auf die Verräumlichung untersuchen und beurteilen zu können, sind in einem ersten Schritt BLICK-Beiträge zur Drogenthematik, also entsprechende Artikel und Kommentare, zu analysieren. Dazu ist das Untersuchungsmaterial zeitlich wie folgt eingegrenzt worden: Auswahleinheiten sind die BLICK-Ausgaben des Monats Oktober der Jahre 1991-1994. Eine Erhebung von mehr als vier Monaten wurde aus Gründen des Aufwandes verworfen. Mit dieser Verteilung der Erhebung über den Zeitraum von vier Jahren wird einerseits die Berichterstattung während des Bestehens der offenen Drogenszene auf dem Platzspitzareal sowie vor der offiziellen Duldung der Szene auf dem Lettenareal miterhoben. Andererseits konnte ein nicht erkennbarer Einfluss eines allfälligen anderen – dominanten – Medienthemas auf die Darstellung der Drogenthematik, wie er sich bei der Erhebung von aufeinander folgenden Monaten allenfalls ergeben hätte, vermieden werden. Der Monat Oktober wurde nach dem Zufallsprinzip ausgewählt. Zur Erhebung der Kommentare sind die BLICK-Ausgaben von Oktober 1991 bis März 1995 als Auswahleinheiten gewählt worden. Diese Zeitspanne umfasst *einerseits* die Erhebung der Artikel und *andererseits* die polizeiliche Schließung sowohl des Platzspitzals auch des Lettenareals, deren Kommentierung im Zusammenhang mit der Frage nach der Verräumlichung der Drogenthematik – in Bezug auf die zentrale Fragestellung – von besonders großem Interesse ist.

Die erste Themenanalyse wurde auf der Basis von Indikatoren des alltagsweltlichen Drogenbegriffs, also von Ausdrücken wie ›Heroin‹, ›Drogensüchtiger‹ und ähnlichen Schlagworten, vorgenommen. Das Resultat waren 172 Artikel und 62 Kommentare zur Drogenthematik. Diese Daten wurden sodann in weiteren inhaltsanalytischen Schritten im Hinblick auf die Beurteilung bezüglich einer Verräumlichung der Drogenthematik untersucht.

Die Artikel sind zuerst in Bezug auf das Agenda-Setting analysiert worden. Dabei wurde abgeklärt, welche Aspekte der Drogenthematik in den Artikeln im genannten Zeitraum thematisiert bzw. ›auf die Agenda gesetzt‹ wurden. Zu diesem Zweck wurden die Artikel aufgrund ihres inhaltlichen Schwerpunktes in ein Kategoriensystem mit den beiden Dimensionen ›Thematisierung gesellschaftlicher Zusammenhänge‹ und ›Fokussierung auf die Schauplätze des Geschehens‹ codiert. Die einzelnen Kategorienlabels waren: »Politik«, »Drogengelder«, »Prävention/Therapie/Forschung«, »Zürich«, »Andere Szenen«, »Kriminalität«, »Drogenopfer« sowie »Sonstiges«. Bei den Kommentaren zeigte sich, dass in fast allen Fällen im weitesten Sinne politische Vorgänge kommentiert werden. Hier interessierten folglich die von den Kommentatoren und Kommentatorinnen vorgebrachten Argumente, Forderungen und Einschätzungen im Zusammenhang mit der Drogenthematik und dabei vor allem die Beurteilung von territorialen Maßnahmen im Hinblick auf die Lösung des so genannten Drogenproblems. In die Betrachtung der Darstellung der Drogenthematik wurden weiter die veröffentlichten Abbildungen und Aspekte der verwendeten Sprache miteinbezogen.

Auswertung

Bei der Thematisierung ist eine Konzentration auf die Zürcher Gegebenheiten mit den Geschehnissen auf dem Platzspitz- respektive Lettenareal im Zentrum festzustellen, und in der Kommentierung werden territoriale Maßnahmen sehr wohl gefordert und gebilligt. Dabei werden die gesellschaftlichen Bedingungen und Vorgänge in beiden Dimensionen der medialen Darstellung der Drogenthematik nicht ausgespart. Aufgrund der Betrachtung des Agenda-Settings und der veröffentlichten Stellungnahmen zur Drogenthematik kann kaum von der Verräumlichung der Drogenthematik durch deren Darstellung im BLICK gesprochen werden. Bezieht man aber die Abbildungen und Aspekte der im Zusammenhang mit der Drogenthematik verwendeten Sprache mit ein, so ist dieser Befund gerechtfertigt. Denn diese propagieren sehr wohl eine territoriale Sichtweise der Drogenthematik. In der Darstellung der Drogenthematik im BLICK wurden zur Benennung und Beschreibung von Gegebenheiten in der Stadt Zürich regelmäßig auffällige Bezeichnungen und bestimmte Abbildungen benutzt, die in der Berichterstattung über andere Bereiche der Drogenthematik keine Verwendung fanden. Dadurch werden die Zürcher Verhältnisse im BLICK-Diskurs hervorgehoben, was letztlich einer Verräumlichung der Drogenthematik gleichkommt: Das Drogenproblem *ist* der Zürcher ›Platzspitz‹ bzw. der ›Letten‹.

Wortwahl

Die Bezeichnung ›Drogenhölle‹ ist eine Wortschöpfung des BLICKs und wurde von diesem erstmals 1982 in der Berichterstattung über die Drogenszene an der Zürcher ›Riviera‹ verwendet: Dieser Begriff sowie damit verwandte Bezeichnungen – wie beispielsweise ›Hölle am Letten‹ – gehört im betrachteten Zeitraum zwischen Herbst 1991 und Frühling 1995 sowohl in der Berichterstattung als auch in der Kommentierung zum sprachlichen Standardrepertoire des BLICKs. Mit der Bezeichnung der offenen Drogenszene in Zürich als Zürcher »Drogenhölle« gibt der BLICK dem Drogenproblem einen Namen und einen Ort. Die Verwendung von Bezeichnungen wie ›Drogenkreis 5‹ oder ›Drogenviertel‹ für den Zürcher Stadtkreis fünf, aber auch von Benennungen wie ›Lettensteg-Fixer‹ trägt weiter zu einer Verräumlichung der Drogenthematik bei.

Ein vom BLICK häufig im Zusammenhang mit der offenen Drogenszene in Zürich verwendeter Ausdruck ist jener der Schande: Der Platzspitz bzw. Letten ist der »Schandfleck« vor allem von Zürich, aber auch der Schweiz, ja gar von Europa! Hier wird offensichtlich die »erzwungene Öffentlichkeit von lange erfolgreich Verdecktem und Verdrängtem« (Heller, 1995, 4) vom BLICK als Ursache für Imageeinbußen gewertet und als solche kritisiert. Dasselbe Argumentationsmuster zeigt sich auch in Formulierungen wie der von »unverhohlen spritzenden Fixer[n]«: Das Problem ist, dass man es sieht!

Dramatisierung

In seiner Darstellung der Drogenthematik zeichnet der BLICK das Bild von der enormen Bedrohung der bestehenden Gesellschaftsordnung durch Drogen. Der epidemische Charakter der »Drogen-Seuche« wird durch die Drohung von »immer mehr Süchtige[n]« beschworen. In diesem Zusammenhang ist gar von der »Weltkatastrophe der Drogen« die Rede. »Explodierende Drogenkriminalität. Angst vor Gewalt in den Städten« und jeder Tag, der nicht zur »Bekämpfung der Drogenkriminalität eingesetzt wird, ist verlorene Zeit. Verlorene Zeit für die Zukunft unserer Kinder«. Besonders drastisch werden die Verhältnisse in Zürich geschildert. Die offene Drogenszene ist ein »Krebsgeschwür mitten in der Stadt«. Dort herrscht »Drogenwahnsinn« und »Endzeitstimmung. Tag für Tag fließt Blut und Eiter«. Das »Problem der Ausländerkriminalität, vor allem des Drogenhandels durch Asylbewerber« ist »das drängendste Problem unseres Landes«. Wegen »krimineller Asylbewerber« herrscht in Zürich »Drogenterror« und es droht die »totale Eskalation des Drogenkrieges«. In »Zürich ist die Lage außer Kontrolle«, es »regieren Mörder und Drogenhändler ganze Teile der Stadt«. Entsprechend aufgemacht sind auch die Schlagzeilen der Berichte: In fetten Lettern verkünden sie die Hiobsbotschaften aus Zürich – »Drogenhölle«, »Drogenkrieg«, »Drogenterror«.

Abbildungen

Bilder vom Platzspitzpark bzw. vom Lettenareal mit Drogenkonsumenten und -konsumentinnen beim ›Fixen‹, mit Personenansammlungen beim Rondell in der Parkmitte bzw. bei der Kornhausbrücke, auf der mit Unrat übersäten Gleisanlage und Ähnlichem sind (auch) im BLICK ein fester Bestandteil der Berichterstattung. Diese Abbildungen fokussieren auf die Vorgänge am Aufenthaltsort der offenen Drogenszene in Zürich und rücken damit die räumlichen Manifestationen der Drogenthematik ins Zentrum der Betrachtung: Sie geben dem Drogenproblem das Gesicht.

Berger (1994, 10) hält fest, dass eine Photographie jeweils immer nur eine »Ansicht aus einer unendlich großen Zahl von Möglichkeiten« darstellt und in ihr folglich immer eine gewisse Weltsicht oder Ideologie zum Ausdruck kommt. Gemäß Hall (1981, 241) entziehen sich aber gerade Pressephotos einer solchen Deutung, denn sie suggerieren Wahrheit. Für Lyotard (1990, 37) ist die Photographie neben dem Film jedenfalls das erfolgreichste Verfahren, wenn es darum geht, »das Bewusstsein vom Zweifel zu bewahren«. Das Gezeigte hat also den Status eines höheren Wahrheitsgehaltes als das Geschriebene: In den Artikeln und Kommentaren mögen gesellschaftliche Zusammenhänge zur Sprache kommen – die Bilder ›zeigen‹ die Zustände vom Platzspitz bzw. Letten in Zürich.

Über diese drei angeführten Charakteristiken vermittelt die Darstellung der Drogenthematik im BLICK auf der Ebene der Konnotation folgende Deutungsregel: Das Drogenproblem hat einen Ort (Zürich: Platzspitz respektive Letten), einen Namen (›Drogenhölle‹), ein Gesicht (Bilder vom Platzspitz- respektive Lettenareal) und es ist eine Schande für Zürich und die Schweiz! Die Schilderung der gesellschaftlichen Bedingungen und Vorgänge, deren Manifestation die offene Drogenszene in Zürich ist, hat in der Thematisierung und Kommentierung der Drogenthematik im BLICK zwar einen gewissen Stellenwert, tritt aber aufgrund der aufgeführten Eigenheiten in den Hintergrund: Der BLICK-Diskurs über die Drogenthematik bzw. deren Darstellung im BLICK vermittelt somit eine primär territoriale Sichtweise ›des Drogenproblems‹, stützt also den in Figur 2 beschriebenen Mythos.

Literatur

Barthes, R.: Mythen des Alltags. Frankfurt a. M. 1964

Berger, J.: Sehen. Das Bild der Welt in der Bilderwelt. Reinbek bei Hamburg 1994

Bourdieu, P.: Physischer, sozialer und angeeigneter physischer Raum. In: Wentz, M. (Hrsg.): Stadt-Räume. Frankfurt a. M. 1991, S. 25-37

Eisel, U.: Zum Paradigmenwechsel in der Geographie: Über den Sinn, die Entstehung und die Konstruktion des sozialgeographischen Funktionalismus. Diskussion zum Vortrag Ulrich Eisel. In: Geographica Helvetica, Heft 4, 1981, S. 176-190

Eisner, M.: Drogenpolitik als politischer Konfliktprozess. In: Böker W./Nelles, J. (Hrsg.): Drogenpolitik wohin? Sachverhalte, Entwicklungen, Handlungsvorschläge. Bern 1991

Erbring, L.: Nachrichten zwischen Professionalität und Manipulation: Journalistische Berufsnormen und politische Kultur. In: Kölner Zeitschrift für Soziologie und Sozialpsychologie, Sonderheft 30, 1989, S. 303-313

Giddens, A.: Die Konstitution der Gesellschaft. Grundzüge einer Theorie der Strukturierung. Frankfurt a. M. 1992

Habermas, J.: Strukturwandel der Öffentlichkeit: Untersuchungen zu einer Kategorie der bürgerlichen Öffentlichkeit. Frankfurt a. M. 1990

Hall, S.: The determinations of news photographs. In: Cohen, S./Young, J. (Hrsg.): The manufacture of news: Social problems, deviance and the mass media. London 1981, S. 234-237

Hard, G.: »Was ist eine Landschaft?« Über Etymologie als Denkform in der geographischen Literatur. In: Bartels, D. (Hrsg.): Wirtschafts- und Sozialgeographie. Köln/New York 1970, S. 66-84

Hard, G.: »Bewusstseinsräume«. Interpretationen zu geographischen Versuchen, regionales Bewusstsein zu erforschen. In: Geographische Zeitschrift, 75. Jg., Heft 3, 1987, S. 127-148

Heller, M.: Einleitung. In: Heller, M./Lichtenstein, C./Nigg, H. (Hrsg.): Letten it be: Eine Stadt und ihr Problem. Zürich 1995, S. 3-8

Keller, F.: Hoyerswerda und Rostock: Städte, Mythen, Menschenjagden. In: Soziographie: Blätter des Forschungskomitees ›Soziographie‹ der Schweizerischen Gesellschaft für Soziologie, Bd. 7, 1993, S. 3-38

Knorr-Cetina, K.: Spielarten des Konstruktivismus: Einige Notizen und Anmerkungen. In: Soziale Welt, 40. Jg., Heft 2, 1989, S. 86-96

Lyotard, J.-F.: Beantwortung der Frage: Was ist postmodern? In: Postmoderne und Dekonstruktion: Texte französischer Philosophen der Gegenwart. Stuttgart 1990

Merten, K.: Inhaltsanalyse. Einführung in Theorie, Methode und Praxis. Opladen 1983

Paasi, A.: The institutionalisation of regions. Theory and comparative case studies. In: University of Joensuu Publications in Social Sciences, No. 9, 1986, S. 8-36

Schulz, W.: Massenmedien und Realität: Die »ptolomäische« und die »kopernikanische« Auffassung. In: Massenkommunikation: Theorien, Methoden, Befunde. Kölner Zeitschrift für Soziologie und Sozialpsychologie, Sonderheft 30, 1989, S. 133-149

Weiss, H.-J.: Öffentliche Streitfragen und Massenmediale Argumentationsstrukturen: Ein Ansatz zur Analyse der inhaltlichen Dimension im Agenda-Setting-Prozeß. In: Massenkommunikation: Theorien, Methoden, Befunde. Kölner Zeitschrift für Soziologie und Sozialpsychologie, Sonderheft 30, 1989, S. 473-489

Werlen, B.: Die »verborgene« Dimension sozialer Prozesse: Zur sozialgeographischen Gesellschaftsanalyse. In: unizürich, Heft 4, 1991, S. 25-28

Werlen, B.: Zur Sozialgeographie alltäglicher Regionalisierungen. Unveröffentlichtes Manuskript der Habilitationsschrift. Zürich 1994

Werlen, B.: Sozialgeographie alltäglicher Regionalisierungen. Bd. 1: Zur Ontologie von Gesellschaft und Raum. Erdkundliches Wissen, Heft 116, Stuttgart 1995

Werlen, B.: Sozialgeographie alltäglicher Regionalisierungen. Bd. 2: Globalisierung, Region und Regionalisierung. Erdkundliches Wissen, Heft 119, Stuttgart 1997

Markus Richner

Das brennende Wahrzeichen

Zur geographischen Metaphorik von Heimat

> »*The Castle Rock of Edinburgh exists from moment to moment, and from century to century, by reason of the decision effected by its own historic route of antecedent occasions.*«
>
> *A. N. Whitehead*

1993 brannte in Luzern die Kapellbrücke – ein auf das Mittelalter zurückgehender, gedeckter Holzsteg. Einigen mag dieses Bauwerk schon begegnet sein, abgebildet auf einer Schokoladenverpackung beispielsweise oder gar im Rahmen der Medienberichterstattung über den Brand, denn diese war erstaunlich umfangreich und (auch geographisch) weit reichend. Die Kapellbrücke, das geht aus der Medienpräsenz ihres Unglücks hervor, war mehr als bloß ein Bauwerk, sie war (und ist noch immer) das Wahrzeichen Luzerns. Angesichts der Trauer und Betroffenheit, die sich in den Wortmeldungen zu diesem Ereignis manifestierte, lässt sich Halbwachs' Frage zum Verhältnis von kollektivem Gedächtnis und Raum wieder aufgreifen: »Warum hält man an den Dingen fest? Warum wünscht man, sie möchten sich nicht ändern und uns weiterhin Gesellschaft leisten?« (Halbwachs, 1985, 127).

Dieser empirische Ausgangspunkt ist Gegenstand der theoretischen Auseinandersetzung innerhalb der deutschsprachigen Geographie, in der »Fragen der territorialen Bindungen des Menschen« (Weichhart, 1990, 5) äußerst kontrovers angegangen werden. Was in der ›Regionalbewusstseinsforschung‹ zutage tritt, lässt sich für die Sozialgeographie überhaupt sagen: Als Sozialwissenschaft besitzt die Geographie offenbar keinen Objektbereich, über den ein Konsens innerhalb der Disziplin besteht. Diese Schwierigkeit, Untersuchungsgegenstände theoretisch zu konzipieren, die Frage, wonach überhaupt zu fragen ist, stellt sich dem geographischen Blick auch im Fall des Wahrzeichens ›Kapellbrücke‹. Die ›Konstruktionsweise des Wahrzeichens Kapellbrücke‹ hat, wie die Beschaffenheit von Landschaften und Räumen (selbst im wissenschaftlichen Diskurs der Geographie), einen zweideutigen Sinn: Sie kann als Wirklichkeits- oder als Sprachstruktur begriffen werden. Weil das mir zur Verfügung stehende Material[1] aus Äußerungen besteht, die das Wahrzeichen ›Kapellbrücke‹ besprechen, gehe ich aus pragmatischen Gründen davon aus, dass der »ontologische Aggregatzustand« (Hard, 1987, 28) des Phänomens als Text zu fassen ist.

Auf die Frage nach den Gründen für ein Festhalten an den vertrauten Dingen oder für territoriale Bindungen lässt sich folgende Gegenwartsdiagnose des Raumes anführen: Im Unterschied zur Zeit »ist der zeitgenössische Raum wohl noch nicht gänzlich entsakralisiert« (Foucault, 1990, 37). Zeit ist zu einem reinen Klassifikations- und entleerten Organisationsinstrument geworden. Die alltägliche Praxis ist hingegen nach wie vor durchsetzt von Geographien unterschiedlichster Ausprägung – und dies nicht im Sinne von Kategorienschemata. Die Welt stellt nicht bloß einen bedeutungsleeren Raum dar, sondern wir bewegen uns in einer Lagerung von auf unterschiedliche Weisen sakralisierten Orten. Um besser verstehen zu können, was ›Territorialität‹ ausmacht, ist folglich danach zu fragen, wie die Sakralisierungen beschaffen sind, welche Räume im Denken aufgefunden werden können, welche Geographien der Alltag hervorbringt. Zu untersuchende Objekte werden dabei – wie beispielsweise im Falle des Burgfels in Edinburgh oder des Tempelbergs in Jerusalem – zu ›historischen Entitäten‹ (vgl. Latour, 1996).

Die Betroffenheit, die sich in den Texten zum Brand der Kapellbrücke manifestiert, wird hier als Ausdruck ›alltäglicher Regionalisierung‹ verstanden,

---

[1] Dieses besteht aus Texten. »Luzern verliert sein Wahrzeichen« (Luzerner Neueste Nachrichten/Widgorovits) ist eine Beschreibung des Anlasses dafür, dass in den Medien eine erstaunliche Zahl von ExpertInnen in Sachen ›Wahrzeichen Kapellbrücke‹ zu Wort kommt. Das verwendete Textmaterial setzt sich aus der Berichterstattung des Schweizer Radios DRS und des Regionalstudios Innerschweiz vom 18. August 1993, der beiden Luzerner und der beiden großen Zürcher Tageszeitungen zusammen. Herangezogen habe ich ferner Beiträge verschiedener Wochenzeitungen, sowie die Fernsehsendung ›Der Club‹ des Schweizer Fernsehens DRS zum Brand der Kapellbrücke. Es ist keinesfalls so, dass erst der Brand die Kapellbrücke zum Wahrzeichen gemacht hätte, aber die Textproduktion, die sich auf den Brand bezieht, macht Material verfügbar, das ohne dieses Ereignis in aufwendiger Recherche hätte beigebracht werden müssen. In diesen Texten wird das Wahrzeichen besprochen, Deutungsprinzipien werden reproduziert und es stellt sich im Folgenden die Frage, wie diese rekonstruiert werden können.

als Diskurs, der geographische Denkweisen der Welt involviert. Auf der Basis von Werlens (1995; 1997) analytischer Unterscheidung zwischen produktiv-konsumtiven, normativ-politischen und informativ-signifikativen Regionalisierungen wird die Herstellung des Wahrzeichens ›Kapellbrücke‹ als Form signifikativer Regionalisierung im Kontext ›Heimat‹ fassbar, als geregelter Gebrauch von Bedeutungen, der eine Brücke zum Wahrzeichen macht, einen Ort sakralisiert.

Es geht nun darum, diese Perspektive zu konkretisieren, einen methodischen Apparat der Dokumentenanalyse zu entwerfen, um schließlich die Konstruktionsmechanismen beschreiben zu können.

Signifikative Regionalisierungen

Den Objektbereich einer ›Sozialgeographie alltäglicher Regionalisierungen‹ bilden nicht empirisch auffindbare Regionen, sondern deren gesellschaftliche Herstellung. Die physisch-materielle Welt und verortbare Objekte interessieren dabei ausschließlich bezüglich ihrer sozialen Definition. Es sind solche Definitionen, die alltägliche Geographien hervorbringen.

Gesellschaftliche Praxis beinhaltet aber auch Deutungsprozesse, welche sich nicht ausschließlich diesen beiden Diskursen zuordnen lassen. Ein weiterer Untersuchungsbereich nimmt sich deshalb ›signifikativer Regionalisierungen‹ an. Wenn signifikative Regionalisierungen »Bedeutungszuweisungen zu und Aneignungen von bestimmten räumlichen alltagsweltlichen Ausschnitten« (Werlen, 1997, 276) betreffen, ist ebenfalls die Kontextualisierung materieller Gegenstände von Interesse. ›Heimatgefühl‹ beispielsweise kann als subjektiv-sinnhafte Deutung von Wirklichkeit interpretiert werden. Grundlegende Deutungsschemata werden dabei unter Umständen allerdings von Forschenden (die sich in rationalen Schemata bewegen) und Produzenten signifikativer Regionalisierungen nicht geteilt. Diese Deutungsprinzipien sollen rekonstruiert werden.[2]

Die Trauer über die Zerstörung der Kapellbrücke in der Medienberichterstattung befremdet, wendet man einen zweckrationalen Blick (den der wissenschaftliche Diskurs fordert) auf die Texte. Dass die Kapellbrücke

---

2 Vgl. hierzu ausführlich Werlen (1995; 1997) sowie Werlen (1988); für einen Überblick beispielsweise Werlen (1996).

gleichzeitig einen »Holzsteg über die Reuss«, ein »wertvolles Kulturdenkmal« und eine »geliebte Freundin« (alles Zitate aus den erwähnten Medientexten) darstellt, erscheint in einer solchen Perspektive einigermaßen skurril. Prinzipien der Bedeutungskonstitution, die einem Wahrzeichen Kapellbrücke zugrunde liegen, können aber rekonstruktiv zu erschließen versucht werden. Dabei interessiert das Zustandekommen, die Verwendung und die Reproduktion von Interpretationsregeln. *Signifikative Regionalisierung* meint die geregelte Verwendung von Deutungsschemata, die die Kapellbrücke zu einem Wahrzeichen macht.

Mythos

Wenn eine ›Bedeutungszuweisung zu räumlichen Ausschnitten‹ die sinnhaften Neubedeutungen von Objekten der physischen Welt meint, die in eine »Gleichsetzung von ›Bedeutung‹ und ›Vehikel‹« (Werlen, 1993, 44) münden kann, scheint es naheliegend, eine Semiologie der Gegenstände aufzugreifen, die erhellen will, »wie die Menschen den Dingen Sinn verleihen« (Barthes, 1988, 187). Eine Gleichsetzung von ›Brücke‹ und ›Heimat‹, die sich in der Trauer über die Zerstörung der Brücke manifestiert, erhält dann die Struktur des »Mythos« (ebd.). Die Aussage »brennende Brücke«, in der die Buchstabenfolge

›b r e n n e n d e B r ü c k e‹

eine brennende Brücke bedeutet, wird zur Form, zum Ausgangsterminus und Bedeutenden eines Mythos. Ist die Mythologisierung erfolgreich, steht beim Lesen des Mythos die ›brennende Brücke‹ nicht mehr nur als Symbol und Sinnbild für ›Heimatverlust‹, sondern wird zum Heimatverlust selbst.

Auf der Suche nach der Konstruktionsweise des Wahrzeichens verhindert diese Perspektive allerdings eine zentrale Einsicht: Der Mechanismus der Herstellung ist als theoretische Struktur bereits vorgefasst und verunmöglicht alternative Interpretationen.

Artefakt

Was mit dieser ›strukturalen‹ Strategie nicht in den Blick kommt, wird in der hermeneutischen Tradition als ›subjektive Sinnkonstitution‹ gefasst.[3] Dabei wird in der Sozialforschung darauf abgezielt, »die subjektiven Sinngehalte, die

---

[3] Vgl. stellvertretend Schütz (1972); für den geographischen Kontext Hard (1985).

subjektiven Konstruktionen der sozialen Welt auf adäquate Weise empirisch zu erfassen und kontrollierbar in objektiven, allgemeinen, wissenschaftlichen Konstruktionen wiederzugeben« (Werlen, 1988, 48), also die Wissenshorizonte zu erschließen, in denen vorfindbare Handlungen Sinn ergeben.

Das sozialgeographische Interesse für die »soziale Bedeutung erdräumlicher Anordnungsmuster« (Werlen, 1988, 209) erfordert die Konzipierung von Artefakten als Handlungsfolgen, die als Resultate des Handelns sinnhaft sind und daher verstanden werden können. Zwei Strategien sind hier denkbar: eine ›statische‹ Analyse von Artefakten, losgelöst von der Sinnkonstitution ihrer Produzenten (Konstruktion materialer Typen), und die ›genetische‹ Untersuchung des Kontextes der materialisierten Handlungen (Konstruktion personaler Typen).

In Bezug auf eine Rekonstruktion des Wahrzeichens ›Kapellbrücke‹ ist in dieser Perspektive von Interesse, wie das Artefakt Kapellbrücke in Handlungen kontextualisiert wird, wie der Kontext beschaffen ist, in dem die Holzbrücke zum Wahrzeichen wird. Eine Textanalyse wird zweifellos die Konstruktion materialer Typen erlauben; es dürfte möglich sein, Aussagen und damit Handlungen zu beschreiben, die die Brücke beinhalten und das Artefakt somit bedeuten. Allerdings soll – um die sinnhafte Konstitution des Wahrzeichens zu erschließen – auf »die vorangegangenen subjektiven Sinnsetzungen des Handelns bzw. der Handelnden« zurückgefragt werden, denn »das Hauptinteresse sollte [...] immer die Erfassung der subjektiven Sinngehalte bilden« (Werlen, 1988, 264).

Dieser Schluss, der Übergang zur genetischen Analyse, erweist sich nun jedoch in einem Untersuchungszusammenhang, in dem man ausschließlich auf Dokumente angewiesen ist, als problematisch. Die den Formulierungen in den Texten zugrunde liegende subjektive Sinnkonstitution bleibt verdeckt, weil nicht von den materialen Typen (Kontextualisierungen des materiellen Objekts) unmittelbar auf Bewusstseinsgehalte geschlossen werden kann. Es ist beispielsweise unmöglich zu überprüfen, ob es sich bei der Bedeutungskonstitution um eine verdinglichende Vermischung von Bewusstseinsgehalten und physisch-materiellem Aspekt des Artefakts handelt oder ob eine geregelte Kürzelverwendung vorliegt, die erläutert werden könnte. Und führt man personale Typen ungeprüft ein, gerät wiederum der Herstellungsprozess des Wahrzeichens aus dem Blick.

Diskurs: Von signifikativen zu symbolischen Regionalisierungen

Das Scheitern der beiden eben diskutierten Strategien hat nicht bloß einen methodologischen Hintergrund. Es lässt sich vielmehr auch als erkenntnistheoretisches und als geographisches Problem charakterisieren.

Gebrauchstheorie der Bedeutung

Ein mythologisches System lässt nur Aussagen und Mythen zu; alles, was die Sprache »sein kann, ist mythisch oder nicht« (Barthes, 1964, 122). Mit dieser Formalisierung der Sprachpraxis

> »wird der Eindruck erweckt, als sei da zunächst einmal die Sprache (mit Wörtern, welche Bedeutungen haben, und Aussagen, die wahr oder falsch sein können) und dann trete diese, als Gegebene, in zwischenmenschliche Beziehungen ein und werde durch deren jeweiligen Charakter modifiziert. Verfehlt wird der Sachverhalt, dass jene Kategorien der Bedeutung etc. schon ihrem Sinn nach von gesellschaftlichen Wechselbeziehungen *logisch* abhängen« (Winch, 1974, 59f.)

In der hermeneutischen Tradition, in der nach dem subjektiv gemeinten Sinn von Handlungen und Aussagen gefragt wird, entsteht der Eindruck, Sprache sei im Gebrauch als Privatsprache vorgestellt, in der Wörter und Bedeutungen in prinzipiell beliebiger Weise des Meinens korreliert werden können.[4]

Diese beiden Probleme versucht eine alternative Bedeutungstheorie zu vermeiden: In der analytischen Philosophie wird darauf verwiesen, dass Sprache immer Praxis impliziert, erst der Gebrauch von Sprache Bedeutung ermöglicht. Die richtige Verwendung eines Wortes ist jene, die von einer Sprachgemeinschaft akzeptiert, innerhalb einer ›Lebensform‹ als einem ›Sprachspiel‹ zugehörig sanktioniert wird und bestimmten ›Regeln‹ folgt. Eine Strategie der Bedeutungsrekonstruktion innerhalb dieser Perspektive muss versuchen, über die Beobachtung des Gebrauchs von Sprache Regeln der Herstellung von Bedeutung zu erschließen.[5] Was ›K a p e l l b r ü c k e‹ bedeutet, muss sich demzufolge aus der Verwendung in jenen Texten ergeben, die den Brand besprechen.

---

[4] Vgl. von Savigny (1993).
[5] An zentraler Stelle wird bei so unterschiedlichen Sozialtheoretikern wie Giddens (z. B. 1992) und Lyotard (z. B. 1985) an den Regelbegriff der Philosophie der normalen Sprache angeknüpft.

Gebrauchstheorie und Regionalisierungen

Die geographische Problematik hinsichtlich der Thematisierung des Phänomens als ›Mythos‹ und als ›Artefakt‹ ist mit jener der Theoretisierung von Bedeutung verknüpft. Regionalisierung als Kontextualisierung der physischen Welt setzt diese physische Welt als von einer sozialen Welt abgegrenzt voraus und damit auch eine bestimmte richtige Verwendung von Wörtern, die Objekte aus dieser physischen Welt bezeichnen. Im Bereich ökonomischer und politischer Diskurse, die das zweckrationale Konstrukt der physischen Welt regionalisierend einsetzen, ist dies selbstverständlich sinnvoll. Interessieren an signifikativen Geographien aber Konstruktionsmechanismen, die einer potentiell alternativen Rationalität folgen, muss konzeptionell die Möglichkeit für Alternativen gewährleistet sein. ›Materie‹ und ›Physischer Raum‹ stellen dann selbst Konzepte dar, deren Verwendung und Kombination mit anderen Perspektiven als *symbolische Regionalisierungen* zu analysieren sind.

In einer Untersuchung symbolischer Geographien sind nicht Bedeutungszuweisungen zu Elementen *aus* der physischen Welt zu thematisieren, sondern Bedeutungszuweisungen zu Elementen *der* ›physischen Welt‹[6], das Erscheinen unterschiedlicher Materiekonzeptionen in Texten.

Symbolische Regionalisierungen als Diskurse

Symbolische Regionalisierungen[7] bestehen in einer Sprachpraxis, in der Begriffe verwendet werden, die *auch* materielle Objekte bezeichnen. Es ist zu untersuchen, wie Objektkonzeptionen in der Sprache neu kontextualisiert werden. Die Herstellung des Wahrzeichens wird als *Diskurs* betrachtet.
In seiner »Archäologie des Wissens« (Foucault, 1981), in der Foucault eine Diskurstheorie und Methode der Beschreibung diskursiver Praxis ausarbeitet, nimmt dieser ebenfalls eine Position ein, die weder »formalisierend noch interpretativ« (ebd., 193) ist.[8] Zur Theoretisierung des Sprachgebrauchs und der

---

6 Vgl. hierzu Bourdieus Differenzierung »Physischer, sozialer und angeeigneter physischer Raum« (Bourdieu, 1991).
7 Vgl. Lippuner (1997). Von Interesse sind hier »symbolische Regionalisierungen als (Diskurs-)Praxis« (ebd., 88), d. h. »die Praxis der Produktion von Texten als die Inanspruchnahme signifikativer Schemata« (ebd., 97) und nicht »die diskursive Verwendung ›räumlicher Kategorien‹ […] im Hinblick auf Legitimation und Autorisation« (ebd., 99).
8 Foucaults Werk ist ein Projekt, das »[j]enseits von Strukturalismus und Hermeneutik« (Dreyfus/Rabinow, 1987) anzusiedeln ist.

Konzeption einer Analyse von Aussagen wird hier deshalb auf Foucaults Diskursbegriff zurückgegriffen.

Weder formalisierend noch interpretativ vorzugehen meint, einen Diskurs »nicht vom Standpunkt der sprechenden Individuen aus zu erforschen, noch, was sie sagen vom Standpunkt formaler Strukturen aus, sondern stattdessen vom Standpunkt der Regeln, die nur durch die Existenz solchen Diskurses ins Spiel kommen« (Foucault, 1974, 15). Von Interesse ist in erster Linie, welche Bedingungen erfüllt werden müssen, um einen *Diskurs* kohärent und wahr zu machen. Es wird eine spezifische Beschreibung der *Aussagen*, ihres Zustandekommens (oder ihrer Produktion) und der Regelmäßigkeiten angestrebt, die einem Diskurs eigen sind. Diese Regelmäßigkeiten stellen die Bedingungen dar, nach denen sich die (Sprach-)Praxis realisiert. Diskursive Praxis ist so zu verstehen, »daß Sprechen etwas tun heißt – etwas anderes, als das auszudrücken, was man denkt, das zu übersetzen, was man weiß, etwas anderes auch als die Strukturen der Sprache spielen zu lassen« (Foucault, 1981, 298).

In Texten real aufzufinden, sind ausschließlich *Formulierungen*: eine Menge von Zeichen, die auf der Basis einer Sprache produziert werden. Hat diese Zeichenmenge als Formulierung eine spezifische ›Existenzmodalität‹, spricht man schließlich von einer *Aussage*. »Diese Modalität gestattet ihr, im Verhältnis zu einem Objektbereich zu stehen« (Foucault, 1981, 155f.). Ein *Diskurs* ist über eine Folge von Zeichen konstituiert, insofern diesen die Bezeichnung ›Aussage‹ zukommt, er besteht aus Aussagegruppen, die zueinander in Beziehung gesetzt sind. Diese Aussagegruppen stellen *Diskurselemente* dar.

›Eine Aussage beschreiben‹ beinhaltet die Definition der Bedingungen, die dazu führen, dass eine Serie von Zeichen in einem Verhältnis zu einem Gegenstandsbereich stehen. Dazu sind Begriffe innerhalb von Formulierungen zu isolieren, und es müssen Regelmäßigkeiten beschreibbar sein, die deren Verwendung zugrunde liegen. Auf diese Weise zeichnet sich ein regelhaftes Verhältnis des Formulierten zu einem Objektbereich ab.

Erst der Horizont der beschriebenen Aussagen ermöglicht eine Beschreibung des Diskurses. Diese beinhaltet die Differenzierung von Aussagegruppen in Diskurselemente und die Beschreibung von Beziehungen zwischen diesen Elementen. Eine Gesamtheit von Diskurselementen muss sich allerdings nicht auf ein einziges Objekt beziehen. Eine Einheit der Elemente innerhalb des Diskurses ist kaum beschreibbar, die Aussagen erscheinen ›verstreut‹ und betreffen kein identisches Objekt.

Von einem Diskurs kann somit dann gesprochen werden, wenn sich innerhalb beschriebener Aussagen ein ähnliches System derartiger »Verstreuungen« (Foucault, 1981, 57) ausmachen lässt und dessen Regelmäßigkeiten definierbar sind. Ziel muss also die Analyse der vielfältigen Formationen der Gegenstände des Diskurses sein, will man auf die konstruierten Beziehungen dieser Gegenstände stoßen, die eine diskursive Praxis charakterisieren.

Der Diskurs konstituiert sich durch Aussagen, für die er auch Existenzbedingungen definiert. Diese Existenzbedingungen soll die Analyse beschreibbar machen. Aussage und Diskurs stellen eine

> »Gesamtheit von anonymen, historischen, stets in Raum und Zeit determinierten Regeln, die in einer gegebenen Epoche und für eine gegebene soziale, ökonomische, geographische oder sprachliche Umgebung die Wirkungsbedingungen der Aussagefunktion definiert haben« (Foucault, 1981, 171)

Diskurse entscheiden über Wahrheit und Bedeutung von Aussagen. Gleichzeitig konstituieren diese Aussagen Diskurse. Analysierbar sind damit einzig die Regeln diskursiver Praxis. Anhand der Beschreibung von Regelmäßigkeiten sollen analytisch Regeln des Diskurses erschlossen werden, Regeln, die den Sprachgebrauch und damit Bedeutung und Wahrheit von Aussagen sanktionieren und die ihrerseits durch sprachliche Praxis hervorgebracht sind.[9] Die Konstruktion eines Wahrzeichens als Modus symbolischer Regionalisierung kann so als dafür charakteristische Sprachpraxis gefasst werden.

Eine Diskursanalyse symbolischer Regionalisierung muss von einer Ontologie von Materie und Geist absehen. Nach konzeptuellen Differenzen (wie jener zwischen physischer und sozialer Welt) soll erst im Textmaterial gesucht werden. Eine Untersuchung alltagsweltlicher Geographien beinhaltet hier die Analyse alltäglicher Materiediskurse.

Diskursanalyse symbolischer Regionalisierungen

Die Konstruktion eines Wahrzeichens als einer Form symbolischer Regionalisierung findet – das ist der theoretische Ausgangspunkt – als sprachliche Praxis statt. Eine Rekonstruktion des Wahrzeichens muss folglich anhand der Produkte dieser Praxis vorgenommen werden. Als Diskurs beinhalten diese

---

[9] Sprachpraxis wird damit als Dualität (von Aussage und Diskurs) begriffen, eine Struktur, die gegenwärtig in der Sozialtheorie (vgl. stellvertretend Giddens, 1992) für die Betrachtung jeglicher gesellschaftlicher Praxis als relevant erachtet wird.

Produkte eine geregelte Koordinierung unterschiedlicher Diskurselemente. Weil die Diskurselemente Aussagegruppen darstellen, die aus unterschiedlichen (bereits bestehenden) Diskursen entlehnt sind, werden auch unterschiedliche Deutungsprinzipien und Objektkonzeptionen koordiniert.

Die Kapellbrücke ist selbstverständlich *auch* ein ausgedehntes, lokalisierbares Objekt. Damit sie zum Wahrzeichen wird, zu einem sakralisierten Ort, reicht diese Konzeption jedoch offenbar nicht aus. Welche Diskurselemente weitere Objektkonzeptionen zur Verfügung stellen und wie die verschiedenen Konzeptionen untereinander koordiniert sind, ist anhand des Textmaterials zu rekonstruieren. Die Regelmäßigkeiten der Koordinierung von Diskurselementen stellen dabei die Konstruktionsprinzipien des Wahrzeichens dar.

Der erste Analyseschritt hat die Bildung von Objektbereichen zum Ziel. Im erwähnten Textmaterial finden sich zunächst nur *Formulierungen*, und es muss beschrieben werden, wie die Produktion eines geteilten Objektbereichs Formulierungen zu Aussagen macht. Dazu ist die *Einführung und stetige Wiederverwendung von ausgewählten Begriffen* in den Formulierungen zu beobachten. In einem Vergleich verschiedener Texte sind jene Begriffe zu isolieren, die wiederholt und kombiniert in den Formulierungen vorzufinden sind sowie auf Objektbereiche verweisen könnten und so in Betracht kommen, die Formulierungen zu Aussagen innerhalb einer diskursiven Praxis zu machen.

Für eine weitergehende Beurteilung der Formulierungen sind *Regelmäßigkeiten der Verwendung dieser Begriffe* zu untersuchen, so dass die Existenzweise des Formulierten beschrieben werden kann. Sind solche Regelmäßigkeiten (über einen Vergleich von Argumentationsweisen bezüglich der Begriffskombinationen) beschreibbar, stellen die Formulierungen Aussagen dar, weil ein Verhältnis von Formulierungen zu Objektbereichen definiert werden kann und ein bestimmter Sprachgebrauch auf Bedeutungen verweist. Wird eine geregelte Verwendung sichtbar, können die Formulierungen als Aussagen beschrieben werden, die Bestandteil eines Diskurses sind.

Eine *Darstellung der Diskurselemente*, auf die sich diese Aussagen verteilen, kann in einem zweiten Schritt anhand von Unterteilungen vorgenommen werden, wie sie in den Texten selbst (als thematische Gliederungen) aufzufinden sind. Anhand derartiger Gliederungen sind unterschiedliche ›Aspekte‹ dessen herauszuarbeiten, wovon im Diskurs gesprochen wird. Auf diese Weise sollten jene Elemente des Diskurses erfasst werden können, in denen sich unterscheidbare Objekte und Ereignisse konstituieren. Ziel ist eine Übersicht über die Gesamtheit der Texte und den Verlauf des Diskurses. Die

Kategorisierung in Diskurselemente ist anhand von Argumentationsbeispielen zu begründen, welche unterscheidbare Objektbereiche abgrenzen.[10]

Sind diese Elemente identifiziert, interessiert schließlich als Drittes deren Koordinierung im Diskurs. Dabei ist davon auszugehen, dass die Diskurselemente gerade nicht nach rationalen Kriterien geordnet erscheinen, sondern die festgehaltenen *Elemente in ihrer Beziehung untereinander als Verstreuung* existieren und eben nicht systematisch aufeinander bezogen werden. Anhand der präzisen Beschreibung der Argumentation in Texten, die verschiedene Diskurselemente beinhalten, muss versucht werden, Verstreuungen zu vergleichen, um ein Muster der Regelhaftigkeit der Verstreuung zu erhalten. Diese stellen die Bedingungen der Wahrzeichenkonstruktion dar.

Das Wahrzeichen Kapellbrücke

Der ›Brand der Kapellbrücke‹ wird auf vielfältige Weise besprochen. Eine Einheitlichkeit des Ereignisses scheint tatsächlich in eine Vielzahl von Beschreibungen aufgelöst, verstreut: »In Luzern ist das Wahrzeichen der Stadt abgebrannt«, »Lozärn verlüürt en Teil vo sim Gsecht« (Luzern verliert ein Teil seines Gesichts), »Kulturkatastrophe in Luzern«, »viele Einwohner stehen unter Schock«, »das esch we wemmer es eignigs Chend verlüürt« (das ist, als ob man sein eigenes Kind verlieren würde), »das esch de Todestag gsi, vo de Lozärner Chapellbrogg« (das war der Todestag der Luzerner Kapellbrücke), »Bestürzung im Bundesrat«, »die Brückenstadt hat ein Stück Identität verloren«, »Luzerns Herz blutet«, »Luzern ist nicht mehr Luzern«, »ein rentabler Brand in Luzern«.

Wir begeben uns auf die Suche nach einer Ordnung, die hinter diesem Spektrum von Besprechungen des ›Ereignisses‹ liegen mag.[11]

---

10 Eines der beschreibbaren Diskurselemente betrifft dabei zweifellos die Konstitution der Kapellbrücke als Bauwerk und materielles Objekt, den Einbezug der Materiekonzeption einer Ausdehnung in den Diskurs. Dieses Element ist unabdingbar, wenn etwa die Arbeit der Feuerwehr kritisiert wird oder wenn technische Probleme einer Rekonstruktion des Bauwerkes besprochen werden. Die ›Kapellbrücke‹ ist aber auch in weitere Zusammenhänge einbezogen, in denen die Verwendung der isolierten Begriffe anders geregelt ist. Dort werden nicht mehr nur Objekte besprochen, die ausschließlich über ihre Ausdehnung charakterisiert werden können.

11 Für eine detaillierte Darstellung der Analyse der Dokumente vgl. Richner (1996).

Beschreibung der Aussagen: Begriffe und Begriffsverwendung

Anhand der Kriterien der Häufigkeit des Erscheinens der Wörter, ihrer Präsenz in allen Texten sowie ihrer wiederkehrenden Kombinationen lassen sich folgende Substantive als zentrale Begriffe der Formulierungen ausmachen: ›Kapellbrücke‹, ›Kulturgut‹, ›Wahrzeichen‹, ›Brand‹ und ›Betroffenheit‹. Wie werden diese Begriffe nun verwendet?

Stets gegenwärtig ist eine Kombination von ›Brand‹ und ›Kapellbrücke‹. Über die Löscharbeiten wird beispielsweise folgendermaßen berichtet:

»Der *Brand* brach in einem Fischerboot aus, welches unter der Kapellbrücke geankert war. Das Feuer griff danach sehr schnell auf die *Kapellbrücke* über. Innert Minuten standen rund 120 Meter der 280 Meter langen Holzbrücke in Flammen und wurden vollständig zerstört. Die 150 Feuerwehrleute mussten sich in erster Linie darauf konzentrieren, den Wasserturm und die Brückenköpfe vor dem Feuer zu retten. Als Brandursache sieht die Polizei mehrere Möglichkeiten, wie zum Beispiel einen technischen Defekt im betroffenen Boot, Fahrlässigkeit aber auch Brandstiftung.« (Schweizer Radio DRS Mittagsjournal, 18.8.1993)

Der ›Brand‹ der ›Kapellbrücke‹ bespricht den Objektbereich einer technischen Materialität und das Ereignis der Beeinträchtigung dieser Materialität durch das Feuer. Geschildert ist hier das Bemühen um den Erhalt der technischen Materialität der Brücke, ein Ankämpfen gegen die Zerstörung der Brücke durch den Brand.

Im Zusammenhang mit ›Kapellbrücke‹ wird auch der Begriff ›Kulturgut‹ gebraucht. Es lässt sich damit der ›Brand‹ eines ›Kulturguts‹ konstatieren.

»Die älteste Brücke Luzerns, die älteste gedeckte Brücke Europas, wurde 1333 aus praktischen Gründen erbaut. Die *Kapellbrücke* zwischen Peterskapelle und Freienhof diente als Teil der Stadtbefestigungsanlage. Die ›nüwe Brugg‹ verhinderte die freie Zufahrt von Schiffen in die Stadt Luzern. Der Wasserturm, ein eigentlicher Wachturm ermöglichte die Kontrolle des Seebeckens. Um 1611 beschloss der Rat von Luzern, die Kapellbrücke mit einem Bilderzyklus zu schmücken. Der Maler Heinrich Wägmann schuf 120 Bildtafeln. Auf den dreieckigen Originalabbildungen, die sich im Giebel der Kapellbrücke befanden, waren die Heldentaten der Eidgenossen und Städter und das Martyrium der beiden Stadtpatrone Leodegar und Mauritius festgehalten.« (Schweizer Radio DRS Morgenjournal).

»In der Schweiz ist in der vergangenen Nacht ein *Kulturdenkmal* von unschätzbarem Wert vernichtet worden. In Luzern wurde die weltberühmte Kapellbrücke durch Feuer weitgehend zerstört. Der *Brand* brach kurz vor ein Uhr aus und zerstörte die Brücke auf einer Länge von 120 Metern. Von den auf der Brücke angebrachten 111 Bildtafeln sind nur noch dreißig erhalten geblieben. Die Behörden von Luzern haben heute Morgen über die Zerstörung des Baudenkmals informiert aber gleichzeitig auch klar gemacht, dass die Brücke wieder aufgebaut wird.« (Schweizer Radio DRS Mittagsjournal).

Die Rede vom ›Kulturgut‹ hat auch seine Bedeutung im Hinblick auf eine mögliche Rekonstruktion der ›Brücke‹.[12] ›Brand‹ bedeutet in diesem Zusammenhang »Teilzerstörung«. Das besprochene Objekt ist in seiner »Konstruktion« erhalten, das Design ist nicht zerstört worden. Zerstört wurde das ›Material‹ (die ›Kapellbrücke‹). Ob diese technische Materialität original war, ist unsicher, »dendrochronologische Untersuchungen« werden allem Anschein nach ergeben, dass ein Großteil des Materials der Brücke bereits eine Kopie des Originals war.

Vom ›Brand‹ der ›Kapellbrücke‹ ist hier noch immer die Rede. Wie gesehen, kann aber ›Kulturgut‹ ›Kapellbrücke‹ ersetzen. Dass es dabei nicht etwa um die bloße kunsthistorische Bedeutung der technischen Materialität der Brücke geht, sondern ein weiteres Ereignis besprochen wird, zeigt die Überlagerung der technischen Materialität durch die Kriterien ›Original‹ und ›Kopie‹. Der ›Brand‹ des ›Kulturgutes‹ als Ereignis überlagert jenes des ›Brandes‹ der ›Kapellbrücke‹, ohne dass dieses verschwindet.

Der ›Brand‹ kann auch anhand der ›Betroffenheit‹ besprochen werden. Als Objekt erscheint hier das ›Wahrzeichen‹. Dabei wird der ›Brand‹ des ›Wahrzeichens‹ möglich.

»I de Nacht of hütt, churz vor de Eine isch *'s Wahrzeiche* vo Lozärn fascht ganz *abebrönnt*, vor de Auge vo Honderte vo Lozärnerinne und Lozärner. Zo Honderte stönd au zor Zit Lüt os der ganze Ennerschwiz of de Seebrogg und em Rüssstäg, und lueged sech die bar Katastrophe a. Der Schock de setzt tief:

›Nei esch zom brüele.‹

›Ich be sehr truurig, mine Frönd esch hött go lösche hälfe, ond wo ner nie hei cho esch, hani gwösst, dass nömme guet esch, met üsere Brogg.‹

›Ich be entsetzt, aso 's esch zom brüele.‹

---

[12] Beispielsweise in einem Gespräch mit dem eidgenössischen Denkmalpfleger im Schweizer Radio DRS Rendezvous.

›'S brecht eim scho fascht 's Härz, aso mer fähled d'Wort.‹

Betroffeheit esch eis, aber es breitet sech jetzt au en gwüssi Rotlosigkeit us, ond au en Wuet uf allfälligi Schuldigi.« (Schweizer Radio DRS Regionaljournal Innerschweiz Mittagsausgabe)[13]

Auf die Forderung nach dem Wiederaufbau der Kapellbrücke folgt der Beschluss des Stadtrates, »das Lozärner Wohrzeiche so schnell we möglech z'rekonstruiere« (das Luzerner Wahrzeichen so rasch wie möglich wieder aufzubauen). Die Begründung des Stadtpräsidenten Kurzmeyer dafür, dass die Kapellbrücke wieder originalgetreu aufgebaut werden muss, lautet: »Es esch es enternationals Konschtdänkmol ond het e höche, e höche Wohrzeichewärt für üsi Stadt. Ond eso öppis daf niemols eifach nochethär zerstört bliibe« (Es handelt sich um ein Kunstdenkmal von internationaler Bedeutung, das für unsere Stadt einen hohen Wahrzeichenwert hat. Und so was darf nachher niemals einfach zerstört bleiben) (Schweizer Radio DRS Rendezvous).

Die bereits konstatierten Verwendungsweisen der zentralen Begriffe sind hier noch immer festzustellen: der Wiederaufbau der Brücke als rückgängig zu machender ›Brand‹ der ›Kapellbrücke‹ und als Rekonstruktion des ›Kulturgutes‹. Nun wird aber mit der Rekonstruktion auch eine Linderung des Schmerzes und der ›Betroffenheit‹ beabsichtigt. Vielleicht wird gerade deshalb der Beschluss zur Rekonstruktion des *Wahrzeichens* bekannt gegeben, damit der Wiederaufbau all diesen Objektbereichen gerecht werden kann.

Der ›Brand‹ der ›Kapellbrücke‹, des ›Kulturguts‹ und die Betroffenheit über den ›Brand‹ des ›Wahrzeichens‹ verweisen als Aussagen regelmäßig auf je unterschiedliche Objektbereiche.

---

[13] »In der Nacht auf heute, kurz vor ein Uhr, ist das Wahrzeichen von Luzern – vor den Augen hunderter Luzernerinnen und Luzernern – beinahe vollständig niedergebrannt. Auch jetzt stehen noch hunderte Personen aus der ganzen Innerschweiz auf der Seebrücke und auf dem Reusssteg und schauen sich die Katastrophe an. Der Schock sitzt tief:
›Es ist zum Heulen.‹
›Ich bin sehr traurig. Mein Freund ging weg, um bei den Löscharbeiten zu helfen und als er nicht mehr nach Hause kam, wusste ich, dass mit unserer Brücke etwas nicht mehr in Ordnung ist.‹
›Ich bin entsetzt, so was ist zum Heulen.‹
›Es bricht einem fast das Herz, mir fehlen die Worte.‹
Betroffenheit ist die eine Sache. Es breitet sich auch eine gewisse Ratlosigkeit aus und auch eine Wut, auf allfällige Schuldige.«

Diskurselemente, Erzählungen und Objektkonzeptionen

Vor diesem entworfenen Horizont – eine Gruppierung von als Aussagen identifizierten Formulierungen – ist jetzt zu beschreiben, welche Diskurselemente welche Erzählungen entwickeln und welche Objektkonzeptionen darin Verwendung finden.

Im Verlauf der Textproduktion über die Radioberichterstattung hinaus, in den Tages- und Wochenzeitungen, werden die beschriebenen Aussagen reproduziert. Bei den Diskurselementen, die in den Texten als Themen oder Aspekte des Brandes unterschieden werden können, handelt es sich um eine technische, eine kunsthistorische und eine Betroffenheitserzählung.

In der technischen Erzählung wird ein technisches Ereignis besprochen. Das kunsthistorische Ereignis wird von einem Expertenkreis kunstgeschichtlicher Sachverständiger entwickelt. Und im ›Brand‹ des ›Wahrzeichens‹ manifestiert sich das Ereignis der Betroffenheit, das ebenfalls durch einen bestimmten Expertenkreis eingeführt wird.

Wie sind nun die Objekte dieser drei Diskurselemente konzipiert? Und inwiefern unterscheiden sich die Ereignisse voneinander?

In einem Gespräch mit dem Kommandanten der Luzerner Feuerwehr wird diesem die Möglichkeit gegeben, auf die Kritik am Einsatz einzugehen (Luzerner Neueste Nachrichten/Eisner/von Matt). Dabei entwickelt er eine technische Erzählung des Brandes: Die Brücke, das ist zunächst die Stoßrichtung der Kritik, hätte bei einem schnellen Eintreffen der Feuerwehr am Brandplatz erhalten werden können. Über eine sekundengenaue Chronologie des Einsatzes indes wird die Möglichkeit eines schnelleren Vorgehens widerlegt. Wenn einige Augenzeugen die Zeit, bis die Feuerwehr eingetroffen ist, als lang empfanden, liegt das daran, dass »in solchen Fällen« die »Zeitwahrnehmung« stark gestört ist. Zeit heißt hier standardisierte Uhrzeit. Bei der zweiten Bedingung, die dem Einsatz auferlegt ist, handelt es sich um die ausgedehnten Objekte, unter ihnen ein brennendes, und deren Anordnung. Der erste Einsatz erfolgte am »Brückenkopf beim Stadttheater«. Die Brücke brannte bereits vollständig, weil sich das Feuer rasend schnell ausgebreitet hatte. Das ›zwingende Dispositiv‹, nach dem vorgegangen wurde, trägt der Anordnung der Objekte Rechnung: »Brennt diese Brücke, kann man nur auf beiden Seiten ansetzen« und vorzudringen versuchen. »Genau dies geschah«, die bereits brennenden »Teile der Brücke« waren nicht mehr zu retten, und es musste versucht werden, die weitere »Ausbreitung« zu verhindern, »dem

Feuer keinen Meter Brücke mehr zu überlassen«. Hierzu unternahm man sogar Anstrengungen, das große Löschboot, das eigentlich nur für den See-Einsatz konzipiert ist, »mit viel Gewicht so senken zu können, dass es die Seebrücke zu passieren vermag«, aber »der Seespiegel war zu hoch«.

In dieser Schilderung ist ein ausgedehntes Objekt vom Brand betroffen und wird zu löschen versucht. Aufgrund der Beschaffenheit des Objekts als Holzbrücke und aufgrund seiner Situierung im Verhältnis zu anderen Gegenständen, als von der physischen Welt auferlegten Bedingungen des Einsatzes der Feuerwehr, gelingt dies nur teilweise. Der Brand beschädigt das Objekt, die Kapellbrücke verändert ihre technische Materialität, sie weist eine Lücke auf.

Die Erzählung eines Professors für Kunstgeschichte konzipiert ein anderes Objekt (Tages Anzeiger/Egli von Matt): Für eine allfällige »Rekonstruktion« des Bilderzyklus kommen zwei Verfahren in Betracht: »Die Bilder könnten fototechnisch oder gemalt reproduziert werden.« Der Sachverständige zieht die Lösung der von »Restauratoren« gemalten Bilder vor, weil diese »Künstler des 20. Jahrhunderts« sind – und die Werke, »auch von der malerischen Technik her«, rekonstruierbar. Falls man sich trotzdem für eine fotografische Reproduktion entscheiden würde, »müssten das Schwarzweißaufnahmen sein«, damit sie als »fotografische Faksimile« erkennbar wären. »Hochkarätige Farbreproduktionen« hingegen seien eine unzumutbare »Täuschung«. Übertragen auf den Wiederaufbau der Brücke heißt dies, dass im besten Fall »eine möglichst wahrheitsgetreue Kopie« realisierbar ist, und diese Teilrekonstruktion auf »einer Tafel« sichtbar gemacht werden muss. Die aufgespannte Differenz von Original und Kopie mache bewusst, »dass auch die nun abgebrannte Brücke nicht diejenige aus dem 14. Jahrhundert war«, weil sie in der Zwischenzeit »mehrmals annähernd total rekonstruiert« wurde.

Der ›Brand‹ des ›Kulturgutes‹ beinhaltet den Verlust einer Originalität, und diese Originalität lässt sich nicht wie die Zerstörung der technischen Materialität beim ›Brand‹ der ›Kapellbrücke‹ beheben. Rekonstruktion heißt also Kopie, die zwar Wahrheitstreue anstreben kann – über die Wiederherstellung der historischen Form etwa –, als Kopie bleibt die Rekonstruktion aber eine Täuschung, auf die das Publikum hingewiesen werden muss. Die technische Erzählung wird so überlagert und vom Diskurs der Originalität dominiert.

Die Objekte der kunsthistorischen Erzählung sind auf der Basis der Differenz zwischen Original und Kopie konstruiert. Als Diskurselement vermag diese Erzählung aber auch den technischen Materiediskurs zu integrieren. Das

Ereignis, das hier zustande kommt, ist nicht mehr über entleerte Zeit und entleerten Raum organisiert. Der endgültige Verlust des Kulturgutes beinhaltet eine erste ›Sakralisierung‹ des Schauplatzes.

Die Rekonstruktion der Objektkonzeptionen der Erzählung der Betroffenheit kann mit den nachfolgenden Zitaten aus einer Kolumne des Luzerner Stadtpräsidenten Kurzmeyer (Luzerner Neuste Nachrichten/ Kurzmeyer) illustriert werden:

Beim »enormen gefühlsmäßigen und immateriellen Verlust«, bei dem »nicht so sehr die effektive Zerstörung von Bausubstanz im Vordergrund« steht, ist die technische Materialität noch immer gegenwärtig, der ›Brand‹ der ›Kapellbrücke‹ findet ebenfalls statt. Es geht hier aber auch um den »Eingriff in ein Kulturgut«, den eben besprochenen Verlust von Originalität, und in »ein Identifikationsmerkmal unserer Stadt als solches«. Die »Betroffenheit ist groß«, die »ersten Äußerungen von Luzernerinnen und Luzernern« auf diesen ›Eingriff in das Identifikationsmerkmal‹ sind »eigentliche Bekenntnisse der Trauer: Eine geliebte Freundin ist nicht mehr«, mit der wir »aufgewachsen sind und die so sehr zu unserer Stadt gehört«. Diese »bei mir selber aufgekommenen Gefühle machen deutlich, wie sehr die Kapellbrücke in unser Stadtbild gehört, ja, dass sie die Stadt Luzern verkörpert«. Die Kapellbrücke ist das »Wahrzeichen Luzerns schlechthin, sie gehört uns allen, sie ist unsere Freundin und stetige Begleiterin«. Aber in gemeinsamer Anstrengung »werden wir eine neue/alte Brücke schlagen, die beide Reussufer wieder miteinander verbinden und damit allen Luzernerinnen und Luzernern ihre Lebensgefährtin wiedergeben wird«. Und gerade dass die Brücke »ein derart starkes Symbol für unsere Stadt darstellt«, ist ein »gutes Zeichen«, das »Trost bietet«.

Der ›Eingriff in das Identifikationsmerkmal‹ betrifft explizit eine symbolische Dimension, die im Unterschied zur effektiven Zerstörung der Bausubstanz gefühlsmäßig und immateriell ist. Obschon in der Betroffenheit manifest wird, dass der Eingriff tatsächlich stattgefunden hat, bleibt es ein Eingriff in immateriell, symbolisch Vorhandenes. In dieser expliziten Immaterialität der Symbolisierung eröffnet sich eine metaphorische Materialität. Bei Kurzmeyer kreist diese um Leben und Tod. Die verschiedene geliebte Freundin, mit der man aufgewachsen ist und die einen stets begleitet hat, lässt einen in Trauer zurück. Diese Betroffenheit reicht über die Metapher hinaus und macht einen realen immateriellen Verlust aus. Sie wird erst gelindert werden, wenn eine »neue/alte« Brücke geschlagen ist, die mit der Verbindung der beiden Reussufer den Luzernern ihre Lebensgefährtin wiedergeben wird.

Die Betroffenheitserzählung beinhaltet und umfasst auch die Zerstörung der technischen Materialität und den Verlust der Originalität. Erst in diesen Diskurselementen sind die Objekte zu finden, die als ›Signifikanten‹ die Symbolisierung ermöglichen. Mit der Symbolisierung wird es aber auch möglich, von diesen Materialitäten abzusehen und einen neuen, metaphorischen Materiediskurs zu beginnen, der eine Betroffenheit argumentativ ermöglicht, die durch den Verlust von Materialität oder Originalität schwer zu begründen ist. Betroffenheit ist Ausdruck eines immateriellen Verlusts einer symbolischen Materialität. Diese symbolische Materialität, beispielsweise des Todes einer geliebten Person, bedeutet den unwiederbringlichen Verlust.

Den Diskurs in seiner Konstruktion zu betrachten heißt nun, nach Regelmäßigkeiten der Kombination seiner Elemente zu suchen. Dies muss im Bereich dieser Betroffenheitserzählungen getan werden, weil hier offenbar die Zusammenführung der technischen und der kunsthistorischen Erzählungen stattfindet und so unterschiedliche Objektkonzeptionen in Beziehung treten. Hier wird die Kapellbrücke zum Wahrzeichen.

Koordinierung der Diskurselemente und Objektkonzeptionen

Die Betroffenheit über das metaphorische Ereignis des Abhandenkommens des »für die luzernische Seele« bedeutsamen »Gewohnheitsbildes« lässt sich weder durch die Zerstörung technischer Materialität begründen, noch durch den Verlust von Originalität. Wie aber kommt dann eine Betroffenheit zustande und wie entsteht das Objekt ›Wahrzeichen‹?

Die technische Erzählung des Brandes erschließt über die Konzeption einer Materialität der Ausdehnung einen bestimmten Objektbereich, die Kapellbrücke. Diese Erzählung konstituiert auch ein Ereignis, das in der Zerstörung der Kapellbrücke besteht. Sie besitzt eine weit reichende Legitimation: Jeder Brand muss ein ausgedehntes und lokalisierbares Objekt aufweisen. Bei den meisten Bränden bleibt es bei diesem technischen Diskurs, in dem die Veränderung einer technischen Materialität beschrieben wird und allenfalls eine Abschätzung des Aufwandes zur Wiederherstellung dieser Materialität erfolgt. Im Falle des Brandes der Kapellbrücke ist dem nicht so, gebrannt hat ›mehr als nur eine Brücke‹.

Die kunsthistorische Erzählung führt ein neues Objekt ein und variiert das Ereignis: Die Zerstörung einer technischen Materialität ist noch immer gegenwärtig, wird aber vom Verlust der Originalität überlagert. So werden die Bilder im Giebel der Brücke, die in einer technischen Erzählung als Mobiliar bloßer Bestandteil der Ausdehnung der Brücke sind, ausführlich besprochen, weil eine Objektkonzeption der Originalität einen anderen Objektbereich absteckt und die Bilder in diesem Objektbereich verändert. Original ist der Ausgangspunkt auf einer Achse, an deren anderem Ende die Kopie liegt.

Unter diesem Gesichtspunkt kann nun die Palette der möglichen Ereignisse weit über jene der technischen Erzählung hinausreichen. Beim Wiederaufbau etwa stellt sich die Frage, wie eine Kopie möglichst originalgetreu herzustellen ist und wie sie trotzdem als Kopie gekennzeichnet werden kann. Auch diese Erzählung ist keiner Kritik ausgesetzt. Die Protagonisten im kunsthistorischen Diskurs sind legitimiert, das Ereignis des Brandes eines Kulturguts und damit des Verlusts von Originalität zu entwickeln.

In den Betroffenheitserzählungen wird der Kontext nochmals erweitert, ein Objektbereich ›Wahrzeichen‹ wird erschlossen und ein Ereignis der Beeinträchtigung des Wahrzeichens möglich. Die bezeichnenden Kategorien der Objektkonstitution in den beiden dargestellten Diskurselementen sind als technische Materialität und kunsthistorische Originalität gefasst worden, die jeweils spezifische Diskurse ermöglichen. Für die Betroffenheitserzählung ist eine metaphorische Materialität als objektkonstituierendes Konzept auszumachen. Der Betroffenheitsdiskurs ist im Gegensatz zu den beiden anderen Elementen nicht mit einer universalen Legitimation ausgestattet – dass etwa »Luzerns Herz blutet« (Luzerner Neueste Nachrichten/Keist), löst mitunter Spott aus. Legitimation muss die Betroffenheitserzählung aus den beiden anderen Elementen schöpfen, die in die Erzählung einbezogen sind. Die Integration dieser Elemente ist konstitutiv für die Herstellung des Wahrzeichens.

Zusätzlich zur Zerstörung von Materialität und zum Verlust von Originalität wird der »gefühlsmäßige und immaterielle« Schaden besprochen. Dieses Gefühlsmäßige, Immaterielle kommt als Objektbereich wiederum auf der Basis einer eigenständigen Objektkonzeption zustande, über eine metaphorische Materialität, beispielsweise einer Freundin oder von Heimat, als der Sicherheit vermittelnden, gemeinsam gelebten Stadt. Der Schaden ist Resultat einer Veränderung, Folge eines Ereignisses; die (objektive, weil universal legitimierte) Ereignisstruktur, die die integrierten Erzählungen aufweisen, kann nicht umgangen werden, die Betroffenheitserzählung kommt nicht umhin, ebenfalls ein Ereignis zu generieren.

Grundlegend für das Zustandekommen des Wahrzeichens ist also *erstens* eine ›objektive‹ Ereignisstruktur. Diese wird durch die technische Erzählung vorgegeben. Sie ist stets gegenwärtig und unbestritten.

Der Objektbereich, den eine metaphorische Materialität auszeichnet, ist damit einer Ereignisstruktur der Zerstörung oder des Verlusts ausgesetzt. In beiden Fällen geht es um ein zumindest temporäres Abhandenkommen des Objekts. Das metaphorische Ereignis, eine Beschädigung der Heimat etwa, ist nun weder eindeutig als Zerstörung noch als Verlust gefasst, die Möglichkeit des Verlustes aber, die die kunsthistorische Erzählung einführt, dramatisiert das metaphorische Ereignis. Ginge es bloß um die Integration der technischen Erzählung des Brandes, in der die Wiederherstellung der Materialität problemlos möglich ist, wäre auch der immaterielle Schaden, der ja durch die Übernahme des Ereignisses in die Metapher realisiert wird, wieder zu beheben. Die Betroffenheit, die eine Veränderung des Objekts, eine Veränderung der metaphorischen Materialität als Zerstörung und schließlich als Verlust ausmacht, ist auf das kunsthistorische Element angewiesen.

Für das Zustandekommen des Wahrzeichens ist somit *zweitens* die kunsthistorische Erzählung, die das *Ereignis des Verlusts von Originalität* einführt, unerlässlich. Auch die metaphorischen Objekte der Betroffenheitserzählung unterliegen der Ereignisstruktur, welche die technische Erzählung ›objektiv‹ vorgibt. Die Kapellbrücke als ausgedehntes Objekt kann nach einer Zerstörung wieder instand gesetzt werden. In dem Fall wäre auch die metaphorische Zerstörung von Heimat vorübergehend. Tritt nun aber der unwiederbringliche Verlust von Originalität in den Vordergrund, wird das metaphorische Ereignis dramatisiert: Es ist eben nicht mehr rückgängig zu machen, auch das Wahrzeichen wird zum Original und Betroffenheit zur angemessenen Erzählung des Verlusts.

Die Betroffenheitserzählung stellt damit einen Diskurs dar, in dem die Zerstörung der Materialität einer gedeckten Brücke gegenwärtig ist, aber durch den Verlust der Originalität eines Bilderzyklus aus der Spätrenaissance überlagert wird – welcher schließlich seinerseits metaphorisch durch die Zerstörung eines Stücks Heimat oder den Verlust einer nahestehenden Person ergänzt wird. Die Verstreutheit der Diskurselemente, die nicht in einer geregelten Kombination erscheinen, weil argumentativ bloß ein Nebeneinander hervorgebracht werden kann, macht es möglich, dass die Ereignisse in der Betroffenheitserzählung in einer derartigen Überlagerung erscheinen. Die Objektkonzeptionen, die in den erzählten Ereignissen die Objekte konstituieren, reklamieren nicht ausschließliche Zuständigkeit für den Objektbereich einer einzelnen Erzählung, sondern helfen sich gegenseitig aus. Die Betroffenheitserzählung – als dem Wahrzeichen zugrunde liegender Diskurs – macht über eine derartige Erweiterung des Kontexts die gleichzeitige Beschaffenheit des Wahrzeichens als Holzsteg, unschätzbar wertvolles Kulturgut und geliebte Freundin intelligibel.

Die beschriebenen Elemente sind damit *drittens* notwendigerweise im Diskurs *verstreut*. Diese Verstreuung gewährleistet ein gleichberechtigtes Nebeneinander der Konzeptionen aus unterschiedlichen Erzählungen. So kann das Wahrzeichen gleichzeitig Holzbrücke, Kulturgut und Heimat sein.

Ein ausgedehntes Objekt wird im technischen Diskurs verortet, die Originalität ist über die Materialität an diesen Ort gebunden und die häufigsten metaphorischen Materialitäten einer beheimateten Biographie verlangen ein vorhergehendes Erleben, eine körperliche Erfahrung dieser verorteten Materialität und Originalität. Diese Metaphern können damit in erster Linie die aktuellen und ehemaligen Bewohner der Stadt, deren materieller und originaler Bestandteil die Kapellbrücke ist, handhaben. Vor allem wissen sie um die unabdingbare metaphorische Materialität dieses Bestandteils als einem »Stück Heimat« (Luzerner Zeitung/N.N.).

In dieser eigentümlichen Koordinierung unterschiedlicher Objektkonzeptionen wird die symbolische Regionalisierung sichtbar. Im technischen Diskurselement entsteht ein ausgedehntes Objekt, dessen Lagerung aufgrund seiner Anordnung im Verhältnis zu anderen Objekten als Ort beschrieben wird. Dieser (als Original bereits sakralisierte) Ort ist auch Schauplatz der metaphorischen Materialitäten der beheimateten Biographie in der Betroffenheitserzählung. Die Versinnbildlichung von Heimat durch die Kapellbrücke ist über die ›Materialität‹ der Protagonisten, deren Körperlichkeit, hergeleitet. Die Körperlichkeit ist Bedingung, die Kapellbrücke – als Teil der vertrauten Umgebung, der erlebten Stadt – als gewohnte Materialität erfahren zu können. Und nur wer diese Erfahrung besitzt, weiß um die symbolische Materialität der Kapellbrücke als ›vertrauter Lebensraum‹, den man mit Anderen als Heimat teilt. Betroffenheit kann damit nur erzählen, wer die Kapellbrücke in Anwesenheit erfahren hat: die Luzerner als aktuelle oder ehemalige Bewohner der Stadt und die Besucher der Stadt Luzern. Das Wahrzeichen, das in diesem Diskurs entsteht, ist das Wahrzeichen derjenigen, welche die metaphorischen Materialitäten handhaben können. Als Ereignis wird im Diskurs über die kunsthistorische Erzählung schließlich der Verlust der Originalität konstituiert. Die Wiederherstellung der Materialität aus der technischen Erzählung, die auch die spätere Auffrischung der erinnerten metaphorischen Materialität gewährleisten würde, ist nun plötzlich in Frage gestellt: Die Brücke wird nie mehr dieselbe sein und als Bestandteil der beheimateten Biographie bleibt sie Erinnerung – das Wahrzeichen jener, die sie gekannt haben.

Viertens schließlich ist also die *Ausprägung der metaphorischen Materialität* als Heimat konstitutiv für das Zustandekommen des Wahrzeichens. Heimat wird erläutert als frühere körperliche Erfahrung von Ausdehnung. Einerseits symbolisiert die Kapellbrücke Heimat, und eine Zerstörung der Brücke zerstört freilich nicht die symbolisierte Heimat, sondern nur das Vehikel der Symbolisierung. Andererseits aber erfährt diese Heimat als metaphorische Materialität trotzdem eine Zerstörung oder gar den Verlust, wenn sie als körperliche Erfahrung auch aus der Kapellbrücke besteht.

Geographie eines sakralisierten Ortes

Die ›Sakralisierung eines Ortes‹ besteht hier in einer verstreuten, selektiven Koordinierung von Diskurselementen, die eine Überlagerung dreier Objektkonzeptionen ermöglicht. Die technische Konzeption einer Materialität als Ausdehnung ist eine davon. Es ist aber nicht die dabei hervorgebrachte Kapellbrücke, die als Vehikel für die Konzepte aus den anderen Diskurselementen dient. Das Wahrzeichen *ist* »mehr als nur eine Brücke«, denn »de wahri Wärt, wo kabott esch [...], effektiv, historisch gseh, esch natürli dä Beldzyklus [...], 's einzige Original« (der wahre Wert, der historisch gesehen tatsächlich zerstört ist, ist der Bilderzyklus, das einzige Original). Mit dem Brand »sind für sehr viele Menschen, denen dieses Wahrzeichen viel bedeutet, Erinnerungen unwiederbringlich zerstört – Erinnerungen an ihre Kindheit, an die Vergangenheit, an lichte und dunkle Stunden«. (Luzerner Neueste Nachrichten/Bühlmann; Schweizer Fernsehen DRS Der Club; Luzerner Zeitung/Oberholzer). Die Wahrzeichensemantik koordiniert Konzeptionen aus einer technischen, einer kunsthistorischen und der Betroffenheitserzählung zu einer symbolischen Geographie. In der technischen Erzählung wird ein Objekt verortet. Dieser Ort erhält in der kunsthistorischen Erzählung die Weihen der Originalität, das technische Ereignis der Zerstörung des lokalisierten Objekts führt zu dessen Verlust. Die metaphorische Materialität der Heimat im Element ›Betroffenheit‹ ist aufgrund ihrer Herleitung als körperliche Erfahrung des Ortes auf den technischen Diskurs abgestützt und wird im Ereignis als Möglichkeit des Verlusts des Originals zur nicht mehr reproduzierbaren, erinnerten Erfahrung, die damit auch gefährdet ist. Zur Sakralisierung kommt es also gerade aufgrund der Materialitäten der Ausdehnung, die den Ort generieren und ihm die Metaphorik des Sicherheit und Kontinuität vermittelnden Areals der gewohnten – weil körperlich als Materialität erfahrenen – Umgebung zuweisen.

Den ingenieurtechnischen, den ästhetischen und den psychologischen Diskurs könnte man gegenwartsdiagnostisch als die zentralen Diskurse überhaupt bezeichnen. Wie gesehen, ist die Koordinierung der Materiekonzepte der drei Elemente im Betroffenheitsdiskurs in Form einer symbolischen Regionalisierung eigentlich unvermeidlich. Technische Objekte sind in einem dreidimensionalen Raum verortbar, sie haben oft eine allgemein gültige (oder umstrittene, jedenfalls diskutierte) ästhetische Originalität, und über die Körperlichkeit werden Materialität und Originalität psychologisch noch einmal (als persönlich erfahren) metaphorisiert. Vielleicht ist es diese Koordinierung von Diskurselementen und die deren Objekten zugrunde liegenden Konzeptionen, die es ausmachen, dass wir ›an den Dingen festhalten‹, »daß wir nicht in einem homogenen und leeren Raum leben, sondern in einem Raum, der mit Qualitäten aufgeladen ist«, wir also »noch nicht zu einer praktischen Entsakralisierung des Raumes gelangt sind« (Foucault, 1990, 37).

Literatur

Barthes, R.: Mythen des Alltags. Frankfurt a. M. 1964

Barthes, R.: Das semiologische Abenteuer. Frankfurt a. M. 1988

Bourdieu, P.: Physischer, sozialer und angeeigneter physischer Raum. In: Wentz, M. (Hrsg.): Stadt-Räume. Frankfurt a. M. 1991

Dreyfus, H./Rabinow, P.: Michel Foucault. Jenseits von Strukturalismus und Hermeneutik. Frankfurt a. M. 1987

Driver, F.: Power, space, and the body: a critical assessment of Foucault's ›Discipline and Punish‹. In: Environment and Planning D: Society and Space, 3. Jg., Heft 4, 1985, S. 425-446

Foucault, M.: Die Ordnung der Dinge. Eine Archäologie der Humanwissenschaften. Frankfurt a. M. 1974

Foucault, M.: Überwachen und Strafen. Die Geburt des Gefängnisses. Frankfurt a. M. 1977

Foucault, M.: Questions on geography. In: Gordon, C. (Hrsg.): Michel Foucault. Power/knowledge. Selected interviews and other writings 1972-1977. New York 1980, S. 63-77

Foucault, M.: Archäologie des Wissens. Frankfurt a. M. 1981

Foucault, M.: Andere Räume. In: Barck, K./Gente, P./Paris, H. (Hrsg.): Aisthesis. Wahrnehmung heute oder Perspektiven einer anderen Ästhetik. Leipzig 1990, S. 34-46

Giddens, A.: Die Konstitution der Gesellschaft. Grundzüge einer Theorie der Strukturierung. Frankfurt a. M./New York 1992

Gregory, D.: Social Theory and Human Geography. In: Gregory, D./Martin, R./Smith, H. (Hrsg.): Human Geography. Society, Space, and Social Science. Houndmills 1994, S. 78-109

Halbwachs, M.: Das kollektive Gedächtnis. Frankfurt a. M. 1985

Hard, G.: Alltagswissenschaftliche Ansätze in der Geographie? In: Zeitschrift für Wirtschaftsgeographie, 29. Jg., Heft 3/4, 1985, S. 190-200

Hard, G.: Auf der Suche nach dem verlorenen Raum. In: Fischer, M./Sauberer, M. (Hrsg.): Gesellschaft, Wirtschaft, Raum. Beiträge zur modernen Wirtschafts- und Sozialgeographie. Wien 1987

Latour, B.: Haben auch Objekte eine Geschichte? Ein Zusammentreffen von Pasteur und Whitehead in einem Milchsäurebad. In: Latour, B.: Der Berliner Schlüssel. Erkundungen eines Liebhabers der Wissenschaften. Berlin 1996, S. 87-112

Lippuner, R.: Symbolische Regionalisierungen der Alltagswelt. Konzeptionelle Grundzüge einer empirischen Forschungsperspektive. Unveröffentlichte Diplomarbeit am Geographischen Institut der Universität Zürich. Zürich 1997

Lyotard, J.-F.: Das postmoderne Wissen: Ein Bericht. Wien 1985

Philo, C.: Foucault's geography. In: Environment and Planning D: Society and Space, 10. Jg., Heft 2, 1992, S. 137-161

Richner, M.: Sozialgeographie symbolischer Regionalisierung. Zur Konstruktion des Wahrzeichens Kapellbrücke. Unveröffentlichte Diplomarbeit am Geographischen Institut der Universität Zürich. Zürich 1996

Schütz, A.: Über die mannigfaltigen Wirklichkeiten. In: Schütz, A.: Gesammelte Aufsätze, Bd. 1. Den Haag 1972, S. 237-298

Soja, E.: Heterotopologies: A Remembrance of Other Spaces in the Citadel-LA. In: Strategies. A journal of theory, culture and politics, Heft 3, 1990, S. 6-39

Savigny, E. v.: Die Fliege im Fliegenglas. Ludwig Wittgenstein: Philosophische Untersuchungen. In: Savigny, E. v.: Philosophie der normalen Sprache. Eine kritische Einführung in die ›ordinary language philosophy‹. Frankfurt a. M. 1993, S. 13-88

Weichhart, P.: Raumbezogene Identität. Bausteine zu einer Theorie räumlich-sozialer Kognition und Identifikation. Stuttgart 1990

Werlen, B.: Gesellschaft, Handlung und Raum. Grundlagen handlungstheoretischer Sozialgeographie. Stuttgart 1988

Werlen, B.: Identität und Raum. Regionalismus und Nationalismus. In: Soziographie, Heft 7, 1993, S. 39-73

Werlen, B.: Sozialgeographie alltäglicher Regionalisierungen. Bd. 1: Zur Ontologie von Gesellschaft und Raum. Stuttgart 1995

Werlen, B.: Geographie globalisierter Lebenswelten. In: Österreichische Zeitschrift für Soziologie, 21. Jg., Heft 2, 1996, S. 97-128

Werlen, B.: Sozialgeographie alltäglicher Regionalisierungen. Bd. 2: Globalisierung, Region und Regionalisierung. Stuttgart 1997

Winch, P.: Die Idee der Sozialwissenschaften und ihr Verhältnis zur Philosophie. Frankfurt a. M. 1974

Zitierte Berichterstattung

Presse

Bühlmann, K.: Mehr als nur eine Brücke. Luzerner Neueste Nachrichten, Nr. 191-9, 19.8.1993

Egli von Matt, S.: »Hütet uns vor originellen Denkmalpflegern!« Nach dem Ende der Kapellbrücke: Trotz Verlustrisiko plädiert ein Professor dafür, weiterhin Originalkunstwerke in den Städten auszustellen. Gespräch mit S. von Moos. Tages Anzeiger, Nr. 192-2, 20.8.1993

Eisner, E./ Matt, O. v.: »Für eine Milizfeuerwehr am äußersten Limit«. Nach Kritik: Kommandant Peter Frey verteidigt Feuerwehr-Einsatz. Luzerner Neueste Nachrichten, Nr. 191-13, 19.8.1993

Keist, H.: Schweigen. Luzerns Herz blutet. Leserbrief. Luzerner Neueste Nachrichten, Nr. 191-10, 19.8.1993

Kurzmeyer, F.: »Leben ist Brücken schlagen«. Luzerner Neueste Nachrichten, Nr. 193-9, 21.8.1993

N. N.: Ein Stück Heimat verloren. Luzerner Zeitung, Nr. 192-2, 20.8.1993

Oberholzer, N.: Luzerns Wahrzeichen – unverwechselbar. Die Brückenstadt hat ein Stück Identität verloren. Luzerner Zeitung (Spezial), Nr. 191a-4, 19.8.1993

Widgorovits, S.: Luzern verliert sein Wahrzeichen. Luzerner Neueste Nachrichten (Extra), Nr. 190a-1/2, 18.8.1993

Rundfunk und Fernsehen

Schweizer Radio DRS Morgenjournal 07.00 Uhr, 18. August 1993 (eigene Transkription)

Schweizer Radio DRS Regionaljournal Innerschweiz Mittagsausgabe 12.02 Uhr, 18. August 1993 (eigene Transkription)

Schweizer Radio DRS Mittagsjournal 12.30 Uhr, 18. August 1993 (eigene Transkription)

Schweizer Radio DRS Rendezvous 12.40 Uhr, 18. August 1993 (eigene Transkription)

Schweizer Fernsehen DRS Der Club 22.20 Uhr, 24. August 1993 (eigene Transkription)

Antje Schlottmann, Tilo Felgenhauer
Mandy Mihm, Stefanie Lenk, Mark Schmidt

»Wir sind Mitteldeutschland!«

Konstitution und Verwendung territorialer Bezugseinheiten unter raum-zeitlich entankerten Bedingungen

> *»Für uns ist Mitteldeutschland ein Geschichtsraum und gleichzeitig ein Naturraum. Man braucht sich nur eine physische Landkarte Deutschlands anzusehen, um diese relativ geschlossene Einheit herauszubekommen. Es ist aber auch ein Raum, der durch eine lange Geschichte zumindest die Tendenz gehabt hat, zu einer territorialen Einheit zusammenzuwachsen.«*

Eine Studie zu Mitteldeutschland, so möchte man meinen, gibt Aufschluss über die Eigenarten der Region, ihre physische Beschaffenheit, ihre Strukturmerkmale und die Befindlichkeit ihrer Bewohner. Die sozialgeographische Perspektive, die im Folgenden zunächst theoretisch entwickelt wird, verändert die Blickrichtung wesentlich, indem sie nach der *Herstellung* solch einer territorialen Einheit fragt. Dabei rücken Prozesse der Generierung und Aneignung von räumlicher Wirklichkeit und deren zeitgenössische Bedeutung als identitätsstiftende Bezüge in den Fokus.

Der Beitrag legt zunächst eine handlungstheoretische Wendung der Begriffe ›Region‹, ›Raum‹ und ›Identität‹ an. Damit verbunden ist ein Perspektivenwechsel zu der Rolle der Medien bei der Herstellung raumbezogener Identität unter ›globalisierten Bedingungen‹. Vor diesem theoretischen Hintergrund werden die empirischen Ergebnisse eines mehrjährigen Forschungsprojektes zur zielgerichteten (Neu-)Erschaffung der Region ›Mitteldeutschland‹ in den Medien und ihrer alltagsweltlichen Bedeutung vorgestellt. Daraus lassen sich Befunde zur Relevanz von Regionen als Identifikationsanker und zur Macht der Medien bei deren Etablierung ableiten.

Von der Region zur Regionalisierung

Die traditionelle Regionalgeographie unterlag dem Paradigma Friedrich Ratzels, die »Gebote des Bodens« (Ratzel, 1909, 48) aufzudecken und auf die Ebene des gesellschaftlichen Lebens bzw. des alltäglichen Handelns zu übertragen. Wer wo wie lebt, wurde »wissenschaftlich«, nämlich geographisch, geklärt und konnte anschließend als normativer Handlungsmaßstab Teil der politischen Praxis werden. Damit konnten auch bestimmte Lebensweisen hinsichtlich ihrer ›Konformität zu‹ oder der ›Abweichung von‹ den natürlichen »Geboten des Bodens« bewertet werden.

Dieses Vorgehen, das letztlich der Freiheit des Individuums die Gesetzmäßigkeit des Raumes oder des Bodens entgegenstellt, ist auch heute noch in einige Formen alltäglicher Praxis eingelassen. Mit anderen Worten: Das alltägliche »Geographie-Machen« ist auch heute noch traditionell geprägt. Das aus der Regionalgeographie entstandene Weltbild hat offenbar in seinem Gang durch die nationalen Bildungsinstanzen einen solchen Einfluss gewonnen, dass auch heute noch seine Wirksamkeit in unterschiedlichsten Alltagszusammenhängen beobachtet werden kann. Ein Beispiel dafür gibt die eingangs zitierte Aussage eines Mitwirkenden der MDR-Sendereihe »Geschichte Mitteldeutschlands«.

Anthony Giddens beschreibt mit seinem Begriff der »doppelten Hermeneutik« (Giddens, 1995, 338) die gegenseitige Bezogenheit von Sozialwissenschaft und Alltag. Sozialwissenschaftliche Erkenntnisse fließen in die Alltagswelt zurück, verändern diese und damit auch den Forschungsgegenstand der Sozialwissenschaften. Regionalgeographische Vorstellungen der strikten Verbindung von Ort und Lebensweise geben ein hervorragendes Beispiel, wie ein wissenschaftliches Paradigma zum alltäglichen Deutungsmuster werden konnte.

Mit dem reflexiv-analytischen Anspruch einer handlungszentrierten Sozialgeographie gilt es heute, diese Deutungsmuster zu dekonstruieren, anstatt sie als wissenschaftliche Präsumtionen in den Forschungsprozess einfließen zu lassen. Regionen sollten aus handlungstheoretischer Perspektive als soziale Konstrukte behandelt werden, in denen sprachliche Äußerungen wie das obige Zitat einen Sinn erhalten und dieser wiederum über Diskurse eine soziale Relevanz erlangen kann. Auch das sprachliche Repräsentieren von Region als eine ›natürliche‹ Gegebenheit ist dann, konsequent betrachtet, eine diskursive Handlung (Schlottmann, 2005a, 65ff.).

Das sprachliche Konstruieren des Regionalen lässt sich am besten anhand eines Regions*begriffes*, eines Toponyms, untersuchen, dessen Bedeutungsgehalt offenbar noch nicht vollständig, oder zumindest nicht in jedem Handlungskontext auf die Ebene des impliziten »gemeinsamen Wissens« (Giddens, 1995, 55) abgesunken ist – also (noch) nicht zum unhinterfragten, selbstverständlichen Weltwissen der Akteure gehört. Dann, so die Vermutung, können alltägliche Problematisierungen und Klärungen des Begriffes beobachtet werden, anstatt diese Problematisierung rein wissenschaftlich zu leisten.

»Mitteldeutschland«, maßgeblich durch den MDR zu Beginn der 1990er Jahre wieder aufgegriffen, verspricht daher die Aufdeckung der Konstruktionstechniken des von Werlen (1997, 401ff.) beschriebenen alltäglichen signifikativen Regionalisierens.

Wo liegt eigentlich Mitteldeutschland?

Historisch betrachtet können verschiedene landeskundliche Konnotationen des Begriffes »Mitteldeutschland« rekonstruiert werden.[1] Eine erste Artikulation erfährt der Begriff mit dem Aufkommen der deutschen Nationalbewegung. Oder wie es John (2001, 18) formuliert: »Vor 1800 war das alles kein Thema«. Die Landeskunde entwirft im Anschluss an die physische Geographie ein »Mitteldeutschland«-Bild, das aus der zunächst verbreiteten Zweiteilung Deutschlands in Nord und Süd hervorgeht (Schultz, 1998, 99) und das ›Dazwischen‹ bezeichnet. Dieses »Mitteldeutschland« war keineswegs nur positiv besetzt. Schultz bezieht sich dazu auf Riehl (1856):

> »›Mitteldeutschland‹ – das war für ihn gleichbedeutend mit ›Auflösung, Vielfarbigkeit und innerer Zersplitterung‹ (1856:135). Nicht ›Einheit in der bunten Vielgestaltigkeit‹ (1856:142) herrschten hier, sondern lediglich eine sich selbst zersetzende, in's Kleinste getriebene Individualisierung‹ (1856:137)« (Schultz, 1998, 99).

---

[1] Für eine genauere Begriffsgeschichte sei dazu auf die Arbeiten von Jürgen John (2001) und Hans-Dietrich Schultz (1998; 2004) verwiesen. Ersterer betont die historische Kontextualisierung innerhalb der Begriffsgenealogie, während Schultz die jeweils nach landeskundlicher Manier angewendeten Abgrenzungskriterien erläutert. Weitere landeskundliche Interpretationen des Toponyms finden sich in den Arbeiten von Penck (1887), Schlüter (1929), Steinberg (1967), Rother (1997) und Rutz (2001).

Insgesamt aber lassen sich in der Begriffsgeschichte von »Mitteldeutschland« im Wesentlichen drei Kategorien geographischer Konzepte unterscheiden: die Breiten-parallele Deutung im Sinne eines Streifens zwischen Süd- und Norddeutschland (Fig. 1a), die West-Mitte-Ost-Version (Fig. 1b), welche insbesondere nach 1945 und später in der Bundesrepublik Deutschland gebräuchlich war, sowie die aktuelle länderkundliche Version des Verbundes von Sachsen, Sachsen-Anhalt und Thüringen, die sich grob an die Zentrum-Peripherie-Figur der 1920er Jahre anlehnt (Fig. 1c).

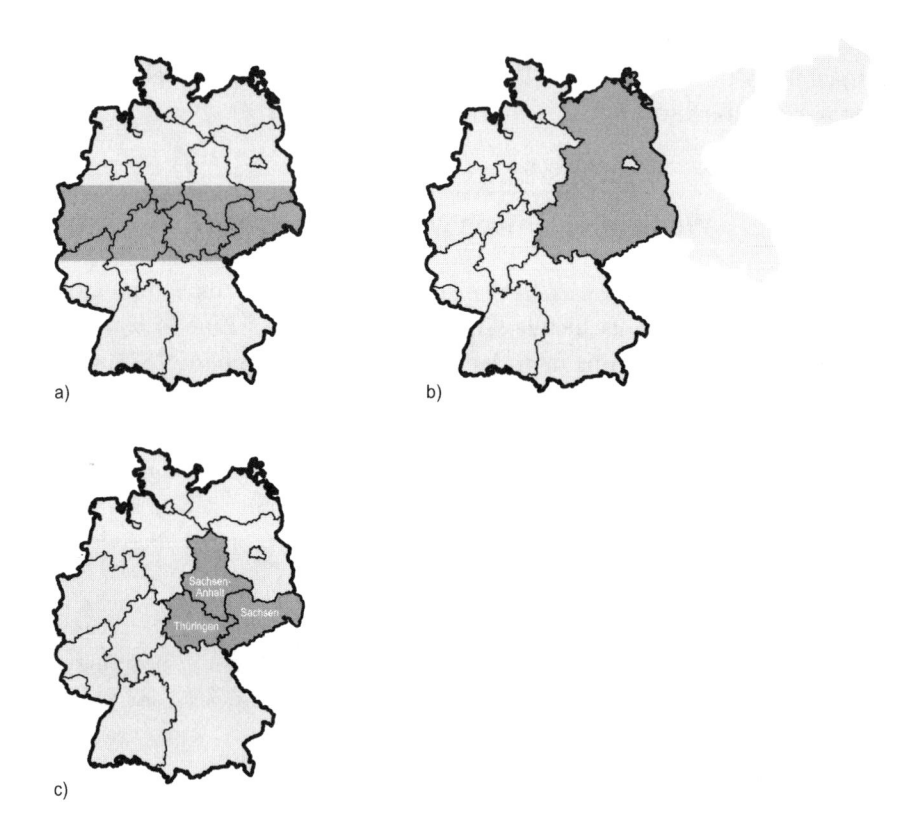

Figur 1: Mitteldeutschland-Varianten: a) zwischen Nord- und Süddeutschland, b) als SBZ/DDR und c) aktuell nach MDR (in Anlehnung an Länderkunde)

Die von John (2001) gegebenen Überblicke der verschiedenen Definitionen »Mitteldeutschlands« lassen sich zu folgenden drei Typen zusammenfassen:

Breiten-parallele Deutung (vorherrschend bis 1945): Mendelssohn (1836); Roon (1845); Kutzen (1855); Daniel (1863); Penck (1887, mitteldeutsche Gebirgsschwelle); Burchard (1926).

Längen-parallele Deutung ab 1945 (in Anlehnung an das Vorkriegsdeutschland): Mitteldeutschland = DDR.

Zentrum-Peripherie-Version: Mitteldeutschland = Thüringen; Kirchhoff (1903); Neumann (1909); Schlüter (1929); Riedel (1921).

So scheint es möglich zu sein, wissenschaftlich eine eindeutige Antwort darauf zu geben, was und wo »Mitteldeutschland« zu welcher Zeit »eigentlich« ist, obwohl darüber keineswegs immer Einigkeit bestand. Noch lange nach dem Ersten Weltkrieg debattierten die Geographen über eine naturalistische und teilweise sogar normative Abgrenzung des »wahren« Mitteldeutschlands (Schultz, 2004).

Die begriffshistorischen Arbeiten zeigen auch, dass »Mitteldeutschland« in unterschiedlichen Zeiten und Kontexten verwendet wurde, wenn auch die konkrete semantische Ausdeutung dieses Toponyms sehr unterschiedlich erfolgte und sich stets als wandelbar erwies.

Mit dieser Rekonstruktion ist jedoch noch nichts über das gegenwärtige »Mitteldeutschland« ausgesagt. Ebenfalls nicht beantwortet wird die Frage, inwiefern dieser raumbezogene Begriff im viel zitierten »Kontext der Globalisierung«, also in einer multimedial geprägten Lebenswirklichkeit mit entankerten politisch-ökonomischen Verflechtungen eine identitätsstiftende Wirkung und ein profilierendes Potential hat.

Das den folgenden, zunächst theoretischen, dann empirischen Ausführungen und Ergebnisdarstellungen zugrunde liegende Projekt hat sich im Wesentlichen mit der Beantwortung dieser Fragen beschäftigt.[2] Vor dem Hintergrund der nach wie vor andauernden Transformation Ostdeutschlands wurde *erstens* die Entstehung der »neuen« Region »Mitteldeutschland« im Wirkungsfeld von medialer Konstruktion und alltäglicher Praxis thematisiert. Dabei wurde *zweitens* auch abgeklärt, ob diese Bezeichnung tatsächlich kollektiv Sinn stiftend ist – wie das hypothetisch vermutet werden kann – und dadurch eine Verständigungs- und Handlungsgrundlage abgibt, die mit einer gemeinsamen kulturellen Herkunft verknüpft wird. *Drittens* wurde der Frage nachgegangen, ob der Begriff »Mitteldeutschland« Kraft seines medial aufgela-

---

[2] Das von der DFG geförderte Forschungsprojekt wurde zwischen 2001 und 2005 am Lehrstuhl für Sozialgeographie der FSU Jena durchgeführt.

denen symbolischen Gehaltes eine Stellvertreterrolle für überkommene Kategorien raumbezogener Identität einnehmen kann oder einnehmen soll. *Viertens* schließlich wurde zu klären versucht, welche gesellschaftlichen Konsequenzen das medial formierte Konstrukt »Mitteldeutschland« mit sich bringen könnte.

Mitteldeutschland, die Medien und die Globalisierung

Mit zunehmender Globalisierung der Lebensbedingungen, so scheint es, wird der bisherige national definierte Gesellschaft-Raum-Nexus durch vielfältige Entankerungs- und Wieder-Verankerungsmodi neu formiert. Damit sind medial vermittelte Regionalisierungsprozesse wie die Formierung von »Mitteldeutschland« verbunden.

»Mitteldeutschland« bezeichnet keine territoriale Einheit mit politisch-normativen Grenzen, findet sich – in den letzten zehn Jahren in zunehmendem Maße – aber sowohl in verschiedenen Organen und Institutionen (»Mitteldeutsche Zeitung«, »Mitteldeutscher Rundfunk MDR«, »Mitteldeutscher Basketballclub«, Wahl zur »Miss Mitteldeutschland« etc.), als auch im alltäglichen Sprachgebrauch (»ich komme aus dem mitteldeutschen Raum«). Maßgeblich wird dieses raumbezogene Konstrukt aber vom »Mitteldeutschen Rundfunk« (MDR), der sich selbst gern als »Heimatsender« bezeichnet, als eine identitätsstiftende Einheit konzipiert. Mit seiner über einen Zeitraum von bisher sieben Jahren laufenden Sendereihe »Geschichte Mitteldeutschlands« wird eine »neue« Deutungskategorie angeboten, die überholte und »vorbelastete« Regionalbezüge (»DDR«, »Ostdeutschland«, »neue Länder«, »Zone« etc.) ablösen soll. Dies wirft die Frage nach der Bedeutung der Medien für Prozesse der raum- oder regionsbezogenen Identitätsbildung im Kontext zunehmend globalisierter Lebensbedingungen auf.

Zwar ist nun in Bezug auf die Massenmedien der Diskurs der Globalisierung geprägt von räumlicher Thematik: »Entankerung«, »Distanzüberwindung«, »Transgression«, »dislocation«, »distanciation« etc. scheinen in vielen Bereichen bereits selbstverständliche Begriffe zur Beschreibung des »neuen« Phänomens zu sein. Schmidt (1998, 173) spricht von einem »Truismus mit der Feststellung, dass wir in einer Mediengesellschaft globalen Ausmaßes leben«. Doch so einfach wie alltagsweltlich angenommen kann die weltumspannende Macht der Medien nicht auf den von ihnen sendetechnisch abgedeckten Raum übertragen werden. Denn wenn von *lokaler, regionaler* oder *globaler* Vernetzung gesprochen wird, von (Aktions-)Räumen, die sich *erweitert* haben, oder von Distanzen, die *schrumpfen*, ist dies zunächst eine (ziemlich regionalgeographische) Projektionsweise, die nichts über die Aneignungen der Sendeinhalte bzw. der gesendeten Identitätsangebote aussagt. Dabei würde ein technokratischer Blick angelegt, der von den sich ausbreitenden (medialen) Strukturen (Vernetzung, Verdrahtung, Verkabelung) auf die gesellschaftliche Befindlichkeit (»globalisiert« oder »kulturell eingeebnet«) schlösse. Ausgehend von der handlungstheoretischen Begrifflichkeit des Geographie-Machens kommt es dann aber, im Rahmen dieses raumzentrierten Verständnisses von Globalisierung, schnell zu einem verräumlichenden Fehlschluss von den »Geographien der Information« (Werlen, 1997, 387ff.) auf die »Geographien symbolischer Aneignung« (ebd., 401ff.). »Geographien der Information« sind aber nur als Bedingungen der Möglichkeit der alltäglichen symbolischen und emotionalen »Auflagen« von Raum und Räumlichkeit durch die Medien zu verstehen (ebd., 386ff.).

Soll bei der Frage nach der identitätsstiftenden Bedeutung von Medieninhalten weder essentialistisch noch kausalistisch argumentiert werden, dann wird die Postulierung des so hergestellten Zusammenhangs äußerst fraglich. Einerseits wird vergessen, dass die konstatierte *raumbezogene Bedeutung* der Medien nicht mit der objekthaften Verbreitung von technischem Gerät konform gehen muss. Andererseits wird übersehen, dass eine neue Qualität der (technischen) medialen Möglichkeiten weder mit neuen Sendeinhalten noch mit einer neuen Qualität der verwendeten Raumbegriffe, also der raumbezogenen Semantik oder »signifikativen Regionalisierung«, konform gehen muss.

Ganz allgemein formuliert, ist die Mediennutzung als routinierte und in eine strukturierte Lebenswelt eingebundene Praxis zu verstehen (Thompson, 1995) – die (symbolische) Aneignung von Medieninhalten, also auch das potentielle »Sich-Identifizieren-mit« »Mitteldeutschland«, als strukturierende lebensweltliche Praxis.

Vom Raumausschnitt zum Raumbegriff

Akzeptiert man diese Argumentation, dann stellen sich in Bezug auf die Analyse der medialen Konstitution territorialer Bezugseinheiten im (post- oder spätmodernen) Zeitalter zwei zentrale Fragen.

Erstens: Welche symbolischen Bezüge werden für die Produktion von »neuen« Raumkategorien wie etwa »Mitteldeutschland« mobilisiert? Wird unter globalisierten Bedingungen tatsächlich ein Identifikationsangebot unterbreitet, das auf eine neue Qualität der Raumbegrifflichkeit, also auf ein Abrücken von starren essentiellen Territorialkategorien, schließen lässt?

Zweitens: Welcher Zusammenhang besteht zwischen der (strategischen) Produktion und der (alltäglichen) Reproduktion der Raumbegriffe? Haben die Medien das Potential, traditionell verfestigte bzw. individuelle Deutungsmuster zu steuern?

Beide Fragen lassen sich nur dann beantworten, wenn konsequent nicht der betreffende Raumausschnitt selbst, sondern seine Bedeutung und damit seine Verwendung in verschiedenen Kontexten und Situationen zum Gegenstand der Analyse wird. Dementsprechend ist ein Analysefeld festzulegen, welches die in den beiden Fragen thematisierten Instanzen signifikativer Regionalisierung vollständig abdeckt. Zu untersuchen sind:
1. Die mediatisierten »Produkte« (Sendeinhalte);
2. Die »Produktion« dieser Sendeinhalte (Redaktionsprozess);
3. Die alltägliche »Reproduktion« der in den Sendeinhalten vermittelten Deutungsmuster (Gesprächssituationen).[3]

In allen drei Feldern ist ein Analyserahmen zu verwenden, der die Resultate vergleichbar macht. Dabei sind die funktionalen Zuordnungen (Produktion, Reproduktion) als Hypothesen zu verstehen. Geht man nämlich davon aus, dass die Medienwirkung prinzipiell kontingent ist, kann der vermeintliche Einfluss der Medieninhalte auf die alltäglichen Deutungsmuster nur als empirisch zu überprüfende Hypothese formuliert werden. Die Untersuchung aktueller raumbezogener Identitätsbildungsprozesse muss sich zunächst also für die Raum*begriffe* und deren Verwendung interessieren, um dann kontextübergreifende Übereinstimmungen und Divergenzen bei der Konstruktion einer bestimmten regionalen Einheit herausarbeiten zu können.

Da bei Deutungen und Begriffsverwendungen auch inhärent verwendete Raumbezüge eine Rolle spielen, ist es sinnvoll, eine analytische Unterscheidung einzuführen. Denn nicht alle regionalisierenden Konzepte sind Bestandteil des reflexiven Bewusstseins und damit strategisch einsetzbar. Im Gegenteil, sie sind, wie Schlottmann (2005a, 109ff.; 2005b) ausführt, vielfach verständigungssichernd in die alltägliche Kommunikation integriert, weitgehend

---

[3] Für eine detaillierte Darstellung der Forschungslogik vgl. Felgenhauer et al. (2005).

selbstverständlich und nicht verhandelbar. Deshalb ist es sinnvoll, zwischen *expliziten* und *impliziten* symbolischen Regionalisierungen zu unterscheiden (Felgenhauer et al., 2003; 2005; Schlottmann, 2005a, 215ff.; Felgenhauer, 2006, 112ff.). Wenn beispielsweise »Mitteldeutschland« als »eine Region voller Geschichte und Geschichten« eingeführt wird, dann steht der explizite Gehalt der Aussage (ob Mitteldeutschland so ist) zur Verhandlung, nicht aber dass dabei implizit ein Raum wie ein Container mit Inhalt behandelt wird.

Über die Eignung eines konkreten Toponyms und über die Abgrenzung eines bestimmten Raumausschnittes lässt sich streiten, kaum aber über die grundlegende Einstellung, dass die Welt aus Räumen zusammengesetzt ist, die materielle und soziale Entitäten ›enthalten‹. Anders formuliert: Wenn ich als Hörer (oder Zuschauer) explizite Regionalisierungen nicht *akzeptiere*, habe ich einfach eine andere Meinung oder Zweifel. Wenn ich implizite Regionalisierungen nicht *verstehe*, gehöre ich (zumindest in dieser Hinsicht) nicht der sozio-linguistischen Gemeinschaft an. Diese Unterscheidung lässt sich nicht nur auf den sprachlichen, sondern auch auf den bildlichen Bereich anwenden. Eine explizite spezielle Grenzziehung auf Karten kann so von einem allgemein gängigen Verständnis, Karten als getreue Projektionen der Erdoberfläche anzunehmen, unterschieden werden. Die Deutungshoheit der impliziten Strukturierungsweisen liegt also in der Selbstverständlichkeit, mit der die in einer Sprechergemeinschaft institutionalisierten raumbezogenen Deutungs*weisen* angewendet und als »natürlich« und nicht verhandelbar angesehen werden.[4]

---

[4] Diese Unterscheidung wird vor allem dann wichtig, wenn keine politischen Durchsetzungspotentiale diskursanalytisch untersucht werden sollen, sondern wenn es um »Identitätsbildung« auf alltäglicher Ebene, also in wiederkehrenden emotionalen Bezügen (»Heimat«), gehen soll. Luutz (2002) zeigt am Beispiel Sachsens in seiner Studie »Region als Programm« die diskursive Konstruktion regionaler Identität auf. Die Diskurstheorie und Konzepte »kollektiver Identität« bilden den Ausgangspunkt seiner Überlegungen zur »Identitätspolitik«, deren semantische Bezüge anhand politischer Aussagen untersucht werden. Diese Bezüge sind den im hier vertretenen Verständnis »expliziten« signifikativen Regionalisierungsformen vergleichbar. Der Schwerpunkt der Studie liegt dadurch aber auf rhetorischen Figuren und Sachsen-spezifischen Narrativen, jedoch nicht auf der Analyse impliziter, universeller oder regelmäßig wiederkehrender raumbezogener Sprachstrukturen. Dass diese aber wesentlich für ein Verständnis programmatischer Umsetzung – damit also auch für den politischen Diskurs – sind, wird sich im Folgenden zeigen.

Von der Identität zum Identifizieren

Wie lässt sich in die bisherige theoretische Entwicklung einer symbolischen Regionalisierung nun die Frage nach der identitätsstiftenden Rolle von Raumbezügen integrieren? Diese Frage hängt wesentlich mit der theoretischen Aufgabe zusammen, individuelle wie kollektive Identität als dynamische Konzepte zu begreifen, die ebenso wie »Raum« in alltäglichen Handlungsbezügen hergestellt und bedeutsam werden.

Dies ist keine leichte Aufgabe, denn zunächst einmal ist mit Niethammer (2000) festzuhalten, dass kaum ein Begriff bezüglich seiner wissenschaftlichen Genesis und Performanz vielfältiger (und damit vielleicht auch problematischer) ist, als derjenige der »Identität«. Laut Niethammer (2000, 54) gibt es dabei drei Hauptwidersprüche im semantischen »Identitäts-Gedusel«:
1. Die Suggestion höchster Präzision bei gleichzeitiger Eröffnung eines Feldes von Bedeutungen, das alles Fassbare ersetzt;
2. Der Anschein eines von Inhalten und Werten freien Begriffes bei gleichzeitiger normativer Aufladung als etwas Gutes;
3. Die Suggestion der Wesensgleichheit eines Kollektivs und die Objektivierung zum Kollektivsubjekt bei gleichzeitig postulierter Kontinuität eines ausdifferenzierten einzigartigen Subjekts.

Gerade aus der letztgenannten Annahme ergibt sich eine Indiskutabilität und argumentative Unantastbarkeit von Identitäten aufgrund ihres Bezugs auf eine scheinbar unveränderliche Kategorie, die sich oftmals über einen ebenso als stabil konzipierten Raum (»die Deutschen«) legitimiert. In alltäglichen Bezügen sind so gedachte Identitäten hilfreich, weil sie Verständigung leiten und schnelle Einordnungen ermöglichen. »Woher kommst Du?« wird dabei zum Synonym von »Wer bist Du?«. In wissenschaftlicher Praxis wird sich ihrer jedoch oftmals allzu selbstverständlich bedient. Die Problematik einer wissenschaftlich vorweggenommenen Identifizierung, etwa bei der Untersuchung der Befindlichkeit der Deutschen (als in Deutschland Wohnende oder sich als deutsch Fühlende) bleibt dabei verschleiert (Schlottmann, 2002; 2003).

Daher muss es bei der Frage nach der Bedeutung von regionalen Bezügen für sozial relevante subjektspezifische Identitäten wie auch für die Identität räumlicher Einheiten analytisch um den Prozess des *Identifizierens* als komplexitätsreduzierende Strukturierungsleistung gehen. Aus der handlungszentrierten Perspektive des »Geographie-Machens« erhält ein z. B. als regionale Einheit identifizierter Raum eine reduktionistische »Identität«. Er erfährt damit aber im Sinne des Herstellungsparadigmas keine »falsche«, sondern eine *konstitutive* Verkürzung (»Stereotypisierung« und »Homogenisierung«).

»Identität« ist so zu begreifen als verkürzendes und vereinfachendes Identifizieren von und mit »Mitteldeutschland«. Die Frage ist dann nicht, ob es Mitteldeutschland und die Mitteldeutschen gibt. Es geht darum, ob das Identifizieren als Mitteldeutscher über die Zuhilfenahme einer territorialen Kategorie (Mitteldeutschland) funktioniert, ob also Mitteldeutschland eine *zweckmäßige* Eindeutigkeit leistet und damit auch die Möglichkeit bietet, sich selbst und andere zu verorten (die Mitteldeutschen, Ich als Mitteldeutscher). Hierzu ist eine Untersuchung unterschiedlicher Praxis-Kontexte der (Re-)Produktion der Kategorie angebracht. Dabei wird von folgender Hypothese ausgegangen: Je mehr sich die in den unterschiedlichen Kontexten hergestellten Konzepte gleichen, desto verlässlicher und verstehbarer ist ein identifikatorischer Bezug. Anders formuliert: Je größer die kontextübergreifende »Passung« eines Raumkonzepts, desto funktionstüchtiger ist es im alltäglichen identifikatorischen »Die-Welt-auf-sich-Beziehen«.

Passungen und Divergenzen in medial gestützten Identitätsbildungsprozessen

Die Aufteilung der Untersuchung in drei Analysefelder (Sendeinhalte, Redaktionsprozess, Gesprächssituationen) soll nun die oben hergeleitete kontextübergreifende »Passung« von »Mitteldeutschland« abklären.

Die Passungen und Divergenzen im medial gestützten Identitätsbildungsprozess liefern, so die Annahme, einen Anhaltspunkt für den Grad der Verfestigung einer bestimmten Mitteldeutschland-Version. Diese, so die weitere Hypothese, würde die Möglichkeit einer Neu-Identifikation in Abgrenzung von anderen nationalen oder regionalen Bezügen eröffnen. Von einer kollektiven mitteldeutschen Identität könnte in dem Fall ausgegangen werden, wenn in den verschiedenen Kontexten selbstverständlich und intersubjektiv geteilt auf diese Gemeinschaft Bezug genommen werden kann.

Sollte also das »Mitteldeutschland-Bild« in Sendeinhalt, Redaktionsprozess und in alltäglichen Gesprächssituationen ein hohes Maß an Übereinstimmung zeigen, so würde dies auf eine fortgeschrittene Institutionalisierung des Begriffs – und auch sein Funktionieren als Identifikationsbasis – schließen lassen. Würde sich die vom MDR explizit eingeführte Version des »Mitteldeutschen

Raumes« auch auf der Alltagsebene als relevant erweisen, dann könnte darüber hinaus vermutet werden, dass die Medien eine signifikante Prägekraft für alltägliche Weltdeutungen besitzen.

Argumentation *für* »Mitteldeutschland« im Sendematerial

Das folgende Beispiel aus dem analysierten Filmmaterial[5] macht deutlich, dass mediale Raumkonstruktionen nicht mit traditionellen Raumlogiken brechen, sondern im Gegenteil diese bestehenden, essentialisierenden Auffassungen verfestigen und reproduzieren. Durch klare Abgrenzungen in territorialer und kultureller Hinsicht werden auf diese Weise Entitäten geschaffen, die dem Zuschauer ein Identifikationsangebot liefern.

Im Filmmaterial manifestieren sich diese Mitteldeutschlandkonstruktionen auf unterschiedlichen Ebenen: in der Sprache, im Bild und in der Verbindung Text im Bild.[6]

> »Mit der Festsetzung der Oder-Neiße-Linie als östliche Grenze rückt Mitteldeutschland nun wieder – wie schon vor 1000 Jahren – an den östlichen Rand. In den vier Besatzungszonen werden die Länder neu geordnet. In Mitteldeutschland betrifft das Thüringen, Sachsen und Sachsen-Anhalt, die drei Jahre nach der Gründung der DDR in Bezirke aufgeteilt werden.«

Der Begriff »Mitteldeutschland« wird auf der sprachlichen Ebene innerhalb des ersten Beispielsatzes des Moderatorentextes[7] als aktives Element verstan-

---

[5] Die Datengrundlage der Analyse bildet die vom Mitteldeutschen Rundfunk (MDR) produzierte Sendereihe »Geschichte Mitteldeutschlands«. Die Serie wurde zwischen 1999 und 2004 ausgestrahlt und umfasst sechs Staffeln (eine Staffel pro Jahr) mit insgesamt 34 Folgen. In den einzelnen Folgen der Serie stehen bestimmte Ereignisse und Personen aus der vom Sender propagierten mitteldeutschen Region im Zentrum der Darstellung.

[6] Zum theoretischen Konzept der hier angewandten hermeneutischen Filmanalyse und der darin erläuterten Verbindung unterschiedlicher Bedeutungsebenen im Medium Film siehe Felgenhauer et al. (2003; 2005).

[7] Die zu analysierende Sequenz ist aus dem letzten Drittel des Einführungsfilms der Sendereihe, der den Titel »Entdeckung im Herzen Europas« trägt, entnommen. Thematisch ist die Sequenz eingebettet in einen größeren Ausschnitt über die unmittelbare Zeit nach dem zweiten Weltkrieg, die soziale Lage der Deutschen und die wirtschaftlichen Folgen des Krieges für das Land. Der zum Sprechertext gezeigte Bildinhalt besteht aus drei eingeblendeten Karten, die sich während der gesamten Zeit des Abschnittes vor einem verschwom-

den und behandelt. »Mitteldeutschland« *rückt,* bewegt sich, verändert dem Anschein nach aus eigener Kraft seine Lage, und zwar in östliche Richtung, innerhalb eines an dieser Stelle nicht genannten Gebildes.[8] Diese Zuweisung des sich Bewegen-Könnens ist in einer essentialistischen Auffassung des Begriffs »Mitteldeutschland« begründet. Mitteldeutschland wird als objekthafte Einheit verstanden, die in der Lage ist, ihre Position innerhalb einer übergeordneten territorialen Ordnung zu verändern.

Diese »neue« Verortung »Mitteldeutschlands« wird als eine altbekannte charakterisiert, als eine »*nun wieder*« eingenommene: »*wie schon vor 1000 Jahren*«.[9] Durch diese Äußerung wird eine lang währende Tradition der propagierten Region suggeriert und damit auch eine Kontinuität, die argumentativ für die Richtigkeit der heutigen Grenzziehung resp. für die Existenz der Region verwendet/gebraucht wird. Die administrativen Grenzen, so lässt eine Lesart vermuten, haben jetzt nach 1000 Jahren ihre traditionelle, einzig »wahre«, »natürliche« Lage wieder eingenommen.[10]

Bleibt man analytisch beim gesprochenen Wort, zeigt sich, dass »Mitteldeutschland« als Behältnis, als Container aufgefasst wird, *in dem* sich mindestens drei weitere Einheiten befinden: Thüringen, Sachsen und Sachsen-Anhalt. Diese werden explizit mit der DDR bzw. mit der auf dem Gebiet der

---

menen Hintergrund befinden. Innerhalb der drei Kartendarstellungen sind die Territorien der Länder Sachsen, Sachsen-Anhalt und Thüringen mit gleich bleibenden territorialen Grenzen, jedoch bei unterschiedlicher zeitlicher Zuordnung, durch die am oberen Bildrand erscheinende Zeitreihe (umfassender Zeitraum: 1910 bis 1952) dargestellt. Zusätzlich ist eine zweite, von der ersten unabhängige territoriale Einteilung innerhalb des präsentierten Kartenmaterials ersichtlich. Darin werden aufgrund der Verwendung unterschiedlicher Farbgebungen herrschaftliche Zuständigkeiten einzelner Gebiete markiert. Diese farblichen Einteilungen variieren in ihrer Ausdehnung im Gegensatz zu dem stabil bleibenden, zusammenhängend dargestellten Territorium der drei Bundesländer Sachsen, Sachsen-Anhalt und Thüringen.

8   Der Kontext der Sendereihe und die Informationen des vorherigen Abschnittes sprechen dafür, dass es sich hier um die östliche territoriale Grenze (Oder-Neiße-Linie) des heutigen Deutschlands handelt, die im Potsdamer Abkommen von 1945 festgesetzt wurde.

9   Damit wird auf die östliche territoriale Ausdehnung auf heutigem deutschem Gebiet zur Zeit der Sachsenkönige Bezug genommen, deren östliche Grenzen, einschließlich der Nordmarken, die Oder-Neiße-Linie festsetzte.

10 Innerhalb des hier angewandten hermeneutisch-filmanalytischen Konzeptes steht die Rekonstruktion unterschiedlicher Lesarten des Materials im Mittelpunkt (vgl. hierzu auch Felgenhauer et al., 2003; 2005).

ehemaligen DDR durchgeführten Gebietsreform in Verbindung gebracht. Durch diese Zuweisungen wird der Begriff »Mitteldeutschland« näher spezifiziert, mit Gehalt gefüllt. Die Oberfläche ändert sich, die Substanz »Mitteldeutschland« bleibt konstant.

Dem Zuschauer wird durch diese Darstellungsweisen auf der sprachlichen Ebene das Angebot gemacht, sich als Thüringer, Sachse oder Sachsen-Anhaltiner bzw. als DDR-Bürger/Ossi innerhalb dieses Containers Mitteldeutschland zu verorten und sich damit auch in einer übergeordneten Gemeinschaft als »Mitteldeutscher« zu identifizieren. Damit geht jedoch auch die Möglichkeit einher, sich davon zu distanzieren.

Das sprachlich erwähnte »Mitteldeutschland« findet auf der visuellen Ebene Umsetzung in Form der präsentierten Karten (s. Fig. 2) mit den eingezeichneten Grenzen der drei Bundesländer Sachsen, Sachsen-Anhalt und Thüringen. Durch die visuelle Darstellung wird eine eindeutige territoriale Verortung vorgenommen, die sowohl mit einem visuellen Einschließen – der Territorien Sachsen, Sachsen-Anhalt und Thüringen – als auch mit einer eindeutigen Abgrenzung dieses mitteldeutschen Territoriums gegenüber anderen Territorien einhergeht. Dem Zuschauer wird damit auch ein visuelles Angebot gemacht, sich selbst innerhalb der dargestellten territorialen Einheit zu verorten.

Der bereits auf Textebene analysierte Traditions- und Kontinuitätsgedanke – und die damit verknüpfte essentialistische Auffassung von »Mitteldeutschland« – wird ebenfalls durch die Kartendarstellung transportiert. Durch die Verbindung von Text- und Bildebene, in Form einer am oberen Rand des Bildschirms eingeblendeten Zeitreihe und der stabil bleibenden Grenzliniendarstellung innerhalb der gezeigten Karten, wird eine tausendjährige Kontinuität von »Mitteldeutschland« suggeriert. Die zeitliche und räumliche Stabilität der vom Sender propagierten Region wird kartographisch bzw. visuell dokumentiert.

Der Einsatz von Karten, so kann vermutet werden, wird als eine angemessene Form der Raumpräsentation verstanden, als ein (alt)bewährtes Mittel, objekthaft gedachte räumliche Einheiten »wahrheitsgetreu« zu fixieren und für den Zuschauer somit eine scheinbare eins zu eins Beziehung zwischen »Realität« und gezeigter Karte darzustellen.

»Wir sind Mitteldeutschland!« 311

Figur 2: Kartographische Repräsentation Mitteldeutschlands als Visualisierung des historischen Narrativs (Quelle: Screenshots aus der MDR-Sendung)

Argumentieren *für* »Mitteldeutschland« im Redaktionsprozess[11]

Eine Erklärung für diese kartographische Darstellungsform und dem damit vermittelten Gehalt bringt der Blick auf die Diskussionen, die in der Redaktion und im Kuratorium »Geschichte Mitteldeutschlands« geführt wurden. Gerade in der Konzeptionsphase der Sendereihe wurden zwei Ziele verfolgt: einerseits die Legitimation der Rede von »Mitteldeutschland«, und zweitens der Aufbau einer neuen regionalen Identität, die für das ›Stigma‹ »Ostdeutschland« einen unbelasteten Ersatz bieten sollte. Diese Ziele traten bei späteren Staffeln mehr und mehr in den Hintergrund, wie es auch im Sendematerial deutlich erkennbar ist.

Einen solchen Legitimationsversuch für den Gebrauch des Toponyms »Mitteldeutschland« stellt das folgende, den ausgewerteten Dokumenten entnommene Plädoyer dar:

> »Für uns ist Mitteldeutschland ein Geschichtsraum und gleichzeitig ein Naturraum. Man braucht sich nur eine physische Landkarte Deutschlands anzusehen, um diese relativ geschlossene Einheit herauszubekommen. Es ist aber auch ein Raum, der durch eine lange Geschichte zumindest die Tendenz gehabt hat, zu einer territorialen Einheit zusammenzuwachsen.«

Die Argumentationsstruktur tritt deutlicher hervor, wenn die Sequenz entsprechend der Argumentationsanalyse (Toulmin, 1996) aufgeschlüsselt wird. Danach wird die zentrale Behauptung (Claim) einer Textsequenz durch einen oder mehrere Fakten (Data) gestützt, die wiederum aufgrund einer bestimmten Schlussregel zur Stützung der Behauptung geeignet sind. Diese Schlussregel beruht zudem auf bestimmten Hintergrundannahmen (Backing).

Zunächst wird deutlich, dass der Sprecher eine Art Doppelstrategie verfolgt. Er argumentiert mit einer natürlichen und einer historischen »Wirklichkeit« für die Adäquanz des Toponyms »Mitteldeutschland«. Von »Mitteldeutschland« zu sprechen ist gerechtfertigt, weil es »natürlich« und »historisch« vorgegeben existiert. Deshalb ist, aus der Sicht des Sprechers, kein argumentatives Herleiten notwendig, sondern nur die ›Einsicht‹, dass dem so ist.

[11] Die Teilstudie beinhaltete eine qualitative Untersuchung des Redaktionsprozesses. Dabei wurden Interviews mit den an der Konzeptualisierung und Herstellung der Sendereihe beteiligten Personen, Sitzungsprotokolle des begleitenden Kuratoriums »Geschichte Mitteldeutschland« und Dokumente ausgewertet. Für eine genaue methodische Beschreibung des Aufbaus der Studie siehe Felgenhauer et al. (2003; 2005).

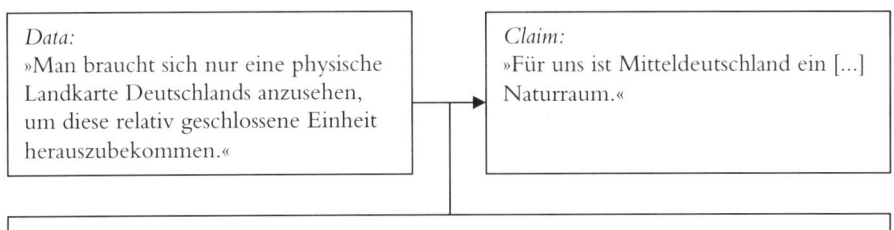

```
┌─────────────────────────────────────┐        ┌─────────────────────────────────────┐
│ Data:                               │        │ Claim:                              │
│ »Man braucht sich nur eine physische│───────▶│ »Für uns ist Mitteldeutschland ein  │
│ Landkarte Deutschlands anzusehen,   │        │ [...] Naturraum.«                   │
│ um diese relativ geschlossene Einheit│       │                                     │
│ herauszubekommen.«                  │        │                                     │
└─────────────────────────────────────┘        └─────────────────────────────────────┘
                         ▲
┌───────────────────────────────────────────────────────────────────────────────┐
│ Schlussregel:                                                                 │
│ Ist eine räumliche Einheit auf einer physischen Karte erkennbar, handelt es sich um │
│ einen Naturraum.                                                              │
│ Backing:                                                                      │
│ Naturräume ›ergeben‹ sich aus physischen Karten.                             │
│ Physische Karten sind eindeutige Repräsentationen der natürlichen Wirklichkeit.│
│ Regionale Einheiten sind reale Naturräume.                                    │
└───────────────────────────────────────────────────────────────────────────────┘
```

Figur 3: Argumentationsschema »Mitteldeutschland« als »Naturraum«

Folgt man dem Sprecher, ergibt sich der »Naturraum« durch simple empirische Evidenz: Sinnesdaten (»Landkarten ansehen«) belegen die Existenz »Mitteldeutschlands« (s. Fig. 3). Die »relativ geschlossene Einheit« namens »Mitteldeutschland« besteht in der Realität oder wird von ihr wenigstens nahe gelegt. Die Kluft zwischen räumlicher Wirklichkeit und kartographischer Repräsentation einerseits, und die Möglichkeit unterschiedlicher Interpretationen andererseits wird vom Sprecher ausgeblendet: Der Blick auf die Karte ist ein nüchterner Blick in die ›reale‹ Welt.

Nachdem er die natürliche Seinsweise der Region, wie dargestellt, gezeigt hat, wendet sich der Sprecher im darauf folgenden Satz der historischen Dimension zu. Dies wird durch das zweite Argumentationsschema verdeutlicht (s. Fig. 4).

In diesem Gesprächsausschnitt wird die Region als das zwar zeitweilig Verdeckte, aber in der Geschichte immer latent Vorhandene angesprochen. Es ist zwar schwierig, »Mitteldeutschlands« Einheit territorialgeschichtlich zu belegen. Trotzdem bedient sich der Sprecher einer Einigungsrhetorik – in der gleichen Weise, wie die kartographische ›Unterlage‹ in Fig. 2 als Geschichts-Telos eingesetzt wird. Der »Geschichtsraum« und dessen Visualisierung lässt andere historische Regionalisierungsweisen lediglich als Abweichungen vom ›echten‹ und ›richtigen‹ »Mitteldeutschland« erscheinen. Im folgenden Zitat wird die »geschichtliche Einheit« »Mitteldeutschland« genau als ein solches »Geteiltes« und »Getrenntes« bezeichnet:

»Damit haben wir für die Geschichte Mitteldeutschlands eine Zäsur, indem es gelungen ist, erstmals für diese Region übergreifende Filme zu bringen und tatsächlich auch das als eine geschichtliche Einheit darzustellen, was ja durch die Geschichte und durch die politische Entwicklung mehrfach geteilt und getrennt gewesen ist.«

Damit wird die historische Kontinuität insofern unterstellt, als ›schon immer‹ ein »Mitteldeutschland« existierte, von dem nur zeitweilig abgewichen wurde und dass es ein Ganzes gibt, was zu einem bestimmten historischen Zeitpunkt durchaus zersplittert sein konnte.

Data:
»Es ist aber auch ein Raum, der durch eine lange Geschichte zumindest die Tendenz gehabt hat, zu einer territorialen Einheit zusammenzuwachsen.«

Claim:
»Für uns ist Mitteldeutschland ein Geschichtsraum [...]«

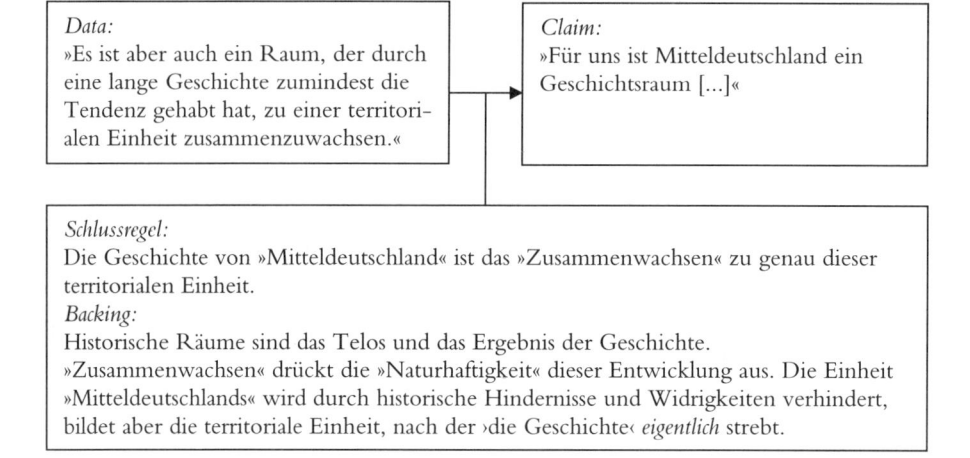

Schlussregel:
Die Geschichte von »Mitteldeutschland« ist das »Zusammenwachsen« zu genau dieser territorialen Einheit.
Backing:
Historische Räume sind das Telos und das Ergebnis der Geschichte. »Zusammenwachsen« drückt die »Naturhaftigkeit« dieser Entwicklung aus. Die Einheit »Mitteldeutschlands« wird durch historische Hindernisse und Widrigkeiten verhindert, bildet aber die territoriale Einheit, nach der ›die Geschichte‹ *eigentlich* strebt.

Figur 4: Argumentationsschema »Mitteldeutschland« als »Geschichtsraum«

Noch radikaler kommentiert Blumenberg (1986, 133) solche diskursiven Strategien: »Jede Rhetorik des Realismus braucht die Verschwörungen, die ihn bisher verhindert haben«. Das heißt, jede signifikative Regionalisierung, die sich auf die Geschichte beruft, braucht Erklärungen, warum es in der Vergangenheit andere territoriale Grenzen gab.

Argumentation *mit* Mitteldeutschland im Sendematerial

Im nun folgenden Beispiel wird nicht wie im vorangegangen für Mitteldeutschland argumentiert, etwa in Form einer Begriffsdefinition bzw. Herleitung, sondern der Begriff wird als unhinterfragte, feststehende Größe verwendet, der bestimmte Qualitäten zugeschrieben werden.¹² »Mitteldeutschland« wird erstens als »Ding« ausgewiesen, dem zweitens eine Handlungsfähigkeit unterstellt und drittens eine einzigartige, einmalige Gegebenheit zugewiesen wird. Auf sprachlicher Ebene wird diese »Strategie« durch folgenden Moderatorentext illustriert:

> »Der renommierte Maler Max Uhlig bei der Arbeit auf den Höhen über Dresden. So wie ihn haben die Landschaften, Städte und Menschen Mitteldeutschlands seit jeher Künstler angeregt und begeistert. Kaum eine Region in Deutschland hat so viele Künstler hervorgebracht [...].«

Die angesprochenen Städte und Landschaften werden nicht nur gleichwertig mit den Bewohnern Mitteldeutschlands genannt, ihnen werden zudem auch menschliche Eigenschaften zugesprochen: Sie haben »*angeregt*« und »*begeistert*«, und das »*seit jeher*«. Mit der Formulierung »*seit jeher*« wird an den bereits im vorangegangen Beispiel erläuterten Traditions- und Kontinuitätsgedanken angeknüpft.

Der im Text genannte Maler Max Uhlig steht stellvertretend für verschiedene Künstler aus unterschiedlichen Epochen, auf die mitteldeutsche Städte und Landschaften eine besondere inspirative Wirkung ausstrahlten und indirekt für das Schaffen der Künstler mit verantwortlich gemacht werden.

Die angesprochenen Menschen, Städte und Landschaften werden jedoch durch die Genitivverwendung des Begriffes auch als *Teil von* Mitteldeutschland betrachtet. Diese Verwendung impliziert gleichzeitig die Annahme einer objekthaften Entität »Mitteldeutschland«, die zur Quelle der Inspiration gemacht wird.

An die Stelle der objekthaften Behandlung des Toponyms tritt im letzten Teil des Textes eine Personifikation: die Region als Schöpfer »*vieler Künstler*«. Der Begriff »Mitteldeutschland« erfährt eine Spezifizierung und Verortung: »*Kaum eine Region in Deutschland hat so viele Künstler hervorgebracht.*« Mitteldeutschland wird selbstverständlich, unhinterfragt als *eine Region* bezeichnet, ohne dass ein direkter Bezug in der Form »Mitteldeutschland ist eine Re-

---

12 Der hier besprochene Ausschnitt ist die Einstiegssequenz (44 s) der vierten Folge der dritten Staffel der Sendereihe, mit dem Titel: »Maler, Musen und Moneten – Von Lust und Qual der Künstler«. Auf der visuellen Ebene treten zwei Motive in den Vordergrund: Ein Mann ist auf einer Anhöhe in freier Natur zu sehen, vor ihm befindet sich auf der Wiese liegend eine große Leinwand, auf die er mit großem Pinsel und schwarzer Farbe Striche malt; als sich daran anschließendes zweites Motiv wird eine durch Flusstäler zerklüftete Landschaft gezeigt.

Figur 5: »Mitteldeutsche« Landschaft als Inspirationsquelle (Quelle: Screenshots aus der MDR-Sendung)

gion« geäußert wird. Zudem wird diese Region als eine herausragende Region *in Deutschland* verortet, was auch durch positivierende Attribute, wie in der Verbindung *renommierter Maler*, zum Ausdruck kommt.

Auf der visuellen Ebene dominieren in diesem Beispiel zwei Motive, ein malender Künstler und eine Felslandschaft (siehe Fig. 5). Der Künstler wird dem Zuschauer malend *in der Landschaft* und *als Teil derselben* präsentiert. Er steht hier stellvertretend für die im Text angesprochenen Künstler, die von jeher von der mitteldeutschen Landschaft (deren Städte und Menschen) inspiriert wurden. Die im Anschluss an den Künstler gezeigten Landschaftsbilder erzeugen beim Zuschauer vermutlich eine besinnliche, harmonische Stimmung. Die Bilder haben die Funktion, die im Text angesprochene Region visuell zu konkretisieren, »lebendig« und damit für den Zuschauer erfahrbar zu machen. Sie belegen das bisher Gesagte: »Seht her, hier ist die Region, die so viele Künstler hervorgebracht hat!«

Argumentieren *mit* »Mitteldeutschland« im Redaktionsprozess

Neben den Künstlern, die durch die »mitteldeutsche Landschaft« inspiriert und geprägt werden, werden historische Persönlichkeiten generell von den Machern der Sendereihe als ›Aushängeschild‹ eingesetzt. Die Einzigartigkeitsrhetorik des Sendeinhalts liegt also im Grundkonzept der Sendereihe begründet, das im begleitenden Kuratorium »Geschichte Mitteldeutschlands« sogar mit ähnlichem Wortlaut (»Kaum eine Region […]«) diskutiert wird:

> »Kaum eine *Region* in Deutschland hat eine derart reiche Geschichte zu bieten wie das *Sendegebiet* des Mitteldeutschen Rundfunks. Große Persönlichkeiten wie König Heinrich I. und August der Starke, Martin Luther, Johann Sebastian Bach oder Richard Wagner, Gotthold Ephraim Lessing oder Friedrich Nietzsche, Lucas Cranach oder Max Beckmann haben *von hier aus* nicht nur *unsere Region*, sondern ganz Deutschland und Europa beeinflusst.«

Mit diesem Einzigartigkeitsmotiv wird nicht mehr ausdrücklich für die Existenz »Mitteldeutschlands« argumentiert, sondern bereits etwas über dieses historische »Mitteldeutschland« ausgesagt – damit wird die Existenz *implizit* vorausgesetzt. Wie dies geschieht, wird insbesondere in der Schlussregel und im Backing des Argumentationsschemas deutlich (siehe Fig. 6).

Das Argumentieren *mit* »Mitteldeutschland« für dessen Einzigartigkeit wird besonders durch Wiederaufnahmestrukturen (Anaphern) erleichtert bzw. überhaupt erst ermöglicht. Damit ist gemeint, dass die kursiven Wörter im Zitat beanspruchen, sich auf denselben Referenten, auf *eine* Entität, zu beziehen. Dabei besitzen die Ausdrücke, durch die »Mitteldeutschland« ersetzt wird (»Region«, »Sendegebiet«, »hier«), aber durchaus einen je eigenen semantischen Gehalt. Die Verknüpfung in einer Rede oder einem Text, dem von den Hörern in der Regel thematische Kohärenz unterstellt wird, bewirkt so die *semantische Füllung des Toponyms* »Mitteldeutschland«. Bei häufigem Gebrauch des Toponyms und der anaphorischen Ausdrücke wird die Etablierung »Mitteldeutschlands« im Sprachgebrauch erlangt.

> *Data:*
> »Große Persönlichkeiten wie König Heinrich I. und August der Starke, Martin Luther, Johann Sebastian Bach oder Richard Wagner, Gotthold Ephraim Lessing oder Friedrich Nietzsche, Lucas Cranach oder Max Beckmann haben von hier aus nicht nur unsere Region, sondern ganz Deutschland und Europa beeinflusst.«

> *Claim:*
> »Kaum eine Region in Deutschland hat eine derart reiche Geschichte zu bieten wie das Sendegebiet des Mitteldeutschen Rundfunks.«

> *Schlussregel:*
> Der Reichtum der Geschichte einer Region bemisst sich nach den historischen Persönlichkeiten, die sie ›enthält‹. »Mitteldeutschland« ist reich an solchen Persönlichkeiten, deshalb hat es auch eine »reiche« Regionalgeschichte.
> *Backing:*
> Das Sendegebiet = die/unsere Region = hier (anaphorische Wiederaufnahme).
> Auch historische Persönlichkeiten können dem aktuellen Sendegebiet zugeordnet werden. Nach diesem Prinzip werden sie zu »Mitteldeutschen«.
> Diese üben einen Einfluss auf den »Raum« (nicht explizit auf Menschen) aus – sozialer Einfluss wird zu räumlichem Einfluss.
> Die Abfolge ihres Wirkens folgt dem Zentrum-Peripherie-Schema:
> Hier → Region → Deutschland → Europa.

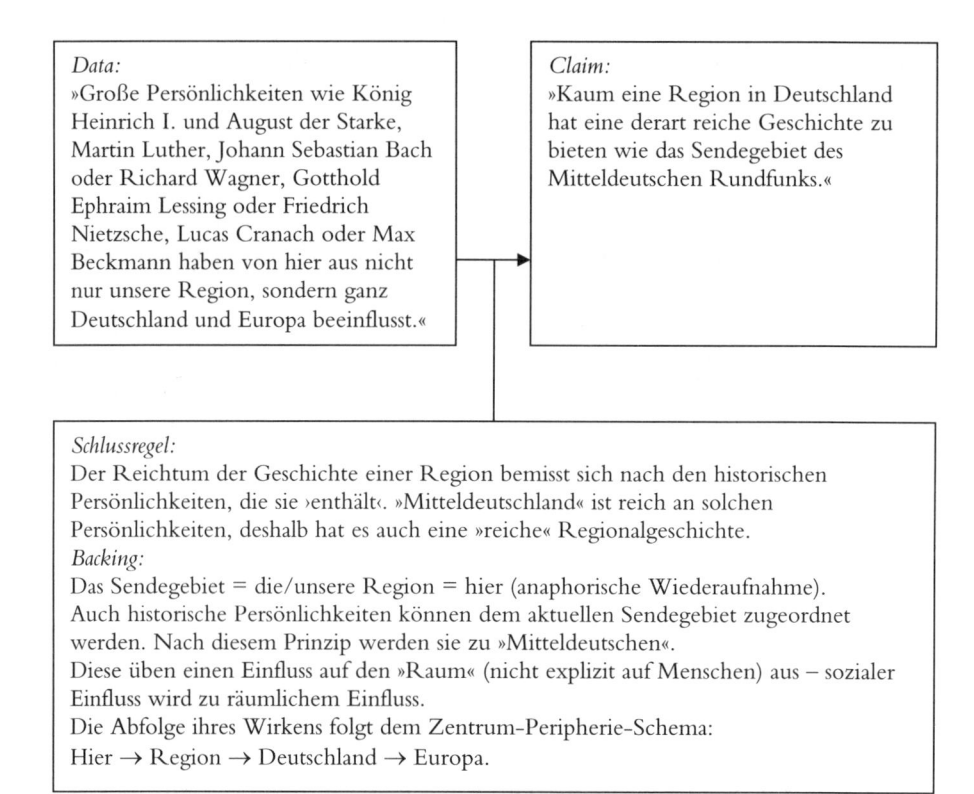

Figur 6: Argumentationsschema »Mitteldeutschlands« Einzigartigkeit

Wie durch Medien »Region« gemacht wird, kann allgemein als sprachliche Regionalisierung und deren Visualisierung verstanden werden. Genauer betrachtet, sind diese Regionalisierungen als Weg vom ausdrücklich Benannten und Begründeten zum implizit Unterstellten beschreibbar. Wird zunächst noch erklärt und spezifiziert, was »Mitteldeutschland« sei, wird der Begriff über die wiederholte Verwendung verfestigt und nicht mehr hinterfragt.

Die ersten beiden vorgestellten Beispiele nehmen genau die Konstruktion der historischen Kontinuität und Realität »Mitteldeutschlands« in den Blick. Hier wird ausdrücklich benannt, warum die Redeweise von »Mitteldeutschland« *gerechtfertigt* ist. Die sich daran anschließenden Beispiele zeigen aber, wie die Frage, *ob* »Mitteldeutschland« als Region existiert, durch die Frage, *was* Mitteldeutschland gegenüber anderen Regionen hervorhebt, ersetzt wird.

Damit wird gleichzeitig deutlich, wie die Grundmotive des Konzeptes (hier vor allem die räumliche und zeitliche reale Existenz »Mitteldeutschlands«), die in der Redaktion und im Kuratorium erarbeitet und diskutiert wurden, im konkreten Sendeinhalt aufzeigbar sind.

»Mitteldeutschland« in alltäglichen Kommunikationssituationen

Nach der Analyse der medialen und argumentativen Semantik »Mitteldeutschlands« steht die Frage offen, ob und wie außerhalb der institutionellen Umgebung des MDR mit dem Begriff »Mitteldeutschland« umgegangen wird. Dazu wurden auf unterschiedlichen Veranstaltungen, auf welchen der MDR als (Mit-)Veranstalter präsent war, Interviews mit Besuchern geführt.[13] Zur Klärung der Frage, inwiefern die sozial konstruierte und vom MDR medial forcierte Region »Mitteldeutschland« tatsächlich Identifikationspotential für die Menschen aufweist, wurden dabei qualitative Leitfadeninterviews durchgeführt. Es sollte überprüfbar gemacht werden, ob und inwiefern die Befragten einen Bezug zu »Mitteldeutschland« herstellen, was darunter verstanden wird und ob sie sich mit »Mitteldeutschland« identifizieren.

Im Folgenden werden die aus dem Material heraus entwickelten analytischen Kategorien »Mitteldeutschland im geographischen Sinne« und »individuelle Identifikation« der Befragten mit einer bestimmten territorialen Einheit anhand ausgewählter Interviewsequenzen dargestellt.[14]

»Mitteldeutschland« im geographischen Sinne

Im Wesentlichen lässt sich sagen, dass die territoriale Einheit »Mitteldeutschland« mit vielschichtigen Definitionen gefüllt wird. Generell kann dabei be-

---

[13] Die qualitativen Befragungen zufällig ausgewählter Besucher erfolgten 2003 auf den Landesfesten »Sachsen-Anhalt-Tag« in Burg, »Tag der Sachsen« in Sebnitz und »Thüringen-Tag« in Mühlhausen. Überdies wurde eine Befragung unter den anwesenden Zuschauern einer MDR-Livesendung im Landesfunkhaus Erfurt im Jahre 2005 durchgeführt. Insgesamt wurden etwa 80 Interviews aufgenommen, welche in vertextlichter Form vorliegen.

[14] Das erhobene Material wurde mit Hilfe der qualitativen Inhaltsanalyse nach Mayring (1996) aufbereitet und kategorisiert.

hauptet werden, dass die vom MDR postulierte Version »Mitteldeutschlands« – Thüringen, Sachsen und Sachsen-Anhalt – bei den Befragten bekannt ist.

> A: »Und Mitteldeutschland, das ist Sachsen, Sachsen-Anhalt und Thüringen. Das ist Mitteldeutschland, diese drei Länder. Und für diese drei Länder gibt es ja auch den Mitteldeutschen Rundfunk, eigens für diese drei Länder.«

In seiner Aussage lässt der Befragte keinerlei Konkurrenz zwischen unterschiedlichen Besetzungen gleicher räumlicher Einheiten erkennen. Der MDR wird als eine Institution angesehen, die den Ländern zu medialer Präsenz verhilft. Daneben existieren bei den interviewten Personen jedoch zahlreiche und vielfältige Vorstellungen sowie eigene spontane Deutungsweisen, was »Mitteldeutschland« im geographischen Sinne ist und wo es liegt:

> A: »Ich verstehe unter Mitteldeutschland Thüringen, Sachsen und Sachsen-Anhalt. Wobei, das ist die offizielle Meinung. Also, meine persönliche Meinung ist, das Mitteldeutschland, das ist Thüringen und Hessen.«

Bei diesem Befragten ist die »MDR-Version« zwar präsent oder vielleicht sogar medial »erlernt«, daneben existiert jedoch eine individuelle Auffassung davon, welche territorialen Einheiten das persönliche Bild »Mitteldeutschlands« ausmachen. In diesem Fall wird »Mitteldeutschland« als aus den Ländern Thüringen und Hessen bestehend definiert. Die unterschiedlichen Vorstellungen von »Mitteldeutschland« werden dennoch häufig unreflektiert wiedergegeben und können scheinbar widerspruchsfrei nebeneinander existieren.

Weiterhin wird »Mitteldeutschland« mehrfach als neuerer Begriff zur Abgrenzung von den Ostgebieten vor 1945 und als legitimer toponymischer Nachfolger von »Ostdeutschland« bzw. den Gebieten der »ehemaligen DDR« genutzt. Aus dem erhobenen Material lassen sich jedoch unterschiedliche Varianten herauslesen. Einerseits wird im Anschluss an die Drei-Länder-Deutung des MDR die Gemeinsamkeit der drei Länder betont, »aus der ehemaligen DDR zu stammen«. Andererseits gibt es Deutungen, die mit »Mitteldeutschland« das Gebiet der gesamten ehemaligen DDR bezeichnen.

> F: »Und so als letztes Thema haben wir noch, Sachsen ist ja auch im Bereich des MDR, liegt auch im Sendebereich des MDR und das Anliegen des MDR propagiert ja so ein bisschen dieses Mitteldeutschland. Was sagen Sie dazu? Was fällt Ihnen dazu ein?«
>
> A: »Ja gut, das Mitteldeutschland ist ja ein gemeinsames Gebiet, was aus der ehemaligen DDR stammt und das ist in dem Moment, rein wirtschaftlich haben sie ja alle die

gleichen Probleme. Und so von der Mentalität her, der Ex-DDR-Bürger ist halt eben dieser große Sendebereich. Ich denke schon, dass das gemeinsam in Ordnung ist so.«

Die territoriale Grundlage für die Definition »Mitteldeutschlands« bildet im obigen Beispiel derjenige Teil der ehemaligen DDR, welcher heute die drei Länder Sachsen, Sachsen-Anhalt und Thüringen darstellt. Gestützt wird die Aussage des Befragten dadurch, dass allen drei Ländern das Vorhandensein wirtschaftlicher Probleme und damit ein gemeinsamer Berührungspunkt zugeschrieben wird. Darüber hinaus wird die Zuständigkeit des MDR für die drei Bundesländer Sachsen, Sachsen-Anhalt sowie Thüringen durch eine gemeinschaftliche Einstellung bzw. »Mentalität« der Bewohner (»Ex-DDR-Bürger«) des Sendegebietes legitimiert.

Ferner lässt sich auf der Grundlage der erhobenen Daten festhalten, dass auch nur eines oder eine Kombination von zwei der drei Bundesländer als »Mitteldeutschland« definiert wird. Bei genauerem Nachfragen der Interviewer werden jedoch häufig weitere territoriale Einheiten mit vermeintlichem »Mitteldeutschlandbezug« angegeben:

F: »Ja, genau, es geht darum, um den MDR. Wissen Sie, wofür das steht?«

A: »MDR ja, Mitteldeutscher Rundfunk.«

F: »Was denken Sie, woher der Name kommt?«

A: »Ja, äh, Sachsen-Anhalt ist Mitteldeutschland.«

F: »Wie würden Sie die ganze Region abgrenzen, Mitteldeutschland, geographisch gesehen, auf Bundesländer bezogen?«

A: »Bundesländer Sachsen-Anhalt, 'n Teil von Sachsen, und 'n kleiner Teil von Thüringen gehört auch noch, aber alles andere ist schon, Jena zum Beispiel, na ja, würd' ich nicht mehr als Mitteldeutschland betrachten.«

In diesem Beispiel beschreibt der Befragte »Mitteldeutschland« mit Hilfe der territorialen Einheit Sachsen-Anhalt, wobei der Interviewer in der darauf folgenden Frage den Eindruck vermittelt, dass sich »Mitteldeutschland« eventuell auch aus mehreren Bundesländern zusammensetzen könnte. Wohl deshalb korrigiert der Interviewte seine Aussage, wonach »Mitteldeutschland« Sachsen-Anhalt sei, indem er noch jeweils »einen Teil« Sachsens und Thüringens hinzufügt.

Darüber hinaus besitzen manche Befragte scheinbar kein festes oder »erlerntes« Bild von »Mitteldeutschland«. Spontan wird der Begriff »Mitteldeutschland« gedanklich in »Mitte« und »Deutschland« zerlegt, als geographische »Mitte«, »Zentrum« oder »Herz« Deutschlands verstanden. »Mitteldeutschland« lässt sich also auch unter Bezugnahme auf den ›objektiven‹ wissenschaftlichen Nachweis der »Mitte eines Raumes«, mit dem offiziellen kartographischen Mittelpunkt Deutschlands umschreiben:

> F: »Der MDR ist hier stark vertreten. Auch die Bühne. Ist ja Mitteldeutscher Rundfunk. Sagt Ihnen Mitteldeutschland was? Können Sie definieren, was darunter zu verstehen ist?«
>
> A: »Tja, Mitteldeutschland, ist hier ein paar Kilometer hin. In Oberdorla.«
>
> F: »Wie heißt das?«
>
> A: »Oberdorla. Das ist der Mittelpunkt Deutschlands. Nicht weit, zehn Kilometer von hier.«

Im obigen Beispiel gibt der Interviewte den »offiziellen« kartographischen Mittelpunkt Deutschlands – in diesem Fall Oberdorla – an, um seine Definition »Mitteldeutschlands« zu verdeutlichen. Hierbei scheint dem Befragten die vom MDR postulierte Version »Mitteldeutschlands« nicht bekannt oder für ihn nicht relevant zu sein.

> I: »Es ist geläufig.«
>
> A: »Ja, selbstverständlich ist mir Mitteldeutschland geläufig.«
>
> I: »Können Sie das noch genauer benennen?«
>
> A: »Ja, weil Thüringen liegt nun mal in der Mitte Deutschlands. Und dieses Mitteldeutschland als Begriff – kennt man einfach.«

In diesem Interview wird nicht von einem konkreten Ort als dem kartographischen Mittelpunkt Deutschlands ausgegangen, sondern vom Land Thüringen, welches »nun mal in der Mitte Deutschlands« liege, also in der »Mitte« der territorialen Einheit »Deutschland« verortet wird. Zudem wird unterstützend bemerkt, dass das Toponym »Mitteldeutschland« bekannt ist, ohne dass der Interviewte eine Begründung für die Bekanntheit des Begriffes angeben kann. Demnach ist der Begriff »Mitteldeutschland« im alltäglichen Sprachgebrauch verankert, er wird jedoch lediglich mit der Bedeutung »Thüringen als Mitte Deutschlands« besetzt.

Nicht zuletzt verorten sich die Befragten selbst in »Mitteldeutschland« und verweisen bei der Lagebeschreibung »Mitteldeutschlands« auf den zum Zeitpunkt der Befragung eigenen gegenwärtigen Standort ihrer Person oder den individuellen augenblicklichen Wohnort:

F: »Wie würden Sie Mitteldeutschland abgrenzen?«

A: »Also wenn, dann würd' ich sagen, gehören wir dazu, dann sind wir mittendrin bei Mitteldeutschland, denk ich mal, würd' ich so sehn. [An andere Person gerichtet:] Kennen Sie sich da aus, mitteldeutsch, Mitteldeutschland, wie weit geht das? [...] Sagen Sie noch mal Ihre Frage!«

F: »Mitteldeutschland, wie Sie das abgrenzen würden.«

A: »[...] Ich denke, das würde bis hoch, na hier Richtung Hildesheim, Hannover wäre für mich auch noch Mitteldeutschland.«

Im obigen Beispiel definiert die befragte Person ihren eigenen Standort[15] als »Mitteldeutschland«, indem gesagt wird, man sei »mittendrin bei Mitteldeutschland«. Über (weitere) territoriale Einheiten der Region »Mitteldeutschland« hat der Interviewte offensichtlich noch nicht nachgedacht, denn er fragt seinen Begleiter, »wie weit« Mitteldeutschland »geht«.

F: »Und was würden Sie sagen, was ist eigentlich Mitteldeutschland? Wo liegt Mitteldeutschland?«

A: »Wo wir uns befinden. Das ist Mitteldeutschland. Wenn Sie Ostdeutschland sagen, ist das weit gefehlt. Ostdeutschland gibt es leider nicht mehr [...]. Wir sind Mitteldeutschland!«

Einen weiteren Beleg für die Kategorie, in welcher sich »Mitteldeutschland« über den individuellen Standort der befragten Person definiert, liefert dieses Beispiel eines Interviews. Zunächst wird der gegenwärtige Standort der befragten Personen als die territoriale Einheit angegeben, über welche »Mitteldeutschland« gedeutet werden kann. Außerdem erfolgt durch die Äußerung »wir sind Mitteldeutschland« eine Identifikation des Interviewten mit »Mitteldeutschland«.

In der praktischen alltagssprachlichen Etablierung bereitet die Definition des MDR, die drei Bundesländer Thüringen, Sachsen und Sachsen-Anhalt als »Mitteldeutschland« zu bezeichnen, einige semantische Schwierigkeiten. Der Begriff »Mitteldeutschland« wird bei einer Unvertrautheit mit der MDR-

---

15 Aus dem vorhergehenden Inhalt des Interviews ergibt sich, dass sich der momentane Standort der Person in Burg, in Sachsen-Anhalt, befindet.

Version gefühlsmäßig mit einer Semantik der »Mitte« aufgeladen, die eine individuelle territoriale Interpretation beinhaltet, welches Territorium glaubhaft, z. B. kartographisch, als die Mitte Deutschlands gelten kann. Im Gegensatz zu stärker institutionalisierten Regionen kommt es hierbei zu einer Aufspaltung des Begriffs »Mitteldeutschland« anstelle der unhinterfragten Verwendung. So stehen sich die institutionelle Umgebung des MDR und ein intuitiver Gebrauch des Begriffes gegenüber, mit dessen Hilfe die Interviewten ihre individuellen Interpretationen von »Mitteldeutschland« herstellen. Ein Teil der Befragten kennt und erfasst die Definition des MDR, eine etwa gleich große Gruppe Interviewter bedient sich eigener Deutungsweisen.

Historische Bezüge oder eine historische Legitimation zum Mitteldeutschand-Begriff, wie im Zuge der Sendereihe vermutet, tauchen im erhobenen Material kaum auf und spielen im alltäglichen Sprachgebrauch für die Befragten scheinbar keine bedeutende Rolle. Es lassen sich hingegen Aussagen zur Relevanz in Bezug auf die Sendeinhalte des MDR finden, wonach aktuelle Nachrichten »aus und über die Region« eine wichtige Rolle für die Wahl des Senders spielen.

Individuelle Identifikation

In Bezug auf die Frage, ob sich die Befragten mit »Mitteldeutschland« identifizieren, lässt sich festhalten, dass die individuelle Identifikation mit »Mitteldeutschland« eine unter mehreren Möglichkeiten ist. Daneben existieren weitere vielschichtige Identifikationsmöglichkeiten auf beispielsweise lokaler, föderaler oder nationaler Ebene, welche die Befragten situationsabhängig nutzen. Generell dominieren die jeweiligen »Landesidentitäten« und es kommt zu territorialen Überschneidungen von parallelen symbolischen Besetzungen desselben Gebietes.

Die nachfolgenden Interviewsequenzen sollen einen Eindruck davon vermitteln, welche individuellen Identifikationen stattfinden und wie diese sich sprachlich darstellen.

F: »Sie persönlich, fühlen Sie sich als Mitteldeutsche?«

A: »Doch, ich würde sagen ja. Aber ich bin auch' n alter DDR-Bürger. Vielleicht hängt das damit zusammen. […].«

Diese Interviewsequenz ist ein Beispiel für eine Identifikation der Befragten mit »Mitteldeutschland«. Gleichzeitig wird von der befragten Person jedoch zu bedenken gegeben, dass sie »auch ein alter DDR-Bürger« sei. Dies eröffnet zwei Folgerungen. Zum einen identifiziert sich die befragte Person mit »Mitteldeutschland«, wenn sie davon ausgeht, dass die Bezeichnung »Mitteldeutschland« der neue Begriff für die »ehemalige DDR« ist. Somit identifizierte sich die Befragte vor 1989 als DDR-Bürgerin. Nach 1989 kam es zur Identifikation mit »Mitteldeutschland«, obwohl sich die Identifikation eventuell auf den gleichen räumlichen Ausschnitt bezieht. Andererseits kann die Aussage der Befragten auch so gedeutet werden, dass sie sich heute sowohl mit »Mitteldeutschland« als auch mit der ehemaligen DDR identifiziert und somit über mehrere Identifikationsmöglichkeiten verfügt.

F: »Fühlt Ihr Euch als Mitteldeutsche?«

A: »Nee, nee, ich bin Sachsen-Anhaltiner […].«

F: »Und als Mitteldeutsche fühlt Ihr Euch nicht?«

A&A2: »Nee.«

A: »Altmärker. Aber wenn, sind wir, äh, Sachsen-Anhaltiner und denn Deutsche.«

A3: »Ja, aber Mitteldeutsche nicht.«

A: »Man sagt ja nicht im Urlaub: ›Wir kommen aus Mitteldeutschland‹.«

In diesem Beispiel identifizieren sich die Interviewten mit dem lokalen Landkreis Altmark, dem Bundesland Sachsen-Anhalt (»ich bin Sachsen-Anhaltiner«) und dem Staat Deutschland (»Altmärker. Aber wenn, sind wir, äh, Sachsen-Anhaltiner und denn Deutsche«). Eine Identifikation mit »Mitteldeutschland« wird ausgeschlossen, zumal es nach Ansicht der Interviewten im Urlaub undenkbar erscheint, sich mit Hilfe des Ausdrucks »wir kommen aus Mitteldeutschland« eindeutig zu verorten. Scheinbar soll damit ausgedrückt werden, dass der Begriff »Mitteldeutschland« im alltäglichen Sprachgebrauch doch eher ungebräuchlich ist. Darüber hinaus wird die Möglichkeit einer eindeutigen Verortung unter Zuhilfenahme des Toponyms »Mitteldeutschland« und die Zuweisung spezifischer Eigenschaften oder Besonderheiten »Mitteldeutschlands« ausgeschlossen.

F: »Würden Sie sich jetzt als Mitteldeutscher bezeichnen?«

A1: »Ganz so ist es nicht, also wenn ich jetzt sage […]«

A2: »Wir sind Ostdeutsche!«

A1: »Und Altmärker sag ich mal […].«

Hier wird wiederum deutlich, dass sich die Befragten in der angesprochenen Situation als »Altmärker« und »Ostdeutsche« identifizieren, aber keine Identifikation mit »Mitteldeutschland« stattfindet. In diesem Fall überwiegen lokale und föderale Identitäten.

F: »Der MDR propagiert ja jetzt diese drei Bundesländer Sachsen, Thüringen und Sachsen-Anhalt als Mitteldeutschland. Können Sie was mit dem Begriff anfangen?«

A: »Also, eigentlich nicht. Es gibt bei uns so eine ähnliche Kampagne Berlin-Brandenburg. Also, ich bin dagegen. Es wird immer größer und größer und man verliert dann die Identität, denke ich mal. Ich bin ja kein Mitteldeutscher. Ich bin Sachse. Genauso wird das den Thüringern gehen. Die sind Thüringer.«

Im genannten Beispiel gibt der Interviewte an, mit dem Mitteldeutschlandbegriff »nichts anfangen« zu können. Trotzdem muss er eine Vorstellung des Begriffes besitzen, denn er antwortet: »Es gibt bei uns so eine ähnliche Kampagne Berlin-Brandenburg.« Diese lehnt er persönlich jedoch ab, weil alles »immer größer und größer« werde und in letzter Konsequenz zu einem Verlust der »Identität« führe. Das vom MDR postulierte »Mitteldeutschland« wird im Falle des Befragten mit einer »Kampagne« und einem anschließenden Identitätsverlust negativ besetzt. Demnach wird das »Mitteldeutschland« des MDR mit einer beabsichtigten Fusion der drei Länder gleichgesetzt, was der Befragte ablehnt (»ich bin dagegen«) und mit der Aussage »ich bin ja kein Mitteldeutscher« bekräftigt. Ferner erfolgt eine Identifikation mit Sachsen (»ich bin Sachse«).

F: »Was verbinden Sie jetzt mit dem Begriff Mitteldeutschland? Was ist Mitteldeutschland für Sie?«

A: »Ja ich bin ein Mitteldeutscher. Und ich kann ja nicht dagegen sein. Ich such mir das aus, was mir gefällt. Ich bin nicht nur das und so weiter, das gibt's bei mir nicht. […]«

F: »Fühlen Sie sich mehr als Mitteldeutscher oder mehr als Thüringer?«

A: »Na ja, das ist gleich, das ist gleich. Also, in dem Begriff. Wenn ich so sage, ich bin kein Mitteldeutscher, ich bin kein Thüringer, ich bin ein Deutscher. Ich, ähm, es gibt überall schöne Flecken.«

Die Identifikation mit »Mitteldeutschland« (»ja ich bin ein Mitteldeutscher«) kann im vorliegenden Beispiel greifbar herausgelesen werden. Daneben gibt der Befragte aber an, nicht »dagegen« sein zu können und sich eine Identität »auszusuchen, die ihm gefällt«. Dadurch wird seine Aussage abgeschwächt, indem der Eindruck entsteht, dass die Identifikation mit »Mitteldeutschland« durch eine territoriale Zugehörigkeit »aufgezwungen« sein könnte. Außerdem findet eine Identifikation mit »Deutschland« statt (»ich bin ein Deutscher»).

Das letzte Beispiel unterstreicht das bereits Gesagte: Die Identifikationsmöglichkeit mit »Mitteldeutschland« kann nachgewiesen werden. Daneben existieren jedoch weitere lokale, föderale und nationale Identifikationsmöglichkeiten, von welchen die Befragten situationsspezifisch Gebrauch machen. Bezüglich des erhobenen Materials kann unter den befragten Besuchern der Länderfeste eine Vorherrschaft der jeweiligen Lokal- und Landesidentitäten festgestellt werden. Letztlich besitzt der MDR keinen »echten« Einfluss auf das Vorhandensein administrativer Ländergrenzen. Diese werden auf politischer Ebene fixiert. Wie die Vorstellungen von »Mitteldeutschland« auf politischer Ebene aussehen, soll im nächsten Abschnitt dargestellt werden.

Macht und Mitteldeutschland

Weil in der alltäglichen Kommunikation das Identifikationsangebot »Mitteldeutschland« mit anderen raumbezogenen Identifikationsmöglichkeiten zusammentrifft, sollte für weiterführende Forschungen die Frage gestellt werden, ob es abseits des alltäglichen Gebrauchs des Begriffes »Mitteldeutschland« spezielle Diskurse gibt, in denen das Auftauchen des Begriffes in strategischer Absicht erfolgt. In diesen Diskursen – so ist zu erwarten – ginge der zweckdienliche Gebrauch von »Mitteldeutschland« über bloße Identifikationsabsichten hinaus. Denn das Identifizieren stellt in diesen Diskursen nicht das Ziel, sondern eher das Mittel der Kommunikation dar. Der Einbezug von »Mitteldeutschland« in die Kommunikation dient, so die Vermutung, der Privilegierung der eigenen Sicht auf die Wirklichkeit.

»Mitteldeutsche(r)« zu sein, ist eine mögliche Ebene der vielschichtigen persönlichen Identität. Damit wird »Mitteldeutschland« als strategisches Instrument für politische Akteure interessant, weil sich mit dem Argument der räumlich gebundenen Identität die Territorialität politischer Strukturen legitimeren oder gegebenenfalls in Frage stellen lässt.

Bisher wird der Begriff Mitteldeutschland von keiner politisch-administrativen Einheit in Anspruch genommen, was zu der Tatsache führt, dass die raumbezogene Identität des »Mitteldeutschen« ohne klar definiertes territoriales Bezugssystem besteht. Die Gelegenheit, »Mitteldeutschland« ein Territorium nach eigenem Belieben zuzusprechen, haben einige politische und ökonomische Arbeitskreise sowie Interessenvertretungen genutzt, die den Zusatz »mitteldeutsch« im Namen tragen.

Eine außerhalb der drei Analysefelder ergänzend vorgenommene Untersuchung[16] ergab fünf Mitteldeutschlandbilder, die im politischen Diskurs vorkommen. Alle fünf Bilder von »Mitteldeutschland« beschränken sich auf den Osten Deutschlands.

Kategorie 1: »Mitteldeutschland« ist ein Raum mit gemeinsamer historischer Entwicklung. Mit der prähistorischen Besiedelung, Martin Luther und der Reformation, spätestens aber mit der Industrialisierung und dem Aufbau der Braunkohle-basierten Großindustrie sind die historischen Wurzeln für ein einheitliches »Mitteldeutschland« benannt und die »Mitteldeutschen« in einer ›Schicksalsgemeinschaft‹ verbunden.

Kategorie 2: »Mitteldeutschland« ist das eigene Arbeitsgebiet und eine Antwort auf die Herausforderungen der Zukunft. »Mitteldeutschland« wird als »künstliches« Gebilde angesehen, welches von Institutionen und Behörden konstruiert wird, die über Ländergrenzen hinweg tätig sind. Die Lage und die inhaltliche Aufladung des mitteldeutschen Raumes sind diffus und spielen nur nach funktionalen Gesichtspunkten eine Rolle. So wird »Mitteldeutschland« konstruiert, um in ökonomischer Hinsicht eine ausreichende Größe zu erlangen, um europäisch oder global wahrgenommen zu werden bzw. die Effizienz der eingesetzten Fördermittel und der Verwaltung zu erhöhen.

Kategorie 3: »Mitteldeutschland« ist ein Raum um die Städte Halle (Saale) und Leipzig. Leipzig und Halle (Saale) bilden einen ökonomischen Kernraum, der

---

[16] Die Untersuchung von »Mitteldeutschlandkonzepten in Wirtschaft, Politik und Wissenschaft« stammt aus dem Jahr 2004. Neben der Auswertung von schriftlichen Quellen wurden mit sechs Vertretern aus Politik und Wirtschaft Leitfrageninterviews geführt. Durch die qualitative Inhaltsanalyse konnten aus über 70 Seiten transkribierter Interviews zahlreiche Mitteldeutschlandversionen gewonnen werden, die in fünf Mitteldeutschland-Kategorien zusammengefasst werden können.

sich durch belastbare Netzwerkverbindungen und kooperierende Akteure auszeichnet. Dieser »Kernraum« soll, als »gutes Beispiel« dienend, sich sukzessive ausdehnen. Die Peripherie »Mitteldeutschlands« wird durch gleiche, wenn auch abgeschwächte Merkmalsausbildung angebunden.

Kategorie 4: »Mitteldeutschland« sind die drei Bundesländer Thüringen, Sachsen und Sachsen-Anhalt. Die Abgrenzung »Mitteldeutschlands« orientiert sich an den äußeren Verwaltungsgrenzen der drei Bundesländer und ist somit – streng gesehen – ein Aspekt der Kategorie 2 (eigenes Arbeitsgebiet), welches hier aber aufgrund seiner konkreten Abgrenzung und dominierend-politischen Besetzung einzeln aufgeführt werden soll.

Kategorie 5: »Mitteldeutschland« ist eine unreflektiert existierende Region, die für unterschiedliche Handlungsstrategien eine je spezifische Bedeutung erlangt. »Mitteldeutschland« wird als ein Raumausschnitt begriffen, der unabhängig vom menschlichen Handeln existiert. »Mitteldeutschland« dient als Kategorie der Orientierung bzw. der eigenen Verortung und somit als eine Gegebenheit, mit der man sich arrangieren muss. Durch gezielte Vermarktung des Vorhandenen kann die Attraktivität »Mitteldeutschlands« erhöht werden und durch die wissenschaftliche Betrachtung des Gegenwärtigen könnte die Existenz »Mitteldeutschlands« nachgewiesen werden.

Von »Mitteldeutschland« existieren unterschiedliche Vorstellungen, die je nach Handlungssituation gültig sind und sich auch widersprechen können. Manche Vorstellungen von Mitteldeutschland werden entschieden abgelehnt, obwohl sich die Akteure bewusst sind, dass diese Vorstellungen existieren, andere Vorstellungen dagegen werden unhinterfragt übernommen.

Je nach Interessenlage wird der natürlichen bzw. kulturellen Einheit »Mitteldeutschland« der Vorrang gegeben bzw. die pure Künstlichkeit »Mitteldeutschlands« betont. Vor allem die Interessenvertreter der Wirtschaft sehen in der ökonomischen Einheit »Mitteldeutschlands« eine unbedingte Voraussetzung für eine erfolgreiche Zukunft, orientieren sich aber nur zögerlich am historischen Einheitsgedanken. Ihre Argumentation folgt eher der global organisierten Wirtschaftsstruktur und dem sich daraus ergebenden Anpassungszwang. Damit befinden sich die ökonomischen Akteure in einem Dilemma, sie müssen die eigene räumliche Bindung mit dem entterritorialisierten Wirtschaftsgefüge verknüpfen. Kurzerhand wird »Mitteldeutschland« zur Clusterregion und die Cluster werden zum regionalen Charaktermerkmal erklärt. Cluster sind zwar keine raumlosen Gebilde, da sie aber durch die Verknüpfungen von Unternehmen mit ähnlicher Produktpalette und branchenspezifischen Forschungseinrichtungen bestimmt werden, ergibt sich ihre räumliche Beschränkung aus der Reichweite der Austauschbeziehungen zwischen Unternehmen und Institutionen, und nur nachrangig aus ihrer räumlichen Relation (Bruch-Krumbein et al., 2000, 26).[17]

Der vom Regionenmarketing Mitteldeutschland e.V. initiierte Clusterprozess Mitteldeutschland sieht die Einsetzung von Clustersprechern vor, welche die Zusammenarbeit in den Clustern steuern und die Cluster zum Nutzen der Region entwickeln sollen. Mitteldeutschland wird so zum Ausgangs- und Mittelpunkt zahlreicher Cluster und die territoriale Bindung strukturbestimmender Unternehmen zur Frage geglückter oder misslungener Positionierung im globalen Wettbewerb stilisiert.

> »Da wird es natürlich im Gefüge der Automobilindustrie mit Sicherheit noch einmal Änderungen geben. Also die werden nicht alle gleich, nun was weiß ich, die […] äh […] Brennstoffzelle einladen. Das funktioniert auch sicherlich nicht, da ist Wettbewerb auch sicherlich mit angebracht. Also wird sich das Cluster wahrscheinlich auch noch mal, vielleicht ein Stückchen aus dem mitteldeutschen Raum, hoffentlich nicht, raus bewegen, oder die kommen alle hier her. Und wir sind sozusagen die […] Region, wo das, wo die Brennstoffzelle zuerst eingebaut wurde.« (Vertreter der IHK Leipzig)

Offensichtlich versuchen die ökonomischen Akteure, die räumlich beliebigen Austauschbeziehungen eines Clusters räumlich zu fixieren. Die »fließende« Räumlichkeit eines Clusters steht im Widerspruch zu den starren institutionellen Organisationsstrukturen der ökonomischen und politischen Interessenvertreter, die sich an die administrative Territorialität anlehnen. Die zwei unterschiedlichen Konzepte der Region, bei der einmal über die Grenzen auf den Inhalt und ein andermal über den Inhalt auf die Grenzen geschlossen wird, führt in der Kommunikation zu sichtlichen Schwierigkeiten.

Die Akteure aus Politik und Wirtschaft verwenden »Mitteldeutschland« strategisch. Darin liegt der Unterschied zur Fernsehserie, bei welcher emotional gefärbte Identitätsangebote gemacht werden. Die von den Akteuren verwendeten Mitteldeutschlandkonstruktionen variieren nach ihren eigenen Handlungsabsichten. So wird eine spezifische Version von »Mitteldeutsch-

---

17 Brenner (2004, 12) weist daraufhin, dass zunehmend Clusterdefinitionen aufkommen, die durch die Verbindung mit den Konzepten des »industrial districts« oder des »innovative milieux« eine räumliche Komponente bekommen, die sich an der räumlichen Nähe orientiert. Im Zentrum des Cluster-Konzepts steht aber immer die Beziehungen zwischen Unternehmen und die Wirkungen, die sich daraus ergeben.

land« immer dann interessant, wenn sie den Akteuren zur Erlangung ihrer Ziele von Nutzen sein kann. »Mitteldeutschland« zeigt sich so in seiner Ausdehnung flexibel, die Ausdehnung selbst ist jedoch nur in Bezugnahme auf eine Funktion oder eine Zielbestimmung hin zu begreifen.

Fazit und Ausblick

Ist nun Mitteldeutschland eine bereits verfestigte, also verlässliche, Bezugskategorie für eine mitteldeutsche Identität? Die Ergebnisse der Untersuchung zeigen ein äußerst heterogenes Bild. Einem klaren Nachweis der expliziten Ziele der Identitätsformation im Redaktionsprozess und einer entsprechenden Konstruktion der Identität Mitteldeutschlands und seiner Bewohner im Sendematerial steht eine äußerst vielfältige identifikatorische »Aneignung« des Begriffes im alltäglichen Kontext gegenüber. Von einem durchgreifenden Einflusspotential der Medien auf die so genannten »Empfänger« kann also pauschal nicht die Rede sein. Dieser Befund gilt auch für den Versuch des MDR, ein begrifflich neu besetztes Kollektiv über einen historischen Zusammenhang zu begründen. Obwohl es von den Befragten nicht als problematisch angesehen wurde, *dass* eine Region wie Mitteldeutschland eine Geschichte haben kann, äußerten sie kaum lebensweltliche Anknüpfungspunkte an eine mitteldeutsche Geschichte.

Im impliziten Modus raumbezogener Identität ist jedoch kaum Divergenz auszumachen. Die Ergebnisse zeigen vielmehr, dass die redaktionellen Überlegungen implizit einem Muster folgen, das zu dem der formulierten Zielgruppe »passt«, weil sie selbst einem alltäglichen Normalverständnis folgen und insofern fraglos erscheinen (Abgrenzung von »Mitteldeutschland« als Klammer der politisch-administrativen Einheiten Sachsen, Sachsen-Anhalt, Thüringen; Behandlung von »Mitteldeutschland« als Container-Raum, Identifizierung des typisch Mitteldeutschen auf erdräumlicher Grundlage; Symbolorte, Geschichtsorte).[18] Andererseits zeigt sich aber eben auch, dass dieses Grundprinzip der Strukturierung in der Wirklichkeit der Subjekte außerhalb

---

18 Vor dem Hintergrund der Unterscheidung von impliziten und expliziten Strukturierungsweisen kann also gesagt werden, dass sowohl die geschichtliche (diachrone) Einordnung als auch die räumliche (synchrone) Einordnung implizite verständigungsleitende Momente der symbolischen Aneignung sind.

des redaktionellen Kontextes (und auch außerhalb der Situation des Konsums der Sendung) situationsspezifisch anderweitig »gefüllt« wird.

Die Vielschichtigkeit der identifikatorischen Bezüge – dies ist ein wichtiges Gesamtergebnis der empirischen Untersuchungen – macht aber wohl genau den Kern des laufenden Transformationsprozesses aus. Es ist so gesehen eine falsche Frage, ob und wodurch »alte« kollektive Verortungen durch neue ersetzt werden. Scheinbar muss vielmehr in der Beliebigkeit des Zuordnens eine zeitgenössische Entwicklung erkannt werden, welche die vielfältige, lediglich kontextuell gebundene Identifikation mit verschiedenen Raumausschnitten zum Programm macht. Dass dabei die impliziten Verständnisse von Raum, Räumlichkeit und raumbezogener Identität kaum divergieren, ist aber kein zu vernachlässigender Befund. Denn die Vermischung von einer zunehmend flexibilisierten Identifizierungsweise mit hochgradig konventionellen Raumbegriffen und Raumlogiken scheint doch eine wesentliche Problematik insbesondere des politischen und des wirtschaftlichen »Neudenkens« unter globalisierten Bedingungen zu sein.

Die Untersuchung zum Begriff »Mitteldeutschland« konnte zeigen, dass im Zuge der Globalisierung und raumzeitlichen Entankerung im Medienzeitalter keineswegs ein neues »Raum-Denken« im Sinne grundsätzlich neuer signifikativer Regionalisierungsweisen einsetzt. Zu erkennen ist im Falle »Mitteldeutschland« zwar der Versuch des MDR, ein neues Label zu etablieren, aber es erfolgt eben keine Erosion traditioneller, *impliziter* Regionalisierungsweisen. Gerade der Inhalt und der Herstellungsprozess der »Geschichte Mitteldeutschlands« zeigen, dass Geschichte als Regions- und Containerinhalt in konventioneller Weise konstruiert wird. Das traditionelle Verständnis der Kategorien Raum (die Region als Container, gefüllt mit historischer ›Substanz‹) und Zeit (Regionalgeschichte als Kontinuum) wird nicht erschüttert.

Der konkrete mediale Umgang mit dem Begriff »Mitteldeutschland« kann in diesem Zusammenhang als Weg vom explizit Verhandelten zum implizit Unterstellten beschrieben werden. Die Teilstudien zum Sendeinhalt und zum Redaktionsprozess zeigen das anhand des Schrittes von einer Argumentation *für* »Mitteldeutschland« zu einer Argumentation *mit* »Mitteldeutschland«. Die Definition als Drei-Länder-Einheit von »Sachsen, Sachsen-Anhalt und Thüringen« wird nach ihrer eindeutigen Festlegung nicht mehr hinterfragt. Medien determinieren im Hinblick auf die Weisen signifikativer Regionalisierungen eben nicht das Alltagsverständnis, sie konstruieren nicht eigenmächtig eine neue Welt, sondern reproduzieren offenbar genau die überkommenen, traditionellen »Weisen der Welterzeugung« (Goodman, 1981). Der Alltag ist nicht *per se* abhängig von den Medien, sondern den Medien bzw. ihren »Machern« stehen umgekehrt nur die bereits sozial etablierten alltäglichen (Raum-)Erzeugungsweisen zur Verfügung.

Im Hinblick auf zukünftige Regionalisierungen und die Relevanz des Toponyms »Mitteldeutschland« muss der Gedanke sich ausschließender und zeitlich aufeinander folgender Regionalisierungen aufgegeben werden. »Mitteldeutschland« etwa wird die Länderbezeichnungen vermutlich nicht ablösen, sondern gibt im Gegenteil ein Beispiel dafür, wie unproblematisch unterschiedliche Toponyme – und die kognitiven Container, für die sie stehen – zusammengedacht und gehandhabt werden können (schon deshalb, weil es vom MDR als Drei-Länder-Einheit definiert wurde). In der Alltagskommunikation ist die Eindeutigkeit, die vom MDR suggeriert wird, zumindest bislang kaum gegeben. Vielfältige und wechselnde Interpretationen, teilweise sogar von derselben Person, zeigen, wie dehn- und anpassbar der Begriff »Mitteldeutschland« im alltäglichen Verständnis tatsächlich ist. Die fehlende politisch-administrative Institutionalisierung »Mitteldeutschlands« scheint solche kontextabhängigen Abwandlungen zu erleichtern. Was »Mitteldeutschland« meint, ist ein fortlaufender Aushandlungsprozess, der vom jeweils aktuellen Kommunikations- und Handlungszusammenhang abhängt.

Erstaunlich ist aber, dass diese Offenheit nicht als Unübersichtlichkeit, als ein Zerfasern und Abgleiten ins Beliebige erlebt wird, sondern dass im Gegenteil das Toponym »Mitteldeutschland« ganz selbstverständlich und unproblematisch in bestehende Weltbilder »eingebaut« wird. Wenn also eine »neue« Entwicklung als Befund der Untersuchung zur Transformation der Identität formuliert werden soll, dann dieser unproblematische Gebrauch von Identitätsangeboten auf alltäglicher Ebene. Dem entspricht auch die Beobachtung, dass für die Befragten offensichtlich kein dringendes Bedürfnis nach einer verlässlichen »Neu-Identität« besteht. Auch trat das Motiv eines »Identitätsverlustes« im Zuge der politischen Transformation auf alltäglicher Ebene nicht in Erscheinung.

Somit kann insgesamt eher von einer Verschiebung der Aushandlung »Mitteldeutschlands« in den politischen Diskurs gesprochen werden, wo der Kampf um die »Deutungshoheit« weniger emotional denn strategisch motiviert ist. In diesem Diskurs ist allerdings auch der MDR als Akteur anzusehen, insofern seiner Version von Mitteldeutschland auch spezifische Senderinteressen zugrunde liegen.

Ökonomische Akteure nutzen die »Deutungsfreiheit« in Bezug auf »Mitteldeutschland«, indem sie »Mitteldeutschland« beispielsweise als flexibles Cluster verstehen. Zum Hindernis wird diese Deutungsoffenheit allerdings dann, wenn im politischen Diskurs eindeutige Verantwortlichkeiten und territoriale Zuständigkeiten erforderlich sind. Die im Kontext einer alltäglichen Identifikation unproblematische Flexibilität und Vielschichtigkeit des Begriffs stößt dann buchstäblich an ihre Grenzen, wenn es darum geht, sie programmatisch mit institutionalisierten territorialen Raumbezügen des Nationalen (Deutschland) und Regionalen (Bundesländer) zu vereinbaren. Diese Spannung zeigt sich bereits auf der sprachlichen Ebene zwischen den starren räumlichen Ausdrucksweisen, mit denen eine flexible, beinahe ›aräumliche‹ Clusteridee kommuniziert und operationalisiert werden soll. In der wirtschaftlichen Planung äußert sich dieser Widerspruch darin, dass zwar oftmals die bestehenden administrativen Strukturen als Hemmnisse für neue Regionalisierungskonzepte angesehen werden, man aber für die Definition von z. B. »Clustern« implizit wieder die bekannten, überkommenen sprachlichen Mittel nutzt.

Trotz Globalisierung und raum-zeitlicher Entankerung – so das übergreifende Ergebnis – werden also traditionelle Auffassungen von Raum im Alltag fortlaufend reproduziert und verfestigt. Daraus resultiert die Frage, ob eventuell neben den untersuchten Kontexten andere spätmoderne Lebenszusammenhänge ein wirklich neues Raumverständnis schaffen können. Ob und wie ist es denkbar, dass bestehende sprachliche Routinen und Konventionen tatsächlich verlassen und transformiert werden können? Für die alltägliche Praxis wäre zu untersuchen, welche kognitiven und sprachlichen Transformationen nötig wären, um das naturalistische, essentialistische Verständnis von Raum zu überwinden und kontingent bzw. verhandelbar zu gestalten. Für die Planungspraxis ist umfassender zu untersuchen, wie unter den Bedingungen einer fortlaufend territorial organisierten administrativen Wirklichkeit eine Operationalisierung von nicht-essentiellen, kontingenten Raumverständnissen (Clusterbildung, Milieuentwicklung etc.) erfolgen kann und welche Implikationen daraus hinsichtlich der Organisier- und Strukturierbarkeit komplexer gesellschaftspolitischer Zusammenhänge resultieren würden.

Literatur

Appadurai, A.: Modernity at large. Cultural dimensions of globalisation. Minneapolis 2000

Beck, U.: Was ist Globalisierung. Frankfurt 1997 (3. Aufl.)

Bhabha, H.: The Location of Culture. London 2000

Blumenberg, H.: Wirklichkeiten in denen wir leben. Stuttgart 1986

Brenner, T.: Local Industrial Clusters. Existence, Emergence and Evolution. London 2004

Bruch-Krumbein, W./Hochmuth, E.: Cluster und Clusterpolitik. Begriffliche Grundlagen und empirische Fallbeispiele aus Ostdeutschland. Marburg 2000

Burchard, A.: Mitteldeutschland. In: Gerbing, W. (Hrsg.): Die Länder Europas. Leipzig 1926, S. 346-369

Daniel, H. A.: Deutschland nach seinen physischen und politischen Verhältnissen. Handbuch der Geographie Bd. 3. Leipzig 1878 (5. Aufl.)

Felgenhauer, T.: Argumentieren als regionalisierende Praxis. »Mitteldeutschland«-Deutungen des MDR. Jena 2006

Felgenhauer, T./Mihm, M./Schlottmann, A.: Langage, médias et régionalisation symbolique. La fabrication de la Mitteldeutschland. In: Géographie et cultures 47, 2003, S. 85-102

Felgenhauer, T./Mihm, M./Schlottmann, A.: The making of ›Mitteldeutschland‹. On the function of implicit and explicit symbolic features for implementing regions and regional identity. In: Geografiska Annaler, 87. Jg., Heft 1, 2005, S. 45-60

Giddens, A.: Die Konstitution der Gesellschaft. Grundzüge einer Theorie der Strukturierung. Frankfurt 1995 (3. Aufl.)

Goodman, N.: Weisen der Welterzeugung. Frankfurt 1993 (2. Aufl.)

John, J.: Gestalt und Wandel der »Mitteldeutschland« Bilder. In: John, J. (Hrsg.): Mitteldeutschland. Begriff – Geschichte – Konstrukt. Rudolstadt/Jena 2001, S. 17-68

Kirchhoff, A.: Die deutschen Landschaften und Stämme. In: Meyer, H. (Hrsg.): Das deutsche Volkstum. Leipzig/Wien 1903, S. 39-122

Krämer, S.: Zentralperspektive, Kalkül, Virtuelle Realität. Sieben Thesen über die Weltbildimplikationen symbolischer Formen. In: Vattimo, G./Welsch, W. (Hrsg.): Medien-Welten Wirklichkeiten. München 1998, S. 27-38

Kutzen, J.: Das deutsche Land. Seine Natur in ihren charakteristischen Zügen und sein Einfluß auf Geschichte und Leben der Menschen. Breslau 1855

Luutz, W.: Region als Programm – zur Konstruktion »sächsischer Identität« im politischen Diskurs. Baden-Baden 2002

Mayring, P.: Einführung in die qualitative Sozialforschung. Weinheim 1996 (3. Aufl.)

Mendelssohn, G. B.: Das germanische Europa. Berlin 1836

Natter, W./Jones, J.-P. III.: Identity, Space, and other Uncertainties. In: Benko, G./Strohmeyer, U. (Hrsg.): Space and Social Theory. Interpreting Modernity and Postmodernity. Oxford 1997, S. 141-161

Neumann, L.: Allgemeines und Mitteleuropa. In: Scobel, A. (Hrsg.): Allgemeine Erdkunde, Länder und Staatenkunde von Europa. Geographisches Handbuch Bd. 1. Bielefeld/Leipzig 1909, S. 410-699

Niethammer, L.: Kollektive Identität. Heimliche Quellen einer unheimlichen Konjunktur. Reinbek 2000

Penck, A.: Länderkunde des Erdteils Europa. Band 1: Das Deutsche Reich. Wien 1887

Ratzel, F.: Grundzüge der Anwendung der Erdkunde auf die Geschichte. Anthropogeographie Bd. 1. Stuttgart 1909 (3. Aufl.)

Riedel, J.: Das mitteldeutsche Wirtschaftsgebiet. Leipzig 1921

Riehl, W.-H.: Land und Leute. Die Naturgeschichte des deutschen Volkes Bd. 1. Stuttgart, Augsburg 1856

Roon, A.: Die Völker und Staaten der Erde. Berlin 1845

Rother, K.: Die östliche Mitte. Braunschweig 1997

Rutz, W.: Mitteldeutschland. Politisch geprägter Wandel eines geographischen Begriffes im 20. Jahrhundert. In: Meck, S./Klussmann, P. G. (Hrsg.): Gesellschaft und Kultur. Neue Bochumer Beiträge und Studien 1. Festschrift für Dieter Voigt. Münster 2001, S. 335-358 (Sonderdruck)

Schlottmann, A.: Globale Welt – Deutsches Land. Alltägliche globale und nationale Weltdeutung in den Medien. In: Praxis Geographie, 4, 2002, S. 28-34

Schlottmann, A.: Zur alltäglichen Verortung von Kultur in kommunikativer Praxis. Beispiel »Ostdeutschland«. In: Geographische Zeitschrift, 91. Jg., Heft 1, 2003, S. 40-51

Schlottmann, A.: RaumSprache. Ost-West-Differenzen in der Berichterstattung zur deutschen Einheit. Eine sozialgeographische Theorie. Stuttgart 2005a

Schlottmann, A.: Rekonstruktion von alltäglichen Raumkonstruktionen – eine Schnittstelle von Sozialgeographie und Geschichtswissenschaft? In: Geppert, A. T./Jensen, U./Weinhold, J. (Hrsg.): Ortsgespräche. Raum und Kommunikation im 19. und 20. Jahrhundert. Bielefeld 2005b, S. 107-133

Schlüter, O.: Beiträge zur Landeskunde Mitteldeutschlands. Braunschweig 1929

Schmidt, S. J.: Modernisierung, Kontingenz, Medien: Hybride Beobachtungen. In: Vattimo, G./Welsch, W. (Hrsg.): Medien-Welten Wirklichkeiten. München 1998, S. 173-186

Schultz, H.-D.: Der »Stein des Anstoßes« (Riehl): »Mitteldeutschland«. Antworten der klassischen Geographie. In Berichte zur deutschen Landeskunde Bd. 78, Heft 3, 2004 S. 371-399

Schultz, H.-D.: Deutsches Land – deutsches Volk. Die Nation als geographisches Konstrukt. In: Berichte zur deutschen Landeskunde Bd. 72, Heft 2, 1998, S. 85-114

Steinberg, H. G.: Der Begriff Mitteldeutschland. In: Berichte zur deutschen Landeskunde Bd. 39, Heft 1, 1967, S. 31-48

Thompson, J. B.: The Media and Modernity. A Social Theory of the Media. Cambridge 1995

Toulmin, S.: Der Gebrauch von Argumenten. Weinheim 1996 (2. Aufl.) [1958]

Werlen, B.: Globalisierung, Region und Regionalisierung. Sozialgeographie alltäglicher Regionalisierungen Bd. 2. Stuttgart 1997